아홀로틀

항아리해면

넓적다리불가사리

돌고래

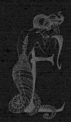

뱀장어—그리고 다른 괴물들

편형동물—그리고 다른 벌레들

가시갯가재, '생식기 손가락'의 갯가재

인간

이리도고르기아 포우르탈레시

일본원숭이

별꿀오소리와 꿀잡이새

장수거북

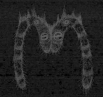

미스타케우스—깡충거미의 일종

앵무조개

문어

복어

케찰코아틀루스

긴수염고래

바다나비

가시도마뱀

유니콘을 찾아서—마귀상어

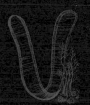
띠빗해파리

곰벌레

긴수염올빼미

에티게

제브라피시

상상하기
어려운
존재에
관한 책

한 세기, 두 세기가 흘러가면서 연구 성과들이 끝없이 쌓여가다 보면,
도서관에서, 아니 우주에서 독학을 한다는 것이 거의 불가능해지고,
자연에 있는 진리를 빨리 찾아내기가 거의 불가능해지고,
무수한 책들 사이에서는 길을 잃는 시대가 오리라고 예상할 수 있다.

드니 디드로,《백과사전》(1755)

점점 축소되어 가는 우리 세계에서는 모든 사람들이 서로를 필요로 합니다.
우리는 사람을 찾을 수 있는 곳이라면 어디에서든 사람을 찾아야 합니다.
오이디푸스는 테베로 가다가 스핑크스와 마주쳤을 때,
스핑크스가 낸 수수께끼에 이렇게 답했습니다. "사람."
그 단순한 답을 들은 괴물은 죽고 말았지요.
우리에게는 죽여야 할 괴물이 많이 있습니다. 오이디푸스의 답을 생각합시다.

죠지 세페리스, 〈노벨상 수상 연설〉(1963)

* 이 도서의 국립중앙도서관 출판시도서목록(CIP)은 e-CIP홈페이지(http://www.nl.go.kr/ecip)와
국가자료공동목록시스템(http://www.nl.go.kr/kolisnet)에서 이용하실 수 있습니다.
(CIP제어번호: CIP2015003204)

공존하려는 인간에게만 보이는 것들

상상하기 어려운 존재에 관한 책

The BOOK of BARELY IMAGINED BEINGS

캐스파 헨더슨 지음 | **이한음** 옮김

은행나무

오로지 농담만으로도 진지하면서 탁월한 철학 작품을 쓸 수 있다.
루드비히 비트겐슈타인

세계에는 우리의 지혜가 더 날카로워지기를
끈기 있게 기다리고 있는 마법 같은 것들이 가득하다.
버트란드 러셀

산은 높다고 명산이 아니고
물은 깊다고 영수(靈水)가 아니라
용이 살아야 영수다.
중국의 시

자신을 속이는 것이야말로 가장 심각한 병이다.
미셸 드 몽테뉴

차례

몇 년 전 초여름의 화창한 오후, 우리 부부는 갓난아기인 딸을 데리고 소풍을 갔다. 공기가 너무나 깨끗해서 모든 것이 초현실적으로 보일 정도였다. 우리는 햇살을 받아 반짝이며 졸졸 흐르는 개울 옆 풀밭에 앉았다. 딸이 실컷 먹고서 잠이 들자, 나는 가방을 향해 손을 뻗었다. 태블릿이 나오기 전이라 가방에는 책, 잡지, 신문 따위가 들어 있었다. 나는 미처 다 읽을 시간을 낼 수 없을 만큼의 읽을거리를 가득 들고 다니곤 했다. 생태계 파괴, 핵무기 확산, 고문자와 범죄자에 대한 처벌을 완화하려는 최근의 시도 같은 주제들을 다룬 자료들이었다. 한마디로 시덥잖은 짓을 하고 있던 셈이다.

그날 가방에는 아르헨티나 작가인 호르헤 루이스 보르헤스가 1967년에 처음 펴냈던 동물우화집인 《상상동물 이야기》도 들어 있다. 거의 20년 전에 보았던 책이었는데, 뒤늦게 생각이 나서 가방에 쑤셔 넣었던 것이다. 그런데 책을 편 순간부터 나는 도저히 눈을 뗄 수가 없었다. 책에는 세계에서 가장 오래된 시라고 알려진 《길가메시 서사시》에 나오는 삼나무 숲의 수호자 훔바바(Humbaba)가 실려 있다. 훔바바는 온몸이 각질의 비늘로 덮여 있고, 사자의 발과 독수리의

　　　　　　　　　　　상상하기 어려운 존재에 관한 책

발톱, 들소의 뿔, 끝에 뱀의 머리가 달려 있는 꼬리와 음경을 지닌다고 묘사되어 있다. 프란츠 카프카가 상상한 동물도 실려 있다. 캥거루 같은 몸에 거의 사람의 얼굴 같은 납작한 얼굴을 지닌 동물이다. 그 동물은 이빨로만 감정을 표현하는데, 카프카는 그 동물이 자신을 길들이려 하고 있다는 느낌을 받는다. 칠레 설화에 등장하는 뿔두꺼비도 나온다. 이 동물은 거북의 등딱지 같은 것을 몸에 두르고 있고, 어둠 속에서 반딧불이처럼 빛나며, 너무나 강해서 재가 될 때까지 불에 태우는 방법 말고는 죽일 수가 없다. 시선이 닿는 범위 내에 있는 모든 존재를 단지 바라보는 것만으로 매료시키거나 물리칠 수 있는 엄청난 능력을 지니고 있다. 이 동물들—대부분은 전 세계의 신화와 전설에서 얻은 것들이고 저자 자신이 상상한 동물도 있다—각각은 매혹적이거나 기이하거나 섬뜩하거나 우스꽝스러운 모습으로, 때로는 이 네 가지를 버무린 모습으로 삽화 속에 담겨 있다. 이 책은 현실에 반응하고 현실을 재창조하는 인간의 상상력을 탁월하게 보여준 걸작이다. 앞서 말했듯이, 나는 책에서 눈을 떼지 못했다. 그러다가 이윽고 따스한 햇볕 아래 깜박 잠이 들고 말았다.

잠에서 깨는 순간, 현실에는 상상 속 동물들보다 더욱 기이한 동물들이 많으며, 그런 동물들을 다루기에는 우리의 지식과 이해가 너무 부족하고 단편적이라는 생각이 떠올랐다. 우리는 그들을 거의 상상조차* 못했다. 그리고 이제 이 시대를 인류세**라고 불러야 한다는 것을, 즉 생명의 역사상 유례없이 한 종이 대규모 멸종과 변화를 일으키는 시대가 왔다는 것을 깨달았으므로, 그런 동물들에게도 주의를 기울일

---

* "萬物孰能定之."(만물의 이런 성질은 누가 정한 것인가.)
— 장자(기원전 300년경)
** 현재의 지질 시대를 흔히 홀로세(Holocene, 전체라는 뜻의 그리스어 holos, 새롭다는 뜻의 kainos에서 유래)라고 하는데, 이는 가장 최근의 빙하기가 끝난 뒤인 약 1만 년 전부터를 가리킨다. 그러다가 2008년에 지질학자들은 현 시대에 인류세(Anthropocene)라는 새로운 명칭을 붙이기로 합의했다. 인류가 지구 시스템에 가장 큰 영향을 미치는 단일한 원천임을 인정한 것이다. 대개 이 새로운 시대는 화석 연료를 대규모로 태우기 시작한 때를 출발점으로 삼는다.

들어가는 말

필요가 있다는 생각도 떠올랐다. 이 보잘것없는 생각을 더 파고들려면 어렴풋이 알고 있을 뿐인 세계의 존재들을 낯선 방식으로 더 깊이 살펴보아야 했다. 또한 거의 상상조차 못한 존재들을 다루는 책이라는 형태로 탐험 계획을 짜야 했다.

대개 나는 그런 설익은 착상은 곧바로 내버리곤 한다. 하지만 이 착상은 끈덕지게 내게 들러붙었고, 그 뒤로 몇 달이 지나는 동안 일종의 강박이 되어 작업을 하지 않고서는 못 배길 지경이 되었다. 그 결과물이 바로 여러분이 손에 든 이 책이다. 여기에는 21세기판 동물우화집을 쓰기 위해 탐험하고 스케치한 내용이 담겨 있다.

동물우화집이라고 하면 으레 중세 사상의 산물이라고 생각하곤 한다. 머나먼 낯선 곳에 사는 기이하면서도 아름다운 동물들의 모습을 금을 비롯한 값비싼 색소를 써서 그린 삽화를 보면서 즐기기 위해 만든 책이라는 식이다. 옥스퍼드대학교의 보들리언 도서관에 소장된 13세기 원고인 《애시몰 동물우화집(The Ashmole Bestiary)》이 좋은 예다. 여기에는 붉은 옷을 입은 남자가 바다 한가운데의 작은 섬에 피운 모닥불 위에 얹은 냄비를 바라보고 있는 그림이 실려 있다. 그는 그 섬이 사실은 거대한 고래의 등이라는 사실을 알아차리지 못하고 있다. 한편 완전히 금으로 칠한 하늘을 배경으로 층층으로 높이 돛을 펼친 배의 윤곽도 그려져 있다. 또 초록색, 빨간색, 파란색의 아르데코 양식으로 그린 나팔처럼 보이지만 나무에 달린 꽃이라고 여겨지는 것에 검은 흰뺨거위들이 부리로 매달려 있는 그림도 있다. 때로는 본문도 삽화만큼 매혹적이다. 이집트코브라는 뱀 부리는 사람의 말을 듣지 않기 위해 꼬리로 귀를 막는 동물이다. 표범은 다채로운 색깔을 띤 우아한 동물로, 표범과 맞설 수 있는 상대는 용뿐이다. 그리고 황새치는 뾰족한 주둥이로 찔러서 배를 가라앉힌다.

하지만 동물우화집에는 그 이상의 것이 담겨 있다. 얼토당토않은 그림, 기상천외한 동물, 종교적 우화뿐 아니라, 예리한 관찰이라는 핵심도 더불어 담겨 있다. 즉 동물들이 실제로 어떠한지를 이해하고 전달하려는 시도가 담긴 것이다. 당시 지식의 한계에 구애받지(그리고 그 점을 의식하지) 않은 채, 그들은 동물들과 그들의 아름다움을 찬미한다.

중세 중기의 멋진 삽화가 실린 동물우화집들의 기원과 영감의 원천을 제대로 설명하려면, 고대의 위대한 과학적 저술들을 언급하지 않을 수 없다. 기원전 4세기에 쓴 아리스토텔레스의 《동물사》와 서기 77년에 플리니가 쓴 《자연사》가 특히 그렇다. 그리고 《피지올로구스》(라틴어로 '자연 사학자'라는 뜻. 알렉산드리아에서 그리스어로 처음 쓰였다고 하며, 나중에 유럽 전역으로 퍼지면서 많은 판본을 낳은 동물우화집의 원형—역자 주)라는 문헌과 로마 약탈(1527년 독일군과 에스파냐 용병군이 로마를 약탈함으로써 르네상스의 쇠퇴를 가져온 사건—역자 주) 이후 장기간에 걸친 혼란의 와중에(유럽 인구의 절반을 죽음으로 내몰았을 전염병을 포함하여) 사람들이 이런저런 원천에서 뽑아낸 이야기를 어떻게 성서 이야기 및 기독교의 가르침과 결합시켰고 온갖 자연사 지식과 영적 가르침 속에 끼워 넣었는지도 살펴보아야 할 것이다. (그 과정에서 서기 700년경 노섬브리아 해안에서 발간된, 햇살 가득한 지중해 동부에서 유래한 만다라식 디자인에 북방의 이교도들이 그랬듯 동물 문양으로 장식한 《린디스판 복음서[Lindisfarne Gospels]》 같은 중세 암흑기의 걸작들도 언급할 수 있을 것이다.) 하지만 내가 추적하고 싶은 것은 따로 있다. 더 오래되고 더 항구적인 현상이다. 아리스토텔레스가 태어나기 1,000여 년 전에 각각 이집트와 크레타에서 그려진 다양한 새들의 모습을 담은 경관과 춤추는 돌고래 그림 같은 것들보다 더 오래된 것이다.

약 3만 년 전, 프랑스의 쇼베 동굴에 그려진 벽화는 지금까지 알려진 그림 중 가장 오래된 것에 속한다. 벽화에는 오늘날의 화가들 못지않은 실력으로 들소, 수사슴, 사자, 코뿔소, 아이벡스(높은 산에 사는 긴 뿔이 난 염소의 일종—역자 주), 말, 매머드 같은 동물들이 그려져 있다. 우리는 이 그림들이 그린 사람들에게 어떤 의미가 있는지 결코 정확히 알 수 없겠지만, 그 화가들이 그릴 대상을 매우 꼼꼼하게 연구했다는 것은 알 수 있다. 예를 들어, 그들은 동물들이 계절에 따라 어떤 변

쇼베 동굴의 사자 그림

화를 겪는지를 알고 있었다. 고인류학자 이언 태터솔(Ian Tattersall)은 이렇게 말한다. "여름에 털갈이를 하는 들소, 가을에 발정이 나서 울부짖는 수사슴, 여름에만 눈에 띄게 피부에 주름이 생기는 털코뿔소, 산란기에 신기하게도 뾰족하게 턱이 발달하는 연어 수컷도 종종 묘사되어 있다. 사실 우리는 멸종하고 없는 동물들의 해부 구조에 관한 사항들을 (그들의) 미술*을 통해서만 알 수 있다." 또 우리는 동굴 벽에 찍힌 손자국이나 남겨진 손의 윤곽을 통해 남녀 모두, 아기까지 포함하여 모든 연령의 사람들이 어떤 일이 일어났든 간에 적어도 어느 정도는 벽화 작업에 참여했다는 것을 안다. 우리는 벽화에 그려진 동물들이 그들에게 **중요했음**을 알 수 있다. 그들은 동일한 동물 종들을 반복하여 그린 반면, 경관은 아예 그리지 않았다. 즉 구름, 땅, 해, 달, 강, 식물의 그림은 전혀 없고, 지평선, 사람, 사람의 일부 모습을 담은 그림만이 아주 드물게 나타난다.

　이런 내용들은 익히 알려져 있는 것이긴 하지만, 나는 그것들이 대단히 중요하기에 아무리 강조해도 지나치지 않다고 생각한다. 그리고 바로 그 점이, 인류 역사의 대부분에 걸쳐 우리 자신을 이해하고 정의

　　　　　　　　　　　　상상하기 어려운 존재에 관한 책

하려는 시도들이 우리가 다른 동물들을 보고 묘사하는 방식과 긴밀한 관련을 맺어온 이유다. 재현 방식은 바뀔 수 있지만 다른 존재들에게 흥미를 느끼는 성향은 변함이 없다. 한 예로 16세기와 17세기의 진귀품 방(cabinet of curiosities)은 중세의 동물우화집과 여러 면에서 분명히 전혀 다르다. 이국적인 동물, 식물과 암석의 실제 표본과 파편들을 모아놓은 곳인 진귀품 방은 18세기에 오늘날까지 쓰일 분류 체계가 등장했을 때 자연 세계를 더 체계적으로 연구할 발판이 되었다. 물론 동물우화집과 마찬가지로, 진귀품 방도 그 독일어 명칭인 분더카머른(Wunderkammern, 신기한 물품들의 방)이 시사하듯 사람을 매혹시키는 힘을 지니고 있었다. 지금도 우리가 호기심과 경이로움을 일으키는 물건들을 좋아한다는 점에는 변함이 없다. 진귀품 방과 인터넷은 비슷한 점이 많다. 인터넷—거의 모든 것을 담고 있는—은 과학의 봉사자이자 일상적인 전자 매체판 동물우화집이다. 대왕오징어에서 머리가 둘인 고양이에 이르기까지, 우리가 동물에 관해 아는 것과 모르는 것, 동물들이 할 수 있는 놀라운 일과 그들이 할 수 없는 일, 동물들이 끊임없이 보여주는 낯설고 놀라운 모습 등을 담은 게시물과 동영상은 웹에서 가장 많이 공유되는 축에 속한다.

다음 내용은 참인 듯하다. 우리는 금방 주의를 딴 데로 돌리기도 하고 깜빡 잊기도 하지만, 동물을 비롯한 다른 존재들에 계속 흥미를 느껴왔으며, 이런 성향은 인류 문화 전반에 걸쳐 깊은 바위틈의 샘물처럼 왈칵왈칵 솟구친다. 뻔뻔한 관음증 환자든 열렬한 환경 보전주의자든 단순히 호기심이 동했을 뿐인 사람이든 간에, 이런 점에서는 별 차이가 없다. 먼 조상들과 마찬가지로, 우리도 의식적으로든 무의식적으로든 끊임없이 스스로에게 이렇게 묻는다. "이것이 나, 실존적

---

* 플라톤의 동굴 우화와 정반대로, 우리는 과거에 그림자만 보았던 미술 작품 속에서 때로 진리를 본다.

들어가는 말

존재로서의 나, 그리고 내가 희망하는 것과 두려워하는 것과 어떤 관계가 있을까?"

내가 이 책에 실린 동물들을 세상을 대표한다는 의미로 선별한 것은 아니다. 자연사를 집대성하겠다는 시도로 이 책을 쓴 것은 더더욱 아니다. 그리고 정확한 사실을 담기 위해 갖은 노력을 다하긴 했지만, 나는 동물 하나하나를 체계적으로 개괄하려고 시도하기보다는 동물들의 (적어도 내가 볼 때) 아름답고 흥미로운 측면들과 그들이 구현하거나 반영하거나 제기하는 특성, 현상, 현안에 초점을 맞추고자 했다. 이동물들은 보르헤스가 상상한 중국 백과사전인《자비로운 지식의 절대적인 백과사전(Celestial Emporium of Benevolent Knowledge)》의 체제와 몇 가지 면에서 비슷하게 배치되었다.

이 읽기 힘든 책은 동물들을 다음과 같이 분류하고 있다. (a) 황제에게 속한 동물, (b) 방부 처리된 동물, (c) 길들인 동물, (d) 젖을 빼는 돼지, (e) 인어, (f) 전설 속 동물, (g) 주인 없는 개, (g) 이 분류에 포함되는 동물, (i) 미친 듯이 부들부들 떠는 동물, (j) 셀 수 없는 동물, (k) 아주 가느다란 낙타털 붓으로 그린 동물, (l) 그 밖의 동물, (m) 꽃병을 막 깨뜨린 동물, (n) 멀리서 보면 파리 같은 동물.

이 책은 '알레테이아고리아(aletheiagoria)'를 염두에 두고 쓴 것이다. 내가 새로 만든 용어인데, 내가 아는 한 지금까지 없던 말이다. 환등(phantasmagoria, 영화가 등장하기 이전에 빛에 투영된 그림자를 이용하던 영상 장치)이라는 단어에 여기에 '진리' 또는 '드러냄'을 뜻하는 그리스어 '알레테이아(aletheia)'를 합성한 것이다. 즉, 더 거대한 현실을 보여주기 위한 깜박거리는 '실상(real image)'을 의미한다(적어도 내게는 그렇다). 나는 존재 방식을 몇 가지 다른 각도에서 보고자 시도했고, "온갖 의외의 조합(a wealth of unexpected juxtapositions)*"을 통해 그들이 인간과 어떻게 비슷하고 다른지(또는 우리가 스스로를 어떤 존재로 상상

상상하기 어려운 존재에 관한 책

올레 보름(Ole Worm)의 진귀품 방, 1655년경

하고 있는지), 또 그들의 닮은 점이나 다른 점이 인간의 능력과 삶을 이해하는 데 어떻게 도움을 주는지를 살펴보고자 했다. 그 결과물에는 군데군데 좀 낯설고 사실상 좀 부자연스러운 부분도 있다. 내가 죽 이어가곤 한 유추와 곁길로 빠지는 이야기 중에는 해당 동물과 별 관계가 없는 내용도 있다. 동물 자체만이 아니라, 그 동물을 토대로 이런저런 생각들로 이어질 수 있도록 의도한 것이다. 덧붙이자면 지엽적인 이야기들이 곳곳에 있긴 하지만, 이 책을 하나로 엮고 있는 주제 혹은 줄기를 흐트러뜨리지는 않는다.

　이 책을 엮는 주제 중 하나는 진화생물학(그리고 그것이 속한 과학

---

* 소설가 이탈로 칼비노는 플리니의 《자연사》에 대해 이야기할 때 '온갖 의외의 조합'이라는 말을 쓴다. 한 예로 플리니의 책은 어류를 이렇게 분류한다. "머리에 돌이 든 물고기, 겨울에 모습을 감추는 물고기, 별자리에 영향을 받는 물고기, 값이 아주 비싼 물고기." 이책에 실린 글들도 마찬가지다(새뮤얼 존슨의 정의를 빌리자면, "마음의 산만한 변덕임, 고르지 않게 소화된 단편"이다).

　　　　　　　　　　　　　　　　　　　　　　　　들어가는 말

적 방법)이 신화와 전설만으로 얻을 수 있는 인식보다 훨씬 더 풍성하고 보람차게 존재의 본질을 이해할 수 있게 해준다는 것이다. "진화에 비춰보지 않는다면 그 어떤 것도 의미가 없다"라고 한 진화생물학자 테오도시우스 도브잔스키(Theodosius Dobzhansky)의 말은 옳을 뿐 아니라, 설명할 수 있다는 점을 깨달을 때 경이감과 감탄하는 마음이 더 커진다는 점에서도 참이다. 로버트 포그 해리슨(Robert Pogue Harrison)의 말처럼, "상상은 사례의 측정된 유한성 속에서 진정한 자유를 발견한다." 급진적인 정치 활동가이자 환경 보전 운동의 선구자인 헨리 데이비드 소로우는 월든 호가 얼마나 깊은지 알 수 없다고 말하는 '현실적인' 동네 사람들과 달리, 다림줄을 집어넣어서 실제로 호수의 수심을 쟀다. 물리학자 리처드 파인만은 이렇게 말했다. "우리의 상상력은 실제로 존재하지 않는 것을 허구적으로 상상할 때가 아니라, **존재하는** 것을 이해하고자 할 때 가장 극도로 발휘된다." 진화론 덕분에 세계는 생명의 역사 전체를 한눈에 들여다볼 수 있는 투명한 표면이 된다.

또 한 가지 주제는 바다다. 각 장의 표제에 등장하는 동물 중 약 3분의 2는 바다에 산다. 여기에는 몇 가지 이유가 있다. 무엇보다도 바다는 먼 옛날 우리가 기원한 곳이며, 지표면의 70퍼센트 이상을 덮고 있으며 서식 가능한 공간의 95퍼센트 이상을 차지한 최대의 환경이기 때문이다. (미국 작가 앰브로즈 비어스의 정의를 떠올려보라. "대양: 명사. 인간을 위해 만들어진 세계의 약 3분의 2를 차지하는 물. 인간은 아가미가 없다.") 그럼에도 우리는 그 거대한 세계를 육지에 비해 훨씬 모른다. 바다를 더 잘 아는 것이 바로 우리가 '할 일'이다. 빌 브라이슨이 간파했듯이, 1957~1958년 국제 지구 물리년 때 해양학자들이 천명한 주된 목표가 "깊은 바다를 방사성 폐기물을 버릴 장소로 삼을" 수 있을지 연구하는 것이었다는 사실이야말로, 비교적 최근까지도 우리가 바다를 우리와 별 관계없는 곳으로 생각해 왔다는 점을 가장 단적으로 보여주는 사례다. 우리가 세계의 대양을 하찮은 것으로 보던 시각을 버리고, 대양이 기후와 생

　　　　　　　　　상상하기 어려운 존재에 관한 책

물 다양성을 포함한 지구 시스템에, 나아가 우리의 운명*에 핵심적인 역할을 한다는 사실을 이해하기 시작한 것은 아주 최근의 일이다. 또 우리는 신화 속의 존재들 이상으로 상상을 초월하는 기이함을 지니고 때로는 우리에게 즐거움도 선사하는 생물들이 실제로 바다에 우글거린다는 것을 최근에야 알아차렸다. 예를 들어, 깊은 바다의 열수 분출구에는 내장이 아예 없으면서도 사람만큼 커다란 생물이 우리를 순식간에 익혀버릴 뜨거운 물속에서 번성하고 있고, 춥고 컴컴한 드넓은 심해에서는 거의 모든 생물이 빛을 내면서 살아가며, 뛰어난 지능을 지니면서 눈알 하나 크기의 바위 틈새에 몸 전체를 우겨넣을 수 있는 해양동물도 있다.

이 책을 관통하는 주제가 또 하나 더 있다. 바로 인간의 행동이 어떤 결과를 빚어내는지에 대한 문제다. 몇 년 전 나는 북극 지방의 한 해변에서 방귀를 뀌어대는 살진 바다코끼리 무리를 지켜보다가 눈보라에 휩쓸리고 말았다. 당시 나는 북극권에서 일어나는 엄청난 기후 변화의 징후를 직접 보고 현재 우리가 얼마나 위태로운 상황에 처해 있는지를 고찰하기 위해, 돛단배를 타고 스발바르 제도(영어권에서는 흔히 스피츠베르겐[Spitsbergen]이라고 한다)로 항해하는 화가, 음악가, 과학자로 이루어진 탐사대에 덤으로, 거의 밀항하다시피 끼어든 상태였다. (북극권은 지구의 그 어느 곳보다도 더 빠르게 더워지고 있다. 인간 활동이 그 원인임을 시사하는 증거들이 압도적으로 많다.)

바다코끼리—육지에서는 몸짓이 거북살스럽고 우스꽝스럽지만 물에서는 절묘할 만치 날래고 예민하다—는 내가 좋아하는 동물 중 하나다. 사실 우리 딸은 바다코끼리 덕분에 세상에 나올 수 있었다. 처음에 내가 냅킨에 그린 바다코끼리 그림으로 그 애의 엄마를 유혹했으니까 말이다. 조련사의 행동에 맞추어 곡예를 부리고, 튜바를 연

---

* 캘럽 로버츠(Callum Roberts)는 《생명의 바다(Ocean of Life)》에서 인류가 바다에 가한 충격의 규모, 결과의 심각함, 우리의 희망과 실천 과제를 상세히 다루고 있다.

주하고, 귀에 거슬리는 소리를 내는 바다코끼리의 동영상이 인터넷에 많이 퍼져 있다는 점을 생각한다면, 이 동물을 유별나게 좋아하는 사람이 나 혼자만은 아닐 것이다. 게다가 바다코끼리를 보면서 즐거워하는 것이 그다지 새로운 현상도 아니다. 1611년에 영국의 궁전에 새끼 바다코끼리가 선을 보였다.

왕과 많은 귀족들은 바다코끼리의 기묘한 모습에 눈을 떼지 못한 채 감탄사를 연발했다. 영국에 살아 있는 바다코끼리가 등장한 것은 처음이었으니까. 바다코끼리는 기이하게 생겼을 뿐 아니라, 이상할 만치 유순하며, 조련하기도 쉽다.

하지만 이 온갖 흥밋거리 뒤에는 더 추한 실상이 숨겨져 있다. 거의 지난 400년 동안 유럽인들은 바다코끼리를 보면서 웃고 즐긴 뒤에 그들을 죽임으로써—재미로 그러기도 했지만, 주로 돈벌이를 위해— 많은 개체군을 전멸시켰다(비록 종 자체를 멸종시킨 것은 아니지만 말이다). 1604년에 처음 바다코끼리와 마주친 뒤로, 영국의 뱃사람들은 그 동물이 전혀 해를 끼치지 않을 뿐 아니라 몸에 기름이 많고 멋진 엄니도 지니고 있어서 꽤 돈벌이가 된다는 것을 금방 알아차렸다. 1605년 런던 무스코비 회사(London Muscovy Company)는 스피츠베르겐으로 다시 배를 보냈다. 그들은 여름 내내 머물면서 바다코끼리를 잡은 뒤 펄펄 끓여서 비누를 만들 지방을 얻고, 엄니를 모았다. 1606년 여름 무렵에는 너무나 능숙해져서, 상륙한 지 여섯 시간 만에 다 자란 바다코끼리 600~700마리를 잡을 정도였다.

돌봄과 나눔의 환경 의식으로 무장한 21세기의 방문자인 우리는 아무런 해를 끼치지 않으려 했고, 정말로 그렇게 했다. 하지만 우리는 사진을 찍어야 했기에 돌아다니면서 사진을 찍어댔다. 그리고 흥분에 겨운 나머지 좀 더 가까이 다가가서 찍으려 하다가 그만 바다코끼리 떼를 공황 상태에 빠뜨렸다. 그들은 앞다투어 바다로 뛰어들었다.

상상하기 어려운 존재에 관한 책

배의 선장은 몹시 화를 냈다. 바다코끼리들이 편안히 쉬어야 하는데 우리가 망쳤다고 말이다. 우리 한 사람 한 사람은 선한 의도로 충만해 있었지만(아니 그렇다고 스스로 믿었지만), 집단 전체로 볼 때 우리는 시시껄렁한 파괴자 무리*에 불과했던 것이다. 1575년에 미셸 드 몽테뉴는 이렇게 물었다.

> 이 경탄할 천체들의 운동, 머리 위에서 그토록 도도히 흐르는 이 별들의 영원한 빛, 이 무한히 넓은 대양의 가슴 떨리는 영속적인 운동이 인간에게 봉사하기 위해 정해졌고, 기나긴 세월 동안 한결같이 계속 그럴 것이라고 과연 누가 설득한 것인가? 자기 자신의 주인은커녕 온갖 것들의 공격에 노출되어 당하는 이 가련하고 딱한 생물이 이 우주의 주인이자 제왕이라고 감히 자처할 수 있다니, 이보다 어처구니없는 일을 과연 상상조차 할 수 있겠는가?

《햄릿》에 영향을 받은 것이 명백한 이 대목은 내가 이때뿐 아니라 다른 탐사 때 겪은 경험이나 지켜보고 참여했던 실험을 생각할 때면 종종 머릿속에 떠오르곤 한다. 그것은 우리가 자기 행동의 결과를 얼마나 도외시할 수 있는지를 떠올리게 하는 말인 동시에, 이 책을 관통하는 또 하나의 주제이기도 하다.

때로 인간의 감각은 자신이 생각하는 것보다 훨씬 더 뛰어나다. 건

---

* 여기에는 더 큰 현안이 있는데, 그 점은 소설가 이언 매큐언이 그 다음해에 우리와 똑같은 탐험에 나섰다가 혼란의 도가니를 겪은 뒤 쓴(처음에는 신문 기사로 실었다가 나중에 장편소설인 《솔라(Solar)》[2010]에 수록했다) 글에 잘 요약되어 있다. 그 배에는 혹독한 날씨에 쓸 장비를 보관하는 창고가 있었는데, 사람들이 누구 것이든 개의치 않고 원하는 장비를 집으려 앞다투어 밀려드는 바람에 금세 아수라장이 되고 말았다. 매큐언은 이렇게 묻는다. 세심하고 지적이며 재능 있다고 널리 인정받은 사람들이 창고조차 관리할 수 없다면, 그들이 지구를 구할 것이라는 희망은 대체 어디에서 나오는 것일까? 철학자 레이먼드 게스(Raymond Geuss)는 이렇게 말한다. "단순히 사람들이 말하고 생각하고 믿는 것을 보지 말고, 그들이 실제로 무엇을 하며, 그 결과 실제로 어떤 일이 벌어지는지를 보라."

들어가는 말

강한 젊은이는 컴컴한 밤에 50킬로미터 떨어진 곳에 켜진 촛불을 볼 수 있다. 또 사람의 귀는 브라운 운동(액체나 기체 속에서 움직이는 입자들의 불규칙한 운동—역자 주)을 하는 입자들의 소리도 들을 수 있다. 즉 분자 하나가 움직이면서 내는 소리까지도 말이다. 그러니 우리보다 훨씬 더 뛰어난 시각, 청각, 후각 등을 지닌 다른 동물들의 지각 능력은 얼마나 강할까. 그들이 세계를 인식하는 능력은 몇몇 측면에서 우리보다 훨씬 뛰어나다. 하지만 적어도 의식이라는 한 가지 측면에서는 우리가 모든(혹은 거의 모든) 동물들보다 훨씬 더 뛰어난 듯하다. 인간이 자신의 의식과 정체성*을 높이 평가하는 것도 놀라운 일이 아니다. 하지만 우리가 다른 동물들과 공유하는 진화적 유산과 능력—그리고 그들이 우리를 능가하는 방식—을 더 깊이 이해한다면, 인간과 다른 존재들의 본성을 파악할 더 좋은 방법을 얻을 수 있다.

지금까지 말한 이 모든 주제들과, 우리가 시간과 시간을 초월한 가치들을 어떻게 인식하는가 같은 의문들을 포함하는 그 밖의 주제들은 한 가지 핵심 질문으로 이어진다. "인류세를 살고 있는 우리는 현재와 미래의 세대에게 어떤 책임이 있을까?" 중세 동물우화집에는 실제 동물뿐 아니라 현재 우리가 상상의 동물임을 알고 있는 동물들도 실려 있었다. 그런 책은 비유와 상징으로 가득했다. 중세 서양인은 모든 생물을 인류에게 종교적이거나 도덕적인 교훈을 보여주는 사례로 여겼기 때문이다. 적어도 흄과 다윈 이후로 많은 사람들은 더 이상 생물을 그런 식으로 보지 않는다. 하지만 급격한 인구 증가가 끼치는 영향은 말할 것도 없이 과학과 기술을 통해 인류가 세계를 점점 더 바꾸고 있기에, 결과적으로 번성하고 진화하는 동물들은 갈수록 우리가 무엇에 가치와 관심을 두는지를 보여주게 된다. 앞으로 우리는 계몽과 과학적 방법을 통해 세계를 창조할 수 있을 것이며, 우리의 가치와 우선순위를 토대로 그렇게 할 것이므로 재편될 세계는 진정으로 우화적일 것이다. 아마 진정한 역사 법칙은 아이러니의 법칙뿐이라고 말한 철학자 존 그레이(John Gray)가 옳을지도 모른다. 인류세의 동물

상상하기 어려운 존재에 관한 책

우화집을 표방한 이 책—진화하고 있는 실제 동물들만을 다루며, 이 중에는 멸종이 임박한 것도 많다—은 우리가 무엇에 가치를 두어야 하는지, 왜 올바로 가치를 평가하지 못하는지, 우리가 어떤 변화를 가 저올지를 질문한다.

《상상동물 이야기》에서 보르헤스는 오징어 또는 참오징어처럼 생긴 아 바오 아 쿠(A Bao A Qu)라는 동물을 묘사한다. 이 동물은 컴컴한 탑 안에 사는데 사람이 들어올 때에만 깨어난다. 탑 꼭대기에 오르고자 하는 사람의 의지가 이 동물에 생기를 불어넣는 것이다.

사람이 나선형 계단을 오르기 시작할 때에야 아 바오 아 쿠는 깨어나서, 방문자의 발뒤꿈치 쪽에 달라붙는다. 오랜 세월에 걸쳐 순례자들의 발길에 가장 많이 닳은 계단 가장자리를 따라 올라간다. 계단을 오를수록 이 동물은 점점 더 색깔이 짙어지고 온전한 형태를 갖추어가며, 내고 있던 푸르스름한 빛도 점점 더 밝아진다. 그런데 이 동물은 맨 위의 계단에 오를 때에만 최종 형태를 갖춘다. 오르는 자가 열반의 경지에 이르고 번뇌를 완전히 떨쳐낸 사람일 때 그렇다. 그렇지 않다면 아 바오 아 쿠는 마지막 계단에 이르기 전에 마치 마비된 양 주춤거리고, 몸은 불완전한 형태로 변하고 파랗던 빛은 점점 창백해지고 흐릿해진다. 이 동물은 완전한 형태를 이룰 수 없을 때 고통스러워하며, 고통에 겨워 내는 소리가 희미하게나마 들리기도 한다. 비단이 스치는 듯한 소리다. 이 동물이 깨어 있는 시간은 짧다. 여행자가 계단을 내려오기 시작하자마자, 아 바오 아 쿠는 첫 계단으로 굴러떨어지기 때문이다. 그곳에서 기력을 잃고 거의 형태도 잃은 채 이 동물은 다음 방문자를 기다린다.

---

* 더글라스 호프스태터(Douglas Hofstadter)는 '나(I)'가 실제로는 '환각에 사로잡힌 환각(a hallucination hallucinated by a hallucination)'이라고 주장한다. 스피노자는 "바다는 신이나 자연, 즉 유일한 실체를 뜻하며, 개별 존재들은 파도처럼 바다의 양태와 같다"라고 생각했다. 적어도 양자역학 수준에서는 스피노자의 직관이 진정으로 옳을 수도 있다. 물리학자 애런 오코널(Aaron O'Connell)은 "당신 주변에 있는 만물들의 연결 관계가 당신이 누구인지를 규정한다"라고 말한다.

들어가는 말

보르헤스의 이 기이한 이야기는 여러 가지로 해석할 수 있다. 여기서 나는 그것을 하나의 알레고리로 보고서, 나름대로 엉성하게나마 의미를 부여하고자 한다. 우리가 자신뿐 아니라 다른 생물들의 실상을 더 잘 설명할 수 있도록 상상력을 크게 확장시키지 않는다면, 우리의 중대한 과제를 놓치게 된다고 말이다.

AXOLOTL
아홀로틀

Ambystoma mexicanum

문: 척삭동물
강: 양서
목: 도롱뇽
보전 상태: 위급

도롱뇽은 재를 먹고 살며, 화로 가장자리를 좋아한다.
—크리스토퍼 스마트

인류가 저지른 오류의 역사가 발견의 역사보다 더 흥미롭고 더 가치 있다.
진리는 획일적이고 협소하지만 …… 오류는 무한히 다양하며,
이 방면에서 정신은 자신의 모든 무한한 능력과
온갖 아름답고 흥미로운 기발함과 불합리함을 발휘할 여지가 있다.
—벤저민 프랭클린

아홀로틀(Axolotl)을 처음 보면 도저히 눈을 뗄 수가 없다. 눈꺼풀이 없는 구슬 같은 눈망울, 목에서 부드러운 산호처럼 가지를 뻗은 아가미, 도마뱀 같은 몸통에 앙증맞은 팔다리, 손가락과 발가락, 올챙이 같은 꼬리가 달려 있어서 마치 외계 생물처럼 보인다. 또 커다란 머리와 웃는 표정과 통통한 분홍빛 피부 덕분에 유달리 사람과 비슷해 보인다. 그런 모순된 형질들이 조합됨으로써 대단히 흥미로운 모습을 하고 있다. 이 동물에 붙여진 최초의 이름 중 하나가 '익살맞은 물고기(ludicrous fish)'인 것도 놀랄 일이 아니다. 아르헨티나 소설가인 훌리오 코르타사르는 아홀로틀이 되고 싶어서 아주 오랫동안 아홀로틀을 쳐다만 보고 있는 인물을 그려내기도 했다.

상대적으로 냉철한 과학적 연구를 통해 나온 발견들은 아홀로틀에 경이로움을 느낄 이유를 또 한 가지 제공한다. 도롱뇽 사촌들과 마찬가지로, 아홀로틀도 잘린 팔다리를 재생할 수 있다는 것이다. 몇몇 재생의학 전공자들은 이 생명체로부터 연구한 것을 토대로 적어도 인간의 팔다리뿐 아니라 장기까지도 복원할 수 있는 날이 언젠가 올 것이라고 믿는다. 비록 아홀로틀에 비해 인간의 재생 잠재력이 기대

상상하기 어려운 존재에 관한 책

하는 것만큼 크지 않겠지만, 실제로 그날은 세포—아마 인간의 뇌를 빼고 우주에서 가장 복잡한 대상일—의 활동 방식에 관해 꽤 많은 것을 배워야만 찾아올 것이다. 그리고 그 지식은 인간과 다른 존재들 사이의 관계와 생명을 이해할 더 나은 방법으로 나아가는 또 한 걸음이 될 것이다.

하지만 그런 문제를 다루려고 시도하기에 앞서, 이 장에서는 아홀로틀이 속한 동물들의 체계를 인류가 어떤 식으로 생각했는지를 살펴보기로 하자. 그 체계 속의 조상들이 진화에서 실제 어떤 역할을 했는지, 그리고 사람들이 과거와 현재를 해석하려고 애쓰다가 어떤 오류를 저질렀는지도 살펴보자.

아홀로틀은 도롱뇽의 일종이다. 현재 도롱뇽은 약 500종이 살고 있다. 수천 년 동안 사람들은 도롱뇽이 불과 특별한 관계에 있다고 믿어왔다. 중세 중기에 영국에서 출간된 《애시몰 동물우화집》도 이 점을 반영한다. "도롱뇽은 타지도 않고 고통도 느끼지 않으면서 불꽃의 한가운데에서 산다. 불타지 않을 뿐만 아니라, 불꽃을 꺼뜨리기까지 한다."

중세의 저자나 독자 중에서 이 주장을 검증하겠다고 나선 이는 거의 없다. 그들로서는 굳이 그럴 필요가 없었을 것이다. 그들은 창조된 세계 속의 모든 동물이 신의 계획에 따라 한 가지씩—혹은 몇 가지의—교훈을 담고 있음을 이미 알고 있었다. 기독교 초기에 성 아우구스티누스는 천벌이 실제로 있다는 점을 강조하기 위해 도롱뇽의 불에 견디는 능력을 인용했다. "도롱뇽은 지옥의 영혼과 마찬가지로, 불타는 것이 다 재가 되지는 않는다는 것을 보여주는 매우 설득력 있는 사례다." 정반대로 후대 해설가들은 도롱뇽의 이른바 불연성을 정의의

---

* 아홀로틀의 먼 친척인 올름(Olm) 또는 프로테우스(Proteus)라는 이름의 동물도 인간(유럽인)과 비슷한 연분홍색 피부와 겉아가미를 지닌다. 슬로베니아의 석회암 동굴 속을 흐르는 물에 살며, '인간 물고기'라는 별명이 붙어 있다.

아홀로틀

상징이라고 보았다. 도롱뇽처럼 선택된 존재는 사드락, 메삭, 아벳느고 (바빌론의 느부갓네살 왕이 세운 신상에 절하지 않았다는 이유로 용광로에 던져진 성경 속 인물들―역자 주)가 불길을 견딘 것처럼 불을 견딘다는 것이다.

도롱뇽과 불을 결부시키는 시각은 사실 기독교보다, 아마 유대교 보다도 더 앞서 나타났을 것이다. '삼 안다란(Sam andaran)'은 조로아 스터교도의 언어인 페르시아어로 '안쪽의 불'이라는 뜻이다. 조로아 스터교도는 불을 신의 상징*이라고 본 초기 일신론자였다. 하지만 고 대와 중세의 사람들은 도롱뇽에게서 불꽃만 본 것이 아니었다. 《애시 몰 동물우화집》에 따르면, 도롱뇽은 대량 파괴의 동물이기도 하다.

> 도롱뇽은 독을 지닌 생물 중 가장 유독하다. 다른 유독생물은 한 번에 한
> 명만 죽인다. 반면에 이 동물은 한 번에 몇 명씩 죽인다. 도롱뇽이 나무로
> 기어오르면 모든 사과가 독사과로 변하고, 그 사과를 먹은 이들은 모두
> 죽는다. 마찬가지로 도롱뇽이 우물에 떨어지면, 그 물을 마시는 모든 이들
> 이 중독된다.

이 다양한 속성들―불의 동물, 미덕의 상징 또는 독의 상징―은 중세 유럽의 동물우화집들에 함께 등장한다. 하지만 르네상스 무렵이 되자 불과의 연관성이 주로 부각되기 시작했다. 인도에서는 타지 않 는 천을 '도롱뇽 울(salamander wool)***'이라고 한다(아마도 이것이 석면 을 언급한 초기 사례일 것이다). 파라켈수스 같은 유럽의 연금술사들에게, 도롱뇽은 우주의 네 가지 기본 물질 중 하나의 정수인 '불의 원소'로 서, 연금술사가 필요할 때 소환할 수 있었다. 불 속에 있는 도롱뇽은 왕의 상징으로도 쓰였다. 금란의 들판(Field of the Cloth of Gold)에서 영국의 헨리 8세와 맞서고 있던 프랑수아 1세의 깃발에 바로 그 도롱 뇽이 그려져 있었다. 그 뒤로 여러 세기에 걸쳐 시라노 드 베르주라크 에서 조앤 K. 롤링에 이르기까지 많은 이야기꾼들은 불 속에 사는 도 롱뇽의 환상성을 활용해 왔다. 그 도롱뇽 이야기를 전적으로 허구라

신화 속의 불도롱뇽

고 보는 이들도 있는 반면, 그런 동물이 정말로 있으며 극도로 드물게
—이를테면 오늘날의 눈표범처럼—발견되는 것일 뿐이라고 믿는 사
람들도 있다. 르네상스 화가이자 성범죄자인 동시에 살인자인 벤베누
토 첼리니는 이 두 번째 견해를 지닌 대표적인 인물이다.

내가 다섯 살 무렵일 때의 일이다. 아빠가 어쩐 일인지는 몰라도 세탁실
로 쓰이는 작은 방에 들어가셨다. 방에는 참나무 장작이 활활 타고 있었
다. 불꽃을 들여다본 아빠의 눈에 도마뱀처럼 생긴 작은 동물이 언뜻 보
였다. 불이 가장 뜨겁게 타오르는 곳에서 살 수 있다는 바로 그 동물이었
다. 그것의 정체를 알아차린 아빠는 즉시 누이와 나를 불렀다. 우리에게
그 동물을 보여준 뒤, 아빠는 내 귀를 세게 후려쳤다. 나는 나자빠져서 울

---

* 조로아스터교도는 불 자체를 숭배하는 것이 아니다. 오히려 불(물과 더불어)을 정화의
매개체로 여긴다. 불의 실험을 통과한 이는 신체적 및 정신적 강인함, 지혜, 진리, 초연함
을 획득한 것이다.
** "이 도롱뇽은 천으로 덮여 있는데, 불에 타지 않는 옷감으로 짠 것이다."
—윌리엄 캑스턴(Willian Caxton)(1481)

아홀로틀

어댔다. 그러자 아빠는 나를 달래면서 이렇게 말씀하셨다. "사랑하는 아들아, 네가 잘못을 저질러서 때린 것이 아니란다. 불 속에서 본 저 작은 동물이 도롱뇽이라는 사실을 기억할 수 있도록 하기 위해서야. 내가 아는 한 저런 동물을 본 사람은 아무도 없거든. 아빠는 나를 꼭 안은 채 그렇게 말한 뒤, 용돈을 주셨다.

동물우화집과 그런 책들에 영감을 준 이야기들로부터 얻은 것이 도롱뇽에 관한 지식의 전부라면, 첼리니가 회상했듯이 실제로 그런 동물을 목격한 사례가 책 속의 이야기가 옳았다고 확인해 주는 역할을 했으리라는 점은 쉽게 납득할 수 있다. 진정한 설명─통나무 더미처럼 축축하고 서늘한 곳에서 잠들기를 좋아하는 도롱뇽이 장작더미에 섞여와서 불길에 던져지는 바람에, 불꽃 속에서 놀기는커녕 죽음의 고통에 몸부림치는 모습이라는 것─은 어리석고 설득력이 없어 보였을 것이다.

고대 그리스인과 로마인은 주장을 펼칠 때 훨씬 더 경험에 기반한 입장을 취했다. 늘 옳았던 것은 아니지만 말이다. 아리스토텔레스가 기원전 약 340년에 쓴《동물사》에도 도롱뇽이 실려 있는데, 그는 도롱뇽이 불 속을 걸을 수 있고 또 그럼으로써 불을 꺼뜨린다는 이야기는 전해들은 것이라고 분명히 밝히고 있다. 플리니는 그로부터 약 400년 뒤에 쓴《자연사》에 도롱뇽(양서류)을 도마뱀(파충류)과 구별하면서 이렇게 적고 있다. "형태가 도마뱀 같으며 온몸에 반점이 나 있는 동물이다. 폭우가 내릴 때에만 나타났다가 날이 개자마자 사라진다." 이 말은 노란등산도롱뇽(golden Alpine salamander)과 노랑무늬영원(신화에 나오는 'fire salamander'는 불도롱뇽을 가리키지만, 학술적으로는 도롱뇽의 일종인 노랑무늬영원을 뜻한다. 흔히 도롱뇽 중 성체 때 물로 돌아가지 않는 종류를 '영원'으로 구분하곤 하지만, 명확한 기준은 아니다. 각각 도롱뇽과 영원이라고 번역하곤 하는 영어의 'salamander'와 'newt' 자체도 사실은 명확한 기준 없이 뒤섞여 쓰인다─역자 주)의 몇몇 아종들에게 딱 들어맞는다. 하지만 플리니는 도롱뇽이 "너무나 차가워서 불이 닿으면 꺼진다"—이 문장은 후대의 동물우화집에 영감을 주었다—라고 말하며 독을 지닐 수 있다고도 쓰고 있다.

플리니의 《기언서》는 우리 눈에 환상적이고 기기헤 보이는 것들로 가득하다. 그는 에티오피아에 뿔과 날개가 달린 말, 사자의 몸에 전갈의 꼬리가 달려 있고 사람의 얼굴을 한 만티코어(manticore), 눈을 쳐다보면 죽는 카토블레파스(catoblepas)라는 동물이 산다고 적고 있다. 우리가 실제로 존재한다고 알고 있는 동물들조차도 환상적으로 묘사한다. 예를 들면 이렇다. 호저는 바늘을 창처럼 내쏠 수 있다. 땃쥐는 바퀴 자국을 가로지르면 죽고 만다. 개구리는 가을에 녹아서 점액이 되었다가 봄에 다시 뭉쳐서 본모습으로 돌아간다. 물고기의 일종인 안티아(anthia)는 지느러미로 낚싯줄을 잘라서 낚싯바늘에 걸린 동료를 구한다.

이렇게 플리니가 우리에게는 거짓임이 뻔히 보이는 많은 주장들을 받아들이고, 아니 기록하고 있긴 하지만, 그렇다고 그가 쉽게 속기만 하는 인물은 아니다. 그는 점성술과 사후 세계 주장을 통렬하게 비판한다. 오늘날에도 수많은 사람들이 믿고 있는 것들을 말이다. 또 그는 모르는 것이 있으면, 솔직하게 그렇다고 말한다. 도롱뇽을 이야기할 때 그는 적어도 관찰한 사실을 출발점으로 삼는다. 도롱뇽은 정말로 '피가 차가운' 동물, 더 정확히 말하면 변온동물이다. 그 말은 주변에서 열을 취한다는 의미다. 따라서 서늘하고 축축한 곳에 있는 도롱뇽을 만지면 정말로 차갑다. 도롱뇽을 핥는 것은 경솔한 짓이라고 말할 수 있겠지만, 그 독성이 절대 약하지 않다고 말하면 과장일 것이다. 유럽 남부와 중부의 숲이 우거진 산비탈에서 흔히 볼 수 있는 노랑무늬영원은 공격을 받는다고 느끼면 신경독성을 지닌 알칼로이드인 사만다린(Samandarin)을 피부로 분비한다. 이 독소는 작은 척추동물에게 근육 경련, 혈압 상승, 과호흡을 일으킬 수 있다. 아마도 그들은 진짜 "안쪽의 불"을 느낄 것이다.

아홀로틀

《자연사》는 아마도 서양에서 최초로 모든 지식*을 집대성하고자
한 놀라운 시도였을 것이다. 하지만 17세기 영국의 의사인 토머스 브
라운(Thomas Browne)은 플리니가 실제로 이룬 성과를 매우 냉정하
게 평가한다. "오늘날의 글에서 흔히 저지르는 한 가지 오류가 거의
없다. 즉 이 책에 실린 동물들은 직설적으로 표현된 것도 연역적으로
추론된 것도 아니라는 점이다." 브라운은 《전염성유견(Pseudodoxia
Epidemica)》 또는 《통속적인 오류들(Vulgar Errors)》이라 불리는 그
의 저서(당대의 《사이비 과학》이라고 할 만한 책으로, 1646년부터 1672년까
지 26년간 6판까지 나왔다)에서 사람들이 환상에 빠지는 원인을 "잘못
된 성향, 잘 믿는 성격, 게으름, 융통성 없이 기존 것에 집착, 악마의
시도" 등 다양하게 파악하고 있지만, 무엇보다 환상 자체를 파괴하
는 데에 거의 전력을 쏟는다. 도롱뇽 신화는 "잘못된 확장(fallacious
enlargement)"의 한 예로서, 탄탄한 영국 경험주의를 조금만 적용해도
쉽게 무너진다. "우리는 도롱뇽이 뜨거운 석탄불을 꺼뜨리기는커녕
그 위에서 즉사한다는 것을 경험을 통해 안다."

브라운은 현실적인 사람이었지만, 상징과 수수께끼에도 관심이 많
았다. 그가 지은 《키루스의 정원(Garden of Cyrus)》은 예술, 자연, 우주의
상호 관계를 환상적으로 그려낸 작품이다. 브라운은 신이 우주의 기
하학자라고 보며, 신이 생물과 무생물의 모든 곳에 5점 모양(quincunx,
주사위의 5점 면에 찍힌 점처럼 다섯 개의 점이 X자 모양으로 찍힌 것)**을 찍어
놓았다고 본다. W. G. 제발트의 말마따나, 브라운은 모든 곳에서 5점
모양을 본다. 결정의 형태에서, 불가사리와 성게, 포유동물의 척추에
서, 조류와 어류의 등뼈에서, 다양한 뱀들의 피부에서, 해바라기와 구
주소나무에서, 어린 참나무의 눈과 쇠뜨기의 줄기에서, 인류의 창작
물들 속에서, 이집트의 피라미드에서, 석류나무와 흰 백합을 수학적
으로 정확히 배치하여 심었다는 솔로몬 왕의 정원에서도 본다. 이런
사례는 얼마든지 늘어날 수 있다.

도롱뇽은 브라운이 세상을 뜬 지 50여 년이 흐른 뒤 다시 수수께

끼로 나타난다. 스위스의 의사이자 자연사학자인 요한 쇼이처(Johann Scheuchzer)가 인간 아이의 머리뼈와 비슷한 커다란 머리뼈 화석을 발견하면서였다. 그는 그 화석에 호모 딜루비 테스티스(*Homo diluvii testis*)라는 학명을 붙였다. '대홍수를 목격한 인간'이라는 뜻이다. "태초의 세계에 살았던 저주받은 종족의 희귀한 유골"이라면서 말이다. 이 견해는 100년 동안 이어졌다. 이윽고 프랑스의 비교해부학자 조르주 퀴비에가 그 머리뼈를 조사하기에 이르렀다. 1812년, 퀴비에는 그 화석이 결코 인간의 것이 아니라고 발표한다. 하지만 어떤 동물의 뼈인지 밝혀진 것은 더 시간이 흐른 뒤인 1831년이 되어서였다. 딜루비 테스티스는 커다란 도롱뇽이었다. 이 동물은 멸종하고 없지만, 현재 중국과 일본의 몇몇 강에서 살고 있는 커다란 동물의 친척이었다.

퀴비에를 비롯한 연구자들은 과거에 지구 위를 돌아다녔던 많은 종들이 지금은 사라지고 없으며, 인류가 출현하기 이전에 기나긴 시간이 있었다는 사실이 점점 명백해지고 있다는 것을 보여주었다. 그렇다면 신의 창조물 가운데 우리의 진정한 역할과 위치는 어떻게 되는가? 한때는 큰 영향을 끼쳤지만 지금은 거의 어느 누구도 기억하지 못하는 스코틀랜드 상식학파의 철학자 제임스 매코시(James McCosh)가 보기에 답은 명확했다. 인간은 자연에서 이상적인 형상을 빚어내온 과정의 정점이라는 것이었다. 1857년 매코시는 이렇게 썼다. "완

---

* 플리니는 자신이 모은 지식을 종합한 끝에 이렇게 결론을 내렸다. "세상만사 가운데 확실한 것은 이것뿐이다. 그 무엇도 확실하지 않다는 것과 인간보다 더 오만하고 더 가련한 존재는 없다는 것이다."

** 열정만 충분하다면 누구든 도롱뇽뿐 아니라 거의 모든 곳에서 5점 모양을 찾아낼 수 있다. 이 '불의 원소'는 플라톤이 불을 이루는 원소라고 믿은 완벽한 형상인 사면체와 연결 지을 수 있다. 사면체는 삼차원 단체(simplex, 해당 차원보다 한 개 더 많은 꼭짓점으로 이루어진 도형 같은 것—역자 주)다. 거기에서 유추하자면, 사차원 단체는 오면체, 즉 정사 투영을 통해 5점 모양으로(별 모양을 비롯한 다른 모양으로도) 될 수 있는 사차원 형상이 된다. 생명의 암호에서도 이 형상을 찾아낼 수 있다. 로질린드 프랭클린(Rosalind Franklin, DNA의 구조를 밝혀내기 위해 경쟁했던 과학자 중 한 명—역자 주)의 〈사진 51〉이 대표적이다. 이 사진에는 5점 모양 같은 DNA가 찍혀 있다.

아홀로틀

성된 척추동물의 형태에 이르려면 앞으로도 기나긴 세월이 흘러야 했다. 인간의 모습을 빚어내기 위한 준비 기간은 아직 끝나지 않았다. 그렇긴 해도 쇼이처의 이 화석에는 인간의 뼈대가 보여주는 더 완벽한 유형이 예시되어 있었다."

'완성'과 '완벽한 유형' 같은 말들은 오늘날에는 시대착오적이라고 여겨지지만, '예시(Prefiguration)'라는 말은 그런 취급을 덜 받는다. 양서류 화석은 우리 자신을 비롯한 현대 척추동물들에게서 보는 것의 상당 부분을 **예시한다**. 현존하는 도롱뇽들의 몸(도마뱀붙이, 논병아리, 긴팔원숭이의 몸은 말할 것도 없이)은 우리의 몸과 공통점이 많다. 도롱뇽의 다리는 대다수 사람들의 팔다리보다 더 작고 더 가늘지 몰라도, 본질적인 유사점들을 지니고 있다. 피부로 감싸여 있고 단단한 뼈, 근육, 인대, 힘줄, 신경, 혈관이 들어 있다는 점에서 그렇다. 물론 양쪽이 크게 다른 부분도 있다. 예를 들어, 파충류와 포유류의 심장은 방이 네 개지만, 그들의 심장에는 방이 세 개다. 하지만 친구 사이에 심실 하나가 있고 없고가 뭐 그렇게 중요하겠는가?

제임스 매코시나 찰스 다윈과 동시대의 인물이었던 고생물학자 리처드 오언(Richard Owen)은 그런 유사성—그는 상동성(homology)이라고 했다—이 신의 계획에 따른 "초월적 해부학(transcendental anatomy)"이 있음을 말해주는 증거라고 보았다. 즉 신이 마치 목수처럼 작업대에서 원형이라는 주제를 변형한 형태들을 계속 쏟아냈음을 보여 주는 사례라는 것이었다. (오언은 이를 두고 '생물이 될 운명인 존재들을 내놓는 연속 작업 원리'라고 했다.) 그렇지만 오언은 각 종이 따로따로 창조되었다고 주장했다. 어느 종이 다른 종으로 진화한 것이 아니며, 게다가 인간은 유일무이한 창조물로서 논외로 쳐야 한다고 보았다. 반면에 다윈은 인간을 포함하여 무수한 생물들 사이에 보이는 유사성을 공통 조상에서 유래한 변형된 자손이라는 개념으로 설명하는 편이 더 낫다고 주장했다.

오늘날 우리 대부분은 인간이 진화적 의미에서 다른 동물들과 연속성을 띤다는 것을 받아들이면서도, 여전히 우리의 존재 방식에 본질적인 차이가 있다고 주장한다. 1950년대에 인류학자 로렌 아이슬리(Loren Eiseley)는 인간이 "더 하등한 동물들의 본능을 대신하고 자신을 떠받치는 사상, 신념, 습관, 관습으로 이루어진 보이지 않는 세계를 구축한 꿈의 존재"라고 했다. 아이슬리는 "동물로부터 인간의 지위로 도약할 때 일어난 깊은 충격이 우리의 무의식 깊숙한 곳에서 아직도 울리고 있다"라고 보았다.

도롱뇽처럼 겉보기에 비슷한 해부 구조를 지닌 동물들은 못하는 방식으로 그런 꿈의 존재가 될 수 있는 우리의 유일무이한 능력을 대체 무엇으로 설명할 수 있을까? 물론 지난 한 세기에 걸쳐 고생물학자들과 유전학자들이 그러모은 답은 우리 조상이 가장 가까운 유인원 사촌들과 갈라진 뒤, 특히 지난 200만 년 사이에 일련의 폭발적인 진화를 통해 점점 더 커다란 뇌를 지니게 되었고, 약 20만 년 전에 현재의 우리 모습에 근접한 형태를 갖추었다는 것이다. 하지만 그 설명, 적어도 내가 방금 말한 설명에는 문제가 하나 있다.

이 설명이 어딘가 잘못되었다는 말은 아니다. 이 설명은 옳다. 문제가 있다고 말한 이유는 너무나 사실적이라서 무미건조하기 때문이다. 즉 척추동물이 수억 년이라는 세월에 걸쳐 번성한―뒤에서 살펴보겠지만, 상당 기간에 걸쳐 아홀로틀을 닮은 기이한 생물들이 가득했다―뒤에야 그렇게 상대적으로 짧은 기간 동안에 인간의 뇌처럼 경이로운 기관이 진화했다는 사실이 얼마나 특이한 사건인지를 제대로 실감 있게 전달하지 못한다는 뜻이다.

----

* "보는 법을 알기만 하면, 우리 몸은 열었을 때 우리 행성의 역사, 즉 바다와 하천과 숲의 먼 과거에 일어난 중대한 사건들을 말해주는 타임캡슐이 된다. 우리 세포들이 협력하여 몸을 구성할 수 있도록 해주는 분자들은 고대의 대기에 일어난 변화들을 반영하고 있다. 고대 하천의 환경은 우리 팔다리의 기본 해부 구조를 빚어냈다. 우리의 색각과 후각은 고대의 숲과 평원에 살면서 갖추어졌다."
　―닐 슈빈(2008)

사람들은 이 직관적으로 틀리다고 믿고 싶은 진리를 회피하고자 온갖 방법을 동원했다. 그중에는 과학적인 접근법을 취했다고 주장한 사람들도 있는데, 가장 실소를 자아내는 인물을 두 명만 살펴보자. 1919년 영국의 저명한 형질인류학자인 F. 우드 존스(Frederic Wood Jones)는 커다란 뇌를 지닌 선인류가 실제로는 수천만 년 전에 살았으며, "일부에서 상상하는 구부정하게 걷는 털투성이 원인과는 전혀 다르다"라고 주장했다. 그들은 오히려 안경원숭이와 비슷한 "활동적인 작은 동물"이었고, 팔보다 긴 다리, 작은 턱, 아주 커다란 머리뼈를 이미 갖추고 있었다는 것이다.

우드 존스의 가설은 그가 설파할 당시에도 설득력이 거의 없었다. 귀엽기 그지없는 안경원숭이를 보면서 그런 생각을 떠올렸다니 딱하기 그지없다. 프랑수아 드 사르(François de Sarre)의 직립보행 선행 이론(theory of initial bipedalism)은 더 어처구니가 없다. 그는 인간의 형태가 다른 모든 유인원뿐 아니라 모든 사지류(등뼈를 지닌 모든 육상동물, 즉 양서류, 파충류, 포유류, 조류)보다, 심지어 어류보다도 더 먼저 나타났다고 주장한다. 그의 이론은 이 호문쿨루스(인체 형태)가 사실상 창고기(뇌도 등뼈도 없고 척삭만 지닌 작고 단순한 어류 형태를 한 현생 동물)와 좀 비슷하게 생긴 수생 '원척추동물(prevertebrate)'로부터 곧바로 진화했다고 본다. 따라서 인간은 모든 육상 척추동물 중에서 가장 원시적인 체형을 간직해 온 것이고, 스테고사우루스, 뱀과 도롱뇽, 소, 카피바라와 코아티(coati)* 같은 다른 모든 척추동물들은 그 체형에서 진화했다는 것이다. 즉 우리야말로 지금까지 출현한 모든 척추동물들의 원형이라는 주장이다.

직립보행 선행 이론은 창고기처럼 생긴 우리 조상의 몸에 부력 조절을 돕도록 기체로 차 있는 공기 방울 같은 기관이 진화했다고 주장한다. 처음에 이 기관이 부표 역할을 했기에 이 작은 동물은 물속에서 수직으로 몸을 세운 채 샴페인의 코르크 마개처럼 둥둥 떠 있을 수 있었다. 이어서 물속에서 방향을 잡는 데 도움을 줄 두 쌍의 부속지와

상상하기 어려운 존재에 관한 책

안경원숭이

작은 꼬리가 진화했고, 그럼으로써 이 동물은 아홀로틀처럼 목에서 뻗어 나온 나뭇가지 같은 겉아가미를 매단 채 수직으로 떠 있는 배아처럼 보이기 시작했다. 한편 둥근 머리는 커다란 뇌가 발달할 여유 공간을 주었다. 이 수생 호문쿨루스는 항온성(온혈), 털, 귀, 움켜쥘 수 있는 손을 갖추고 알이 아니라 새끼를 낳는 동물로 진화했고, 이윽고 육지를 정복한 최초의 동물이 되었다.

이 이론이 터무니없다고 해도, 적어도 독창적이고 멋지다는 점만은 인정해 주어야 한다. 그리고 우리의 원시 양서류 조상들의 **실제** 모습은 그에 못지않게 기이하고도 흥미롭다.

---

* 코아티는 긴코너구리, 스누컴곰(snookum bear), 그리고 위키피디아에서의 사소한 만행 덕에 브라질땅돼지(Brazilian aardvark)로도 불리며, 너구리의 일종이다.

아홀로틀

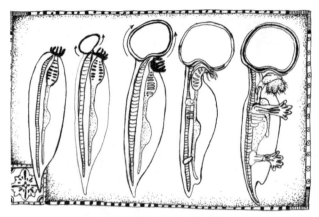

수생 호문쿨루스의 초기 발달 단계

과거 많은 과학자들은 육지로 오르는 모험을 감행한 최초의 척추동물이 실러캔스—살집 있는 짧은 지느러미를 지닌 고대 어류—와 비슷한 어류였으며, 다리나 폐가 진화하기 **이전에** 꿈틀거리면서 물 밖으로 나왔을 것이라고 생각했다. 이 모형은 아마 오늘날 보는 망둑어 같은 '걷는 물고기'를 염두에 두고 만들었을 것이다. 지금은 이 모형을 틀렸다고 본다(비록 창의적이고 재미있는 맥주 광고 프로젝트 〈노이툴러브[noitulovE]〉[진화(evolution)의 철자를 거꾸로 쓴 이름으로, 시원하게 맥주를 들이킨 인물들이 그 원초적 쾌감에 수백만 년 전 망둑어로 퇴화하는 모습을 그렸다—역자 주]는 그 점에 전혀 구애받지 않은 모양이지만). 실제로는 폐와 팔다리가 먼저 출현했고, 그 기관들을 갖춘 동물들이 여전히 물속에서만 살고 있었던 것이다.

우리의 조상이자 도롱뇽의 조상이기도 한 최초의 사지류(tetrapod, 네 개의 부속지를 지닌 척추동물)는 약 3억 6,500만 년 전 데본기에 출현했다. 그들은 먹이가 풍족하고 숨을 곳이 많은 하구나 연안 습지의 얕은 물에서 느릿느릿 움직이며 살았다. 이런 환경에서 '발 달린 물고기(fishapod)'는 원시적인 부속지로 몸을 떠받치고 몸을 들어올려서 강 서식지 바로 위쪽의 신선한 공기를 마실 수 있었다. 그들은 아가미

상상하기 어려운 존재에 관한 책

로 흙탕물 속의 빈약한 산소만을 흡수할 수 있는 동물들보다 더 유리한 입장에 있었을 것이다. 잡초와 쓰러져 썩어가는 나무들 사이를 몸을 비틀고 구부리면서 헤집고 다니는 데에 도움을 줄 구부러지는 목과 뼈마디도 진화했다. '손'이나 '발'이 예닐곱 개의 마디로 이루어지는 사례도 있었다.

그들의 세계는 어떤 모습이었을까? 갑자기 시간을 거슬러 올라가서 데본기의 강어귀 가장자리에 풍덩 떨어진다고 상상해 보자. 따뜻하다. 그리고 머리가 좀 몽롱하다. 대기의 산소 농도가 약 15퍼센트로, 익숙하던 곳보다 낮기 때문이다. 하지만 언제나 그렇듯이 물이 흐르고 파도가 철썩이고 있다. 그 광경을 보고 있자니 왠지 안심이 된다. 발밑의 모래를 내려다보니 얕은 물속에서 무언가 허둥지둥 달아나는 것이 어렴풋이 보인다. 오늘날 보는 투구게의 축소판이다. (더 먼 바다에는 판피류[데본기에 번성했던 원시어류―역자 주]가 산다. 두껍게 갑옷으로 덮인 어류로서 육중하고 강력한 턱이 있고, 길이가 6미터를 넘는 종류도 있다. 하지만 멀리 떨어져 있으니, 눈에 띄지 않는다.)

내륙으로 향하니, 강둑에 무성한 식생이 펼쳐진다. 가까이에 나무줄기처럼 보이는 것이 있다. 높이가 8미터에 이르고 표면이 매끄럽고 위가 둥그스름한 원통형이다. 기둥선인장과 어딘가 비슷하지만, 가시가 없다. 이것은 '거대한 균류'인 프로토탁시테스(Prototaxites)의 버섯이다. 좀 더 떨어진 곳에는 바늘잎이나 넓은 잎이 아니라 고사리 잎을 우산처럼 기이한 대칭 모양으로 펼치고 있는 거의 나무만큼 …… 큰 …… 덤불이 보인다. 또 땅에서 자라난 정도에 따라, 크고 작은 다양한 초록색 교통 차단 말뚝처럼 보이는 뭉툭한 덩어리들도 있다. 작은 나무만 한 석송류도 있다. 구부러진 경찰봉처럼 보이는 줄기는 녹색 비늘로 빽빽하게 덮여 있다.

땅바닥과 식물 줄기에 몇몇 기이한 곤충들이 보이긴 하지만, 공중에서 윙윙거리는 곤충은 전혀 없다. 날아다니는 곤충*은 6,000만 년이 더 지나야 출현할 것이다. 물론 새소리도 들리지 않는다. 새는 다시 3

아홀로틀

억 년이 더 흘러야 등장할 테니까.

구불거리며 흐르는 강의 어귀에는 잡초 더미와 깊은 물웅덩이가 군데군데 있다. 탁한 물속에 열 살 된 아이만 한 무언가가 움직이는 모습이 어른거린다. 연약해 보이는 짧은 다리에 물갈퀴가 달린 일곱 개의 발가락이 나 있다. 꼬리는 도롱뇽의 것과 좀 비슷하며, 얼굴은 물고기와 개구리의 중간 형태다. 바로 이크티오스테가(Ichthyostega)다. 이 종 또는 그와 매우 가까운 어떤 종이 우리와 도롱뇽의 직계 조상일 수도 있다. 이 동물은 당신이 다가오는 것을 보고는 재빨리 헤엄쳐 사라진다. 잠시 잔물결이 일었다가 침묵**이 깔린다.

3,000~4,000년 전, 메소포타미아인들은 절반은 인간이고 절반은 물고기인 오아네스(Oannes)라는 존재가 바다에서 올라와서 인류에게 지혜를 가르쳐 주었다고 상상했다. 반면에 이크티오스테가는 결코 초자연적인 존재가 아니다. 그저 거의 상상할 수도 없는 먼 과거에 살던 사지류일 뿐이다. 그리고 오아네스와 달리 이크티오스테가는 그 어떤 의미에서든 간에 우리에게 직접적으로 '가르치는' 것이 전혀 없다. 하지만 우리 의식적 마음의 물가에 그것이 머물도록 허용한다면, 우리는 자신이 고대에 기원했고 머나먼 과거에 기이한 변형이 이루어져 왔다는 점을 더 깊이 느끼고 그에 관해 더 많은 사실을 배울 수 있을 것이다.

이크티오스테가 이후로 약 2,000만 년 동안 화석 기록은 끊겼다가 양서류가 육지에 완전히 자리를 잡았다는 증거가 나타난다. 언젠가는 이 틈새**도 메워질지 모른다. 구체적으로 어떻게 이루어졌는지 모르겠지만, 이 전환은 기념비적이었다. 본질적으로 무게를 못 느끼는 수중 환경에서 육지로 올라온다는 것은 적어도 장기간 우주에서 생활하다가 지구로 돌아와서 중력을 견뎌야 하는 우주 비행사가 극복해야 하는 것만큼 엄청난 도전 과제다.

석탄기와 페름기에 걸친 1억 년이 넘는 세월 동안—해부 구조를 기준으로 본 현생 인류가 존속한 기간보다 500배나 더 긴 기간

이크티오스테가

― 양서류는 육지에서 최상위 포식자였다. 카콥스(*Cacops*)는 악어를 축소시켜서 아주 거대한 개구리와 교배시킨 듯한 모습이었다. 에리옵스(*Eryops*)는 아주 거대한 도롱뇽 같았다. 프리오노수쿠스(*Prionosuchus*)는 언뜻 보기에 악어를 쏙 빼닮았지만, 길이가 9미터로서 오늘날의 짠물에 사는 가장 큰 크로커다일보다 훨씬 더 컸다. 아홀로틀처럼 겉아가미를 유생 단계뿐 아니라 성체 때까지 지닌 종들도 있었는데, 몸집이 아홀로틀보다 적어도 두 배는 더 컸다. 그리고 머리가 커다란 부메랑처럼 생긴 디플로카울루스(*Diplocaulus*)도 있었다.

유양막류―육지에서 마르지 않도록 보호막으로 둘러싸인 알을 낳

---

* 곤충은 약 3억 년 전, 페름기에 날기 시작했다. 명금류는 약 5,600만 년 전 에오세 초에 진화했다.

** 물고기처럼 보이는 원시적인 동물이라고 하면 좀 하찮게 여겨질지 모르지만, 2,000∼3,000년 전만 해도 샴잉어(giant carp)와 철갑상어처럼 사람보다 크고 몸무게가 1톤 넘게 나가는 어류가 아시아와 유럽의 여러 강들에 흔했다는 점을 생각해 보라. 그들은 인상적인 동물들이었을 것이 분명하며, 틀림없이 사람들에게 궁금증을 일으켰을 것이다. 몇몇 거대한 어류 종은 아주 최근까지도 메콩 강 같은 오지의 강에 살아남아 있었다. 강에 사는 신비한 존재들이 모두 다 유순한 것은 아니다. 아르메니아 전설에 나오는 으항(Nhang)은 강에 사는 변신할 수 있는 뱀 괴물인데, 여자로 변신하여 남자를 유혹하거나 물범으로 변해서 물속으로 끌고 들어가 익사시킨 뒤 피를 빨아먹는다. 2003년 이라크 침공 때에는 티그리스 강과 유프라테스 강으로 시신들을 마구 던져 넣는 바람에 강의 잉어들이 사람만큼 커졌다는 소문이 돌았다.

✤ 자연에서 화석이 형성되기란 매우 어렵다. 빌 브라이슨은 현재 살고 있는 약 3억 명에 이르는, 각자 206개의 뼈를 지닌 미국인들을 다 합쳐도 먼 훗날 화석으로 남을 한 명분의 뼈대 중 4분의 1에 불과한 50개도 채 안 될 것이라고 추정한다.

아홀로틀

는 동물—는 석탄기 초에 처음 진화했다. 세월이 흐르면서, 최초의 유양막류의 후손들은 파충류(공룡과 그 후손인 조류를 포함한다)와 훗날 포유동물이 될 동물들로 진화했다. 육지에 적응한 이 새로운 종류의 척추동물들은 이윽고 육지에 있던 많은 생태 지위에서 양서류의 자리를 차지했다. 지금 남아 있다면 이 책에 실렸음 직한 거대한 개구리들이 아마도 이 때문에 사라졌을 것이다. 하지만 이러한 대체는 오랜 시간에 걸쳐 이루어졌고, 순탄하지 않을 때도 있었다. 한 예로 약 2억 5,400만 년 전, 생명의 역사상 가장 큰 격변이 일어나 모든 육상 척추동물의 3분의 2 이상과 모든 해양동물의 97퍼센트가 죽었다. 유양막류보다 양서류가 더 심한 피해를 입었다. 그래도 일부는 살아남았다[*]. 그리고 많은 곳에서 파충류와 원시 포유류에게 밀려난 현대 양서류의 조상들은 남아 있는 생태 지위에서 살아가야 했다. 그래도 그들은 다시 폭발적으로 (지질시대 내내) 불어나면서, 중세 우화집에 실린 동물들보다 더 기이한 모습의 다양한 동물들로 분화했다.

밀턴의 책을 연상시키는[**] "지옥에서 온 옴두꺼비"인, 대형 피자만큼 거대한 벨제부포(*Beelzebufo*)를 보라. 젤리가 가득한 주머니처럼 물컹물컹하지만 약 1억 5,000만 년 동안 거의 그 모습 그대로 살아남을 만큼 강인한 희귀한 보라색 개구리인 나시카바트라쿠스 사히아드렌시스(*Nasikabatrachus sahyadrensis*)는? 맹그로브 습지와 늪에 살면서, 짠물에서 견디는 양서류로서는 유일하게 남아 있는 게잡이개구리(crab-eating frog)도 있다. 최근에 멸종되었지만, 수정란이 위장에서 안전하게 부화할 수 있도록 삼켜서 올챙이를 거쳐 어린 개구리가 될 때까지 키운 뒤에 토해 내는 남부위부화개구리(Southern Gastric Brooding Frog)는 또 어떤가. 개구리도 두꺼비도 도롱뇽도 아닌 별개의 생물 목을 이루면서, 이야기 속의 펠리컨처럼 자신의 살을 새끼에게 먹이는[***] 무족영원류(caecilians, ave)도 있다. 500종류가 넘는 경이로운 도롱뇽들도 이에 질세라 합류한다.

만물(특히 자신의 고양이인 조프리)에게 바치는 찬가인 〈쥬빌라테 아

그노(Jubilate Agno, 라틴어로 '양을 위한 찬가'로 번역할 수 있다―역자 주)〉
로 잘 알려진 영국 시인 크리스토퍼 스마트가 살아 있다면, 아마 이
존재들을 찬미하는 시를 쓰지 않았을까? 제목이 〈쥬빌라테 암피비오
(Jubilate Amphibio, 여기서 'Amphibio'는 양서류를 뜻한다―역자 주)〉쯤 되
는 시를 말이다. 세상을 떠난 시인들과 친구들을 노래한 〈시인들을 위
한 애가(Lament for the Makars)〉를 쓴 스코틀랜드 작가인 윌리엄 던바
(William Dunbar)라면, 페름기 이후로 가장 심각한 양서류 멸종이 진
행되고 있는 듯한 현재의 추세를 보면서 사라져가는 수많은 양서류
들을 애도하지 않을까?

　아홀로틀은 북아메리카에만 있는 속인 두더지도롱뇽속(Mole
salamander)에 속하며, 멕시코 고지대의 호수에서만 발견되는 극소수의
종 가운데 하나다. 이 이름의 유래는 두 가지로 설명된다. 첫 번째 설

---

* 개구리, 두꺼비, 도롱뇽, 영원의 마지막 공통 조상에는 "니콜라스 호튼 3세 박사의 늙은 개구리
(Elderly Frog of Dr. Nicholas Hotton Ⅲ, *Gerobatrachus hottoni*)라는 긴 이름이 붙어 있다. 개구리
도롱뇽(frogamander)이라는 별명이 붙은 이 양서류판 아브라함은 페름기 초에 살았지만,
2007년에야 텍사스 베일러 카운티의 도니스 덤프피시 채석장에서 화석으로 발견되었다.
개구리 계통과 도롱뇽 계통은 그 뒤로 1억 년 사이에, 초대륙인 판게아가 쪼개지기 이전
에 갈라졌다. 고대의 개구리와 두꺼비는 더 잘 뛰는 쪽으로 진화한 반면, 도롱뇽은 미끄러
지듯 돌아다니는 쪽으로 진화했다.

** …… 비록 타락은 했지만 위엄 있는
그의 얼굴에는 왕자다운 지혜가 빛난다
현인처럼 그는 서 있다
강대한 왕국들의 무게를 짊어질 만한
아틀라스의 어깨를 펴고서
밤처럼 침묵이 깔린 가운데
그의 모습은 군중의 시선과 주의를 끌었다
　―밀턴의 《실락원》 중에서

*** 펠리컨이 자신의 살과 피를 새끼에게 먹인다는 말은 중세 유럽에서 널리 퍼져 있었으며, 동물
우화집에서 펠리컨은 경건함과 희생의 상징이자 예수 자신의 상징으로도 쓰인다. 무족영원류는
정말로 그와 비슷한 행동을 한다. 새끼는 다른 현생 양서류들에는 없는 특수한 이빨로 어미의
피부에 쌓인 지방을 갉아먹는다. 어미의 피부는 영양이 아주 풍부해서 새끼는 부화한 지 한 주만
에 몸무게가 열 배로 늘어날 수 있다. 동물계에서 어미의 피부를 먹어서 필요한 양분을 섭취하는
유일한 피부영양(dermatotrophy)동물이다.

아홀로틀

명은 이 이름을 아즈텍족의 불의 신이자 죽은 자의 안내자이자 때로
는 불운을 가져오는 신인 홀로틀(Xolotl)과 연결짓는다. 다섯 개의 태
양이 나오는 한 신화에서 홀로틀(발이 거꾸로 붙어 있고 개의 머리를 가졌
다)은 아홀로틀로 변신한다. 다른 설명은 그 이름이 아즈텍족의 언어
인 나후아틀어에서 '물'과 '개'를 뜻하는 아틀(atl)과 홀로틀(xolotl)을
조합한 것이라고 말한다. 콧물수달(snot otter, 미국장수도롱뇽—역자 주)
이나 진흙강아지(mud puppy, 머드퍼피—역자 주)처럼 다른 도롱뇽 종들
을 가리키는 별난 이름들은 몸집 큰 도롱뇽이 물속에서는 개와 비슷
해 보일 수 있다는 점을 말해 준다. 개라는 말에 멕시코에 흔한 '털이
없는' 품종을 떠올린다면 더욱 그럴듯하게 여겨질 것이다.

　아홀로틀은 두 개의 입구를 통해서 유럽의 분류학이라는 극장으
로 들어갔다. 한 곳은 16세기 스페인 자연사학자인 프란시스코 에르
난데스(Francisco Hernandez)의 펜을 통해서 열렸다. 그는 이 동물의
나후아틀어 이름을 적으면서 피스키스 루디크로우스(piscis ludicro-
us), 즉 익살맞은 물고기라고 묘사했다. 또 한 곳은 오러너구리를 연
구한 최초의 유럽 과학자이기도 한 영국 동물학자 조지 쇼(George
Shaw)가 1789년 이 동물을 린네의 분류 체계에 끼워 넣음으로써 열
었다. 1800년 독일 자연사학자인 알렉산더 폰 훔볼트(Alexander von
Humboldt)는 거대한 코끼리 뼈 화석을 비롯한 다른 물품들과 함께 살
아 있는 아홀로틀 두 마리를 배편으로 파리에 있는 조르주 퀴비에—
앞서 인류의 화석이라던 것이 늪에 살던 고대의 거대한 도롱뇽임을
밝혀내기도 했다—에게 보냈다. 퀴비에는 아홀로틀이 공기 호흡을
하는 미지의 종의 유생 형태라고 판단했으며, 이후로는 더 이상 연구
를 하지 않은 듯하다. 그로부터 60년 뒤에야 마찬가지로 프랑스의(그
리고 멕시코를 정복하려는 자국의 혜택을 보던) 과학자들은 아홀로틀의 가
장 두드러진 특징 중 하나를 처음으로 연구했다. '올챙이', 즉 유생처
럼 보이긴 해도 그것이 번식 가능한 성체이며, 전혀 다른 종처럼 보이
는 것으로 수수께끼처럼 변신할 수 있다는 사실이었다.

예전에 유생에게서만 나타나던 형질을 성체가 갖춤으로써 신종으로 진화할 때, 그 현상을 '유형성숙'이라고 한다. 유형성숙은 다양한 동물들에게서 볼 수 있다. 예를 들어 어른 타조는 먼 조상의 새끼가 지녔던 날개와 형태와 비율이 비슷한 덥수룩한 작은 날개를 지닌다. 인간도 우리를 '제대로 자란' 어른 유인원보다 아기 고릴라나 침팬지에 더 가까워 보이도록 하는 작은 턱과 커다란 머리*를 비롯해 유형성숙 형질을 20가지나 지니고 있다고 한다. 그러나 '미성숙' 상태에 머문다고 해서 작거나 성적으로 미발달한 상태로 있어야 한다는 의미는 아니다. 타조는 현생 조류 중 가장 큰 새이며, 인류도 번식에 성공하지 못했다고는 할 수 없다.

유형성숙 현상은 온갖 형질을 설명하거나 연관 짓는 데** 동원되어 왔지만, 과학적 설명이 끝나고 비유가 시작되는 지점이 언제나 명확했던 것은 아니다. 《멋진 신세계》(1932)의 저자인 올더스 헉슬리는 인간이 유형성숙한 유인원이며, 무한정 오래 살다 보면 인간도 다른 유인원과 같은 모습—털북숭이에 등이 굽고 난장판이 된 바닥에 앉아서 생활하는—이 될 것이라는 흥미롭기 그지없는 개념을 다룬 소설도 쓰기도 했다. 그는 20세기 전반기의 손꼽히는 진화생물학자였던 형 줄리언 헉슬리가 아홀로틀을 대상으로 한 실험에서 어느 정도

---

* 인간과 다른 유인원 사이의 가장 두드러진 차이점 중 하나인 뇌 크기는 유형성숙이라기보다는 이시성(異時性)의 산물로 보는 편이 더 정확하다. 침팬지나 인간이나 태아 때 뇌와 머리의 발달 단계와 성장 속도는 비슷하다. 하지만 태어난 직후부터 달라진다. 인간의 뇌와 머리는 태어난 뒤로도 몇 년 동안 계속 더 발달한다.

** 일부 과학자들은 모든 척추동물을 포함하는 문인 척삭동물문이 유형성숙을 통해 출현했다고 본다. 현생 동물 중 척삭동물의 가장 가까운 친척은 멍게류다. 멍게류는 해면동물과 비슷하게 주머니 모양이며, 바다에서 먹이를 걸러 먹는 여과 섭식자다. 유생 때 멍게는 척삭동물의 배아에 있는 것과 비슷한 원시적인 등뼈 모양의 중배엽 세포들로 이루어진 막대 같은 척삭을 이용하여 꿈틀거리며 헤엄을 친다. 성숙함에 따라, 멍게는 바위에 달라붙고 척삭은 사라진다. 유전학자 스티브 존스(Steve Jones)는 멍게의 이 생활사를 종신 재직권을 얻은 학자의 생활사와 비교한다. 열심히 연구 활동을 한 뒤에, 해저에 정착하여 자신의 뇌를 흡수해 없앤다고 말이다.

아홀로틀

영감을 얻었을 것이다. 줄리언이 호르몬을 주사하자 아홀로틀은 친척인 멕시코호랑이도롱뇽과 아주 흡사한 모습으로 변했다.

인간이 무한정 살 수 있다고 할 때 어떤 일이 벌어질지 올더스 헉슬리가 추측한 내용은 틀린 것이었지만, 그의 이론은 당시뿐 아니라 오늘날까지도 큰 영향을 미치고 있는 또 하나의 개념에 토대를 두고 있다. 바로 발생반복설(recapitulation theory)이다. 1866년 독일 자연사학자 에른스트 헤켈이 처음 내놓았고 "개체 발생은 계통 발생을 반복한다"라는 말로 널리 알려진 이 개념은, 각 생물이 발생 과정에서 자기 종이 처음 출현한 시점부터 생명의 역사를 다시 펼친다는 설이다. 예를 들어 인간은 잉태 때 최초의 생명과 마찬가지로 작은 세포에서 출발하여, 아가미를 온전히 갖춘 어류 형태와 꼬리를 온전히 갖춘 포유류 형태라는 배아 발달 단계들을 거쳐서 최종적으로 지금의 우리인 '고등한' 존재로 태어난다는 것이다.

또 발생반복설은 19세기와 20세기 초 유럽에서 유행했던 진보 개념과 들어맞는 듯했고, 그렇기에 '과학적' 인종차별주의와 제국주의 팽창을 뒷받침하기에 이르렀다. 즉 유럽인은 '고등한' 유럽 인종의 아이들이 원주민, 특히 키플링의 악명 높은 표현에 따르면 "반은 악마이고 반은 아이"인 아프리카 원주민의 어른들과 동일한 수준에 놓인다고 믿었다. 그리고 검둥이 원주민은 먼 과거에 살던 유인원 같은 원인과 아주 흡사하다고 여겼다. 백인 아이들은 이 단계들을 끝까지 다 나아가서 가장 고등한 형태의 인간이 된다는 것이다.

당대의 가장 명석하다던 인물들 중에서도 많은 이들이 이 견해를 받아들였다. 지그문트 프로이트도 비슷한 말을 했다. 건강한 유럽인 아이는 비유럽인 어른과 초기 인류가 (신경증에 걸린 유럽인 어른도 마찬가지로) '갇혀 있는' '원시적인' 단계를 통과한다고 했다. 그리고 '원시적인'(비유럽) 문화에 속한 어른들과 초기 인류는 정상적인 현대인 아이와 같다고 했다. 즉 그들은 그 과정의 초기 단계에 '갇혀' 있다는 것이다. 프로이트의 동료인 헝가리 정신과의 산도르 페렌치(Sándor

상상하기 어려운 존재에 관한 책

Ferenczi)는 그 말에 영감을 얻어서 《탈라사: 생식기 이론(Thalassa: A Theory of Genitality)》(1924)을 썼다. 그 책에서 페렌치는 일종의 바다인 안락한 자궁 속으로 돌아가고픈 무의식적 갈망으로 인간 심리의 많은 부분을 설명할 수 있다고 주장했다. 페렌치는 인간의 전 생애―부모의 성교에서 자식의 사망에 이르기까지―가 우리의 진화적 과거라는 거대한 그림의 반복이라고 보았다. 잉태는 생명의 여명기를 반복한다. 뒤이어 대양을 상징하는 자궁 속에서 태아는 최초의 아메바에서 완전히 형성된 인간에 이르기까지 조상들이 거친 단계들을 통과한다. 출생은 양서류와 파충류의 육지 정복을 나타내며, 이른바 잠재기―성적으로 발달하는 사춘기와 완전한 성숙에 앞서 나타나는―동안에는 빙하기 때의 침체기를 반복한다.

헤켈의 이론과 그것을 생물학뿐 아니라 정치학과 심리학에 적극적으로 응용하려는 태도는 유럽의 세계적 팽창과 정복이 정점에 이르렀을 때 출현했다. 아홀로틀은 시간적, 공간적으로 그 팽창이 시작되는 중심에 놓여 있었다. 스페인이 멕시코를 정복하고 있었기 때문이다. 그리고 비록 참화가 빚어지긴 했어도, 아홀로틀은 포로로 살아남아(아홀로틀은 실험실과 수족관에서 아주 잘 번식한다) 저도 모르는 사이에 더 정교한 세계관의 발달에 기여하고 있다. 인류와 도롱뇽 모두를 위해 더 나은 무언가를 약속하는 그런 세계관 말이다.

에르난 코르테스(Hernán Cortés)와 부하들은 1519년 11월 멕시코 중앙의 계곡으로 들어갔다. 꼼꼼한 기록자이기도 한 그는 이렇게 기록하고 있다.

물 위에 세워진 수많은 도시와 마을, 메마른 땅에 세워진 대도시들, 멕시

---

* 급진적인 환경보전론자이자 철학자인 폴 세퍼드(Paul Shepard)는 현대 미국인들이 개체발생에 문제가 생겨서, 즉 문화적으로 유도된 유형성숙이 잘못되는 바람에 유치해진 어른들이라고 보았다(1982).

아홀로틀

코(멕시코시티)로 이어지는 곧고 평탄한 도로를 보고서 우리는 경악했다. 물 위로 솟아오른 이 거대한 도시들 …… 그리고 모두 돌로 지어진 건물들은 마법에 걸린 듯 보였다 …… 실제로 몇몇 병사들은 이것이 꿈이 아닌지 묻기도 했다 …… 결코 듣지도 보지도 꿈조차 꾸지 못했던 것들을 처음으로 보면서 너무나 경이로움에 사로잡혔기에 나는 도저히 어떻게 묘사해야 할지 알지 못했다.

베네치아와 좀 비슷해 보였을 것이 분명하다. 바다 가장자리에 형성된 습지와 석호가 아니라 화산 분출로 생긴 산들에 둘러싸인 넓은 계곡의 얕은 호수 다섯 군데 중 가장 큰 텍스코코 호에 테노크티틀란과 틀라텔롤코라는 쌍둥이 도시가 우뚝 솟아 있다는 점이 달랐을 뿐이다. 스페인인들은 테노크티틀란(스페인인들은 멕시코라고 불렀다), 틀라텔롤코와 다른 호수들에 있는 도시들과 그곳의 풍족한 시장, 거대한 공공건물, 공중 정원에 매료되었다. 더 매력 있게 보이고자 치아를 검게 칠한 매춘부들은 말할 것도 없었다.

생산성이 매우 높은 농업 덕분에 도시는 엄청난 부와 수만, 아니 수십만 명에 이르는 군대를 소집할 수 있는 능력을 갖추고 있었다. 치남파—'공중 정원'이라고 불리곤 하지만, 사실은 호수에 조성한 인공 섬—는 농업에 핵심적인 역할을 했으며, 옥수수, 콩, 호박, 아마란스, 토마토, 고추를 풍족하게 공급했다. 치남파 주변의 물에는 어류를 비롯한 식용 생물들이 풍부했고, 아홀로틀도 마찬가지였다. 주민들은 아홀로틀을 별미로 먹었다.

멕시코 계곡은 내륙 유역형이다. 즉 물이 바다로 흘러나가는 곳이 전혀 없다는 의미다. 언뜻 보면 욕조 바닥처럼 평평하지만, 한쪽 바닥이 다른 쪽 끝의 바닥보다 약간 더 높다. 한때 그곳을 뒤덮었던 호수들은 지금은 거의 다 사라지고 없지만, 높은 쪽 끝에 있던 호수들—찰코, 소치밀코(둘 다 샘이 수원이다), 틀코판—은 정말로 맑은 민물이었다. 더 하류 쪽에 있던 텍스코코, 살토칸, 줌팡고 같은 더 큰 호수와 습

상상하기 어려운 존재에 관한 책

지는 물이 증발하면서 좀 더 짠맛이 났다.

가장 생산성이 높은 농경에는 가장 맑은 민물이 필요했으며, 그런 물은 아홀로틀이 가장 선호하는 서식지이기도 했다. (현생 양서류도 거의 다 마찬가지다. 그들은 짠물을 싫어한다) 사실 그들은 할코와 쇼치밀코에만 살았다고 기록되어 있는데, 사람이 많이 살고 있었음에도 그곳들에서 번성한 듯하다.

스페인인들의 정복은 인류 역사상 가장 극적인 사건 중 하나다. 코르테스와 수백 명에 불과한 이들이 수만 명의 군대를 소집할 수 있는 장엄한 제국을 무너뜨렸으니 말이다. 교활함, 대담함, 기민함, 무자비함이 바로 승리의 열쇠였다. 물론 (나폴레옹 보나파르트라면 이해했을 것처럼) '운'도 작용한 덕분이었다. 코르테스에게는 말, 강철 칼, (신대륙에 거의 알려지지 않았던) 총이 있었다. 그가 아즈텍족의 적인 지역민들의 도움을 받았다는 사실도 중요하다. 하지만 더욱 중요한 점은 당시에 아무도 통제할 수 없었던 존재가 그의 편을 들었다는 것이다. 바로 천연두였다. 원주민들은 천연두에 전혀 면역이 되어 있지 않았기에, 엄청난 인구가 그 병에 걸려 사망했다(정확히 얼마나 사망했는지는 논란이 분분하지만, 몇 주 사이에 인구의 40퍼센트가 사망한 것으로 추정된다). 가장 뛰어난 지도자와 군인도 많이 희생되었고, 병에 걸렸다가 살아남은 사람들도 대개 극도로 쇠약해진 상태였다. 농업은 거의 붕괴했고, 천연두가 일으킨 최악의 피해에서 벗어난 이들도 굶어죽었으며, 살아남았다고 해도 심신에 극도로 충격을 입은 채였다. 사도 바울과 제레드 다이아몬드의 말을 조합하자면, "총, 균, 쇠, 이 세 가지가 거했노라. 그중 가장 위대한 것은 균이니라".

당시에 대한 서술들은 가슴을 아프게 한다. 한 스페인 수도사는 이렇게 썼다. "원주민들은 이 병의 치료법을 몰랐으므로, 빈대처럼 무더기로 쌓여 죽었다. 한 집안의 사람들이 모두 죽는 일이 다반사였고, 죽은 이들이 너무나 많아서 다 매장할 수가 없었기에 그냥 집을 무너뜨렸다. 그리하여 집이 곧 무덤이 되었다." 코르테스가 마지막 전투에

아홀로틀

서 마침내 아즈텍족을 이기고 테노크티틀란으로 들어갔을 때, 스페인 군인들은 천연두에 희생된 시신들을 밟지 않고서는 거리를 걸을 수조차 없었다고 한다.

천연두는 피부에 고통스러운 발진을 일으키며, 아즈텍족은 그 병을 후에이 아후이조틀(huey ahuizotl), 즉 큰 발진이라고 했다. 아후이조틀은 전설에 나오는 인간의 고기를 즐겨 먹는 호수 생물의 이름이기도 했다. 아홀로틀의 무시무시한 쌍둥이라고 할 수 있었다. 개나 수달처럼 생겼으며, 사람의 손이 달려 있고, 꼬리에도 손이 하나 더 있다고 했다. 꼬리에 달린 손으로 먹이를 움켜쥐고 물속으로* 끌고 들어간다고 했다.

어둡기 그지없는 세월이었다. 그 뒤로 오랜 세월에 걸쳐 멕시코시티는 확장을 거듭하면서 인구가 2,000만 명이 넘는 심하게 오염된 거대 도시로 변모했다. 역사상 가장 대규모로 진행된 배수 계획이 없었다면 이 변모는 불가능했을 것이다. 아홀로틀의 본거지인 찰코 호의 축소는 식민 시대에 시작되어(이미 스페인 군인들이 정복할 당시 주요 전투 중 하나를 벌이면서 민물과 기수를 나누던 큰 둑길을 파괴했다) 20세기에 욕조

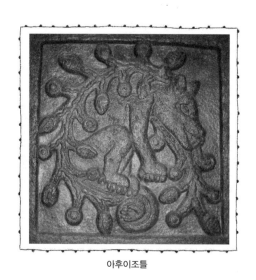

아후이조틀

상상하기 어려운 존재에 관한 책

구멍으로 물을 빼듯이 대규모 인공 터널들을 통해 물을 콸콸 뺌으로써 마무리되었다. 아홀로틀의 또 다른 서식지였던 소치밀코 호의 잔재는 좀 더 오래 살아남았다. 1968년 올림픽 때 요트 경기가 그곳에서 열렸으니까. 하지만 지금은 오염된 수로와 저수지 몇 군데만 남아 있을 뿐이며, 멸종이 임박한 위급한 상태인 소규모의 아홀로틀 집단이 그곳에 살고 있다.

아홀로틀과 겉아가미를 지닌 다른 도롱뇽들의 유형성숙은 과거에는 탁월한 생존 전략이었을지 모른다. 번식할 수 있는 성체 단계에서도 고지대 호수의 물속에서 계속 살 수 있는 능력 덕분에 그들은 성숙한 뒤에 육지에서 사는 사촌들보다 유리한 입장에 있었을 수 있다. 하지만 그 능력이 지금에 와서는 단점이 되었다. 호수의 물은 줄어들었고 남은 물은 오염되거나 갖가지 인간 활동에 쓰이고 있기에, 야생의 아홀로틀은 멸종으로 내몰리고 있다. 아마도 그들은 자신의 매력과 유용성을 인간에게 호소해야만 계속 살아남을 수 있는 상황에 이를 듯하다.

그 점에서 아홀로틀은 인간 중심의 세계에서 다른 많은 종들보다 유리한 입장에 있다. 많은 이들이 아홀로틀을 귀엽다고 보기 때문이다. 아이 같은 기이한 얼굴에 호문쿨루스와 비슷한 모습을 한 덕분에, 아홀로틀은 가정에서 애완용으로 인기가 있다. 그 외에 그들은 두 가지 용도로 쓰인다. 아니 쓰여왔다. 바로 식량과 과학 연구용으로 말이다. 수 세기 동안 아홀로틀은 멕시코에서 중요한 전통 음식 재료로 쓰였다. 하지만 과거에 지속 가능한 수준으로 어획을 했든 그렇지 않든

---

* 이 지역의 기나긴 역사는 두려움, 신비, 삶과 죽음의 모호한 경계로 가득하다. 기원전 약 1,200~200년 동안 텍스코코 호의 서쪽 연안과 찰코 호의 동쪽 연안에서 번성했던 틀라틸코(Tlatilco) 문화는 머리가 둘인 인물상 등 갖가지 기형의 인물상들을 포함하여 아름다우면서도 섬뜩한 기이한 유물들을 남겼다. '틀라틸코'라는 이름은 나우아틀어 원주민들이 붙였다. 이들은 틀라틸코 문화가 사라진 지 오래 뒤에 그곳으로 들어왔다. '숨겨진 것들의 장소'라는 뜻이다.

아홀로틀

간에, 지금은 잡아서 식량으로 쓴다는 것 자체가 불가능하다. 과학적 가치 면에서는 그보다 좀 더 전망이 엿보이는 듯하다. 아홀로틀과 다른 도롱뇽들(그리고 영원들)은 아마 척추동물 가운데 잘린 팔다리를 완전히 재생할 수 있는 유일한 부류일 것이다. 그리고 팔다리가 몇 번이나 잘리든 간에 되풀이하여 그리고 흉터도 없이 재생할 수 있다(때로는 다리 하나가 잘린 곳에서 둘이 자라기도 한다). 심지어 눈과 뇌의 일부를 포함하여, 내장까지도 재생할 수 있다. 도롱뇽 중에서 실험실 조건에서 번식시키고 관리하고 연구하기가 가장 쉬운 종류라는 점도 아홀로틀에게는 다행이다. 이런 특성들 덕분에 아홀로틀은 척추동물의 부속지 발달을 연구하기에 딱 맞으며, 게다가 재생생물학의 발전에 가치 있는 기여를 해왔다.

사람은 팔다리가 잘린 뒤 치유가 될 만큼 오래 살아남는다면, 그 자리가 흉터 조직으로 뒤덮여서 뭉툭해진다. 이 점에서 우리는 다른 대다수 척추동물과 다를 바 없다. 도롱뇽(그리고 실험에 가장 많이 쓰이는 아홀로틀)은 예외다. 그들은 부속지가 얼마나 잘려 나갔고 얼마나 재생할 필요가 있는지를 어떤 식으로든 '안다'. 아마도 다음과 같이 진행되는 듯하다. 먼저 잘려나간 부위의 혈관들이 급속히 수축되면서 출혈을 막는다. 이어서 며칠에 걸쳐 상처 부위가 신호를 전달하는 세포층―'꼭대기 상피 딱지(apical epithelial cap)'―로 변한다. 한편 섬유아세포―내부 조직들을 결합시켜서 형태를 만드는 세포―는 그물처럼 얽힌 연결 조직에서 떨어져 나와 잘린 표면으로 이동하여 상처 한가운데에 모인다. 그곳에서 섬유아세포가 증식하여 재생아(아체)를 형성한다. 재생아는 줄기세포들이 모인 것으로서 새 부속지를 만드는 모체가 된다.

재생아에서 부속지가 재구성되는 과정은 동물이 처음에 배아 발달 단계를 거치면서 부속지가 형성될 때의 과정과 비슷하지만, 한 가지 차이점이 있다. 배아에서 부속지가 발달할 때의 사건 순서는 언제나 부속지의 뿌리(어깨나 엉덩이)가 형성되는 것으로 시작하여 점점 더

상상하기 어려운 존재에 관한 책

먼 쪽에 있는 구조들을 만들어가다가 이윽고 손가락이나 발가락을 만드는 것으로 끝난다. 하지만 아홀로틀은 부속지가 어디에서 잘리든, 상처가 어디에 있든 간에, 그 잘린 부분만을 재생한다.

수천 년 동안 사람들은 도롱뇽이 불의 비밀을 안다고 믿었다. 물론 그것은 사실이 아니다. 하지만 이 기이한 동물—그중에서도 아홀로틀—은 생명의 불꽃을 지피는 단서를 간직하고 있을지도 모른다. 그것만으로도 그들은 현대 동물우화집에 실릴 만하다.

아홀로틀

아홀로틀

BARREL SPONGE
항아리해면

Xestospongia sp.

문: 해면동물
강: 보통해면
보전 상태: 많은 종이 평가 불가

컴퓨터로 재구성한 캄브리아기 바다로부터 실제로 존재하는 가장 화려한 열대 산호초에 이르기까지, 화려한 색깔의 커다란 해면동물들은 멋진 경관을 만들어낸다. 하지만 그들을 드라마의 주역으로 삼을 사람은 거의 없을 것이다. 엄밀히 말하면 우리는 해면동물이 동물이라는 것을 알고 있지만, 이들은 눈, 입, 기관, 이동 능력이 없어서 동물 같지가 않다. 하지만 그런 특징들만을 떠올리는 것은 동물우화집에 실린 동물들에게 으레 부여되는 경이롭거나 상징적인 속성이 아니라 목욕 시간이나 늘 돈을 벌기 위해 애쓰는 네모 바지 스펀지밥을 떠올리는 것이나 마찬가지다. 이 장의 목적은 그런 시각을 바꾸기 위함이다.

해면동물은 수천 종이 있기에 어느 한 종을 고르기가 어렵다. 이때 비너스의꽃바구니(Venus's Flower Basket, 해로동굴해면)는 좋은 후보다. 이 해면의 섬세한 원통형 몸 속에는 규산 섬유가 대단히 우아하고 복잡한 규칙적인 격자 뼈대를 형성하고 있다. 빅토리아시대 수집가들은 이 동물에 경탄했으며, 가장 좋은 표본을 얻기 위해 아낌없이 돈을 썼다. 덜 자란 상태의 작은 새우 암수 한 쌍이 그 안에 들어가 살다가 자라서 너무 커지는 바람에 윗부분에 갇히고 만다는 이야기는 이 동물을 더욱 신비하게 만들었다. 새우들은 안에 갇힌 채, 섬세하고도 투명한 우리 속에서 여생을 보낸다. 일본인은 이것을 영원한 사랑과 부부 관계의 상징으로 삼는다. 하지만 내가 선택한 해면동물은 그 스펙드럼의 반대쪽 끝에 놓인 것이다. 바로 항아리해면(barrel sponge)이라는 기우뚱한 거대한 생물들의 집단이다. 이들은 알록달록한 자주색, 붉은색, 밤색, 회색, 갈색을 띠며, 잠수부가 안에 기어 들어갈 수 있을 만큼 크게 자랄 때도 있다(말이 난 김에 덧붙이자면, 이는 해면을 훼손시키는 행위이기에 그래서는 안 된다). 사실 이 기이해 보이는 동물은 디자인의 걸작이며, 우리를 포함한 모든 다세포동물의 출현을 위한 행운의 부적이다.

17세기에 의사 토머스 브라운은 동물이라면 마땅히 위와 아래, 앞과 뒤가 있어야 한다고 보았다. 그래서 그는 머리가 양 끝에 달려 있다는 전설상의 뱀인 암피스바에나(Amphisbaena) 같은 동물은 존재하지 않는다고 생각했다. 자신이 획득한 증거들을 토대로, 그는 당대로서는 합리적이라고 할 수 있는 결론을 내렸다. 맨눈에 보이는 모든 육상동물과 거의 모든 어류는 한 평면에 대칭적이라는 것이었다. 현대의 분류법에서는 그들을 '좌우대칭동물'이라고 하며 '방사대칭동물'과 묶어서 '진정후생동물'이라고 한다. '비대칭적인' 동물들에는 '중생동물—유연관계가 없는 최소한 두 집단 이상으로 이루어진 이른바 '기타 분류군'으로서, 문어와 오징어의 콩팥에서만 사는 능형동물이 그중 하나다—이거나 해면동물과 판형동물처럼 '동물들 곁에' 있다는 의미의 '측생동물'이라는 이름을 붙임으로써 동물계에 마지못해 포함시킨다.

살아 있는 무언가가 그다지 대칭성을 띠지 않을 때, 우리는 본능적으로 그것이 균류나 식물(잎과 꽃은 거의 완전한 대칭성을 띨 수도 있지만, 식물의 전체적인 형태는 그렇지 않다)일 가능성이 높다고 여긴다. 반면에 동물이 확연히 비대칭적이라면, 우리는 그것이 어떤 결함이나 질병*을 지니고 있는 것이 틀림없다고 가정한다. 이 경험 법칙은 바다에 사는

항아리해면

대다수 동물들에게도 들어맞는다. 그들도 좌우대칭(환형동물, 바다코끼리)이거나—좀 기이하지만 그래도 그 법칙에 들어맞는—방사대칭(해파리)이다. 하지만 해면동물은 고집스럽게 한쪽으로 치우쳐 있을 때가 많다. 그것이 바로 우리가 그들을 완전한 동물이 아니라고, 즉 '원시적'이라고 보곤 하는 이유 중 하나임이 분명하다.

'코끼리 인간'이라는 별명을 지닌 조지프 머릭(Joseph Merrick)은 프로테우스 증후군에 걸렸던 것으로 보인다. 피부, 뼈, 기타 조직이 계속 자라는 바람에 사람임을 거의 알아볼 수 없을 지경에 이르는 희귀한 병이다. 1889년에 촬영된 그의 사진은 냉철한 의학 연구를 위해 찍은 것이지만 보는 사람은, 머릭이 생계를 위해 출연했던 기형인 공연을 보면서 느꼈을 법한, 한편으로는 끔찍해하면서 한편으로는 언뜻 엿보고 싶은 충동을 억제하기 어렵다. 하지만 꼼꼼히 살펴보면 중요하면서도 감동적인 무언가를 알아차릴 수 있다. '정상인' 관자놀이와 볼(물론 사진의 오른쪽)인 작은 공간에 놓인 왼쪽 눈으로, 머릭은 지켜보는 사람을 마주 쳐다본다. 그는 차분하게 상황을 의식하고 있다. 엄청난 기형에 가려진 존엄한 인간을 보여준다.

나는 유달리 기이해 보이는 자연 세계의 여러 측면들과 맞닥뜨릴 때면 종종 이 사진을 떠올리곤 한다. 좀 더 주의를 기울이면 사진은 무언가 말을 걸어와, 우리는 편견이 추하다고 말하는 존재 안에서 놀라우면서 더 나아가 아름답기까지 한 무언가를 볼 수도 있다. 오해의 여지가 없도록 확실히 말하는데, 나는 건강한 해면동물과 기형 혹은 병든 인간 사이에 동질성이 있다고 주장하는 것이 **아니다**. 둘의 차이점은 명백하면서도 상당히 크다. 하지만 해면동물처럼 기이하면서 지루해 보이는 생물조차도, 자세히 살펴볼 때라야 드러나는 경이로움을 간직하고 있다고 볼 수 있을 것이다.

모든 해면동물은 산소와 먹이(주로 세균)를 얻고 노폐물을 배출하는 일을 주변에서 흐르는 물에 의존해야 한다. 항아리해면과 관해면(tube sponge)을 포함한 '류콘형(Leuconoid)' 해면은 탁월하지만 단순

상상하기 어려운 존재에 관한 책

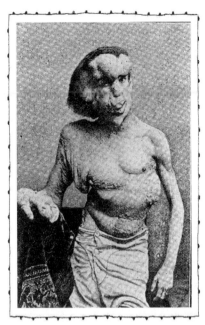

조지프 머릭, 1889년

한 자연적 설계 덕분에, 여과 섭식을 예술 형식으로 승화시켰다. 성숙한 류콘형 해면은 굴뚝과 동일한 효과를 이용한다. 즉 공기와 마찬가지로 물도 해저, 즉 바다 근처가 더 먼 쪽(산호초에서는 먼 쪽이 반드시 위가 아닐 수도 있다. 해면은 가파른 비탈에서 거꾸로 붙어서도 자라기 때문이다)보다 더 느리게 움직인다. 해저에서 가장 멀리 떨어져 있는 해면의 끝에 원형으로 열린 구멍인 '출수구(osculum)'는 화통처럼 작용한다. 해면의 밑동에서 느리게 움직이는 물에 물감을 조금 풀면 이 효과를 극적으로 관찰할 수 있다. 물든 물이 해면이 빨아들이는 물보다 훨씬 더 빠르게**, 증기기관차의 화통에서 증기가 배출되듯이, 꼭대기로 왈칵

---

* 인간은 무의식적으로 신체 구조의 아주 작은 변이조차도 알아차리며, 가장 대칭적인 얼굴과 몸을 가장 아름답다고 여기는 경향이 있다.
** 류콘형 해면 중 키가 약 10센티미터에 지름이 1센티미터에 불과한 작은 종 레우코니아(Leu-

항아리해면

쏟아져 나올 것이다. 게다가 류콘형 해면뿐 아니라 다른 해면들도 엄청나게 많은 작은 방들—벌집 모양으로 나뉘어 있는 작은 '화실'들이 화통과 연결되는 식으로 이어져 있는—안으로 물을 순환시킴으로써 '연소' 효율을 높인다. 각 방은 깃세포라는 특수한 세포들이 촘촘하게 늘어서서 형성된다. 깃세포들은 채찍처럼 생긴 작은 기관인 편모를 서로 발맞추어 휘저어서 물이 계속 흐르도록 한다. 그럼으로써 먹이 알갱이가 흘러들고 노폐물이 배출된다. 깃세포는 이 방법으로 물에 든 세균을 잡아서 소화시킨다. (그런 뒤 양분을 다른 세포로 전달한다.)

항아리해면이 유속 차이 같은 단순한 현상을 활용할 때, 그들은 궁극적으로 해와 달이 가하는 인력에서 나오는 해류와 조석의 에너지를 이용하는 셈이다. 그리고 얕은 물에 사는 많은 해면동물들은 산호동물을 비롯한 수많은 동물들도 채택한 방법을 써서 태양의 에너지를 더 직접적으로 수확한다. 바로 자신의 몸을 광합성 조류가 살 집으로 제공하는 방법이다. 조류는 해면동물에게 필요한 산소와 대사산물을 집세로 낸다. 조류는 해면이 실제로 쓸 수 있는 양보다 산소를 상당히 더 많이 생산할 때가 많으며, 그 결과 해면과 공생생물의 조합은 자신들이 속한 생태계에 활기를 부여한다. (모든 해면이 다 그렇게 관대한 것은 아니다. 포식자인 종도 있고 기생하는 종도 있다.) 항아리해면 중에는 2,000년 넘게 사는 것도 있다. 몸집은 그만큼 크지 않지만, 캘리포니아삼나무라 불리는 레드우드처럼 고령인 셈이다. 안에서 사는 광합성 조류를 위해 투명한 관을 통해서 몸속 깊숙한 곳까지 빛을 전달하는 종도 있다. 이런 구조를 갖고 있다고 알려진 동물은 그들밖에 없다. 마치 빛이 쉽게 투과하는 '무지개 몸(rainbow body)'(티베트 불교에서 말하는 일종의 해탈의 경지에 이른 상태—역자 주)의 수중판인 듯하다(요가 지도자들은 인간이 이 상태에 이를 수 있다고 보지만, 아마 '하등한' 동물이 그럴 수 있다고는 생각하지 않을 것이다). 해면동물은 해, 달, 식물의 공동 산물이다. 약 1억 6,000만 년 전의 바다라는 전혀 다른 환경에서, 그들은 놀라운 특성 덕분에 지금의 스페인에서 루마니아에 이르는 드넓은 영역에 산호초를 만들 수 있었다. 산호가 만든 오늘날의 그레이트 배리어리프(대보초)보다 훨씬 더 넓은 면적이다.

하지만 아마 가장 큰 경이로움은 우리가 아는 동물과 인류가 어떻게 등장했는지를 이해하는 데 해면이 큰 기여를 할 수 있다는 점일 것이다. 이야기는 1907년 일부 해면 종이 세포 하나만 겨우 통과할 수 있는 촘촘한 체에 산산이 조각났다가도 환경이 제대로 갖추어지기만 하면 다시 결합되어 온전한 기능을 하는 새로운 해면을 형성할 수 있다는 것이 처음 발견되면서 시작된다. 이어서 해면의 핵심 기능을 맡은 세포인 깃세포가 단세포동물인 깃편모충류(choanoflagellate)와 매우 비슷하다는 사실이 드러나게 된다.

깃편모충류는 플랑크톤이다. 즉 더욱 작은 세균을 먹고 사는 작은 원생동물이다. 해변에서 물을 한 양동이 뜨면, 그 안에 이 원생동물들이 수천, 아니 수백만 마리가 들어 있을 것이다. 이들은 홀로 살아가기도 하시만, 너 큰 혜택을 보기 위해 모두 똑같아 보이는 세포들이 서로 달라붙어서 군체를 형성하는 경향이 있다. 이들만 그런 것이 아니다. 많은 세균과 단세포생물들도 같은 행동을 한다. 깃편모충[*]이 독특한 점은 세포들을 서로 붙게 하는 단백질을 만들 때 쓰는 유전자가 모든 다세포동물들이 같은 목적으로 쓰는 유전자와 매우 비슷하다는 것이다. 실제로 너무나도 비슷해서, 우리가 그들로부터 진화한 것이 거의 확실해 보인다.

폭넓게 보자면, 해면동물이 깃편모충 군체와 다른 점은 깃세포 외

---

conia)는 8만 개가 넘는 취수로에서 분당 6센티미터의 속도로 물을 빨아들인다. 몸 속에는 편모로 덮인 200만 개가 넘는 방이 있고, 그 안에서 물은 시속 3.6센티미터로 느리게 흐른다. 유입 속도의 100분의 1에 불과하다. 그 결과 특수한 섭식 세포인 깃세포는 물에서 먹이 알갱이를 흡수할 시간을 충분히 얻는다. 나머지 물은 한 개의 출수구를 통해 초속 약 8.5센티미터로 분출된다. 물이 해면으로 들어가는 속도보다는 85배, 방 안을 순환하는 속도보다는 8,000배 이상 빠르다.

* 깃편모충은 뉴런의 세 가지 주된 기능을 담당하는 세포들도 지니고 있다. 몸속에서 전기 신호를 전달하고, 신경전달물질을 통해 이웃 세포에 신호를 전달하고, 그 신호를 받는 기능이다.

　　　　　　　　　　　　　　　　　　　　　　항아리해면

에 콜라겐이나 규산 섬유로 된 더 큰 구조를 만들고 유지하거나, 병원균을 물리치거나, 새로운 세포를 만드는 등 특수한 기능을 수행하는 열두 종류가 채 못 되는 세포들, 즉 먹고 배설하는 '삶을 영위하기 위한 목적'의 세포들도 지니고 있다는 것뿐이다. 한 가지 기본 세포 형태에서 쉽게 유도될 수 있는 몇 가지 특수한 세포들을 지닌 초기 다세포동물을 재구성한다면, 해면과 아주 비슷할 것이다. 우리가 오늘날 보는, 현대 환경*에 적응한 항아리해면 같은 거대한 것이 아니라 작고 단순한 것이겠지만 말이다. 해면동물은 단세포생물에서 진화한 최초의 다세포동물을 연구하기에 좋은 모형이다. 해면보다 더 복잡한 동물인 진정후생동물은 세포 외 소화와 물질을 차단하는 상피, 신경계, 중배엽, 대칭성과 한 방향으로 흐르는 소화계도 갖추었다.

다세포동물에게서 보이는 세포 사이의 협동은 자연에서 가장 경이로운 현상 중 하나다. 인간은 약 200종류의 세포 10조 개(거기에 10배나 더 많은 미생물)로 이루어지며, 이 세포들은 대체로 오랜 세월 동안 완벽하게 협력한다**. 하지만 그 점을 염두에 두거나 찬미할 때에도, 단세포동물이라는 거대한 세계가 있음을 소홀히 해서는 안 된다. 편모충이 제아무리 수가 많다고 해도 그 세계의 극히 일부만을 차지하고 있을 뿐이다. '원생동물(Protozoan, '최초의 동물'이라는 뜻의 그리스어에서 유래한 말)'은 이 책에 실린 모든 동물들의 몸 안팎에 무궁무진하게 있으며, 한 권의 동물우화집이 담을 수 있는 것보다 훨씬 더한 경이로움을 간직하고 있다. 언뜻 볼 때는 그들을 해면 모임에 끼워 넣는다는 것이 억지스럽게 여겨질 수도 있다. 아메바이질, 리슈만편모충증(leishmaniasis), 말라리아 같은 질병을 일으키는 것들은 원생동물 중 가장 잘 알려진 축에 속한다. 하지만 원생동물의 대다수는 무해하며, 지구 생태계의 기능에 핵심적인 역할을 하는 종류도 있다. 유달리 경이로운 것들도 있다. 황색망사점균(*Physarum polycephalum*)은 뉴런이 없는 점균류임에도 사건들이 진행되는 양상을 기억할 수 있다. 작은 해양 쌍편모충류인 야광충(*Noctiluca scintillans*)은 세포질에 생물발광

　　　　　　　상상하기 어려운 존재에 관한 책

하는 둥근 세포소기관 수천 개가 들어 있어서 어둠 속에서 빛을 낸다. 야광충 수백만 마리가 모이면 밤에 바다 전체가 환하게 빛날 수 있다. 유공충(Foraminifera)은 미세한 껍데기에 모래알갱이를 붙일 때 색깔과 모양을 잘 따져서 고를 수도 있다. 섬모충인 테트라히메나 테르모필리아(*Tetrahymena thermophilia*)는 성별이 두 가지가 아니라 일곱 가지이며, 개체는 같은 성끼리만 빼고 다른 성과 짝짓기를 할 수 있기 때문에 모두 21가지 성적 조합이 가능하다. (해양 단세포생물은 19장 〈바다나비〉에서 더 상세히 다룰 것이다.)

수천 년 전 인류는 산호, 진주, 해면을 찾아 푸른 바다 깊숙이 뛰어드는 법을 터득했다. 오늘날 우리는 공간적으로만이 아니라 시간적으로도 깊이 뛰어들 수 있다. 해면의 기원을 추적하다 보면, 현재가 얼마나 기나긴 세월의 산물인지도 더 진정으로 이해할 수 있다. 그런데 얼마나 멀리까지 거슬러 올라가야 할까?

세계가 대단히 오래되었다[*]는 개념은 1795년 제임스 허튼(James Hutton)의 《지구의 이론(Theory of the Earth)》이 나온 이래로 서구 사상에 확고히 뿌리를 내렸다. 허튼은 지각변동—지구 표면이 짓눌리고 찢기고 가라앉으면서 대륙, 산맥, 해분을 형성하는 과정—이 머나

---

[*] 해면동물 같은 '원시적인' 생물을 볼 때 명심해야 할 점이 하나 있다. 우리가 고대 조상을 보고 있는 것이 아니라, 고대의 특징을 간직한 채 현대의 구성원으로 진화한 생물을 보고 있다는 것을 말이다. 고생물학자 마틴 브레이저(Martin Brasier)의 말마따나, 지금 우리가 보는 해면은 환형동물, 새우, 거미불가사리가 우글거리는 세계에 고도로 적응한 동물이다.

[**] "암처럼 협력이 실패할 때 생기는 병은 우리 자신의 병리학적인 거울상이다. 핵심 분자 수준까지 내려가서 보면, 암세포는 우리 자신의 과다 활동적이고, 생존에 충실하고, 투지만만하고, 번식력이 왕성한, 창의적인 사본이다."
―싯다르타 무케르지(Siddhartha Mukherjee)

[***] 세계가 아주 오래되었다는 직관이 18세기 유럽에서 처음 등장한 것은 아니다. 이븐 시나(아비센나, 973~1037)와 심괄(沈括, 1031~1095)은 지질시대가 대단히 길다고 추정했고, 레오나르도 다빈치 역시 같은 생각이었다. 힌두교는 브라흐마의 하루가 수십억 년에 해당한다고 본다. 그리스 철학자들은 세계가 무한히 오래되었다고 믿었다.

항아리해면

먼 과거에 시작되었음을 보여주었다. 그는 정확히 얼마나 오래되었는지는 말할 수 없었지만—"우리는 시작의 흔적을 찾을 수 없고, 끝도 내다볼 수 없다"라는 유명한 말을 남기면서—대다수의 유럽인들이 생각하던 수천 년보다 훨씬 더 오래되었다는 것을 알았다.

우리가 오늘날 '깊은 시간(deep time)'이라고 말하는 것은 허튼의 《지구의 이론》보다 66년 뒤에 나온 다윈의 기념비적인 개념 덕분에 발견되었다. 시간이 충분히 주어진다면 극소수 또는 하나의 생명체로부터 무수한 형태들이 진화할 수 있다는 개념이었다. 하지만 지질 기록에는 설명 곤란한 수수께끼처럼 보이는 것도 있었다. 이는 다윈의 딜레마라고 불리게 되었다. 바로 최초의 동물 화석(우리가 오늘날 캄브리아기라고 부르는 시대의 화석)이 이미 풍부하고 다양하며, 해부학적으로 복잡한 상태를 이루고 있다는 것이었다. 그런 생물들이 정말로 완전한 형태를 갖춘 채 갑자기 출현할 수 있었을까?

허튼이 빼놓았고 다윈이 딜레마라고 본 것은 지금은 대체로 규명된 상태다. 20세기의 마지막 수십 년 동안 과학자들은 한때 포르투갈과 스페인의 군주들이 유럽 너머의 세계를 나눌 때처럼 자신만만하게, 하지만 더 정당한 근거를 갖고 더 정확하게 지구의 과거를 세분할 수 있었다. 다윈과 동시대인들에게 알려진 화석들은 모두 현재 우리가 현생이언*(Phanerozoic eon, 눈에 보이는 생물들의 시대)이라고 부르는 시대에 속한다. 약 5억 4,300만 년 전에 시작된 시대다. 현생이언 이전에는 그보다 네 배나 더 긴 원생대(더 이전 생물의 시대)가 있었다. 그리고 다윈의 의구심을 풀어줄 해답을 찾아낸 것은 이 기나긴 세월에 걸쳐 있는 생명의 흔적들, 즉 20세기 말에야 개발된 기술과 기법을 통해서였다. 원생대 이전에는 시생대가 있었다. 시생대는 용융 상태의 행성에서 대륙 지각이 형성된 뒤인 38억 년 전에 시작되었다. 그 이전에는 하데스대(Hadean)가 있었다. 하데스대는 45억여 년 전 화성만한 테이아가 우리 행성에 충돌하여 훗날 달이 될 녹은 암석을 떼어내고 지구를 자전시키기 시작한 뒤로, 처음으로 지구가 현재의 크기에

도달한 시대를 가리킨다.

캄브리아기 이전의 이 긴 시간대에서 생명을 출현시킨 핵심 단계들은 다음과 같다. 우리가 아는 생명은 거의 40억 년 전에 출현했을지 모른다. 최초의 진핵생물은 27억여 년 전에 진화했을 것이다. 그들은 약 21억~19억 년 전에 군체를 형성했을 것이다. 그 뒤로 약 10억 년—때로 '지루한 10억 년(boring billion)'이라고도 한다—동안, 깊은 바다는 정체되어 있었고 세균의 노폐물 때문에 황 함유량이 많았으며, 진핵생물은 대양의 얕은 수면층에서만 살았다. 그 기간 중 대부분에는 산소 농도가 낮았기에, 수면층에서 살아가는 것도 결코 쉽지 않았다. 필수 영양소가 부족했고, 심해에서 유독한 물이 자주 솟구치곤 하여 진핵생물은 대량으로 사멸하곤 했다. 그러다가 상대적으로 양호한 조건이 형성되면서 해면처럼 생긴 단순한 다세포생물이 진화할 수 있게 되었다. 그들은 전체적으로 분화한 서로 다른 종류의 세포들로 구성되어 있었다는 점에서 단순한 군체와 달랐다. 이 일이 정확히 언제 일어났는지는 논란거리지만, 적어도 9억 년 전이었음을 시사하는 증거들이 있다. 다세포성은 몇 차례 독자적으로 진화하여 식물, 동물, 균류, 크로미스타(chromista)를 낳았을 가능성이 높다.

설령 깊은 시간이라는 개념을 진리로 받아들인다고 해도, 그 시간이 우리의 정상적인 인지 범위를 훨씬 벗어난 엄청난 규모이기에 여전히 **이해**하기가 쉽지 않다. 그래서 유추를 동원하려는 시도들이 많이 이루어진다. 예를 들어, 지구 역사 전체를 24시간이라고 한다면 현생 인류는 자정이 되기 약 3초 전에 진화했고, 가장 오래된 문헌인 《길가메시 서사시》는 0.1초 전에 쓰인 셈이다. 또 지구의 역사를 영국의 측정 단위인 1야드(yard, 왕의 코에서 뻗은 손까지의 거리)라고 한다면, 가운뎃손가락의 손톱 끝을 손톱 줄로 한 번 부드럽게 밀면 인류 기록

---

* 지질시대 구분은 〈부록 II〉에 설명되어 있다.

항아리해면

전체가 지워진다. 또 지구 생명의 역사 중 인류 역사의 비율은 대양의 가장 깊은 곳의 수심 전체에서 수면에서 치는 물결 위에 떠 있는 가장 작은 바닷새가 잠긴 깊이의 비율이라고 할 수 있다.

그런 유추는 깊은 시간을 생각하는 데 도움을 줄 수도 있겠지만, 그 시간을 **실감**하도록 도와줄 수 있을까? 나는 확신하지 못하겠다. 그보다는 고대의 암석 사이를 걸으면서 명상하는 편이 낫다. 걸을 때 발, 다리, 엉덩이, 등뼈의 흔들림을 통해 그 암석의 단단함과 존재를 느낄 수 있도록 말이다. 스코틀랜드 북서쪽 오지가 딱 좋다. 시생대의 변성암들이 마법 같은 경관을 빚어내는 곳이다. 스탁 폴레이드(Stac Pollaidh)와 수일벤(Suilven) 같은 봉우리가 덧없이 스쳐 지나가는 우리 의식의 토대 같이 더 오래된 암석 위로 우뚝 솟아 있는 곳이다.

생명의 정의는 차고 넘친다. 하지만 생물학자들은 대개 살아 있는 생물을 물질대사를 하고, 성장하고, 자극에 반응하고, 번식하고, 세대를 거치면서 진화하는 등의 특정한 일들을 **하는** 체계라고 정의한다. 물론 이 중에서 물질대사(환경에서 에너지를 추출하여 자신의 목적에 이용하는 능력)가 가장 근본적이고 가장 오래된 활동일 것이다. 그리고 이 점에서 세균과 고세균(archaea)이라는 또 다른 미생물 영역(둘을 합쳐서 '원핵생물'이라고 한다)은 생명의 나무의 거대한 꼭대기에서 경이로운 일을 하는 티끌 같은 존재다. 그에 비하면 모든 '고등한' 형태들―동물과 극미동물, 식물, 균류, 크로미스타(모두 합쳐서 '진핵생물'이라고 한다)―은 해면처럼 무미건조하다. 미생물은 나중에 우리 진핵생물이 채택한 대사 경로들(호흡, 광합성, 발효)과 적어도 우리가 채택하지 않았던 경로도 하나(화학 합성) 발견했을 뿐 아니라, 우리가 아예 엄두도 못 내는 온갖 생화학적 능력을 갖추는 방향으로 진화했다. 미생물은 원생대를 지배했고, 오늘날에도 여전히 생명이 나아가는 전반적인 경로를 결정한다고 주장할 수 있다. 미생물학자 존 잉그러햄(John Ingraham)의 말처럼, 그들은 "우리의 발명가이자 선조이자 수호자다". (그들은 우리의 처리자이기도 하다. 죽음은 끝이 아니다. 단지 대사적으로 다

　　　　　　　　　　　상상하기 어려운 존재에 관한 책

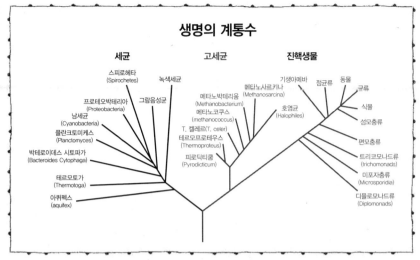

생명의 계통수

세균

고세균

진핵생물

스피로헤타
(Spirochetes)

녹색세균

프로테오박테리아
(Proteobacteria)

그람음성균

남세균
(Cyanobacteria)

플란크토미케스
(Planctomyces)

박테로이데스 시토파가
(Bacteroides Cytophaga)

테르모토가
(Thermotoga)

아퀴펙스
(aquifex)

메타노박테리움
(Methanobacterium)

메타노사르키나
(Methanosarcina)

메타노코쿠스
(methanococcus)

T. 켈레르(T. celer)

테르모프로테우스
(Thermoproteus)

피로딕티쿰
(Pyrodicticum)

호염균
(Halophiles)

기생아메바

점균류

동물

균류

식물

섬모충류

편모충류

트리코모나드류
(trichomonads)

미포자충류
(Microsporidia)

디플로모나드류
(Diplomonads)

할루키게니아에서 김정은에 이르기까지, 동물들은 놀라우면서도 때로 감탄을 자
아내는 다양한 체형을 보여준다. 하지만 유전적 다양성이라는 측면에서 보면, 우
리는 생명의 나무에 달린 잔가지에 불과하다(오른쪽 가지의 끝에 놓여 있다).

른 상태일 뿐이다.) 지구 생명의 주기라는 큰 그림에서 보면, 모든 것은
미생물에서 시작되어 미생물로 끝난다. 혹은 고생물학자 앤드루 놀
(Andrew Knoll)이 주장하듯이, "진핵생물은 아이싱(icing)이고, 원핵생
물은 케이크다".

지구의 생명이 근본적으로 미생물들이 담긴 거대한 통이고 진핵
생물은 단지 그 통의 표면에 난 거품에 불과하다는 말이 (케이크 가게
에서 양조장에 이르는 이 다양한 비유에서처럼) 사실일까? 거품에 불과한 우
리가 스스로에게 그토록 높은 가치를 부여하는 착각에 빠져 있는 것

* 今日揚塵處
  昔時爲大海
  오늘 먼지 이는 곳도
  옛날에는 큰 바다였네
  ―《한산(寒山)》

항아리해면

일까?

언젠가 알베르트 아인슈타인은 베토벤의 9번 교향곡을 수학 기호로만 표시할 수 있는지 질문을 받았다고 한다. 그는 이렇게 답했다. "물론이죠! 그런데 그런 쓸데없는 짓을 왜 한답니까?" 이미 우리는 원핵생물을 9번 교향곡의 첫 마디에 나오는 첫 음들로, 진핵생물은 이전에 없었던 리듬, 조, 선율, 화성 같은 특징들 속에서 출현한다고 볼 수 있을 것이다. 미생물은 '고등한' 생명의 교향악**이 펼쳐지는 와중에도 계속 공명하는 깊은 울림으로 남아 있다.

항아리해면이 속한 강인 보통해면류(Demosponges)는 원생대 말기인 크라이오제니아기(Cryogenian), 즉 '눈덩이 지구' 때까지 거슬러 올라가는 가장 오래된 현생 다세포동물이다. 이 초기 해면은 오늘날 우리가 아는 생명의 온전한 악보로 나아가는 첫 화음 중 몇 가지를 연주했으며, 다른 모든 다세포동물은 이 계통의 첫 가지 중 어느 하나에서 유래했을 가능성이 높다. 따라서 다음에 해면을 보면, 당신보다 해면을 더 닮은 무언가가 당신의 직계 조상임을 생각하자. 그들이 아직 드러나지 않은 경이로움을 간직한 존재이며, 그들이 개척한 생명 과정들에 우리가 의존하고 있다는 점도 떠올리자. 빌붙어 살아가는 쪽 (sponger)은 그들이 아니라 우리다.

---

* 생명의 교향악에서 원생대라고 하는 첫 악장은 청중 대부분이 좀이 쑤셔할 만큼 정말로 길다. 아마 베토벤의 9번 교향곡보다 바그너의 〈라인의 황금〉 전주곡에서 도입부에 나오는 마디가 원시적인 미생물 덩어리의 확장판에 더 걸맞은 음악적 비유일 것이다. 실제 시간을 모방하는 쪽으로 좀 더 나아간 작품으로는 연주하는 데 639년이 걸릴 존 케이지의 〈오르간(Organ)²/ASLSP〉과 1,000년이 걸릴 젬 파이너(Jem Finer)의 〈롱플레이어(Longplayer)〉가 있다.

** "세계 최고의 음악 작품을 발굴하고 있는데, 화석 기록에서 악보의 이 부분 저 부분만 단편적으로 찾아낼 뿐인 듯하나."
　　—케빈 젤뇨(Kevin Zelnio)

항아리해면

CROWN OF THORNS STARFISH
넓적다리불가사리

Acanthaster planci

문: 극피동물
강: 불가사리
보전 상태: 평가 불가

무한을 보고 싶다면 무엇을 봐야 할까? 뒤를 보면 된다!
—트리스탄 차라(Tristan Tzara)

약물과 알콜 중독자에 아내를 살해한 살인자이자, 동시에 작가인 윌리엄 버로즈(William Burroughs)는 자신의 항문에게 대화하는 법을 가르치려고 한 남자의 이야기를 들려주곤 했다. 그 구멍*은 이윽고 그의 삶을 지배하게 되고 그를 죽여버린다. 야생생물은 적어도 버로즈의 상상만큼 기이할 수 있다. 넓적다리불가사리(Crown of Thorns starfish)를 생각해 보라. 이 동물은 몸 위쪽에 머리 대신에 항문이 있고, 입—방사대칭으로 뻗은 팔들의 중앙에 안쪽을 향해 이빨들이 가득 나 있는 둥근 구멍—은 밑면의 한가운데에 있다.

별난 배치라고 생각할지 모르겠지만, 사실은 그렇지 않다. 해저에 가라앉은 것들을 먹고 싶다면 입이 밑면에 달리고 항문이 위쪽에 나 있는 것이 이상적이며, 넓적다리불가사리의 조상은 바로 그런 섭식 행동을 통해 출현했다. 불가사리와 해삼을 비롯하여 이 불가사리의 먼 사촌들 중 상당수는 지금도 그 생활 방식을 이어간다. (이른바 심해저의 사막인 심해저 평원에서는 해삼이 큰 무리를 지어서 위에서 떨어진 찌꺼기들을 먹어치우면서 계속 돌아다닌다. 그들은 해삼 천국의 분뇨 청소부다.) 그러나 그들과 달리 넓적다리불가사리는 더 이상 청소동물로 살지 않는

상상하기 어려운 존재에 관한 책

다. 이 불가사리는 살아 있는 고기에 맛을 들였기 때문이다. 둥그스름한 중심부에서 뻗어 나온 자주색, 청색, 황적색, 흰색, 회색 등 온갖 화려한 색깔을 띤 7~23개(평균 약 열다섯 개)의 팔에는 독을 품은 가시들이 빽빽하다. 공포 영화 〈헬레이저〉에 등장하는 이계의 존재인 핀헤드(Pinhead)의 수중판인 셈이다.

열대 산호초라는 세속적인 쾌락의 정원에서 노니는 많은 생물들은 사실 넓적다리불가사리보다 더 매혹적이다. (일본 가면극 노[能]의 배우 같은 자세를 취한 채 마음대로 자주색과 분홍색의 놀라운 색깔을 현란하게 바꾸는 위장오징어[Pfeffer's Flamboyant Cuttlefish]는 내가 좋아하는 동물 중 하나다.) 하지만 넓적다리불가사리처럼 강박적으로 요란스럽게 움직이는 동물은 거의 없으며, 이들은 일단 시작하면 거침없이 먹어치우고 파괴하는 능력을 지니고 있다는 점에서 거의 드물게 인간과 맞먹는 존재다.

인간과 넓적다리불가사리가 서로 확연히 다르다는 점을 생각할 때, 그 주장은 기이해 보일 수도 있다. 넓적다리불가사리는 수천 개의 작은 관족을 써서 산호초 위를 기어다니며, 호흡도 관족을 통해서 한다. 관족은 수력학 장치처럼 늘어났다 수축했다 하면서 불가사리 팔 안에 있는 주머니에 액체를 채웠다 비웠다 한다. 시계의 작은바늘이 움직이는 수준의 속도로 (가속도가 붙으면 좀 더 빨라진다) 미끄러지면서 움직이는 모습이 해저 위를 손가락으로 디디면서 돌아다니는 잘린 사람 손과 비슷하다고 상상하는 이들도 있지만, 그보다는 노래기와 더 비슷해 보인다. 새로 자라고 있는 산호라는 좋아하는 먹이에 다가가면, 넓적다리불가사리는 팔로 먹이를 감싼 뒤 입을 통해 두 개의

---

* 버로즈의 이야기를 더 앞서 더 우스꽝스럽게 실제로 보여 준 인물이 있다. 바로 조제프 퓌졸(Joseph Pujol, 1857~1945)이다. '르 페토만느(Le Pétomane)', 즉 방귀광으로 유명세를 탄 퓌졸은 조임근(괄약근)으로 공기를 빨아들였다가 뿜어내면서 다양한 소리를 낼 수 있었다. 그는 왕족을 비롯한 유명 인사들 앞에서 〈오 솔레 미오(O Sole Mio)〉, 〈라 마르세예즈(La Marseillaise)〉 같은 음악을 연주하는 공연을 펼쳤으며, 1906년 샌프란시스코 지진도 흉내 냈다. 퓌졸은 제1차 세계대전의 잔혹함에 질려서 무대를 떠난 뒤, 과자 공장에서 일하면서 여생을 보냈다.

넓적다리불가사리

위장* 중 하나를 내밀어서 폴립 위로 소화액을 뱉어낸다. 그런 뒤 폴립이 끈적거리는 덩어리가 되면 빨아먹는다. 넓적다리불가사리가 큰 무리를 지어 돌아다니면 산호초 하나가 며칠 사이에 황폐해질 수 있다. 따라서 심해 괴물이 등장하는 많은 B급 영화들에는 어느 정도 진실이 담겨 있는 셈이다.

1960년대까지 넓적다리불가사리를 연구하기는커녕 눈으로 본 해양과학자조차도 거의 없었다. 그들이 산호를 먹는다는 것은 알려져 있었지만, 매우 드물다고 생각했다. 그러다가 관광객들이 즐겨 찾는 호주의 그레이트배리어리프에서 한 작은 암초 주변의 산호초를 그들이 뜯어먹어서 넓은 면적이 황폐해진 것이 목격되었다. 1960년대가 끝날 무렵에는 그레이트배리어리프의 넓은 수역에 걸쳐 넓적다리불가사리가 엄청나게 많이 산다는 것이 드러났고, 인도양과 태평양 전역에서 산호초를 습격하는 광경이 많이 관찰되었다.

언론에서는 종말이 찾아왔다고 호들갑을 떨었다. 1969년 7월《뉴욕타임스》는 넓적다리불가사리가 식량 공급뿐 아니라, 많은 열대 섬의 존속 자체까지 위협한다는 기사를 실었다. 환경보호론자인 리처드 체셔(Richard Chesher)의 말을 인용하면서 말이다. "이 불가사리 개체군이 억제되지 않고 계속 폭발적으로 증가한다면, 인류 역사상 유례없는 재앙이 일어날 수 있다." 그해 11월《이코노미스트》는 태평양 전역에서 산호초가 "파괴되고 있으며, 그에 따라 전 지역의 경제도 붕괴할 수 있다"라고 썼다.

마치 레이첼 카슨(Rachel Carson)과 배리 커머너(Barry Commoner) 같은 환경보호론자들이 예측했던 바로 그 환경 파괴의 보복이 이루어지고 있는 듯했다. 인류의 무분별한 행동이 '자연의 균형'을 무너뜨림으로써, 넓적다리불가사리의 개체군을 억제하던 무언가가 사라지고 바다의 양분 및 화학적 균형이 바뀜으로써 여태껏 눈에 띄지 않았던 그들이 무한정 불어나는 포식자로 변신했다는 것이다. 하지만 결과적으로 재앙은 오지 않았다. 넓적다리불가사리의 수는 급감했고 많은 산호

넓적다리불가사리

초는 완전히 회복된 듯이 보였다. 사람들은 산호초의 복원력을 새롭게 발견했으며, 우리가 산호초를 얼마나 모르고 있었는지를 더 실감했다.

하지만 많은 B급 영화(혹은 〈베오울프〉 같은 암흑기의 전설)에서처럼, 더 섬뜩한 공포가 기다리고 있다는 사실을 사람들은 알지 못했다. 21세기에 들어섰을 때, 과학자들은 온실가스 배출량을 크게 줄이지 않는다면 지구온난화와 바다의 산성화로 남아 있는 전 세계의 산호초가 한 세기 안에 황폐해질 것이고 그 상태가 무한정 지속될 것이라는 경각심을 갖고 있었다.

출현한 초기부터 인류는 숲과 사바나, 강둑, 해안의 소리, 냄새, 경관에 친숙했다. 수십만 년 동안 인류는 그런 곳에서 숨쉬고 자연물들이 주는 분위기와 질감을 느끼며 살아왔다. 그에 비해 열대의 수중 세계가 우리에게 주는 느낌은 새롭고 어렴풋하다. 물론 수천 년 동안 산호초 근처에서 살아온 인류 공동체는 산호초에 사는 수많은 종류의

---

* 불가사리는 분문위(cardiac stomach)와 유문위(pyloric stomach)라는 두 개의 위장으로 먹이를 소화한다. 분문위(저작위)는 몸 한가운데에 있는 주머니 모양의 기관으로, 몸 밖으로 내밀어서 먹이를 삼킨 뒤 소화시킬 수 있다.

넓적다리불가사리

어류와 기타 동물들을 완벽하게 구별할* 수 있었다. 또 적어도 수백 년 동안, 일부 공동체는 어족 자원이 회복될 수 있도록 한 해의 특정한 시기에는 낚시를 하지 않음으로써 산호초를 남획으로부터 보호하는 것이 중요하다는 점을 이해하고 있었다. 또 많은 사회는 산호초를 마법, 신화, 창조의 공간으로 보았다. 하지만 산호초 근처에서 살지 않는 훨씬 더 많은 사람들은 지난 150년 동안 이루어진 과학 발전의 맥락에서 볼 때에야 산호초의 진정한 가치와 대단한 아름다움을 올바로 인식할 수 있다.

초기의 현대 과학은 열대 해양 생물에 깊은 주의를 기울이지 않았으며, 연구했다고 해도 대개는 바다에서 건져 올려 수집가의 책상 위에 올라온 경이로운 생물들을 좀 더 상세하고 정교하게 기재하고 목록을 만드는 수준에 불과했다. '암본의 눈먼 예지자' 게오르크 에버하르트 룸피우스(Georg Eberhard Rumphius)**가 사망한 지 약 3년 뒤인 1705년에 나온 그의 저서 《암본 진귀품 방(The Ambonese Curiosity Cabinet)》은 당대의 걸작 중 하나다. 오늘날 나온 책에 조금도 뒤떨어지지 않는 수준의 이 책에는 정확한 묘사에 세밀한 그림을 곁들인 열대 해양 생물 수백 점이 실려 있다. 룸피우스는 넓적다리불가사리를 '스텔라 마리아나 퀸데킴 라디오룸(Stella marina quindecim radiorum, 팔이 열다섯 개인 불가사리)'이라고 기재했다. "아주 드물게 발견되며, 지름은 10~13센티미터, 모두 열두 개 또는 열네 개로 갈라져 있고 …… 적갈색 껍데기를 지니며, 손톱만 한 길이의 날카로운 가시로 덮여 있다. …… 거친 돌로 뒤덮인 매우 깊은 바다에 산다. …… 가시에 찔리면 타는 듯 몹시 아프므로 건드리지 않는 편이 낫다."

이런 연구도 물론 대단하긴 하지만, 그것은 이 생물들이 어디서 기원했고, 삶, 죽음, 변형의 거대한 그물 속에서 어떻게 연결되는지를 거의 설명하지 못한다. 게다가 과학자들이 그런 설명을 얻기 위한 첫 걸음을 내디딘 것은 19세기 중반이 되어서였다. 1830년대 말에 찰스 다윈은 일부 해역에서 방대한 세월에 걸쳐 해저가 가라앉음에 따라, 해산과 화산이 점점 가라앉는 가운데 산호들이 해수면에 남아 있기 위해 자라면서 그 주위로 환초가 점점 형성된다고 주장했다. (침강은 지구의 지각판들이 미끄러지고 부딪힘에 따라 해저에서 일어나는 자연적인 과정이다. 한편 산호는 햇빛에 더 가까워지는 방향으로 자란다.) 바다이 가장 초라한 생물 중 일부—산호 폴립—는 그런 힘든 환경에서 번성하는 방향으로 진화해 왔으며, 그러면서 그들은 대피라미드보다 수천 배 더 큰, 지구에서 생물이 만든 것 중 가장 거대한 구조를 만들어냈다. 다윈의 가설은 당시 사람들에게 너무나 극단적이었고, 시대를 한참 앞서 있었다. 그것이 의심의 여지가 없을 만치 입증된 것은 1950년대가 되어서였다. 이를 받아들이려면 훨씬 더 넓고 깊은 관점, 즉 아주 커다란 것(대양과 대륙에 걸쳐 작용하는 지질학적 힘)과 아주 미세한 것(깎은 연필심만 한 산호 폴립)을 통합하는 장엄한 생명관이 있어야 했다. 다윈이 그로부터 20년 뒤에야 마침내 발표한 자연선택이론이 바로 그것이었다. 산호초에 생물이 풍부한 것은 생물들 사이에 극심한 경쟁이 벌어진 결과지만, 그런 동시에 산호초는 생물들 사이에 이루어지는 공생과 협력의 대표적인 사례이기도 하다. 이것이 바로 산호초의 수수께끼 같은 아름다움의 핵심에 놓인 수수께끼다.

산호초를 과학적으로 더 깊이 이해함에 따라 산호초의 아름다움을 감상하는 능력도 커진다는 점을 잘 보여주는 사례는 앨프리드 러셀 월리스(Alfred Russel Wallace)가 암본 만을 묘사한 대목이다. 그보다 150여 년 전에 룸피우스가 그토록 많은 신기한 생물들을 채집했던 바로 그 암본 만이다. 월리스의 눈에는 그 생물들이 해부학자의 탁자

* 한 예로 호주 북쪽 앞바다의 그루트아일런드 섬(Groote Eylandt)의 주민들이 해양 동물과 육상 동물을 구분하는 방식은 현대 생물학이 내놓은 분류 방식에 매우 가깝다.
** 네덜란드 동인도 회사의 식물학자였던 룸피우스는 지진에 아내와 딸을 잃었고, 화재로 자신이 그린 식물 그림들을 잃었으며, 풍랑에 동물들을 다룬 책을 몽땅 잃었을 뿐 아니라, 녹내장으로 시력까지 잃었다.

넓적다리불가사리

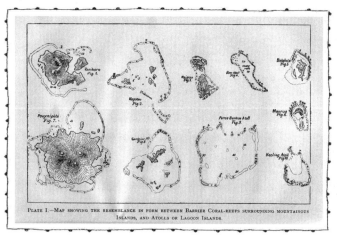

찰스 다윈은 상황에 따라서 해산이 수면 밑으로 가라앉아도 산호초와 환초를 수면 가까이에 계속 남아 있도록 할 만큼 산호가 빠르게 증식할 수 있다는 것을 알아차렸다.

위에 놓인 표본이라기보다는 살아 있는 세계의 일부였다.

맑디맑은 물 덕분에 나는 지금까지 본 적이 없던 가장 경이롭고도 아름다운 장관들을 볼 수 있었다. 숨겨져 있던 바다에는 온갖 화려한 색깔과 형태의 산호, 해면, 말미잘을 비롯한 해양생물들이 장관을 이루면서 끝없이 펼쳐져 있었다. …… 그들 사이로 기묘한 형태의 반점, 띠, 줄무늬를 지닌 수많은 파랑, 빨강, 노랑 물고기들이 들락거렸다. …… 나는 시간 가는 줄도 모르고 그 광경을 몇 시간이고 지켜보고 있었다. 어떤 말로도 그 아름답고 흥미진진한 광경을 묘사할 수 없을 것이다. 직접 본 순간, 나는 산호 바다의 경이로움을 묘사한 글 중에 가장 뛰어난 것조차도 실제에는 미치지 못한다는 것을 깨달았다.

월리스가 느꼈던 기쁨은 제2차 세계대전이 끝난 뒤 스쿠버다이빙이 개발되면서 과학자들과, 그리고 이어서 수많은 일반인들이 우리 조상들이 상상도 못했던 방식으로 산호초를 가까이에서 관찰할 수 있게 됨에 따라 널리 퍼지게 되었다. (이 문턱*을 넘어서면 심장이 두근거리는 압도적인 경이감을 만끽할 수 있다. 여러분이 나처럼 무서워서 깊은 물에 들

상상하기 어려운 존재에 관한 책

어가지 못하는 어설픈 잠수부라면 더욱 그렇다.) 반세기 남짓한 기간 사이에, 우리는 15세기 말에 유럽인들에게 아메리카가 그러했던 것보다 훨씬 더 우리들의 세계와 다르게 느껴지는, 전혀 새로운 세계를 알게 되었다. 풍부하기 그지없는 이 세계는 전체 해양 면적 중 1퍼센트도 안 되면서 해양 생물다양성의 약 4분의 1을 지닌 축소판 '숲'이다.

하지만 이 세계를 발견한 시점은 그 세계의 파괴를 목격한 시점이기도 했다. 제2차 세계대전 이래로 세계의 가장 풍부한 산호초 중 상당 부분, 특히 동남아시아와 카리브해의 산호초들은 남획과 오염으로 거의 파괴되어 왔다. 한때 산호초가 무성했던 필리핀 해역의 상당 부분은 "여기서 잠수하면 정말로 끔찍한 것들을 볼 수 있습니다. 당신이 녹아내리기 전에 말이지요"라는 한 가이드의 농담에 걸맞은 곳이 되어 있다. 화학물질과 쓰레기가 가득한 곳이 된 것이다. 남아 있는 산호초(그 속에는 아직도 놀라운 보물들이 들어 있다)를 지키려는 때로 영웅적이기까지 한 온갖 노력들이 이루어지고 있긴 하지만, 이 생태계가 지구의 다른 어떤 생태계보다 더 빨리 파괴되고 있는 추세는 피할 수 없어 보인다. 우리의 눈앞에서 펼쳐지는 이른바 제6의 멸종이 가속된다면, 우리는 그저 산산이 부서지고 남은 파편만 쥐고 있게 될 것이다.

전체적으로 볼 때 인간 활동은 그 어떤 불가사리보다 산호초를 훨씬 더 광범위하게 파괴해 왔다. 그러니 우리는 최소한 넓적다리불가사리가 파괴적인 괴물이 아니라 사실은 경이로운 세계의 일부임을(혹은 적어도 예전에는 그랬음을) 받아들여야 하지 않을까?

별 모양의 생물은 지구에서 새로운 것이 아니다. 거의 20억 년 된 암석에는 '작은 새벽 별'이라는 뜻의 에오아스트리온(Eoastrion)이라는 아름다운 이름을 지닌 화석이 있다. 현미경으로 들여다보면 별처

넓적다리불가사리

럼 보이는 미세한 화석이다. 그리고 그로부터 약 10억 년 뒤의 암석에
도 별처럼 뾰족하게 튀어나온 화석들이 가득하다. 물론 둘 다 오늘날
우리가 생각하는 불가사리와 별 관계가 없다. 첫 번째 것은 세균이고,
두 번째 것은 조류 포자다.

　최초의 불가사리 화석은 오르도비스기(약 4억 8,800만~4억 4,500만 년
전)까지 거슬러 올라간다. 어류에게 턱이 진화하기 이전이자, 농구선
수만 한 전갈이 진흙 속에 숨어 있던 시기다. 길이가 3미터에 이르는
껍데기를 지닌 나우틸로이드(Nautiloid)는 최상위 포식자였다. 눈자루
에 눈이 달린 삼엽충은 안전을 도모하고자 삐쭉삐쭉한 정교한 갑옷을
둘러썼다. 동물은 아직 육지로 진출하지 못한 상태였고, 육상식물은
대부분 이끼류였다. 불가사리는 아마 바다나리와 비슷하게 생긴 동물
에서 진화했을 것이다. 바다나리류는 수수께끼 같은 동물이며, 지금
도 해저에 살고 있다. 바다나리류와 마찬가지로 불가사리도 극피동물
문˚에 속한다. 극피동물은 적어도 캄브리아기(5억 4,200만~4억 8,800만 년
전)에 처음 출현했으며, 오늘날 해삼(우둘투둘한 커다란 소시지 같으며 아주
기이한 습성을 지닌다)에서 성게(절대 밟고 싶지 않은 가장 빳빳하고 뾰족한 가시
를 지닌 동물), 삼천발이와 거미불가사리에 이르기까지 6,000~7,000종
이 속해 있다. 넓적다리불가사리는 불가사리강(Asteroidea, 별 모양이라
는 뜻)에 속한 약 1,600종 가운데 하나다.

　최초의 극피동물은 몸이 일생 동안 좌우대칭 형태였다. 즉 좌우와
앞뒤가 있었다. 많은 극피동물은 지금도 유생 때 좌우대칭이며, 치어
처럼 자유롭게 헤엄친다. 하지만 극피동물문의 진화 역사 초기의 어
느 단계에서 대다수의 종은 성체 때 정착 생활을 하는 쪽을 택했다.
즉 오늘날 보는 바다나리처럼 해저에 붙박인 채 살아가게 되었다. 그
뒤에 불가사리의 조상은 해저에 달라붙는 것을 그만두고 다시 물속
을 자유롭게 움직이기 시작했다. 하지만 조상들이 획득한 새로운 방
사대칭 형태는 그대로 간직한 채였다. 오늘날의 불가사리 유생은 성
숙할 때가 되면, 몸의 오른쪽은 사라지고 왼쪽이 성장하며 이윽고 전

체를 뒤덮어서, 다섯 개의 팔을 지닌 방사대칭 형태가 된다. 몸이 중심축을 중심으로 다섯 부분으로 배열된다. 해삼도 좌우대칭 유생으로 시작하여, 다섯 갈래의 방사대칭 단계를 거쳐서 성체 때에는 다시 좌우대칭으로 돌아간다. 이런 변신—오비디우스의《변신 이야기》에 실린 대부분의 내용보다 훨씬 더 상상을 초월하는—은 헤켈의 발생반복설(1장 〈아홀로틀〉 참조)이 동물 세계에서 일어나는 일의 극히 일부분만을 묘사하고 있음을 보여준다.

그리고 불가사리는 다섯 갈래의 기본 체형에서 놀라울 만치 다양한 변이를 보인다. 넓적다리불가사리처럼 보호하기 위해 가시가 빽빽하게 박힌 종류도 있다. 반대로 가시가 전혀 없는 종류도 있다. 만두혹불가사리처럼 아예 팔이 없이 오각형처럼 보이는 것도 있다. 대부분의 종은 팔의 개수가 대개 5의 배수이며, 헬리코일라스테르속(*Helicoilaster*)은 무려 50개나 된다. (바다나리의 한 종인 코만티나 스클레겔리[*Comanthina schlegelii*]는 200개다.) 하지만 팔의 수가 열한 개처럼 특이한 종도 있다. 몸에 대한 팔의 길이, 그리고 팔의 모양은 종에 따라 매우 다양하다. 조로아스터속(*Zoroaster*)의 종은 코끼리 코처럼 생긴 길고 유연한 팔을 지닌다. 불가사리 중 가장 크다고 알려진 해바라기불가사리(Sunflower starfish)는 빈센트 반 고흐의 불안한 꿈에서 곧바로 튀어나온 듯하다. 화려한 오렌지색에서 노란색과 빨간색, 갈색, 심지어 자주색에 이르기까지 다양한 색깔을 띠며, 대개 16~24개의 벨벳 같은 질감의 팔을 지닌 이 불가사리는 1미터까지 자랄 수 있다.

불가사리의 가장 가까운 사촌은 삼천발이와 거미불가사리로서, 합쳐서 거미불가사리류(Ophiuroid)라고 한다. 이들은 불가사리보다 더욱더 다른 세상의 존재처럼 보인다. 한 예로 '고르곤의 머리'라는 뜻의

---

* 극피동물문은 아홀로틀, 인간, 제브라피시(줄무늬열대어)를 포함한 척삭동물문과 핵심적인 공통점이 몇 가지 있다. 모두 배아 때 입보다 항문이 먼저 발달하는 후구동물이다. 즉 우리 모두는 뒤가 먼저 생긴다.

넓적다리불가사리

고르고노케팔루스속(*Gorgonocephalus*, 삼천발이과)은 실제로 뱀 무더기처럼 보인다. 다른 거미불가사리들은 더 섬세하다. 그들은 깃털 목도리를 한 창부처럼 산호, 다른 거미불가사리, 다양한 생물들을 포착하고 감지하여 그 위로 몸을 펼친다. 최근에 탐험가들은 남극대륙 근처에서 거미불가사리 수천만 마리가 서로 팔과 팔을 엮은 채 한 해산 전체를 뒤덮고 있고, 거대한 풍선껌산호(bubble gum coral) 같은 기이한 종들이 함께 대규모 수중 '도시'를 이루고 있는 것을 발견했다.

대다수의 척삭동물과 달리, 아니 더 나아가 우리와 유연관계가 더 먼 참오징어와 문어같이 지적인 동물들을 포함한 연체동물과 달리, 극피동물은 굳이 뇌를 진화시키는 수고를 하지 않았다. 대신에 그들은 방사 신경계를 지니고 있다. 방사 신경계는 몸 전체로 퍼져서 일부 정보를 처리할 수 있도록 뉴런들끼리 서로 연결된 망이다. 뇌라고 할 수 있는, 뉴런이 모여서 덩어리가 된 부분이 없다고 해서 그들이 주변 세계를 전혀 의식하지 못한다는 의미는 아니다. 불가사리는 관족, 가시, 차극(표면에 있는 작은 렌치나 집게발 모양의 구조)을 통해 접촉, 온도, 방향을 감지한다. 불가사리의 각 팔 끝에는 물의 화학물질과 진동에 반응하는 짧은 감각 촉수와 형태는 분간할 수 없지만 빛과 움직임을 지각할 수 있는 작은 안점(eyespot)이 있다. 또 많은 불가사리는 몸 위쪽 전체에 광 수용체 세포가 퍼져 있다. 그리고 적어도 거미불가사리 종 중 하나는 표면에 빽빽하게 박혀 있는 안점들이 신경계와 통합되어 정교한 시각계를 형성함으로써 하나의 거대한 겹눈 같은 역할을 한다. 이 눈의 수정체는 방해석 결정인데, 오래 전에 멸종한 삼엽충만이 같은 수정체를 썼다. 말 그대로 우리는 불가사리에게서 지구에서 가장 오래된 시각 기술 중 하나를 보고 있는 셈이다.

우리 인류가 스스로의 선견지명과 과학이 말해주는 것을 믿는다면, 산호초와 그것에 의존하는 사람들의 미래는 아주 암울하다. 파괴적인 어업 방식처럼 열대 산호초에 직접적으로 가해지는 압력과 지구온난화 같은 간접적인 압력을 대폭 줄이지 않는다면, 남아 있는 산

상상하기 어려운 존재에 관한 책

호(이미 수십 년 전보다 크게 줄어든 상태다)의 대부분은 2050년쯤이면 사라질 위험에 처해 있다. 산호초가 이런 위기에 처한 것은 5,500만 년 만에 처음일 것이며, 이전의 격변들에서와 마찬가지로 회복되는 데 수백만 년이 걸릴 것이다. 하지만 21세기에 산호초가 전면적으로 붕괴한다는 것이 절대적으로 확실한 것은 아니다. 어떤 산호초는 놀라운 복원력을 보여줄지도 모르며, 다른 압력들이 없다면 수소폭탄에 직격*당해도 수십 년 안에 복원될 수 있다. 따라서 지역 공동체가 참여하는 해양 보호 구역들의 연결망을 구축하는 등 보전 노력을 기울이는 것도 가치가 있다. 상황에 따라서는 적극적으로 개입하여 산호초를 재생하는 것도 의미가 있다.

불가사리는 강인하다. 최근의 실험들을 보면, 오커불가사리(Purple Ochre sea star, *Pisaster ochraceus*)라는 종 하나만큼은 금세기 말에 전형적인 환경이 될 것이 거의 확실한 보다 따뜻하고 보다 산성을 띤 물에서도 잘 살아갈지 모른다. 그 연구를 한 과학자들은 다른 불가사리들도 마찬가지일 것이라고 가정할 수는 없다고 말한다. 하지만 몇몇 불가사리, 아니 그들의 조상은 오르도비스기-실루리아기 대멸종 사건 때 살아남았다. 이 사건은 다세포생물이 출현한 이후로 해양생물 종의 96퍼센트가 사라진 생명의 역사상 최대 멸종 사건인 페름기-트라이아스기 대멸종과 공룡, 익룡, 어룡을 전멸시킨 백악기-제3기 대멸종 사건에 이어서 세 번째로 규모가 컸다. 그러니 우리가 사라진 먼 미래에도 불가사리는 넓적다리불가사리보다 더욱 기이한 새로운 형태를 갖추고서 돌아다닐 것이다.

---

* 1952년 11월 1일, 세계 최초의 수소폭탄인 '마이크(Mike)'가 에니웨톡 (Enewetak) 환초의 엘루겔라프(Elugelap) 섬 주변을 증발시켰다. 때문에 이 수역이 심각하게 오염되었지만, 산호는 사라진 곳의 상당 부분에 다시 정착했다. 이 복원은 (다른 요인들도 많지만 무엇보다도) 주변에 건강한 산호가 많이 있던 덕분이었다. 더 최근에 유달리 높은 수온 때문에 많은 산호초에서 백화 현상이 일어나면서 넓은 면적에 걸쳐 산호가 대규모로 죽었지만, 빠르게 복원되는 곳도 이따금 보인다. 적어도 지금까지는 그렇다.

넓적다리불가사리

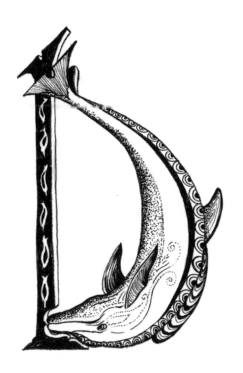

DOLPHIN
돌고래

Delphinidae

문: 척삭동물
강: 포유동물
목: 돌고래
보전 상태: 종에 따라 위급,
　　　　　　주시 필요, 평가 불가

돌고래는 사람의 목소리를 따라오거나 음악이 연주되는 곳에 떼 지어 모여든다.
바다에서 돌고래보다 빠른 동물은 없다.
이동할 때에는 배 위로 뛰어오르기도 한다.
　　　　　　　　　　　　　　　　　　　—13세기 영국의 한 동물우화집에서

그들은 야만적인 도구인 작살을 내게 썼는데,
그 방법이 남들보다 내게 더 잘 먹혔기 때문이다.
　　　　　　　　　　　　　　　　　　　—크리스토퍼 스마트

　살아 있다는 느낌을 줄 만치 너무나 강렬한 기쁨을 선사하는 경험이 있다. 죽음 앞에서 가까스로 살아남았을 때, 대단히 멋진 장면을 목격했을 때가 그렇다. 이런 경험을, 적어도 나는 한 적이 있다. 예전에 나는 작은 배를 타고 폭풍우 속을 항해한 적이 있었는데, 나보다 경험이 훨씬 많은 이들은 우리가 헤쳐 나가지 못할 것이라고 걱정했다. 이틀 뒤 야위고 지쳤지만 본질적으로는 멀쩡한 상태로 항구에 도착했을 때, 나는 마치 다시 태어난 듯 느꼈다. 온몸이 햇빛으로 이루어진 느낌이었다. 다른 시간에 다른 사람들과 다른 장소에서 나는 놀고 있는 돌고래 무리와 마주쳤다. 파도는 잔잔했고, 우리는 오후에 작은 배를 탄 채 대양 한가운데의 외딴 섬에서 좀 떨어진 깊은 물 위에서 뛰고, 재주넘고, 비트는 등 온갖 묘기를 부리며 노는 돌고래 떼를 지켜보면서 시간을 보냈다. 이따금 한두 마리가 우리 곁으로 와서 뱃전 너머로 몸을 기울이고 있던 두 아이에게 부드럽게 물을 끼얹곤 했다. 아이들은 신이 나서 꺅꺅거렸고, 돌고래들은 힘차게 물을 헤치면서 멀어져 갔다가 멈추어 돌아서 자신들이 일으킨 흥겨운 소동을 지켜보곤 했다.

내가 직접 겪은 이 두 사건은 기쁨으로 충만하여 더 아름답게 기억된다는 것 말고는 서로 아무런 관련도 없다. 첫 번째 경험은 돌고래와 무관하지만, 두 경험을 다 해본 덕분에 나는 고대부터 오늘날까지 되풀이되는 이야기, 즉 물에 빠진 사람(그리고 고래 같은 다른 동물들)을 돌고래가 구해준다*는 이야기의 힘을 좀 더 잘 이해하게 되었다.

돌고래와 그 가능성을 생각하면, 병코돌고래(Tursiops)가 떠오른다. 그들은 가장 훈련시키기 쉬운 종으로 대개 포획하여 사육하곤 한다. 돌고래는 거의 40종에 이르며, 크기, 모양, 색깔이 매우 다양하다. 가장 작은 것(마우이돌고래[Maui's dolphine])은 멧돼지만 하고, 가장 큰 것(범고래)은 버스만큼 커질 수 있다. 참돌고래를 비롯한 몇몇 종은 병코돌고래처럼 이마가 멜론 모양으로 부풀어 있고 주둥이가 부리 모양이지만, 주둥이가 훨씬 덜 튀어나와 있고 얼굴이 더 밋밋한 종들도 있다(특히 몇몇 작은 종들이 그렇다). 피부색을 말하자면, 우리가 병코돌고래 하면 떠올리는 암회색은 돌고래의 전형적인 색깔이 아니다. 참돌고래는 종종 등뼈, 주둥이, 지느러미와 꼬리가 흑갈색을 띠지만, 옆구리는 담황색이나 겨자색이고, 옆구리 뒤쪽은 연한 회색이다. 제1차 세계대전 때 얼룩덜룩하게 위장한 전함처럼 더 부드럽고 곡선적인 형태라고 할 수 있다. 홀스타인 젖소처럼 흑백 얼룩이 진 것도 몇 종 있지만 얼룩이 대칭적이고 우아한 모양이라는 점이 다르다. 더스키돌고래는 마치 불꽃처럼 흑색과 백색이 서로 휘감고 있다. 모래시계돌고래는 마치 거대한 검은 검지와 엄지로 짓누른 마냥 검은 몸 양편으로 수평으로 넓은 흰 띠가 나 있다.

---

* 오디세우스의 아들 텔레마코스가 바다에 떨어졌을 때에도 돌고래가 구해 준다. 헤로도토스는 시인이자 악사인 아리온의 이야기를 들려준다. 아리온이 재주를 팔아 번 돈을 훔치려고 뱃사람들은 그를 거친 바다로 내던지려 한다. 뱃전 너머로 던져지기 전에, 아리온은 마지막으로 노래 한 곡조를 부르게 해달라고 간청한다. 그의 음악을 듣자 돌고래들이 몰려왔고, 아리온은 돌고래를 타고 안전하게 해안에 도달한다. 오늘날에도 익사하기 직전의 사람을 돌고래가 받쳐주고 헤엄치는 사람에게 다가가는 상어를 쫓아버렸다는 기사를 많이 접할 수 있다.

돌고래

아마 우리는 인간과 돌고래가 언제 어떻게 처음 만났는지 결코 알지 못할 것이다. 해안선이나 강어귀를 따라가면서 식량을 찾던 초기 현생 인류는 죽었거나 죽어가며 해변으로 떠밀려온 강 돌고래나 바다 돌고래와 마주쳤을 것이 확실하며, 때로 그 사체를 먹기도 했을 것이다. (지브롤터 암벽의 동굴에 살던 네안데르탈인은 이미 돌고래에 맛을 들였다.) 또 인류는 수천 세대에 걸쳐 바다와 넓은 강에서 돌고래들이 먹이를 잡고 노는 광경을 지켜보면서 많은 시간을 보냈을 것이다. 그리고 아프리카 사바나에 살던 더 이전 시대의 인류가 다른 포식자들을 지켜보면서 사냥하고 죽은 동물을 찾아 먹는 법을 많이 배웠을 것과 마찬가지로, 해안에서 식량을 찾던 초기 인류도 돌고래들이 물고기를 뒤쫓는 모습을 지켜보면서 물고기를 잡기 쉽게 해안 쪽으로 모는 등의 기술을 배웠을 것이다. 그런 호기심 많고 지적인 두 종은 머지않아 함께 일하는 법을 배웠을 것이다. 따라서 우리의 초기 만남 중 상당수는 적대적이기보다는 협력하고 즐거움을 주는 형태였다고 볼 수 있다.

인간과 돌고래가 함께 물고기를 잡는[*] 행위는 역사 기록에도 나와 있다. 플리니는 현재의 프랑스 남부인 라테라의 한 습지에서 돌고래와 사람이 협력하여 송어를 잡는 광경을 묘사하며, 돌고래가 믿음직하며 인간만큼 상황을 통제하고 있음을 명확히 보여준다. "돌고래는 인간을 낯설게 여기면서 두려워한다거나 하지 않는다." 브라질과 미얀마의 해안에서도 적어도 19세기부터 비슷한 협력 사례가 전해져왔다.

인간과 돌고래 두 종은 함께 존재하던 여러 곳에서 서로 존중하고 때로 즐겁게 노는 관계를 맺곤 한 것으로 보인다. 예를 들어, 호주 남동부의 우룬디에리족(Wurundjeri)은 돌고래를 신성시했다. 따라서 돌고래를 죽이는 것은 금지되었고, 우룬디에리족은 돌고래에게 필요하지 않다고 생각하는 물고기만 잡았다. 또 그들은 텔레파시를 써서 돌고래에게 중요한 문제의 자문을 구하곤 했으며, 죽은 자의 영혼이 돌고래로 변해서 해안에 머물며 육지에 있는 가족에게 조언자이

상상하기 어려운 존재에 관한 책

자 안내자 역할을 한다고 믿었다. 인류학자 더글러스 에버릿(Douglas Everett)은 우리가 생각하는 시간, 수, 종교 개념이 전혀 없는 유달리 단순한 생활방식으로 유명한 아마존의 오지 부족인 피라냐(Pirahã)족이 강 돌고래, 즉 쇠돌고래의 허는 놀이를 무척 좋아한다고 적었다. 아리스토텔레스는 당시 그리스의 돌고래와 소년 사이에 강한 상호 애착 관계가 이루어지곤 했으며, 돌고래가 소년을 태우고 신나게 달리곤 했다고 말했다.

돌고래와의 관계 중 가장 오래된 유명한 사례는 크레타 섬을 중심으로 하는 미노스문명에서 찾을 수 있다. 약 3,500년 전 아크로티리에 그려진 〈작은 배 프레스코(flotilla fresco)〉에는 돌고래가 달리는 사슴과 짝을 지어서 높이 뛰어오르는 모습이 생생하게 담겨 있다. 인류 미술사에서 집 안에 그려진 그림 중 가장 아름다우면서 평온하게 그려진 것에 속한다. 더 뒤의 그리스 문명은 돌고래를 신성과 연관 지었다. 조화, 질서, 이성의 신인 아폴론은 델포이(지명 자체가 돌고래를 뜻한다)에 신탁을 내릴 자리를 정하기 위해 크레타에서 본토로 갈 때 돌고래의 모습을 취했다고 한다. 겨울에 델포이를 떠나 히페르보레아로 갈 때면, 그는 신탁 업무를 형제인 디오니소스에게 맡기곤 했다. 포도주와 희열의 신인 디오니소스는 사람을 돌고래로 바꾸는 힘을 지녔다.

오늘날 대부분의 사람들은 돌고래가 특별히 주목할 가치가 있는 놀라운 동물이라는 보편적인 주장에 동의할 것이다. 하지만 돌고래의 정확히 **어떤 점**이 특별하며, 우리가 그들을 엄밀히 **어떻게** 대해야 하는지는 논란거리다. 일본 타이지(太地)에서 자행되는 돌고래 남획은 가장 첨예한 견해 차이를 빚어내는 사례 중 하나다. 그곳에서는 연간 수천 마리의 돌고래가 도살되며(지역 어민과의 경쟁을 줄이기 위해서라

＊ 환경에 따라 인류는 돌고래를 사냥하기도 했다. 아리스토텔레스는 오늘날 일본인들이 사용하는 것과 거의 똑같은 사냥 기법을 기술했다.

돌고래

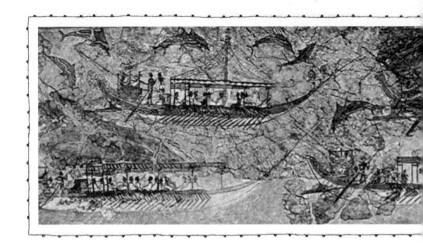

고 핑계를 대고는 있지만, 사실 고래 고기로 팔기 위해서다), 일부는 산 채로 전 세계의 수족관과 복합 위락 시설에 팔린다. 2006년 세계 유수의 해양 과학자들은 이런 행위를 잠정적으로 중단할 것을 요구했다. 그들은 돌고래가 "매우 지적이고, 자의식과 감정을 지니며, 강한 가족애와 복잡한 사회생활을 하는 동물이며…… 이 대단히 이지적인 포유동물을 잔인하게 대하고 살육하는 행위"를 중단해야 한다고 말했다. 하지만 2009년 다큐멘터리 영화 〈더 코브: 슬픈 돌고래의 진실〉에서 드러났듯이 일본 어민들은 계속 돌고래를 잡고 있다. 장기적으로 봤을 때 돌고래에게 못지않은 피해를 주지만 암암리에 이루어지는 행위들도 계속되고 있다. 어민이 다른 것을 잡기 위해 쳐놓은 그물 때문에, 혹은 인간의 다른 부주의한 행동들 때문에, 해마다 수만, 아니 아마도 수십만 마리의 돌고래가 죽어갈 것이다. 수은과 PCB 같은 오염물질이 돌고래(고래와 다른 해양동물들은 말할 것도 없이)의 건강에 어떤 영향을 미치는지는 불확실하지만, 사산율, 발달 장애, 전반적인 사망률 등을 증가시킬 가능성이 높다. 전 세계의 수족관과 놀이공원에서 광고하는 돌고래 얼굴의 '웃음'(감정의 표현이 아니라 그저 입의 모양일 뿐이다)은 이런 끔찍한 현실을 보지 못하게 가리는 역할을 한다. 사람들은 야생성

　　　　　　　　　　　　　상상하기 어려운 존재에 관한 책

산토리니 섬의 아크로티리에 있는 〈작은 배 프레스코〉의
일부.
기원전 1,500년경 미노아 문명에 속한다

을 잃고 좁은 공간에 갇힌 노예 신세인 돌고래들이 묘기를 부리는 광
경을 지켜보기 위해 벌떼처럼 몰려든다.

　이 난국을 타개할 더 나은 방법이 있을까? 그 방법이 실현 가능할
까? 철학자 토머스 화이트(Thomas I. White)는 우리가 두 가지 질문을
대면하고 있다고 주장한다. 돌고래는 어떤 존재일까? 그 질문의 답
은 도덕적으로 인간과 돌고래의 관계에 어떤 의미가 있을까? 화이트
의 결론은 많은 해양과학자들이 취한 입장과 비슷하다. 돌고래가 '인
간이 아닌 인격적 존재(non-human person)'라는 것이다. 외계 지성체
같은 존재로 간주해도 좋을 만치 인간과 충분히 다르지만, 우리 자신
에게 못지않은 존엄성을 부여하고 존중할 가치가 있는 존재라는 것
이다. 그렇게 볼때 돌고래 학대는 용납할 수 없는 짓이라는 결론을 피
할 수 없다.

　냉소적인 이들은 전에 들어본 이야기와 뭐가 다르냐고 할 것이다.
돌고래가 "죽여야 할 대상이 아니라 우리에게 무언가를 가르쳐줄 수
있는 존재"라는 주장은 존 커닝햄 릴리(John Cunningham Lilly)를 비
롯한 많은 이들이 이미 제기해 왔다. 릴리는 2001년에 사망할 때까지
40년 동안 돌고래를 연구한 괴짜 과학자였다. 릴리의 연구 업적을 모

돌고래

아 놓은 웹사이트로 가면, 가문의 문장에 새겨진 동물처럼 좌우로 배치된 돌고래 사이에서 그가 웃음으로 환영해 줄 것이다. 릴리의 이마에서 약동하며 빙빙 돌아가는 분홍색과 자주색의 빛줄기는 그가 티모시 리어리(Timothy Leary)와 앨런 긴즈버그(Allen Ginsberg) 같은 친구들과 모색했던 환각제와 의식 변형 상태를 떠올리게 한다(십여 년 전의 웹페이지가 얼마나 엉성했는지도 함께 느낄 수 있다). 기억하는 사람들이 있을지 모르겠지만, 릴리는 1973년작 SF 영화 〈돌고래 알파〉에서 조지 스콧(George C. Scott)이 연기한 과학자의 실제 모델이다. 시대에 맞지 않게 아주 짧은 반바지를 입은 스콧은 인간과 돌고래 사이의 의사소통에 관한 자신의 기념비적인 연구가 돌고래를 매수하여 미국 대통령을 암살하려는 극악한 계획에 동원되고 있음을 알아차린다. 스콧은 돌고래들에게 인간이 악하다고 설득함으로써 가까스로 계획을 막는다.

릴리가 몇 가지 좀 별난 생각을 했던 것은 분명하다. 그는 야생 돌고래와 인간이 원하는 시간과 장소에서 직접 대화할 수 있도록 물에 떠 있는 연구실 겸 거실을 만들고 싶어 했다. 돌고래가 도덕적으로 더 우월하다고, 거의 천상의 존재라고 믿은 그는 돌고래를 '고래류 국가'의 대표자로서 유엔에 보내야 한다고 주장했다. 다만 두 종이 서로를 더 제대로 이해할 시기가 올 때까지 인간(자신 같은 사람)에게 그들의 대표자 역할을 맡기자고 했다.

릴리는 자료로 뒷받침할 수 없는 주장들도 펼쳤다. 하지만 돌고래의 지능, 의사소통 능력, 풍부한 감정에 관한 그의 직관 중 상당수는 선견지명을 담고 있었으며, 그의 사후에 많은 연구자들을 통해 입증되어 왔다. 아마 더글러스 애덤스(Douglas Adams)는 그 점을 올바로 간파했기에, 릴리를 정신 멀쩡한 윙코(《은하수를 여행하는 히치하이커를 위한 안내서》에 나오는 해양생물학자—역자 주)로 풍자했는지 모른다.

철학자 토머스 화이트가 제기한 질문들은 답할 수 있는 것들이다. 우리는 (인간의 본성을 연구하기 위한 자세를 말한 데이비드 흄의 말을 빌리자

상상하기 어려운 존재에 관한 책

면) "경험과 관찰의 …… 확고한 토대" 위에서 돌고래의 본성을 올바로 이해하는 일을 시작할 수 있을 만큼 충분한 증거를 갖추고 있다. 그 방법을 쓴다면 우리는 감상주의*에 빠지는 것을 피하면서, 신화에서도 지혜를 얻을 수 있을 것이다. 그 방법은 현재 인간이 돌고래에게 일으키는 참화를 극복하고자 하는 우리에게 도움을 줄 수 있다. 또 우리의 의식이 속해 있는 이 세계를 더 잘 이해하는 데에도 도움을 줄 수 있을 것이다.

현재 우리가 과학적 서술**이라고 부르는 것은 기원전 350년경 아리스토텔레스가 최초로 시도했다고 알려져 있다. 그는 돌고래가 포유동물—새끼에게 젖을 물리고 공기 호흡을 하는 동물—이며 같은 돌고래들끼리나 인간을 향해 모여들기 좋아한다는 것을 이해했다. 그가 묘사한 다음의 행동들은 최근에 연구를 통해 규명된 것들을 고려할 때 설득력이 있다.

돌고래의 본성이 온화하고 다정함을 시사하는 이야기들이 많다. …… 한 이야기에 따르면, 카리아 앞바다에서 한 돌고래가 어부에게 잡혀서 다치자 돌고래 떼가 항구로 몰려들더니, 그 어부가 돌고래를 풀어줄 때까지 떠나려 하지 않았다. 어부가 풀어주자 그제서야 떠났다. …… 한번은 크고 작은 돌고래들의 무리가 나타났는데, 좀 떨어진 곳에 두 마리가 물속에서 헤엄치는 모습이 보였다. 그들은 죽어서 가라앉고 있는 작은 돌고래를 등으로 떠받치고 있었다. 다른 종의 포식자에게 뜯어 먹히지 않도록 하겠다

---

* 제임스 레이첼스(James Rachels)는 이렇게 썼다. "의인화를 피하는 좋은 방법은 '인간적인' 심리 묘사를 아예 쓰지 않겠다고 다짐하는 것이 아니라, 진정으로 증거를 통해 뒷받침될 때에만 의인화를 사용하는 식으로 신중을 기하는 것이다. …… 의인화가 죄악이라면, 우리는 그와 짝을 이루는 죄악도 함께 경계해야 한다. 우리는 우리 자신과 다른 동물들의 유사성을 너무나 쉽게 과소평가하고 있는지도 모른다."(1990)
** 아리스토텔레스보다 앞서 돌고래를 기록한 중국 문헌은 알려져 있지 않다. 샘 터비(Sam Turvey)에 따르면, 양쯔강돌고래를 기술한 것이 분명한 현존하는 가장 오래된 중국 문헌은 한나라 초기인 기원전 206년에서 서기 8년 사이의 것이라고 한다(2008).

돌고래

는 동정심에 그랬던 것이다.

하지만 돌고래의 신체 능력을 기술하는 부분에서 아리스토텔레스는 사냥과 과시 행동을 혼동하고 있으며, 그들이 물 위로 뛰어오를 수 있는 높이를 과장한다. 사실 돌고래는 3미터 이상 뛰어오르는 일이 거의 없다.

돌고래가 얼마나 날쌔게 움직이는지를 말해주는 놀라운 이야기들이 전해진다. …… 돌고래는 바다와 육지를 가리지 않고 모든 동물 중 가장 빠른 듯하며, 대형 선박의 돛대를 뛰어넘을 수 있다. 돌고래는 주로 먹이인 물고기를 뒤쫓을 때 이런 속도를 보여준다. 물고기가 달아나려 기를 쓰면, 굶주림에 못 이긴 돌고래는 물고기를 쫓아 심해* 까지 들어간다. 하지만 되돌아 헤엄쳐 올라오는 데 너무 오래 걸릴 것 같으면, 돌고래는 마치 걸릴 시간을 계산하는 듯이 숨을 멈추었다가, 젖 먹던 힘까지 다 끌어 모아 화살처럼 솟구친다. …… 그래서 배가 근처에 있으면 돛대 위까지도 뛰어오른다.

아리스토텔레스의 뒤를 이어 현대 연구자들은 한 세기가 넘는 세월 동안 엄청난 지식을 쌓아 왔다. 예를 들어 우리는 돌고래가 보노보만큼 성욕이 왕성하다는 사실을 안다. 돌고래는 일 년 내내 구애하고 사랑을 나누며, 전희도 많이 한다. 서로의 생식기를 비비고 애무하고 입에 물고 주둥이로 문질러댄다. 암수 모두 생식기 홈(genital slit)이 있어서 서로 삽입이 가능하며, 음경뿐 아니라 주둥이 끝, 아래턱, 등지느러미와 가슴지느러미, 꼬리도 이용한다. 긴부리돌고래 암컷이 다른 암컷의 생식기 홈에 가슴지느러미를 삽입한 자세로 나란히 헤엄치는 광경이 목격되기도 했다. 긴부리돌고래는 암수 십여 마리가 한데 모여서 난교를 벌이기도 하는데, 이것을 '워즐(wuzzle)'이라고 한다. 일부 돌고래 종은 '주둥이로 생식기 밀기(beak-genital propulsion)'를

상상하기 어려운 존재에 관한 책

한다. 돌고래는 가까운 범위에 있는 상대를 자극할 만큼 큰 소리를 낼 수 있다. 대서양알락돌고래는 '생식기 소리 내기(genital buzzing)'를 한다. 어른 돌고래가 생식기 근처에서 낮은 클릭음(click)을 빠르게 연달아 내어 방향을 알려주는 것인데, 대개 새끼를 상대로 이루어진다. 생식기 소리 내기는 대개 수컷 사이에서 이루어지지만, 대서양알락돌고래는 이성 간에 구애를 할 때에도 이 소리를 낸다. 병코돌고래 수컷은 심지어 상어와 바다거북 같은 다른 종과도 짝짓기를 시도한다. 30센티미터에 달하는 휘어진 음경을 거북 등딱지 뒤쪽의 부드러운 조직에 삽입한다.

다른 모든 고래류와 마찬가지로, 돌고래도 늑대와 유달리 민첩한 하마(육지 동물 중에서 돌고래의 가장 가까운 친척일지 모른다)의 잡종처럼 생긴 동물의 후손이다. 이 조상은 악어와 좀 비슷하게 탁한 얕은 물속에 몸을 숨겼다가 먹이를 덮치는 식으로 사냥하도록 진화했다. 물론 그 후손들도 무자비하고 영리한 사냥꾼들이다. 범고래는 사실 돌고래과에 속하며, 그중에서 가장 몸집이 크다. 해변에서 햇볕을 쬐고 있거나 유빙 위에서 쉬고 있는 새끼 물범을 덮쳐서 잡는 범고래야말로 이 대단한 사냥꾼의 경이로운 모습을 보여준다. 때로 범고래는 마치 고양이가 쥐를 갖고 놀듯이, 몸이 엉망이 된 물범을 공중으로 계속 내던지곤 한다. 돌고래가 뛰어난 사냥꾼이라는 말은 하루에 몇 시간만 '일'을 하면 된다는 뜻이다. 그것이 바로 그들이 사회적 활동에 많은 시간을 쏟을 수 있는 이유다.

돌고래가 고도로 사회적이라고 해서 서로에게 극도로 공격적인 행동을 하는 사례가 없다는 의미는 아니다. 수컷들은 때로 무리를 지어서 암컷을 강간하기도 하고, 남의 새끼를 죽이기도 한다. 하지만 대

---

* 돌고래는 수심 약 160미터까지 물고기를 추적할 수 있긴 하지만, 대개 더 얕은 물에서 사냥을 한다. 깊이 잠수했다가는 올라올 때 높이 도약할 에너지가 남아 있지 않기에, 대개 수면에서 숨을 고르곤 한다. 도약은 놀이이자 과시 행동이다.

돌고래

개 협력을 잘하고 의사소통에 힘쓴다. 어린 돌고래는 오랫동안 무리의 보호를 받으면서 배워야 한다. 적어도 일부 종의 어미는 일종의 '아기 말'을 써서 새끼와 대화를 나누며, 후류(後流) 속에 새끼를 넣어서 '데리고 다닌다'(그러면 어미는 같은 노력을 할 때보다 속도가 4분의 3으로 줄어들지만, 새끼의 평균 속도는 거의 3분의 1이 증가한다). 심지어 어미들은 육아를 공동으로 하기도 한다.

적어도 일부 돌고래 종(그리고 이빨고래류)은 자신과 남을 식별하는 개체별 휘파람 소리를 내어서 서로를 구분한다는 증거가 어느 정도 있다. 같은 무리의 개체들은 한 개체에게 대응하거나 그 개체의 주의를 끌고자 할 때, 그 개체의 소리를 흉내 낼 것이다. 한마디로, 돌고래마다 이름이 있다. 또 돌고래가 자의식을 지닐 뿐 아니라, 다른 개체들의 능력을 예리하게 파악할 수 있다는 증거도 있다. 한 예로 공놀이를 할 때 사람이 끼면, 돌고래들은 사람의 수영 실력이 한참 못 미친다는 것을 감안하여 함께 놀이를 할 기회를 준다. 그렇지 않다면 사

물범을 사냥하는 범고래

상상하기 어려운 존재에 관한 책

람은 아예 공을 건드릴 수조차 없을 것이다. 돌고래는 집단 고유의 지식, 즉 '문화'를 후대에게 전달하며, 서로에게만이 아니라 사람에게도 새로운 것을 가르치는* 데 능숙하다. 연구자들은 많은 종의 돌고래들에게 마음 이론이 잘 발달해 있다고 결론짓는다.

돌고래의 생활 중 최근 들어서야 겨우 이해되기 시작한 또 한 가지 측면은 소리가 그들의 삶에서 어떤 역할을 하는가다. 비교적 사소한(하지만 즐거움을 주는) 수준에서, 돌고래는 배의 선수파를 타고 달릴 때 특정한 휘파람 소리를 고르게 내곤 한다. 일부 해양생물학자들은 그것이 아이가 "와아아아!" 하는 소리나 다름없다고 주장한다. 하지만 그렇게 단순한 문제가 아니다. 바다에서는 육지보다 소리가 네 배 더 빨리 나아가는 반면 빛은 얼마 가지 않아 흩어지므로, 소리가 '시각'과 '언어' 역할을 겸한다. 그리고 소리의 메아리를 통해 위치를 찾는 능력 덕분에, 돌고래는 인류가 첨단 기술을 통해 이룬 수준을 훨씬 뛰어넘는 지각력을 갖추고 있다. 그 의사소통의 세계를 우리는 이제야 겨우 이해하기 시작했다.

대상을 '보는' 데 쓰는 소리를 만들어내기 위해서, 돌고래는 숨구멍 밑에 공기주머니들을 갖추고 있다. 돌고래는 이 주머니의 공기를 이용하여 1,000분의 1초보다 짧은 클릭음을 만들어낼 수 있다. 이 클릭음은 우리 눈의 수정체와 다소 비슷하게 모양을 조절할 수 있는 멜론처럼 생긴 지방 조직을 지나 머리뼈 앞쪽의 포물선 형태의 표면을 통

* 유진 린든(Eugene Linden)은 다이애나 리스(Diana Reiss)가 서스(Circe)라는 이름의 어린 돌고래를 대상으로 한 실험에 대해 적고 있다(2002). 조련사는 서스가 과제를 제대로 해내지 못하면 몇 걸음 뒤로 물러나서 몇 초 동안 꼼짝하지 않고 서 있음으로써 불만을 표시했다. 본질적으로 엄마가 말 안 듣는 아이에게 '반성할 시간'을 가지게 하는 것과 똑같았다. 서스가 잘 해내면, 조련사는 생선 토막으로 보상을 했다. 서스는 지느러미를 처내지 않은 꼬리 토막은 싫어했는데, 어느 날 조련사가 지느러미를 떼내는 것을 잊은 채 꼬리 토막을 서스에게 던지자 서스는 풀장의 맨 끝으로, 헤엄쳐 가더니 똑바로, 서서 꼼짝하지 않는 자세를 취했다. '반성할 시간'을 가지라는 바로 그 자세였다. 조련사의 행동을 본떠서 조련사를 훈련시키고 있었다.

돌고래

해 투사된다. 이 클릭음은 물속을 나아가서 대상에 부딪혀 반사되어 메아리로 돌아온다. 돌고래는 아래턱을 통해 메아리를 받아서 그 진동을 속귀로 전달한다. 클릭음은 세기와 주파수가 다양하다. 문이 삐걱거리는 소리 같은 낮은 주파수의 소리는 대상을 대강 감지할 수 있게 해주며, 더 멀리 떨어진 대상을 감지하는 데 쓰인다. 째지는 듯 윙윙거리는 소리와 비슷한 더 높은 주파수의 클릭음은 더 세부적으로 감지하는 데 쓰인다. 상황에 따라서 돌고래는 초당 8회에서 2,000회의 클릭음을 내보낸다. 가장 빠른 클릭음은 우리 귀에 윙윙거리는 소리처럼 들린다. 하지만 돌고래는 각각의 소리를 식별할 수 있다. 돌고래는 첫 번째 클릭음의 메아리가 와야만 새 클릭음을 내보낸다.

이마를 통해 집중 발사되어 대상에 부딪혀 돌아오고, 턱을 통해 진동 형태로 귀로 전달되는 클릭음과 깩깩거리는 소리를 통해 돌고래는 수킬로미터 떨어진 대상의 위치를 파악할 수 있다. 또 이 소리들은 몇 미터 떨어진 사람이나 돌고래의 피부를 뚫고 들어가서 심장 박동이나 자궁 안에 있는 아기의 움직임을 '볼' 수 있게도 해준다. 몇몇 보도 자료에 따르면, 돌고래는 본인보다도 더 일찍 그 여성이 임신했음을 알아차리고, 임신한 돌고래를 돌보듯 임신한 여성을 배려한다고 한다. 돌고래는 멀리 있거나 숨겨져 있는 대상의 질감과 모양도 구별할 수 있다. 나무로 된 작은 형상을 똑같은 모양의 플라스틱이나 금속 물체와 구별할 수 있고, 구리로 된 원반과 알루미늄으로 만든 원반도 구별할 수 있다. 또 10미터 떨어진 곳에서 10분의 몇 밀리미터(손톱 두께보다도 얇은) 두께 차이도 알아낼 수 있다. 그 정도 두께는 100만 분의 1초보다 적은 시간 차로 돌아오는 메아리를 식별해야만 알아낼 수 있는 것이다.

'반향정위(echo-location)'란 단어는 청각 및 시각과 비슷하지만 어느 쪽과도 같지 않으며 어떤 면에서는 양쪽을 초월하는 이 초인적인 능력을 기술하기에 참으로 모자라 보인다. 때로 사람도 이 신비한 지각 능력을 보인다. 이른바 '돌고래 소년' 벤 언더우드(Ben

Underwood)는 2살 때 망막암에 걸려 앞을 전혀 보지 못하게 되었지만, 혀로 클릭음을 내어 주변의 대상에 부딪혀서 돌아오는 메아리를 들어서 동네를 쉽게 돌아다니는 법을 터득했다. 심지어 그는 공이 어디에서 뛰는지 소리만 듣고서 탁구를 칠 수 있었다. 타악기 연주자인 에벌린 글레니(Evelyn Glennie)는 귀가 멀었지만 늘 음악에 둘러싸인 채 자라, 자기 몸을 관통하는 가장 미묘한 진동까지도 알아차리는 법을 터득함으로써 세계적으로 유명한 관현악 음악가가 되었다. 이런 성취는 인간의 기준에서 볼 때에는 비범하지만, 모든 돌고래들은 이보다 훨씬 더한 일을 으레 하고 있다.

돌고래가 사물을 '보는' 데 소리를 사용하는 방식에 비해, '말하는' 데 소리를 사용하는 방식에 대한 이해는 훨씬 덜 이루어져 있다. 한 연구자는 186가지의 휘파람 소리 유형이 있으며, 그중 20가지가 특히 자주 쓰인다고 주장한다. 그녀는 휘파람 소리를 다섯 가지 범주로 분류할 수 있고, 각각은 대개 서로 다른 행동과 연관된다고 말한다. 돌고래가 자세와 몸짓을 통해서도 서로 의사소통을 한다는 증거도 꽤 있다. 돌고래가 "나야, 나!"와 "와아아아!"뿐 아니라 더 많은 것을 말할 수 있다는 점은 분명하지만, 돌고래의 말이 사람의 언어와 얼마나 비슷한지, 혹은 전혀 다른 유형의 의사소통 체계를 이루는지 여부는 아직 불분명하다.

몇몇 연구에 따르면, 포획된 상태의 병코돌고래는 (인간의) 명사와 동사에 대응하는 60가지 이상의 신호를 배운다고 한다. 그것으로 약 2,000가지 문장을 구성하여 자신이 이해했음을 보여줄 수 있다. 하지만 칼 세이건(1996년에 세상을 떠났다)의 말마따나, "흥미로운 점은 일부

돌고래가 영어를 배웠다고 하는 반면 ······ 돌고래어를 배웠다고 하는 사람은 아무도 없다는 것이다". 이 상황은 머지않아 바뀔 수도 있다. 아니 적어도 우리는 돌고래의 말을 이해하는 법을 어느 정도 배울수 있을지도 모른다. 이 글을 쓰고 있는 현재, 야생의 돌고래들이 서로의사소통을 하는 데 으레 쓰는 소리의 특징들을 이용하여 돌고래와 인간이 함께 공통의 언어를 '창안하는' 연구가 진행되고 있다.

비록 지금은 인간에게 돌고래와 의사소통하는 능력이 있다는 존릴리의 견해가 지나치게 낙관적으로 보일지도 모르지만, 그의 견해는 적어도 20세기 말까지 서구 사상에 확고히 뿌리 박혀 있던 생각을 넘어서서 나온 것이다. 인습 타파적인 철학자 마르틴 하이데거 (1889~1976)조차도 인류가 지구에서 "세계를 형성하는" 유일한 존재라는 말을 하며 보수적인 입장을 취했다. 다른 모든 것은 "세계가 없는"(돌 같은 무생물) 상태이거나 "세계 속의 빈곤한"(인간 이외의 모든 동물) 상태에 있다는 것이다. 하이데거는 인간 이외의 동물이 자신을 에워싼 환경에 완전히 사로잡혀 있으며, 억제하던 본능적인 충동을 해제하는 환경 요인들이 있어야만 풀려나서 활동할 수 있다고 말했다. 그는 인간만이 개념 능력과 언어 능력을 통해 그런 통제 상태로부터풀려나서, 삶의 바깥에 서서 삶이 "그런 것"이라고 관조하고 삶이 유한하며 자기 죽음이 임박했음을 의식할 능력을 지닌다고 말했다.

우리는 돌고래(그리고 다른 지적인 동물들)를 점점 더 이해할수록 하이데거의 견해에 의구심을 품게 된다. 우리는 돌고래가 복잡하고 미묘한 의사소통 체계를 지니고 있으며, 그들의 삶이 의미로 풍성함을이미 알아볼 수 있다. 언어학자 제임스 허포드(James Hurford)는 이렇게 주장한다. "세계에 있는 사물과 사건의 심적 표상은 상응하는표현보다 앞서 나타난다. 즉 계통학적으로 볼 때, 심적 표상은 단어와 문장보다 앞선다." 그리고 철학자 앨러스데어 매킨타이어(Alasdair MacIntyre)가 간파했듯이, 설령 돌고래가 단어를 쓰지 않는다고 해도, 그들은 우리에게 "의존하는 이성적 동물"로서 우리와 공동 운명체인

상상하기 어려운 존재에 관한 책

지도 모른다. 어쨌거나 돌고래는 인류를 행복하게 하는 '단순한' 것들도 매우 즐긴다. 끝없이 놀이를 계속한다는 점에서 더욱 그렇다. 그들은 "세계 속의 빈곤한" 존재가 결코 아니다.

아마 처음에는 단어가 아니라 몸짓이 있었을 것이다. 그리고 생물기호학(biosemiotics)이라는 새로운 분야의 연구자들이 주장하듯이, 우리는 인간의 언어가 표면적으로 더 큰 세계에서의 의미를 이끄는 양 꾸며진 무대 너머를 보기 시작하고 있다. 인간의 언어가 의미들의 그물 속에 놓인 하나의 현상에 불과한 세계를 말이다. 아마 우리는 돌고래만 그런 것이 아님을 알아차릴지도 모른다.

돌고래는 우리 역시 (그리고 우리만이 아니라) 본질적으로 동정할 줄 아는 동물임을 상기시킨다. 데이비드 흄은 우리 본성의 이러한 면을 음악에 비유했다. "인간은 똑같은 장력으로 감긴 똑같은 길이의 현들처럼 서로 공명한다." 하지만 이 말은 진리의 전부가 아니라, 일부일 뿐이다. 여기서 보카치오가 《데카메론》의 서문에 쓴 소박한 인본주의를 떠올릴지도 모르겠다. 흑사병과 배신이 난무하던 시기에 쓰여진 책이다. "병자에게 연민을 지녔기에 인간이다(*umana cosa e aver compassione degli afflitti*)." 돌고래는 우정과 희망의 가능성을 우리에게 보여준다. 아리스토텔레스의 동시대인이었던 더 젊은 철학자 에피쿠로스가 시사했듯이, 우정과 희망은 모든 이의 가장 큰 미덕일지 모른다. 설령 그가 다른 종을 염두에 둔 것은 아닐지라도 말이다.

EEL
뱀장어
― 그리고 다른 괴물들

문: 척삭동물

강: 조기류

목: 뱀장어

아목: 곰치

보전 상태: 평가 불가

내 가슴에서 사랑의 샘이 솟구쳤지
나도 모르게 그들을 축복했네
—새뮤얼 테일러 콜리지

나는 생명의 군주 중 한 명과 함께할 기회를 놓쳤다
—데이비드 허버트 로렌스 (David Herbert Lawrence)

곰치의 한 종류인 눈송이곰치(Snowflake eel)는 건드리지 않고 그 피(독성이 있다)를 마시지 않는 한 무해하다. 회백색 바탕에 검은 물방울무늬가 있거나 검은색, 흰색, 노란색의 섬세한 얼룩이 나 있는 이 종은 어류 애호가들이 선호하는 동물이다. 하지만 이 아름다움은 왠지 께름칙하며, 이 종을 포함하는 속의 학명인 에키드나(*Echidna*)에도 불길한 느낌을 주는 무언가가 숨어 있다. 에키드나는 고대 그리스 신화 속의 존재에서 유래한 이름이다. 헤시오도스의 설명에 따르면, 에키드나는 아름다우면서 섬뜩하다.

에키드나는 상반신은 반짝이는 눈과 아름다운 뺨을 지닌 님프고, 하반신은 신성한 땅의 은밀한 곳 아래에서 날고기를 먹는 얼룩덜룩한 피부의 거대하면서 무시무시한 뱀인 사나운 존재다. 그녀는 불사의 신과 죽을 운명을 지닌 인간 모두로부터 멀리 떨어진 바위 밑 깊숙한 동굴에서 살아간다.

이에 비하면 눈송이곰치를 비롯한 곰치류는 귀염둥이다. 하지만 많은 사람들은 그들을 보고서 겁을 먹는다. 어느 정도는 그들이 영장류가 곧잘 두려워하는 뱀과 닮았기 때문임이 분명하다. 또한 언제라도 덮칠 준비가 되어 있는 양, 늘 벌리고 있는 입 때문일 수도 있다. 하지만 나는 그것이 전부가 아니라고 본다. 불룩 튀어나와 있고 전혀 깜바이지 않는 곰치의 눈은 마치 시체의 눈처럼 보이며, 그들이 부속지도 눈에 띄는 지느러미도 없이 우아하게 몸을 움직이는 방식은 불편할 만치 관능적이다. 바다의 뱀장어류는 으스스하다(uncanny)*.

뱀장어과의 민물장어류는 몸집이 훨씬 더 작고 대체로 덜 섬뜩하게 느껴진다. 하지만 그들 역시 수수께끼 같은 존재다. 비록 인류가 강에서 물고기를 잡기 시작했을 때부터 그들을 먹어왔을 가능성이 높긴 하지만, 그들이 실제로 어떤 동물이며 어디에서 오는지를 인류가 밝혀낸 것은 아주 최근의 일이다. 아리스토텔레스는 민물장어류가 지렁이에서 유래했다고 믿었으며, 진흙 속에서 저절로 생긴다고 생각했다. 1777년에야 이탈리아 생물학자 카를로 몬디니(Carlo Mondini)가 뱀장어가 어류에 속함을 입증했다. 하지만 그때에도 뱀장어의 기원과 생활사는 여전히 모호했다. 다시 한 세기가 흐른 뒤, 지그문트 프로이트라는 젊은 의학도는 수컷의 생식기관을 연구한답시고 뱀장어 수백 마리를 해부하다가 결국 포기했다. 그러다가 마침내 1896년, 이탈리아 동물학자 조반니 바티스타 그라시(Giovanni Battista Grassi)가 오랫동안 다른 종이라고 여겼던 나뭇잎 모양의 투명한 작은 동물 렙토세팔루스(leptocephalus)가 투명한 실뱀장어(glass eel, 성체와 관련이 있음을 알아볼 수 있는 뱀장어의 투명한 유생 형태)로 변한다는 것을 관찰함으로써, 둘이 같은 동물임을 입증했다. 그라시는 이듬해에 뱀장어

---

* 심리학자 에른스트 옌치(Ernst Jentsch)는 으스스한 느낌이 "언뜻 보기에 살아 있는 듯한 것이 정말로 살아 있는지, 아니면 거꾸로 생명이 없어 보이는 사실 살아 있는 것인지 여부가 의심스럽다"라는 맥락에서 나오는 것이라고 주장했다(1906). 프로이트는 으스스한 느낌이 우리가 숨기기를 원하는 감각, 특히 성적인 감각을 일으키는 존재들을 통해 생기곤 한다고 주장했다(1919). 일본 외설물인 헨타이(変態) 작품에는 여성이 뱀장어(Anguilla japonica)가 가득한 욕조 안에 있는 장면이 종종 등장한다. 뱀장어들이 여성의 모든 구멍을 채우고 있는 모습이다.

뱀장어—그리고 다른 괴물들

수컷의 정소를 찾아냈다. 이전의 생물학자들도 관찰하긴 했지만 정소라고 생각하지 않았던, 술이 달린 띠 모양의 기관이었다.

마침내 1922년에 덴마크 과학자 요하네스 슈미트(Johannes Schmidt)가 유럽뱀장어(*Anguilla anguilla*)의 렙토세팔루스가 무려 7,000킬로미터 떨어진 사르가소해에서 태어난다는 것을 밝혀냄으로써, 주요 퍼즐 조각들이 제자리에 끼워졌다. 성숙한 뱀장어는 유럽에서 사르가소해까지 헤엄쳐 간다. 그곳에서 그들은 알을 낳고, 수정란은 부화하여 렙토세팔루스가 된다. 렙토세팔루스는 해류를 타고서 다시 유럽까지 간다. 이 작은 동물은 1년여 전에 부모가 떠났던 해안과 강에 다가가면, 물의 화학적 특성과 수온에 영향을 받아서 투명한 실뱀장어로 변한다. 투명한 실뱀장어는 민물로 들어서면 성체 뱀장어의 축소판인 실뱀장어(Elver)로 변한다. 실뱀장어는 점점 자라서 처음에는 황갈색을 띠었다가, 5년쯤 지나면 은회색을 띠고 성적으로도 성숙한다. 이 은백색 뱀장어는 알을 낳기 위해 사르가소해로 돌아간다. 민물장어의 여행은 바다에서 성숙한 뒤에 알을 낳기 위해 고향인 강으로 돌아오는 연어의 여정 못지않다. "방향이 반대*"일 뿐이다. 민물장어의 생활사는 이렇게 대강 밝혀진 상태지만, 이 변신을 통제하는 과정은 아직 거의 이해하지 못한 상태로 있다. 몇몇 측면에서 뱀장어는 예전이나 다름없이 수수께끼 같은 존재다.

'뱀장어'라는 주제에는 다양한 변주가 존재한다. 뱀장어과는 뱀장어목의 열아홉 개 과 중 하나일 뿐이다. 이 목은 공룡의 시대에 진화했으며, 현재 강, 해안, 산호초에서 심해에 이르기까지 다양한 서식지에서 약 600종이 살고 있다. 몇몇 이름은 해양생물학자들이 그들을 얼마나 알고 있는가보다 그들을 어떤 식으로 상상했는가를 더 말해주긴 하지만, 나름대로 흥미롭다. 오리주둥이장어류(Duckbilled eels)는 입이 부리처럼 튀어나온 뱀장어 집단이다(그중에는 '흑마법사[the black sorcerer]'라는 종도 있다). 뒷부리장다리물떼새의 '부리'처럼 우아하게 휘어진 턱을 지닌 뱀장어도 있다. 심해긴꼬리장어(Abyssal cutthroat

상상하기 어려운 존재에 관한 책

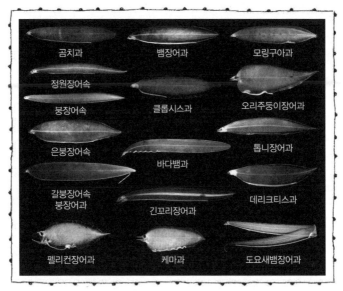

곰치과 뱀장어과 모링구아과
정원장어속 붕장어속 클룹시스과 오리주둥이장어과
은붕장어속 바다뱀과 톱니장어과
갈붕장어속 붕장어과 긴꼬리장어과 데리크티스과
펠리컨장어과 케마과 도요새뱀장어과

뱀장어 유생인 렙토세팔루스는 형태가 매우 다양하며, 60밀리미터 정도까지만 자라는 것도 있고 200밀리미터 넘게 자라는 것도 있다. 이들은 완전히 투명하다. 뱀장어과에 속한 민물장어들과 바다장어류 열두 개 과의 렙토세팔루스를 찍은 사진이다.

eel)의 유생은 망원경 같은 눈을 지닌다. 썩은스파게티장어(Rusty spaghetti eel), 개구리머리장어(Froghead eel)도 있다. 붕장어과의 몇몇 종은 3미터까지 자라는 대담한 포식자다. 반면에 바닷말과 비슷한 모습으로 구멍에 옹기종기 모여서 고개를 내밀고 있는 정원장어(Garden eel) 같은 종류도 있다. 이들은 위험의 징후를 간파하자마자, 달팽이 1,000마리가 멀리서 진동을 느끼고 껍데기 안으로 몸을 숨기는 것처럼 모래 속으로 거의 동시에 빠르게 쏙 들어간다. 최근에 태평양 깊은 바닥에서 솟아오르는 거대한 수중 화산의 비탈에 자리한 뜨

* 뱀장어는 강하성(江河性)이다. 즉 성체 때 민물에서 살다가 알을 낳기 위해 바다로 돌아가는 동물이다. 한 가지 확실한 점은 '흔한' 유럽뱀장어의 개체수가 1970년대의 1~5퍼센트 수준으로 줄었다는 것이다. 남획, 서식지 파괴, 오염의 결과다. 수천 년 동안 좋은 음식으로 각광받던 이 종은 지금 멸종 위기에 처해 있다.

뱀장어―그리고 다른 괴물들

거운 열수 분출구 바로 옆에서 행복하게 살아가는 기이한 연록색의 장어 군집이 발견되었다. 일부 과들은 흔적기관인 지느러미까지도 사라져서 사실상 바다뱀처럼 보이며, 때로 바다뱀의 얼룩무늬도 모방한다. 또 커다란 지렁이처럼 보이는 종류도 있다.

한편 뱀장어처럼 보이지만 사실은 다른 종인 동물도 있다. 전기뱀장어(메기와 더 가까운 친척간이다), 고무장어(Rubber eel, 무족영원류, 즉 양서류의 일종), 늑대장어(뱀장어보다는 농어와 더 가까운 친척인 늑대고기과의 어류로서, 생물 중에서 가장 섬뜩해 보이는 돌 같은 얼굴을 갖고 있다), 펠리컨장어(Pelican eel 또는 Umbrella mouth gulper, 커다란 입 앞쪽에 촉수로 덮인 분홍색이나 붉은색으로 빛나는 꼬리를 흔들어서 먹이를 유혹한다)가 그렇다. 심지어 장어상어(eel shark, 주름상어)라는 영어식 이름을 지닌 동물도 있다. 이 동물은 사람 뇌의 가장 심층에서 솟아난 것처럼 보인다. 이상하게 생긴 이빨에 흔들거리면서 움직이는 모습이 마치 생명이 없는 듯한 느낌을 준다. 또한 먹장어도 있다. 연골 뼈대를 지녀서는 턱이 없고 앞을 못 보고 심장이 네 개인 이 동물은 대량의 점액을 분비하며, 죽은 동물의 항문으로 들어가서 속부터 게걸스럽게 파먹기를 좋아한다.

눈송이곰치는 곰치류에 속한다. 곰치류는 약 200종이며, 뱀장어과 중에서 가장 종수가 많다. 대부분은 따뜻한 바다의 얕은 물에 산다. 곰치류는 머리에서 꼬리까지 등을 따라 폭이 좁은 지느러미가 죽뻗어 있는 등 모습이 거의 비슷비슷하지만, 성체의 크기는 종마다 크게 다르다. 사람의 아래팔보다 짧은 종류도 있고, 사람보다 두 배 이상 긴 것도 몇 종 있다. 이들은 야행성 사냥꾼이며(작은 어류와 무척추동물을 사냥한다), 먹이를 찢는 데 알맞은 넓은 턱과 날카로운 이빨을 갖추고 있다. (연극 무대에서 기계 장치로 작동하는 용의 입 안에서 춤을 추는 발레리나처럼, 새우들이 주기적으로 곰치의 입 안을 들락거리면서 이빨 사이의 찌꺼기를 열심히 청소한다.) 많은 곰치들은 쩍 벌린 입 속까지 잘 위장이 되어 있지만, 색깔은 서식지마다 다르다. 얼룩말곰치(Zebra moray)는 짙은 초콜릿 색깔에 하얀 수직 띠무늬가 있다. 알락곰치는 검은색, 노란색,

빨간색의 어른거리는 무늬가 나 있으며, 눈 바로 앞에 위쪽으로 두 개의 원통형 콧구멍이 솟아 있다. 기린곰치(Giraffe moray)는 이름에서 짐작할 수 있듯이, 기린과 똑같은 무늬가 나 있다. 노란곰치(Golden dwarf) 또한 이름 그대로다. 색댕기곰치(Ribbon moray, 리본장어)는 어릴 때에는 (그리고 수컷도) 금색 턱에 눈부신 감청색을 띠고 있다가 더 자라면 (그리고 암컷도) 온몸이 노란색이 된다. 위턱 앞에 나 있는 물고기 꼬리 같은 얇은 녹색의 부속지로 먹이를 꾄다. 이 부속지는 해류에 따라 살랑살랑 나부끼면서 모래 속에 숨은 강한 몸을 가려준다.

곰치류가 어떻게 이렇게 눈에 띄게 번성했는지는 아주 최근까지도 수수께끼였다. 대부분의 육식성 어류는 입을 다물고 있다가 재빨리 벌려서 일으키는 흡입 효과로 먹이를 빨아들여 삼킨다. 하지만 곰치의 입은 거의 언제나 벌어져 있다. 게다가 턱은 사실상 몸집에 비해 아주 작고 약하다. 그런데 어떻게 생존하는 것일까? 해답은 2006년에 나왔다. 그제서야 처음으로 관찰이 이루어진 것인데, 그 답은 놀랍기 그지없었다. 곰치는 목 안 깊숙한 곳에 제2의 턱을 지니고 있다. 이 턱을 쏘듯이 빠르게 앞으로 내밀어서 먹이를 잡고서 다시 빠르게 목 안으로 집어넣는다. 먹이가 식도로 끌려 들어오면 곰치는 입을 다문다. 무시무시한 두 번째 이빨을 '토해내는' 이 놀라운 능력 덕분에 곰치는 육지와 바다를 통틀어 최고의 포식자 자리를 차지한다. 숨어 있는 좁은 공간에서 그리 멀리 움직이지 않고서도 먹이를 잡아챌 수 있다는 점에서 말이다.

이렇게 기동성이 뛰어난 인두턱(pharyngeal jews)을 지닌 동물은 지구에 곰치뿐이다. 뱀은 턱의 좌우를 교대로 움직이면서 깔쭉톱니바퀴가 감기듯이 먹이를 목구멍으로 끌어내릴 수 있지만, 위아래 한 쌍의 턱만 이용할 뿐이다. 일부 경골어류는 목 안쪽 깊숙이 으깨는 턱을 지니고 있지만, 이 턱은 머리 뒤쪽에 고정되어 있다. 곰치와 흡사한 존재로는 관객에게 최대한의 공포와 혐오감을 안겨주기 위해 창조된 상상의 괴물 단 하나만이 존재한다. 바로 1979년 영화 〈에일리언〉 시리

뱀장어―그리고 다른 괴물들

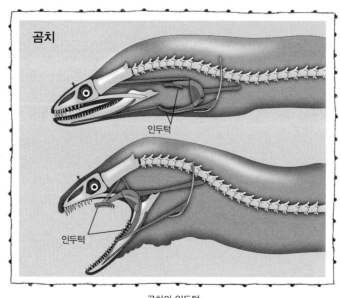

인두턱

인두턱

곰치의 인두턱

즈에 등장하는 괴물이다. 진정으로 공포를 주는 존재―강간하여 악몽의 '배아'를 잉태시키고, 깨어난 새끼는 중세의 악마처럼 인간의 내장을 먹으며 자라서 몸을 찢고 튀어나오는―를 상상하려 애쓴 끝에, 〈에일리언˚〉의 제작진은 적어도 어느 정도는 진화적 의미에서 대단한 성공을 거둔 자연적인 존재―곰치―를 닮은 괴물을 만들어냈다.

우리는 적어도 우리가 인간으로 살아온 기간만큼 이런저런 괴물들을 두려워해 왔다고 가정할 수 있을 것이다. 그중의 일부는 인류 역사 초기에 실제로 있던 위험한 동물이었음이 밝혀져 있다. 한편으로 오늘날 우리가 상상의 동물이라고 여기는 것들도 있다. 실제 동물들의 특징들을 포함시켰을지는 몰라도 환상적이거나 초자연적인 특징들도 넣어서 인간의 마음이 상상해 낸 창조물들 말이다. 반인반수, 거인, 키메라, 잡종 괴물이 그렇다. 그러나 인구 밀도가 점점 더 높아짐에 따라, 우리를 먹이로 삼거나 우리와 먹이를 놓고 경쟁하는 동물들은 꾸준히 제거되어 왔다. 남아 있는 극소수도 상당수가 멸종 위기에

상상하기 어려운 존재에 관한 책

처해 있다. 즉 이제 그들은 두려움을 주는 대상이기보다는 관심과 보전 노력을 기울여야 할 대상이 된 셈이다. 아프리카에 마지막으로 남아 있는 야생 사자들도 수십 년 안에 사라질 가능성이 높다. 오늘날 인간에게 가장 위험한 동물은 그 어떤 괴물 같은 존재가 아니라 인간 자신이다. 아마 역사적으로 늘 그래왔을 것이다. 다른 이유가 더 있을지는 모르나, 인간이 아닌 위험한 동물들이 우리가 직접 경험하는 대상과 점점 멀어짐에 따라 상상 속 괴물의 모습도 변해 가는 듯하다. 미성숙한 두려움은 새로운 형태를 취해 왔다.

〈에일리언〉이 나오기 한 세기 전, 자연주의 작가 리처드 제프리스(Richard Jefferies)는 실재하지만 자신에게 낯선 동물들을 생각할 때, 〈에일리언〉의 관객들과 비슷한 감정을 경험한 듯하다.

바다 깊은 곳에서 잡아 올린 생물들은 너무나 색다르고 기이하고 이해 불가능하다! 일그러진 물고기들, 유령 같은 오징어류, 뱀장어처럼 생긴 섬뜩한 형태들, 껍데기로 뒤덮인 기어다니는 동물들, 지네처럼 생긴 존재들, 괴물 같은 형태들. 보는 순간 뇌에 충격을 주는 것들이다.

이 대목은 다소 놀랍게도 제프리스가 유년기와 청년기를 보낸 윌트셔의 언덕에서 경험한 초월적인 행복과 일체감을 담은 회고록인 《내 마음 속 이야기(The Story of My Heart)》(1883)에 실려 있다. 이 놀라운 저서에서, 제프리스는 당대의 종교적 또는 과학적 정설을 통해 드러난 것들을 초월한다고 자신이 믿은 것을 묘사하려고 시도하다가

---

* 영화 감독 리들리 스콧을 위해 그 괴물을 창조한 스위스 화가 기거(H. R. Giger)는 곰치의 인두턱을 전혀 알지 못했다고 말했다. 그가 괴물, 특히 '아기' 형태를 만들기 위해 참조한 모형 중 하나는 프랜시스 베이컨이 〈십자가 책형을 위한 세 습작(Three Studies for a Crucifixion)〉(1944)에 묘사한 형상들이었다. 뒤틀린 긴 목에서 뻗어 나와 주로 입만 보이는 회색의 눈알 없는 머리들이다. 〈에일리언〉의 괴물이 곰치가 아니라는 것은 분명하다. 피테르 브뤼헐의 〈죽음의 승리〉에 묘사된 형체들 같은 인간형 뼈대와 곤충의 특징도 갖추고 있다.

뱀장어 — 그리고 다른 괴물들

"영혼생명(soul-life)", "마음불(mind-fire)"이라는 새로운 어휘에 도달했다. 그는 감격해서 말했다. "지금껏 상상했던 모든 것을 넘어서는 것들이 이토록 많다니!" 하지만 이 예민한 사람의 마음을 괴롭히는, 아니 거의 무너뜨리고 있는 것이 하나 있었다. 그는 1885년에 발표한 장편소설《런던 이후(After London)》에서 대격변으로 인류의 상당수가 사라지고 드넓은 육지가 물에 잠김으로써 습지와 숲이 도시를 야생으로 되돌리는 미래를 상상했다. 아마도 주변에서 진행되던 급속한 산업화와 도시화에 반발한 제프리스가 최근에 발견된 기이한 생물들을 보면서 그 두려운 결말을 떠올렸을 것이다. 1872~1876년 챌린저호 탐사대는 세계의 대양 깊은 곳에서 알려지지 않은 4,000종이 넘는 생물을 끌어올렸다. 그전까지 대체로 죽은 세계라고 여겨지던 곳에서 말이다. 좀 더 과학적인 태도를 지녔던 동시대인들 상당수가 심해에서 건진 생물들 자체에 관심을 가진 반면, 제프리스는 세계 너머에서 온 듯한 '지독히도 섬뜩한' 생물들만을 보았다.

아마 제프리스보다 한 세대 더 이전의 사람인 허먼 멜빌이 더 섬세하고 더 통찰력이 있었던 듯하다. 언뜻 볼 때 그의 소설《모비딕》(1851)에 등장하는 괴물은 거대한 흰 향유고래인 것처럼 보인다. 하지만 이야기가 전개됨에 따라, 고래를 뒤쫓는 아합 선장의 욕망과 강박증 그 자체가 파괴적인 힘임이 분명해진다. 1923년의 데이비드 허버트 로렌스에게는《모비딕》의 상징주의가 명백했다. "광기에 찬 선장과 유달리 현실적인 세 동료(노예 상태로 선원으로 일하는 비백인 인종들과 더불어) …… 이 모든 실용주의는 광기, 미친 추적 …… 미국에 봉사한다!" 로렌스는 그들의 배인 피커드호가 "미국인의 정신"이며, 고래의 흰색이 일으키는 공포가 "우리 백인 시대", 즉 유럽과 북미의 산업 문명의 종말을 뜻한다고 주장한다. "우리의 거대한 공포다! 모든 항구를 뒤로 하고 줄달음치는 것은 우리 문명이다."

일부 현대 비평가들은 이 해석이 너무 유치하다고 본다. 하지만 로렌스가 제1차 세계대전, 즉 이전 수십 년 동안 해외에서 없앤 원주민

상상하기 어려운 존재에 관한 책

들 수에 맞먹는 규모로 유럽인들이 서로를 살상했던 "전 세계적인 죽음의 축제"(토마스 만의 표현)가 끝난 직후에 이 글을 썼다는 점을 떠올려 보라. 서구 문명이 주는 혜택이 무엇이든 간에 그것의 어두운 이면이 그 무렵에는 확연히 드러나 있었고, 로렌스가 글을 쓴 지 22년이 지난 뒤에는 핵무기가 배치되었다. 유럽인들은 그전에 이미 유례없는 규모로 대량 살상*을 저지르기 시작했었다. 하지만 원자폭탄은 상황을 한 단계 더 진전시켰다. 서구 과학이 이룬 최고의 성취는 곧바로 수만, 아니 수십만 명을 눈 깜짝할 사이에 몰살시킬 수단을 낳았다. 인류는 새로운 유형의 괴물을 창조한 것이었다. 1945년 8월 9일 오전 11시가 갓 넘긴 시각 나가사키에 원자폭탄을 떨군 비행기에 공보 기자로 타고 있던 윌리엄 로렌스(William L. Laurence)는 이렇게 썼다.

우리는 경외감에 사로잡힌 채 (거대한 불덩어리가) 마치 외계에서가 아니라 땅에서 나오는 유성처럼 솟구치는 광경을 지켜보았다. 그것은 흰 구름을 뚫고 치솟아 오를수록 더욱 생생하게 다가왔다. 그것은 더 이상 연기도 먼지도 심지어 불의 구름도 아니었다. 그것은 살아 있는 생물, 회의적인 우리의 눈 바로 앞에서 탄생한 새로운 종이었다.

그로부터 15년 사이에 미국의 핵무기**는 나가사키를 백만 번 파괴할 만큼 늘어났다. (소련은 얼마간 뒤처져 있었지만, 이윽고 미국을 따라잡

---

* 나치의 '최종 해결책'(Endlösung)은 '동유럽 일반 계획'(Generalplan Ost)으로 나아가는 사소한 한 단계로서 고안된 것이었다. 동유럽 일반 계획이란 동유럽의 슬라브 민족 등 수천만 명을 제거한다는 것이었다.

** 1960년 미국의 핵무기 보유량이 최대에 이르렀을 때, 파괴력은 나가사키급('팻맨') 폭탄(21킬로톤)으로는 97만 5,714기, 히로시마급('리틀보이') 폭탄(15킬로톤)으로는 136만 6,000기에 맞먹는 수준이었다. 한편 1960년에 소련은 미국보다 사용 가능한 핵무기의 양이 훨씬 적었지만, 그 뒤로 급속히 늘어났다. 1964년에는 1,000메가톤, 즉 미국의 약 13퍼센트 수준에 이르렀고, 1982년에는 그해의 '투사중량'(미사일에 장착하여 발사할 수 있는 중량—역자 주) 면에서 미국보다 거의 75퍼센트 더 많았다. 하지만 미국이 1964년에 이미 보유했던 양보다는 적은 수준이었다.

뱀장어—그리고 다른 괴물들

고는 더 앞서 나갔다.) 이 무기들이 가하는 위협은 일상적인 현실의 일부가 되었고, 미국의 공군 장군인 커티스 르메이(Curtis LeMay) 같은 지휘관들은 몇 차례 그 무기를 사용하자는 주장도 했다. "우리 자신을 전멸시킬 생각으로 우리의 뒤를 찌른다"라는 멜빌의 통찰력 있는 말을 떠올리게 하는 것이 바로 여기에 있었다.

핵무기의 위험은 지극히 현실적이지만, 머릿속에 떠올리기가 쉽지 않다. 고질라부터 1954년 영화 〈뎀!〉에 등장하는 방사선으로 거대해진 개미에 이르기까지, 당시의 시대상을 상징하던 괴물들은 지금 보면 보나콘(Bonnacon, 불타는 똥을 흩뿌려서 자신을 지킨다는 소처럼 생긴 괴물—역자 주)이나 만티코어같이 중세 동물우화집에 등장하는, 더 있을 법하지 않은 괴물들만큼 이상해 보인다. 전면적인 핵전쟁—'상상할 수도 없을'*뿐더러 결코 실행할 수 없는—은 너무나 엄청난 규모이기에 예술이나 대중문화에서 직접 재현할 수가 없었다.

현재 적어도 여섯 개 국가는 군사 계획상에 전쟁 억지력을 넘어서서 전투 쪽으로 핵무기에 일정한 역할을 맡긴다고 규정하고 있다. 그렇긴 해도 대규모 핵전쟁의 가능성은 냉전 시대보다 낮아졌을 것이며, 현대 상상 작품 속의 괴물들은 다른 우려들을 반영하는 경향을 보인다. 물론 그중에는 사실상 결코 사라지지 않는 괴물들도 있다. 한 예로 〈에일리언〉 시리즈(1979~1997년에 네 편이 나왔다)의 괴물은 여러 방식으로 해석되어 왔다. 특히 인간의 몸이 오염, 살충제, 식품 첨가물, 인간이 일으킨 암에 취약하다는, 그럼으로써 자기 자신이 변하고 돌연변이를 일으키고 괴물이 될 수 있다는 두려움을 표현한 것이라는 해석이 많다. 21세기의 첫 10년간 나타난 눈에 띄는 한 가지 추세는, 좀비나 뱀파이어처럼 어느 정도 인간이거나 끔찍하게 퇴화하고 부패한 인간이 인기를 점점 더 끌어왔다는 것이다. 억제할 수 없는 식욕에 날뛰는 이 존재들은 인구 과잉과 기아, 세계적인 유행병, 더 나아가 기후 변화 같은 것들에 대한 우리의 공포를 어느 정도 드러내고 있다. 그들이 절반은 인간**이라는 점이 바로 그들이 그토록 섬뜩하고

상상하기 어려운 존재에 관한 책

압도적인 관심을 불러일으키는 이유 중 하나다.

여기에는 좋은 점도 있다. 목의 정맥을 빠는 뱀파이어처럼 인간과 비슷한 존재를 괴물로 등장시키는 이야기들은 다른 동물들에게 쏠린 시선을 다른 곳으로 돌린다. 즉 인간 이외의 다른 동물들은 무언가의 비유로서가 아니라 있는 그대로 볼 수 있도록 장애물을 제거하는 역할을 한다. 심해장어, 먹장어, 쥐가오리, 거대 등각류 같은 심해의 동물들은 계속 우리에게 불편함을 일으킬지 모른다. 우리가 처음 본다면 더욱 그럴 것이다. 그럴 만도 하다. 그들의 얼굴은 지표면에 있는 누군가에게 보여주기 위해 '설계된' 것이 결코 아니며, 그들은 존재 자체로 우리에게 낯설다. 그들을 보는 순간 우리의 뇌에는 낯설다는 신호가 전달될 것이 분명하다. 하지만 그들의 특성과 진화적 기원을 좀 더 깊이 살펴본다면, 우리는 리처드 제프리스가 받은 것과 같은 혐오감을 떨치고 나아갈 수 있다. 우리가 이제야 겨우 이해하기 시작한 공간과 시간 속에 존재하는 이 자연선택의 '괴물들'은 사실상 우리의 미적 감각, 아니 적어도 경이감이란 무엇인가 하는 개념을 확장하는 데 도움을 줄 수 있다.

화려하고 눈부신 생물들, 가지산호 사이로 비치는 햇빛을 즐기는

지금까지 시험한 열핵무기 중 가장 컸던 것은 소련이 1962년에 터뜨린 '차르 봄바(Tsar Bomba)'였다. 이는 5만 2,000킬로톤으로, 팻맨보다 약 2,500배 더 강력했다.

* "핵무기의 대학살은 '상상할 수도 없을'뿐더러 결코 실행할 수 없는 것이라고 널리 여겨져왔지만, 사실 우리는 실행할 수 있는 행동에 전혀 상상할 수 없다는 것으로 맞서고 있는 듯하다."
　— 조너선 쉘(Jonathan Schell)(1982)

** 물론 섬뜩한 악을 대변하는 유사 인간이 좀비와 뱀파이어만은 아니며, 그들이 새로운 것도 아니다. 카를 마르크스는 《자본론》에서 자본주의를 인간의 생피를 빨아먹는 뱀파이어라고 상상한다. 코맥 매카시의 《로드》(2006) 같은 작품에는 지극히 인간인 '괴물'이 등장한다. 과학소설에서 가장 괴물 같은 존재는 일부는 인간이면서 일부는 자신의 최악의 공포가 빚어낸 산물이거나(영화 〈금지된 세계〉(1956)에서처럼), 기술의 산물 또는 노예인 경향이 있다. 한 예로 〈에일리언 4〉(1997)에서 여주인공 리플리는 유전적으로 괴물과 결합되었고, 〈스타트렉〉의 보그족은 반은 인간이고 반은 로봇이다. 마거릿 애트우드의 섬뜩한 소설 《인간 종말 리포트》(2003) 및 《홍수》(2009)에 등장하는 유전자 변형 돼지인 피군도 뇌에 인간의 조직을 지니고 있다.

　　　　　　　　　　　　　　　　　뱀장어—그리고 다른 괴물들

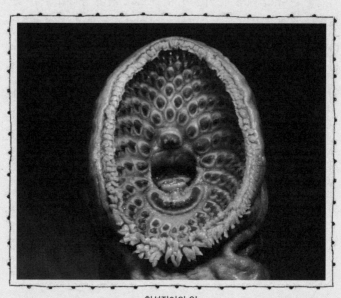

칠성장어의 입

생물들, 은밀한 곳에 숨은 곰치 등 온갖 생명체들이 우글거리는 무성한 산호초는 생각만 해도 즐겁다. 그리고 입을 벌린 채 물속에서 부드럽게 움직이는 곰치는 산호초에 작용하는 자연법칙들로부터 알 수 있는 현실을 적어도 두 가지 구현하고 있다.

첫째, 곰치가 지닌 두 쌍의 턱은 생존 경쟁이 경이롭기 그지없는 새로운 것을 낳는다는 사실을 보여 주는 탁월한 사례다. 처음에 상대적으로 단순한 것—사실상 '최초로 이빨의 공포를 일으킨' 화살벌레처럼 생긴 동물—에서 출발하여, 먹장어처럼 생겼을 촉수로 덮인 입을 지닌 조상, 칠성장어와 비슷하게 턱이 없지만 무시무시한 이빨을 지닌 경이로운 어류, 그리고 우리들의 조상이 되는 턱을 지닌 어류를 거쳐서 동물은 무한할 만치 다양한 형태들로 진화해 왔다. 우리는 직관적으로 곰치가 '원시적'이라 느낄지 모르지만, 그럼에도 이들은 놀라운 점들을 간직하고 있다. 진화 자체에는 미래의 경이로움도 담겨 있다.

둘째, 뱀장어의 뱀 같은 움직임은 한없이 긴 시간에 걸쳐 몇몇 현상들이 엄청나게 오래 유지되어 온 사례다. 좌우로 꿈틀거리는 움직임은 동물이 지금까지 개발한 가장 효율적인 이동 방식 중 하나이며, 5억 년이 넘는 세월 동안 많은 종에게서 진화하며 유지되어 왔다. 코노돈트(뱀장어와 좀 비슷하게 생긴 멸종한 고대의 척삭동물) 같은 척추동물의 조상들, 먹장어 같은 먼 친척들, 뱀(공룡이 멸종한 후인 수천만 년 전에야 진화했다)처럼 비교적 최근에 출현한 동물들이 그렇다. 갖가지 차이점이 있긴 하지만, 이 동물들은 모두 지상의 불* 보다 더 오래되었을지 모를 꿈틀거리고 물결치며 불길이 일렁이는 듯한 움직임을 보여준다. 바로 이것, 늘 변하면서도 늘 지속되는 움직임이야말로 생명 그 자체의 모습이다.

---

* 화석 기록상 불의 흔적은 약 4억 7,000만 년 전에 처음 나타난다. 오르도비스기 중기인 이 시기에는 불이 일어날 수 있을 만큼 육지에 식생이 우거졌고 대기 산소 농도(식물의 부산물) 또한 충분했다.

뱀장어—그리고 다른 괴물들

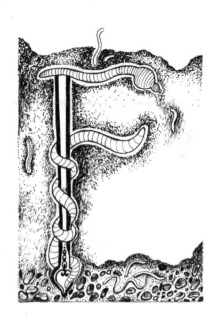

FLAT WORM
편형동물
—그리고 다른 벌레들

문: 무장동물과 편형동물
보전 상태: 평가 불가

욥이 지렁이를 축복하도록 하옵소서.
굴욕당하는 주의 생명이자, 성령이자 진리인.
—크리스토퍼 스마트

윈스턴 처칠은 말했다. "우리 모두는 벌레다. 그리고 나는 내가 빛을 내는 벌레라고 믿는다." 이 재치 있는 말로 그는 생물학에서는 F 학점을 받았겠지만(빛을 내는 벌레는 대부분 날벌레나 딱정벌레다) 인간이 종종 느끼는 감정을 파악하는 통찰력 면에서는 A 학점을 받았을 것이다. 우리는 자신이 우주의 티끌에 불과함을 알지만, 결국에는 자신이 다소 특별하다는 느낌을 떨칠 수가 없다. 혹은 생각이 반대로 흘러갈 수도 있다. 우리는 놀라운 존재다! ……그러나 우리는 어쩔 수 없이 벌레이기도 하다. 유전학자 스티브 존스(Steve Jones)는 이렇게 표현한다. "아무리 특별하다고 해도 우리 각자는 대체로 음식이 한 방향으로 흐르는 10미터짜리 관에 불과하다."

하지만 어느 쪽이든 간에, 일상생활에서 벌레를 생각하면서 많은 시간을 보내는 사람이 거의 없다는 것은 분명하다. 진화생물학과 기생충학이라는 특수한 세계 바깥에서는 벌레를 바라보는 전반적인 시각이 동물우화집을 쓰던 700년 전 이래로 거의 변하지 않았다. 세상에는 다양한 벌레가 있다. 흙에 사는 것들은 유익하지만, 나머지 대부분은 피해야 한다. 이야기 끝. 나는 이 관점이 유감스럽다고 주장하련다. 불쾌감과 불편함을 일으키긴 하지만 한편으로 놀랍고도 아름다운 많은 것들을 사람들이 놓치고 있다는 의미이기 때문이다. 혐오감을 떨치고 그 너머를 보는 순간, 기쁨—그리고 경악—으로 가득한 세계가 열린다. 화살벌레에서 개불에 이르기까지, 별벌레(성구동물)에서 새예동물에 이르기까지, 벌레들의 소동, 사육제, 난장판을 살펴보는 사람은 누구나 무언가를 얻을 수 있을 것이다.

20세기의 상당 기간에 걸쳐 널리 받아들여진 설명에 따르면, 복잡한 동물, 즉 심장, 창자, 눈 같은 기관이 있고 수십억 혹은 (인간처럼) 수조 단위의 세포로 이루어진 동물은 일반적으로 약 5억 4,200만 년에서 수백만 년 전 사이에 단세포생물로부터 진화했다고 한다. 이것이 바로 캄브리아기 대폭발, 눈에 띄는 생물이 거의 없던 상태에서 갑자기 처음으로 생물이 폭발적으로 불어난 사건이다. 진화생물학자 빌 해밀턴(Bill Hamilton)은 이를 "자연의 방대한 환각제 사업"이라고 했다. 하지만 2장(〈항아리해면〉)에서 말했듯이, 캄브리아기가 시작되기 전 1억 년 남짓한 세월 동안 비교적 단순한 다세포 생물들이 이미 존재하고 있었다는 것이 지금은 명확해졌다. 즉 캄브리아기 대폭발에는 긴 도화선이 있었으며, 이 도화선이 치직거리며 타 들어가던 시기에 생명은 몸집을 키울 다양한 방법을 실험하고 있었던 것이다. 그 방법 중 하나는 해면동물이 되는 것이었으며, 앞서 말했듯 오늘날까지 이어지고 있는 방법이다. 에디아카리아(Ediacaria)* 동물군은 생명이 다각도로 방법을 모색했음을 보여준다. 이 동물군은 고사리잎처럼 반복하여 가지를 뻗는(프랙탈 구조) 카르니아(Charnia)에서 이랑이 나 있는 방석 같은 디킨소니아(Dickinsonia)와 피자를 고정하는 핀처

---

* 에디아카리아 동물군은 최초의 다세포동물이라고 알려져 있다. 그들은 주로 밑바닥에 살았으며, 고사리잎, 원반, 관, 진흙 주머니, 조각보를 닮은 다양한 형태를 띠었다. 그들은 약 6억 3,500~5억 4,200만 년 전인 에디아카라기에 번성했고, 캄브리아기 초에는 대부분 멸종했다. 그들의 화석은 전 세계에서 발견된다.

편형동물—그리고 다른 벌레들

럼 세 방향 방사 대칭을 이룬 트리브라키디움(Tribrachidium)에 이르는 생물들로 이루어진 다양한 집단(혹은 집단들의 집합)이다. 개중에 지름이 1미터 넘게 자란 것도 있었다. 에디아카리아 동물군은 진정 기괴하다고까지 말할 수준으로 진화했다. 이탈로 칼비노의 소설 《우주만화》에서 주인공 크프우프크는 이렇게 말한다. "당신이 젊을 때에는 모든 진화가 당신의 앞에 놓여 있다. …… 당신이 자신과 그 뒤에 닥칠 한계들을 비교한다면, 당신이 결국에 갇혔다고 느낄 단조로운 일상생활에서 한 양식이 다른 양식들을 어떻게 배제하는지를 생각해 본다면, 그 옛날의 삶이 아름다웠다고 말해도 나는 개의치 않으련다."

안타깝게도 현재 많은 고생물학자들은 에디아카리아 동물군이 그렇게 영화를 누렸음에도, 캄브리아기에 후손을 거의 또는 전혀 남기지 않았다고 생각한다. 이유가 무엇이든 간에, 그들은 우리가 속한 척삭동물문을 비롯한 다양한 동물문으로 대체되었고, 이 동물문들 중 상당수는 벌레*다. **이들**이 정확히 어디에서 유래했는지는 모르지만, 6억 년 된 암석에 있는 수수께끼 같은 흔적은 한 가지 가능성을 시사한다. 일부에서는 이 흔적을 베르나니말쿨라(Vernanimalcula), 즉 '스프링 동물'이라는 동물의 화석이라고 해석한다. 지렁이처럼 생긴 이것이 정말로 동물이라면, 굵기가 사람의 머리카락에 불과했을 것이다. 하지만 베르나니말쿨라의 후손이든 다른 무엇이든 간에 그것이 오늘날 우리가 아는 모든 복잡한 동물들을 낳음으로써 주목받게 된 것은 에디아카리아 동물들이 사라지면서였다.

캄브리아기에 생명이 대폭 다양해진 것은 다양한 요인들이 결합된 결과일 가능성이 아주 높다. 우선 동물의 몸집이 더 커질 수 있도록 바다의 산소 농도가 증가한 것이 아마도 중요한 역할을 했을 것이다. 그 뒤에 눈이 진화함으로써 포식자와 먹이 사이의 군비 경쟁을 촉진했을 것이다. 그리고 더 효율적이고도 새로운 포식과 채취 수단의 출현—이전의 동물보다 먹은 것을 더 효율적으로 처리할 수 있도록 항문까지 먹이가 한 방향으로 통과하는 창자(스티브 존스가 우리 모두가

그렇다고 말한 '관'의 작은 초기 형태)와 '이빨의 공포'—은 눈의 진화보다
더 중요한 역할을 했을지 모른다. 하지만 원인이 무엇이든 간에, 그
결과 오늘날 우리가 세계에서 보는 거의 모든 형태의 동물들이 등장
했다 대부분의 철학이 플라톤이 주석이든 아니든 간에, 캄브리아기
이후의 생물 중 상당수는 이 초기 동물들이 먹고, 소화하고, 주변 세
계로 배설하는 능력 면에서 이룩한 크나큰 변화의 주석에 다름없다.

날카로운 이빨, 효율적인 창자와 항문을 습득한 최초의 동물 중
일부는 지렁이 같은 모습이었다. '이빨의 공포'를 일으킨 최초의 동
물은 일종의 화살벌레, 즉 모악동물이었을지 모른다. 마틴 브레이저
는 몇몇 캄브리아기 셰일층에서 발견되는 가장 흔한 화석 중 하나가
안에 기관이 들어 있는 콘돔처럼 생겼다고 말한다. 파라셀키르키아
(*Paraselkirkia*)는 불룩 튀어나온 머리에 뾰족한 헬멧을 쓴 모양이다.
머리에는 주름진 긴 몸이 붙어 있고, 몸 전체는 고무질 싸개처럼 보
이는 것이 보호하고 있었다. 파라셀키르키아는 새예동물, 즉 음경벌
레의 일종이다. 진흙 속에서 살며 진흙을 먹는 동물문이다. 아주 널리
퍼져 서식했던 듯 보이는 또 한 동물은 할루키게니아(*Hallucigenia*)다.
이 동물은 1977년에 발견된 직후에 유명세를 탔다. 기이한 형태 때문
인데, 이름도 그 생김새에서 영감을 얻은 것이다. 할루키게니아는 아
래쪽에 다리 대신에 길고 뻣뻣한 가시들이 있고, 등 위로 촉수를 흔들
거리면서 수많은 대말처럼 움직인 것이 틀림없어 보였다. 하지만 나
중에 분석해 보니, 이 동물을 반대로 뒤집어서 상상했음이 드러났다.
촉수라고 생각했던 것은 작은 다리였고, 가시는 오늘날 몇몇 모충에
게서 보는 것과 비슷하게 등을 보호하기 위한 것이었다. 할루키게니

---

* 그것들이 백지 위에서의 그의 첫 걸음이었다
  흑연으로 쓴 꿈틀거리는 글자들
  선캄브리아대의 진흙 위에 벌레들이 남긴 자국 같은.
  —데이비드 콘스탄틴(David Constantine), 〈캐스파 하우저(Caspar Hauser)〉

편형동물—그리고 다른 벌레들

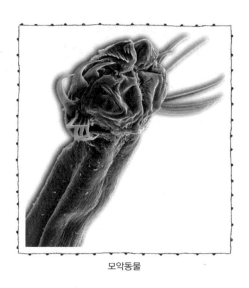

모악동물

아는 유조동물, 즉 발톱벌레(Velvet worm)*의 일종이었던 것으로 보인다. 미크로딕티온(Microdictyon)을 비롯하여 이 놀라운 문의 다른 동물들에게서는 거대한 가짜 겹눈이 진화했다. 포식자에게 경고를 하기 위한 의태였다.

발톱벌레는 캄브리아기에 아주 흔했을 것이다. 그 시대가 사실 이들의 황금기였을 것이다. 오늘날 발톱벌레는 주로 남반구 오지의 바위 밑이나 썩어 가는 나무에서 주로 살아가며, 최근까지도 거의 외면당하거나 안 좋은 평판을 받아왔다. 리처드 포티는 자신의 걸작《생명: 40억 년의 비밀》(1997)에서 그들을 '원시적'이라고 했다. 하지만 발톱벌레는 이제 놀라운 동물로 인정받고 있으며, 포티를 비롯한 많은 생물학자들은 그들의 장점에 더 많은 관심을 기울이고 있다. 그들은 고도로 사회적이며, 잘 확립된 계층 구조를 갖춘 긴밀한 집단을 이루어 살아간다. 함께 사냥을 하고, 다른 집단에게 적대적인 성향을 드러낸다. 짝짓기 의식—수컷은 머리에 달린 음경 같은 기관을 암컷의 몸에 삽입한다—과 끈끈한 점액을 적과 먹이의 얼굴에 내뱉는 놀라운 능력 덕분에 그들은 애완동물로도 인기가 있다. 더욱 놀라운 점은

　　　　　　　　상상하기 어려운 존재에 관한 책

지금 발톱벌레의 그 모습이 무려 5억 4,000만 년 전의 화석과 매우 비슷해 보인다는 것이다.

또 발톱벌레는 일종의 이빨을 지니고 있다. 입안 깊숙이 발톱과 비슷하게 생겼지만 더 단단한 날카로운 초승달 모양의 턱이 있다. 턱은 안쪽 쌍과 바깥쪽 쌍으로 나뉘며, 각각은 미세한 이빨로 덮여 있다. 이 턱을 앞뒤로 움직여서 먹이를 찢는다.

하지만 캄브리아기에 발톱벌레가 성공을 거두었다고 해도, 다른 동물들은 그보다 더 놀라운 공격과 방어 수단들을 진화시켰다. 발톱벌레와 공통 조상을 지닌 절지동물은 갑옷과 관절이 있는 다리를 개발했고, 덕분에 몸이 더 부드럽고 질척질척한 사촌들보다 훨씬 더 유리한 입장에 서게 되었다. 갯지렁이와의 공통 조상에서 유래한 초기 척삭동물은 상대적으로 정교한 뇌를 진화시켰고, 시간이 흘러 뇌를 보호할 머리뼈도 갖추었다. 그 결과 먹장어와 좀 비슷한 모습이 나왔을 것이다. 지렁이와 물고기(혹은 아마도 창고기)의 중간쯤에 해당하는 모습이었을 수 있다. 나중에 이들로부터 진화한 동물들은 더 강한 근육들이 부착될 수 있는 뼈와 가시를 갖추었다. 이 최초의 척추동물이야말로 최초의 진정한 어류였다. 캄브리아기 말기와 오르도비스기의 턱 없는 갑주어, 데본기 초기에 출현한 판피류가 그러했다. 판피류는 육중한 갑옷으로 덮인 머리에 강력한 턱을 지닌 커다란 동물군으로, 머리를 덮은 갑옷은 이빨과 똑같은 물질로 만들어져 있었다.

하지만 척추동물(어류 등), 연체동물(고둥류와 두족류), 절지동물(갑각류와 곤충), 극피동물(불가사리) 같은 더 큰 동물들이 등장했어도, 지렁이처럼 생긴 동물들의 몇몇 문은 계속 진화하면서 번성했다. 사실상 많은 종은 캄브리아기 해저에 쌓인 진흙과 실트에 터를 잡고 산 조상들과 달리 다른 동물들의 몸에 기생하는 쪽을 택했다. 앞서 말한 동물

＊ 발톱벌레는 범절지동물문에 속한다. 이 말은 곰벌레(23장 참조)와 마찬가지로 발톱벌레가 다른 동물들보다 곤충, 거미, 진드기, 갑각류와 더 가깝다는 의미다.

　　　　　　　　　　　　편형동물—그리고 다른 벌레들

들뿐 아니라, 악구동물(Jaw worm), 의삭류(설형동물[tongue worm]), 연가시류(Horsehair worm, 유선형동물), 끈벌레류(ribbon worm, 유형동물), 추형동물(Horseshoe worm), 별벌레(Peanut worm, 성구동물)도 모두 번성하여*, 오늘날까지 이어진다. (이 이름들은 사는 곳이 아니라 겉모습에 따라 붙여진 것으로, 심해에 사는 것들이 많다.) 크기가 아주 작은(그리고 기생하는) 종류도 많지만, 몇몇 종은 거대하다. 끈벌레의 일종인 긴끈벌레는 30미터까지 자라며, 코끼리 코와 비슷한 모습의 안팎을 뒤집을 수 있는 주둥이로 해저를 헤집으면서 작은 해면, 해파리, 말미잘, 물고기 등을 잡아먹는다. 세계에서 가장 긴 동물 중 하나라고 하면 무시무시한 포식자처럼 들리겠지만, 사실 이들의 몸은 두께가 연필 정도에 불과하다. 끈벌레는 장엄한 용과 전혀 거리가 멀다. 해저에서 전형적인 모습의 끈벌레와 마주친다면, 버려진 창자 더미라고 생각할지 모른다.

하지만 벌레들의 문 가운데 다양성과 개체 수 측면에서 나머지 동물들보다 우세한 문이 세 개 있다. 선형동물, 환형동물, 편형동물이 그렇다. 그리고 세 번째 문을 말하기 전에, 앞의 두 문에 몇 마디 찬사를 보내는 것이 순서일 것이다.

선형동물이야말로 모든 벌레 문 가운데 가장 다양하고 개체 수가 많을 것이다. 이들 중 대다수는 기생충이라 진저리를 치며 외면하기 쉽다. 하지만 발이 없음에도 놀라운 성취를 이룬 종들도 있다. 최근에 발견되어 할리케팔로부스 메피스토(Halicephalobus mephisto)라는 거창한 이름이 붙은 종을 들 수 있는데, 이들은 다세포생물에게는 불가능하다고 여겨지는 지하 약 3,000미터의 금광에서 산다. 그리고 적어도 한 종은 인류 행복의 총합에 큰 기여를 할 가능성이 높다. 바로 예쁜꼬마선충(C. elegans)이다. 번식시키기 쉬운(자가 수정을 하는 암수한몸으로서 3.5일이면 길이 1밀리미터의 성체가 되어 약 300개의 알을 낳을 수 있다. 새끼 중에서 수컷은 극소수다) 이 투명한 선충은 오랜 세월 실험실에서 널리 쓰여 온 모델 생물이다. 유전자 발현, 발생 등 동물계 전체에서 나타나는 과정들을 연구하는 데 쓰인다. 1998년에 이 선충은 유전체(동

상상하기 어려운 존재에 관한 책

물 중에서 가장 작은 편에 속한다) 전체의 서열이 해독된 최초의 동물이 되었으며, 동시에 신경계가 최초로 완전히 지도에 담긴 동물이기도 하다. 이 선충은 고작 약 300개의 신경세포만으로 잘 살아간다. 그토록 작은 몸으로 너무나 많은 일을 하고 있으니 정말로 예쁘지 않은가! 2000년 이후로 수여된 노벨 생리의학상 중 적어도 네 개는 이 작은 벌레 덕분이었다.

환형동물, 즉 몸마디로 몸이 나뉘어 있는 벌레들 또한 엄청나게 다양한 집단이다. 벌레들 중에서 가장 친숙한 지렁이와 갯지렁이로부터 심해의 화산 분출구에서 뿜어지는 뜨겁기 그지없는 물속에서 사는 길이가 2미터에 이르는 관벌레와 그보다 좀 작은 폼페이벌레, 영화 〈아바타〉의 판도라 행성에서 비현실적으로 크게 나왔지만 대체로 정확히 묘사된 크리스마스트리벌레(Christmas tree worm)까지 다양하다. 지렁이는 벌레 중에서 끈기 있고 진지한 과학적 관심의 대상이 된 최초의 벌레이기도 하다. 찰스 다윈이 켄트의 자택 정원에서 지렁이의 행동이 환경에 미치는 영향을 조사했을 때였다. 다윈은 전에 거의 어느 누구도 못했던 방식으로 지렁이가 흙을 **만들어냈음**을 밝혀냈다. 또 그는 지렁이가 구멍을 어떤 모양의 잎을 써서 어떻게 막을지 지적인 의사 결정을 내리는 등 상당한 이성적인 능력[**]을 보여준다는 것을 관찰하고서 매우 놀랐다.

편형동물도 마찬가지다. 대강 말하자면, 편형동물은 심장, 폐, 소화관 같은 것이 들어갈 체강이 없는 동물이다. 즉 몸에 내부라고는 전혀 없으며, 그 결과 산소와 영양분이 확산을 통해 통과할 수 있도록 납작한 형태를 취할 수밖에 없다. 하지만 그 수천 종을 가리키는 일반 명

---

[*] 모악동물, 악구동물, 반삭동물, 선형동물, 유선형동물, 유형동물, 유조동물, 추형동물, 새예동물,
[**] "다윈이 짧게 지렁이를 옹호했다고 해서 그가 모든 동물이 지성을 지닌다고 전반적으로 주장한 것은 아니다.……(그는) 다른 하등한 동물들은 같은 수준의 지성을 보여주지 않음을 관찰했다."
　　—제임스 레이첼스

　　　　　　　　　　　편형동물—그리고 다른 벌레들

칭인 '편형동물'은 적어도 세 집단으로 나뉘며, 집단별 차이점은 공통점만큼 많다. 그것이 바로 이들을 이 동물우화집에 실은 이유 중 하나다. 이들은 너무 뭉뚱그린 언어나 사고가 때로 큰 차이점과 미묘한 세부사항을 감춘다는 점을 상기시킨다. (적어도 나에게는 그랬다. 조사를 시작할 때까지도 나는 편형동물이 어떻게 다른지는커녕 그들이 어떤 동물인지조차 거의 알지 못했다.) 일부 편형동물은 상상할 수 있는 가장 섬뜩한 생활사를 갖추었다. 또 동물계에서 가장 화려한 색깔을 띤 것들도 있다. 게다가 지구에서 가장 놀라운 성행위를 하는 것들도 있다. 어둡고 밝고 기이한 측면들을 다 함께 지니면서도 오해의 소지가 있는 단일한 이름으로 불리는 이 다양한 생물들은 삶과 죽음을 명상하기에 좋은 화두다.

사실 영어에서 편형동물을 일컫는 일반 명칭(flatworm)은 두 개의 문에 속한 동물들을 뭉뚱그린 것이다. 또 생활 방식에 따라 세 집단으로 나눌 수도 있다. 한 집단은 두 문 중 한 곳인 편형동물문에 속한 종들의 절반 이상을 포함하며, 기생생물들로 이루어진다. 다른 두 집단은 자유 생활을 한다. 그중 한 집단인 와충강도 편형동물문의 동물들이다. 나머지 한 집단인 무장동물(Acoelomorpha)*은 아마 우리 못지 않게 편형동물문과도 먼 관계에 있을 것이다. 대개 이들은 폭이 후추 열매만 하고 팬케이크처럼 납작하다. 무장동물은 뇌도 신경절도 없지만, 피부 밑에 있는 신경망은 앞쪽 끝으로 갈수록 좀 더 집중되어 있다. 이들은 평형낭이라는 균형을 잡는 단순한 기관을 지닌다. 이 기관은 사람의 속귀에 있는 전정기관과 좀 비슷한 일을 하며, 일부 종은 빛의 유무를 검출하는 단순한 안점도 지닌다. 이를테면 모든 방향을 동시에 보는 눈 여덟 개를 가진 상자해파리와 달리, 무장동물은 아마도 토머스 브라운이 비신화적인 동물을 분류하기 위해 정한 문턱을 넘을 수 있을 것이다. 앞쪽 끝과 뒤쪽 끝이 있고, 좌우가 있어야 한다는 것 말이다. 하지만 적어도 한 종은 동물이기를 거의 포기했다. 콘볼루타 로스코펜시스(*Convoluta roscoffensis*)는 어릴 때 알코올이 든

상상하기 어려운 존재에 관한 책

것이라면 뭐든 마시려고 기를 쓰는 십 대 청소년 못지않은 열정으로 녹조류를 삼킨 뒤에는 그 조류의 광합성에 전적으로 의지할 뿐, 굳이 먹이를 찾아 먹는 수고를 결코 하지 않는다. 해안에서 콘볼루타는 썰물 때 물이 빠지자마자 조간대의 축축한 모래 속에서 나온다. 그러면 모래밭이 수많은 벌레들로 이루어진 커다란 녹색 '점액질**'로 군데군데 뒤덮인 모습이 된다. 이들은 햇빛을 받으며 광합성을 하다가 물이 밀려들면 다시 모래 속으로 몸을 숨긴다. 놀랍게도 수족관이나 실험실에서 자라는 군체들도 하루에 두 차례 햇빛을 희구하는 이 행동을 똑같이 되풀이한다. 레이첼 카슨은 이렇게 썼다. "뇌도 없이, 아니 우리가 기억이라고 부를 만한 것도 없이, 더 나아가 명확한 지각조차도 없이, 콘볼루타는 이 이질적인 곳에서 작은 녹색 몸의 모든 섬유 속에 먼 바다의 조석 리듬을 기억하면서 삶을 이어간다."

와충강(즉 자유 생활을 하는 편형동물인 플라나리아류)의 몇몇 종은 멍해 보이는 한 쌍의 눈을 지닌 덕분에 벌레 중에서 가장 귀여운 인상을 준다. 다른 편형동물문의 동물들(즉 무장동물을 제외한 모든 편형동물)처럼, 이들에게서도 내부, 즉 체강이 없다는 특징은 '이차적으로 진화한' 것이다. 즉 원래는 체강이 있었지만 진화 과정에서 인류가 털과 꼬리의 대부분을 버린 것과 유사하게 체강을 불필요한 짐으로 여기고 버린 동물의 후손이라는 의미다. 와충강의 몇몇 종은 유연관계가 없는 정교하고 날랜 연체동물인 갯민숭달팽이의 현란하고 다양한 색깔 무늬를 받아들였다. 갯민숭달팽이는 독성을 띠는 것도 있으므로 그들을 모방하면 분명히 이점이 있다. 그리고 인간이 즐겨 하는 행동 중 두 가지

---

* 무장동물이 최초의 좌우대칭 동물을 닮았을 가능성도 있다. 적어도 2011년까지는 그런 견해가 다수였다. 하지만 최근의 증거는 무장동물이 후구동물 조상과 갈라진 뒤에야 상대적으로 단순한 형태로부터 진화했음을 시사한다. 에이미 맥스맨(Amy Maxman)의 글(2011) 참조.

** 콘볼루타는 다가오는 사람의 발소리에 민감하게 반응한다. 어느 관찰자는 이렇게 표현했다. "슬금슬금 다가가면, '점액질'은 숨는다(모래 속으로 사라짐으로써)! 정말 기이한 광경이다."

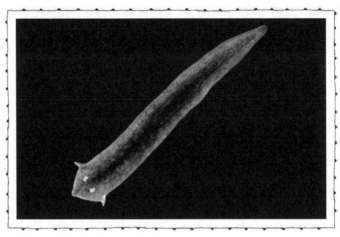

통방울 같은 눈을 한 편형동물 플라나리아. 두게시아속(*Dugesia*)

—성행위와 싸움—를 결합시키는 능력 면에서 와충강을 따라올 동물
은 없다. 암수한몸인 이들은 가슴에 박혀 있는 두 개의 음경을 무기로
삼아 현란한 칼싸움을 벌인다. 서로를 찔러서 수정시키려는 것이다.

　편형동물문의 또 한 큰 집단(이 문의 알려진 수천 종 가운데 절반 이상
을 차지한다)은 기생생물이다. 바로 흡충, 촌충 같은 것들이다. 그중에
는 인간과 다른 동물들에게 큰 피해를 입히는 것도 있다. 흡충류는 주
혈흡충증을 일으킨다. 말라리아(말라리아원충속의 원생생물이 일으킨다)에
이어서 기생생물이 일으키는 두 번째로 심각한 질병이다. 돼지의 몸
에 사는 촌충인 갈고리촌충(*Taenia solium*)의 유생이 사람의 중추신경
계를 뚫고 들어가면, 몹시 지독한 간질인 신경낭미충증에 걸린다. 그
에 비해 사람의 창자에 사는 촌충은 끔찍해 보이긴 하지만 상대적으
로 해를 덜 끼친다.

　촌충만큼 우리에게 끔찍하다는 느낌을 주는 동물은 거의 없다. 촌
충은 우리의 창자, 간, 심지어 뇌에 살면서 우리의 생명을 갉아먹는
기생충이다. (몇 년 전《월스트리트저널》의 선임 편집자는 구글에게 붙일 몹시
역겨운 별명을 찾다가 이윽고 촌충이라고 붙였다. 우리가 진정으로 혐오하고 두려

　　　　　　　　　　　　　상상하기 어려운 존재에 관한 책

앞쪽에 달린 한 쌍의 음경으로 서로를 찌르려고 애쓰는 편형동물들

위하는 것을 기생충에 비유하는 오랜 관습을 따랐다.)

기생충에게 느끼는 두려움과 혐오는 분명히 시간이 지나면 적응되는 것이다. 하지만 이 두려움 자체는 정신병리학적인 양상으로 변질될 수 있으며, 이 현상은 시대와 문화를 가리지 않고 흔하게 나타난다. 특히 기생충망상증이라는 것이 있다. 온몸의 모든 구멍에서 기생충이 기어 나오는 환각에 빠지는 증상이다. 그 불안과 공포를 포착하여 정치적 목적에 이용할 수도 있다. 한 예로 나치는 유대인을 비롯한 외집단들을 기생충과 연관 지음으로써 반유대주의*를 부추겼다.

---

* 1943년 4월 하인리히 히믈러(Heinrich Himmler)는 이렇게 선언했다. "반유대주의는 몸에서 이를 잡는 것과 똑같다. 이를 제거하는 것은 이념의 문제가 아니다. 그것은 청결의 문제다." 휴고 래플스(Hugo Raffles)는 히믈러가 어떻게 이 등식을 만들어냈는지 묻는다(2009). 히믈러는 많은 기독교인이 유대인을 질병을 비롯한 온갖 악행과 연관 짓곤 했던 두려움과 증오로 점철된 기나긴 역사로부터 그 결론을 이끌어낸 것이 분명하다. 게르만족 영토에서는 14세기의 흑사병을 유덴페버(Judenfeber, 유대인 열병)라고 했다. 하지만 래플스는 나치의 믿음이 제1차 세계대전 때의 비위생적인 환경이 가져온 재앙이라는 실제 역사를 왜곡시킨 해석에도 토대를 두고 있다고 말한다. 당시 엄청나게 많은 수의 피난민과 전쟁 포로가 기생충이 일으킨 장티푸스 같은 질병들에 희생되었고, 질병 자체보다 이 희생자들이 종종 비난

131   편형동물—그리고 다른 벌레들

그러니 기생성 편형동물(아니 어떤 기생충이든 간에)에 대한 어떤 열광을 불러일으킨다는 것은 쉬운 일이 아니다. 하지만 열광까지는 아니더라도 적어도 그들을 이해하는 법은 배워야 하지 않겠는가? '좋아하기 위해서'가 아니라 '그들의 중요성과 영향을 더 잘 이해하기 위해서' 말이다. 우선 촌충은 우리의 한결 같은 동반자였다. 사람속의 최초 구성원이었던 호모 에르가스테르(*Homo ergaster*), 즉 아담에게도 촌충이 있었다. 우리 창자에 있는 병원성 세균 중에는 심해 바닥에 사는 생물들의 몸속에 사는 것들도 있다. 그들은 아주 오랜 옛날로부터 기원했을 것이다.

윌리엄 블레이크는 "살아 있는 모든 것은 신성하며 / 생명은 삶 속에서 기쁨을 느낀다"라고 노래했다. 하지만 실제로 생명은 종종 다른 생명의 죽음 속에서 기쁨을 느끼곤 하며, 더 거북스러운 사실은 다른 동물을 살아 있는 채로 먹는 것이 지구에서 가장 보편적인 생활 방식이라는 점이다. 살아 있는 다세포동물은 거의 모두 기생생물을 지닌다. 생물량—순수한 무게—으로 따졌을 때, 사실 몇몇 생태계에서는 상어에서 사자에 이르는 대형 포식자보다 기생생물의 무게가 더 나가며, 20배에 이르기까지 한다. 이 실상을 알면 처음에는 끔찍하다는 생각이 들 수도 있다. 특히 일부 기생생물이 끼치는 영향을 생각하면 더욱 그렇다. 몸속을 파먹거나 기형을 만들거나 화학적으로 거세하거나 세뇌하는 등의 기이한 행동들을 통해, 기생생물은 숙주를 남에게 더 잡아먹히기 쉽게 만든다. 이렇게 보면 콜리지의 늙은 수부가 구원을 앞두고 경험한 죽음의 환영처럼, 세계 전체가 병에 걸린 듯 보이기 시작할 수 있다. 다윈의 다음 세대 중에서 영향력 있던 동물학자 레이 랭커스터(Ray Lankester)는 기생생물이 진화적 퇴화의 비열한 결과(생물이 다른 생물에게 의존하게 되는)라고 보면서, 서구 문명도 그렇게 될 운명이라고 믿었다.

더 넓게 진화적 관점에서 보면, 이는 좀 다르다. 기생생물은 한 종과 자신이 속한 생태계에 대체로 무해하며 심지어 유익한 역할을 할

상상하기 어려운 존재에 관한 책

때도 종종 있다. 기생생물이 많다는 것은 사실 건강하다는 징표일 수 있다. 그리고 랭커스터의 편견과 반대로, 일부 기생생물은 대단히 정교하다. 톡소플라스마증을 일으키는 기생생물은 그 수가 전 세계 인구의 3분의 1이나 되는데, 숙주인 쥐의 편도체에 있는 특정한 회로에 접근하는 법을 '안다'. 감염된 쥐는 포식자의 냄새를 맡고도 두려워하지 않게 된다. 몇 가지 측면에서 '톡소플라스마(톡소포자충)'는 포유동물의 뇌가 어떻게 작동하는지를 신경과학자보다 더 잘 이해하고 있는 셈이다. 더 중요한 점은 기생생물이 동물 세계에서 성의 진화와 유지를 추진하는 데 중요한 역할을 했을 수도 있다—이 가설이 옳다고 할 때—는 것이다. 많은 종들은 유전적으로 똑같지 않은 자손을 낳음으로써만 기생생물의 끝없는 공격에 맞서 싸우는 새로운 방법을 찾아낼 수 있다.

설령 그렇다고 할지라도, 인간이 겪는 대부분의 경험에 비추어 볼 때 기생생물은 수많은 죽음의 전령 중 하나다. 현실—또는 현실의 끝남—이 인간의 가장 큰 수수께끼이자 도전 과제라는 말을 흔히 한다. 하지만 편형동물에 관한 지식을 징그러운 촌충을 너머까지 확대한다면, 우리는 더 폭넓은 죽음관을 가질 수 있다.

죽음을 극복하려는 욕구는 우리가 인간으로서 살아온 기간 내내 우리 행동의 많은 부분을 지배해[**] 왔다. 다른 동물들도 우리와 마찬

의 대상이 되곤 했다. 죽음의 수용소에서 유대인, 집시 등을 학살하는 데 쓰인 화학물질인 지클론 B(Zyklon B)는 원래 이를 없애기 위해 개발된 것이었다.

[*] 피터 애크로이드(Peter Ackroyd)는 블레이크의 세계관이 자기 주변에서 본 세계의 열정적인 분위기에서 탄생한 "활기찬 희망(exuberant hopefulness)"으로 가득한 것이라고 말한다. 하지만 기생에 걸맞은 뒤틀린 시도 있다. 블레이크는 "보이지 않는 벌레"의 "어둡고 은밀한 사랑"이 장미를 병들게 하고 시들게 한다고 묘사했다.

[**] "다른 동물들과 달리 인간이라는 동물은 죽음이라는 개념, 죽음의 공포에 시달린다. 그것은 인간 활동의 주된 동기다. 인간의 최종 운명인 그것을 어떤 식으로든 부정함으로써 극복하고자 하는 행동 말이다."
　　　—어니스트 베커(Ernest Becker)(1973)

편형동물—그리고 다른 벌레들

가지로 위험을 예리하게 인식할 수는 있겠지만, 넘치는 활기의 정반대편에 놓인 것을 그토록 생생하고 진지하게 상상하는 경향이나 능력을 지닌 동물은 우리 인간밖에 없는 듯하다. 인류학자 스콧 애트런(Scott Atran)이 창안한 용어를 빌리자면, 이 '인지의 비극(tragedy of cognition)'은 약 50만 년 전 언어가 출현하면서 누군가 없음을 인식하는 능력을 강화하기 시작했을 때부터 우리의 일부였다. 죽음은 늘 우리 곁에서 어른거리는, 당혹스러울 만치 다양한 가면 너머에 숨어 있는 조용한 대화상대로서 우리 머릿속에서 때때로 하지만 끝나지 않는 대화를 걸어온다.

아마 우리는 마치 가장 화려한 해양 편형동물들의 진화를 재연하면서 이런저런 색깔을 적용해 보는 것과 거의 흡사하게 죽음에 관한 다양한 생각들을 즐길 필요가 있을지 모른다. 마침내 망각이 우리를 찾아올 때 어느 생각이 가장 압도적일지, 혹은 우리가 어느 색깔을 띠고 있을지 누가 알랴? 그동안에는 마치 죽음이 아무것도 아닌 양 살아야 할까, 아니면 그것을 계속 염두에 두고 살아야 할까? 현실과 막연하게나마 들어맞을 어느 한 가지 입장, 혹은 입장들의 조합을 찾아낼 수 있을까? 질병 인식 불능증, 즉 여러 층으로 이루어진 복잡한 형태의 부정이 최선의 방안일까? 아이스킬로스의 희곡인 《니오베》는 현재 일부만이 남아 있는데, 거기에는 이렇게 쓰여 있다.

신들 중에서 죽음은 공물이 전혀 먹히지 않는다.
술을 바쳐도 소용이 없고, 제물도 마찬가지다.
그를 기리는 제단도 찬가도 없다
그는 설득에도 넘어가지 않는다.

스스로를 대단히 합리적이라고 생각하는 이들과 죽음에 비밀 따위는 전혀 없다고 보는 이들에게서도, 죽음은 합리적인 통제를 넘어서는 요소들을 지니고 있음이 드러난다. 한 예로 자신의 죽음은 꽤 쉽

상상하기 어려운 존재에 관한 책

게 받아들일지 몰라도, 사랑하는 사람(혹은 자신의 가장 큰 희망이었던 사람)의 죽음은 도저히 견딜 수가 없다. 키케로는 딸 툴리아가 사산한 뒤, 스토아철학으로 눈을 돌렸다. 스토아철학은 통제할 수 없는 일에는 무심하게 대하라고 주장한다. 하지만 그는 그것이 감정적인 현실에는 전혀 맞지 않는다는 것을 알아차렸다. "나쁘다고 보는 상황을 잊거나 윤색한다는 것은 우리 능력 밖의 일이다 …… 그런 상황은 우리의 마음을 찢어놓고, 농락하고, 선동질하고, 새까맣게 태우고, 질식시킨다. 당신들(스토아철학자들) 그런 것들을 잊으라고 우리에게 말하는가?" 몽테뉴는 자신이 처음 죽을 뻔한 일을 겪었을 때에는 별일 아니라고* 넘어갔지만, 친구인 에티엔 드 라보에티(Étienne de la Boétie)가 사망하자 몹시 상심했다.

열역학 제2법칙은 모든 물리계가 최대 무질서**를 향해 나아간다고 말한다. 생명도 마찬가지로 하나의 계이므로, 궁극적으로 종말을 맞이해야 한다. 영원한 것은 존재하지 않는다. 모든 것은 아주 어둡고 아주 차가운 상태가 될 것이다. 겨울의 영국처럼 말이다. 19세기 말의 가장 냉철한 지식인들 몇몇은 물리 법칙의 핵심을 이루는 이 혹독한 진리**가 너무나 지독하기에 차마 받아들일 수 없었다. (이 점에서 물리

---

* 몽테뉴는 30대에 말에서 떨어져서 거의 죽을 뻔했다. 뇌진탕이 일어나는 바람에, 새러 베이크웰(Sarah Bakewell)의 표현을 빌리자면, "너무나 취해서 작별 인사도 못한 채 향연장을 떠나는 두 손님처럼, 몽테뉴와 생명은 애도도 정식 작별 인사도 못한 채 헤어지려 하는" 상태에 빠졌다. 현대에서의 스토아철학에 대해서는 윌리엄 어빈(William B. Irvine)의 책(《직언》—역자 주) 참조.

** 이 법칙은 세 개의 법칙으로 익살스럽게 표현되곤 한다. (1) 당신은 이길 수 없다. (2) 현상 유지도 할 수 없다. (3) 게임을 그만 둘 수도 없다.

** 물리학자 블라트코 베드랄(Vlatko Vedral)은 대체로 빈정대는 어투로, 엔트로피 개념이 너무나 압도적이기에 그것을 충분히 생각하기만 해도 19세기 말의 가장 위대한 지성인들 중 일부, 즉 물리학자들인 루드비히 볼츠만, 파울 에렌페스트, 로베르트 마이어나 철학자인 프리드리히 니체와 같은 생각을 하게 될 것이라고 주장한다. "포기할 사람은 여기서 책을 덮는 편이 낫다, 제2법칙 이야기를 계속 읽고 싶은 독자는 자신이 위험을 무릅써야 하며, 나는 아무런 책임도 지지 않으련다."(2010)

편형동물—그리고 다른 벌레들

학은 마르크스가 종교에 관해 한 말, 즉 종교가 "심장 없는 세계의 심장"이라고 한 말과 정반대다.)

20세기 초에 저술 활동을 펼친, 고집 면에서 둘째가라면 서러워할 영국인 버트란드 러셀은 그럼에도 영웅적으로 반항했다.

오랜 세월에 걸친 인류의 모든 노고, 모든 헌신, 모든 열망, 인간 재능의 모든 광휘는 태양계의 광막한 죽음 앞에 소멸할 운명이며, 인류의 성취라는 사원 전체는 필연적으로 폐허가 된 우주의 잔해 밑에 묻힐 수밖에 없다. 설령 논란의 여지가 아예 없다고는 할 수 없어도, 그것을 거부하는 철학이 버틸 희망이 아예 없을 만큼 그런 일들이 일어나리라는 것은 거의 확실하다. 이 진리들의 비계 안에서만, 굳건한 절망이라는 확고한 토대 위에서만 정신의 주거지를 안전하게 세울 수 있다.

러셀에게 이 토대는 한 생명이 잘 살아가기에 충분했다. 50년 뒤에도 그 토대는 여전히 그를 든든히 떠받쳤고, 그는 정력적인 활동가로서 러셀-아인슈타인 선언을 발표할 수 있었다. 이 선언은 냉전 시대의 초강대국들이 내세운 전멸 정책에 맞선 것으로서 인본주의를 천명한 위대한 선언문 중 하나로 꼽힌다. 이 선언은 어떤 보이지 않는 초월적인 존재에 호소하기보다는 우리가 실제로 대하고 있는 '작은' 지구—더 뒤에 칼 세이건이 '창백한 푸른 점'이라고 부른 것—의 가치를 앞세운 좋은 사례다.

러셀 생전에 이루어진 과학의 발전은 제2법칙의 엄격함이 좀 더 견딜 만한 것이라는 등 현실의 본질을 새롭게 조명해 왔다. 우선 현재 우리는 19세기 말의 사람들이 믿었던 것보다 우주가 훨씬 더 오래되었다고 생각한다. 수백만 년이 아니라 적어도 수십억 년은 넘는다고 본다. 또 한 가지는 생물학이 발전함으로써 생명의 본질을 점점 더 깊이 이해할 수 있다는 것이다. 특히 생명이 우주의 무질서가 증가하는 흐름으로부터 질서를 이끌어냄으로써 그 흐름에서 벗어나는 놀라운 비결을 고안했다는 점이 그렇다. 이 비결 덕분에 생명은 무한정은 아니라도 적어도 상상할 수 없을 만큼 오랜 시간 동안 경이로운 가능성을 펼칠 수 있게 되었다. 러셀 자신도 그의 입장에서 보면 거의 신비주의적이라고 한 말을 했다. "세계는 우리의 지혜가 너욱 예리해지기를 끈기 있게 기다리는 마법 같은 것으로 가득하다."

지구시스템과학자인 타일러 볼크(Tyler Volk)는 인생의 겨우 중반에 왔다고 생각하던 시기에 예기치 않게 죽을 고비를 넘긴 뒤, 자신과 세계가 맞이할 죽음을 이해하는 일에 착수했다. 이윽고 나온 그의 답은 단순하다. 물질적인 수준에서, 생명은 죽음 없이는 존재할 수 없다는 것이다. 생물권에서 유기물이 재순환되면, 그렇지 않을 때보다 생산성이 약 200배 더 높다. 우리 몸도 흙이 되어야 한다. 우리는 감정적 및 정신적 수준에서 그 점을 수용해야 한다. 블레이크는 이렇게 썼다. "기쁨이 날아갈 때 입맞춤을 보내는 사람은 영원히 아침을 맞이하리라."

다윈이 말한 '하나의 긴 논증'의 물질적 토대로 돌아가서 보면, 죽어가는 과정이 온화하게 여겨질 수 있다. 데이비드 흄이 말년에 얻은 통찰과 유머 속에서 잘 드러나듯이 말이다. 더 나아가 죽음이라는 상태 자체는—정원 가꾸기에 푹 빠진 작가 카렐 차페크의 말을 따르자면—어떤 즐거운 마음으로 기대할 수도 있다. "정원사는 죽은 뒤에 꽃의 향기에 취한 나비가 되는 것이 아니라, 어둠 속에서 질소를 함유한 향긋한 흙 속에서 기쁨을 맛보며 사는 지렁이가 된다."

사후 세계를 믿든 말든 간에, 편형동물인 플라나리아가 성체의 몸에서 떼어낸 세포 하나로부터 몸 전체를 재생할 수 있다는 것은 사실이다. 생명이 기적을 보여준다는 더할 나위 없는 증거가 아니겠는가.

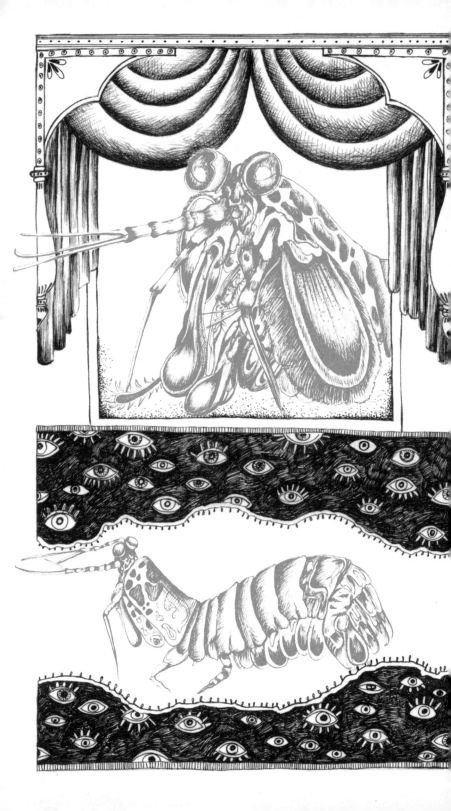

GONODACTYLUS
가시갯가재,
'생식기 손가락'의 갯가재

Gonodactylus smithii

문: 절지동물
아문: 갑각류
목: 연갑류
강: 구각류(갯가재류)
보전 상태: 평가 불가

진정한 발견의 항해는 새로운 경관을 찾는 것이 아니라,
새로운 눈을 갖는 것이다.
—마르셀 프루스트

이 동물은 서구에서 움직임이 가장 빠른 생식기를 갖고 있다. 그
것을 휘둘러서 당신의 머리를 후려친다면? 게다가 타격에 이어서 밀
려드는 충격파는 당신의 몸속을 산산조각 낼 것이다. 그러나 우리로
선 다행히도, 갯가재(stomatopod, *mantis shrimp*)의 일종인 가시갯가
재(*Gonodactylus smithii*)는 10센티미터가 채 안 되며, 주로 작은 고둥,
게, 굴을 먹이로 삼는다. 하지만 열대 해저에서 이 동물이 사는 구멍
에 너무 가까이 다가가면, 이들은 손가락이나 팔의 뼈를 부러뜨릴 수
있다. 현명한 잠수부라면 이 부채 모양의 꼬리를 지닌 갑각류가 물 흐
르듯이 날쌔게 지나갈 때 거리를 둘 것이다.

가시갯가재의 학명인 고노닥틸루스(Gonadactlyus)는 '생식샘 발
가락'이라는 뜻이다. 하지만 이 이름의 연원이 된 앞으로 튀어나온 부
분은 생식기가 아니라, 사실은 곤봉처럼 생긴 부속지다. 그것을 몸
에 꽉 붙였을 때의 모습을 보고서 장난기 많은 생물학자가 그런 이름
을 붙였을지도 모르겠지만, 이 곤봉은 결코 농담거리가 아니다. 먹이
를 잡을 때 이 부속지가 강타하는 속도는 대단히 빨라서 거의 총알 속
도에 맞먹는다. 아마 동물계에서 가장 빠를 것이며, 가하는 힘도 무려

상상하기 어려운 존재에 관한 책

1,500뉴턴(kg/s²)으로서 동물계에서 질량 대비 가장 클 것이다. 타격은 부속지의 뿌리 부분에 있는 '스프링', 즉 오늘날 건축가와 공학자들도 압축 상태에서 큰 힘을 발휘하도록 할 때 이용하는 구조인 안장 모양이 쌍곡포물면을 통해 추진된다. 부속기가 아주 빠르게 움직이면서 그 뒤쪽의 물에 부분적으로 진공이 형성된다. 이것을 공동 현상(cavitation)이라고 하는데, 이 진공이 먹이에 부딪히면 타격이 한 번 더 가해지는 효과를 일으킨다.

완벽한 살상 기계인 가시갯가재는 구각류에 속한 400여 종 중 하나다. 구각류는 크게 두 종류로 나뉜다. 가시갯가재처럼 곤봉으로 강타하여 먹이를 잡는 분쇄자(smasher)와 앞쪽 부속지에 붙은 미늘이 박힌 날카로운 침으로 먹이를 꿰는 창잡이(spearer)가 있다. 비록 다양한 변이 형태가 있긴 했지만, 구각류의 기본 형태는 4억 년 넘도록 거의 변하지 않았다. 하지만 놀라운 부속지보다 이 동물의 생존에 기여한 더 중요한 특징이 있다. 가시갯가재는 몇 가지 면에서 동물계에서 가장 복잡하고 정교한 눈을 갖고 있다.

따로따로 움직일 수 있는 자루에 달린 이 동물의 눈 하나하나는 약 1만 개의 낱눈이 모인 것이다. 시각이 뛰어난 몇몇 잠자리가 지닌 낱눈의 수에 비하면 약 3분의 1에 불과하지만, 구각류의 눈은 잠자리의 눈보다 더 많은 일을 한다. 적어도 세 가지가 더 특별하다. 첫째, 색깔 식별 능력이 대단히 뛰어나다. 색각을 갖춘 동물은 대부분 2~4가지의 수용체를 지닌다(인간은 대체로 세 가지를 지니지만, 여성 중에는 네 가지를 지닌 사람도 극소수나마 존재한다). 반면에 구각류는 8~12가지의 수용체를 지닌다. 따라서 산호초의 그 어떤 동물보다도 색조의 미묘한 변화를 더 잘 볼 수 있다. 둘째, 각 겹눈은 세 영역으로 나뉘고, 각 영역은 조금씩 다른 평면에서 봄으로써 복합 시야를 구성한다. '3안', 즉 세 개의 눈이 모여서 하나의 눈을 이루는 것과 거의 흡사하다. 그럼으로써 깊이와 거리 면에서 거의 상상하기 어려운 가장 정밀한 시야가 구축된다. 셋째, 갯가재의 눈은 원편광*(전자기파를 분석했을 때 나아가면서 회전하는 빛—역자 주)을 볼 수 있다. 동물계에서 유일한 능력이다. 게다가 이 능력은 2008년에야 밝혀졌으며, 다른 동물들에게서는 발견된 적이 없다. 이것은 정보량 면에서 외눈으로 보다가 두 눈으로 입체로 세상을 볼 수 있게 개선된 것과 비슷하다. 동물학자 P. Z. 마이어스(P. Z. Myers)는 이것이 강력한 도구라고 말한다. 즉 갯가재는 우리가 보지 못하는 빛의 특성을 포착할 수 있기에, 우리가 이루 상상할 수 없을 만큼 세세한 것들로 가득한 시각 세계를 돌아다닐 수 있다는 것이다.

갯가재가 사는 경쟁이 극심하고 위험한 세계에서, 그 눈은 빠르고 정확하고 정밀하게 상대를 파악하고 추격하고 포착할 수 있는 가장

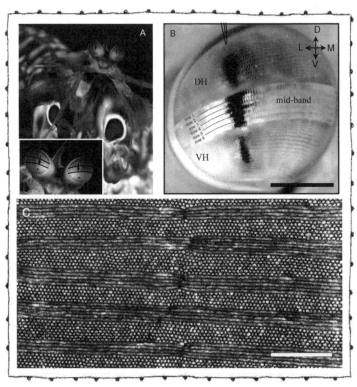

가시갯가재의 겹눈은 중앙의 구조적으로 분화한 커다란 띠 모양의 낱눈들(검은 선으로 뚜렷이 보인다)로 등쪽과 배쪽 반구로 나뉜다. C는 중앙 띠의 전자현미경 사진이다. 오른쪽 아래 흰 막대의 길이는 1마이크로미터(1,000분의 1밀리미터)다.

상상하기 어려운 존재에 관한 책

강력한 무기다. 하지만 갯가재는 놀라운 시력으로 그저 먹이를 찾아 내어 으깨고 해체하여 게걸스럽게 먹어치우기만 하는 작은 바다 괴물이 아니다. 그들은 눈을 이용하여 사회생활도 한다. 영역 과시, 의례적인 싸움, 정교한 구애아 사랑이 기술 등 인간이 사회생활과 다를 바 없는 행동들을 보여주기도 한다. 갯가재는 미묘한 자세 변화를 통해 기분과 의도뿐 아니라—아마도—훨씬 더 많은 것을 표현한다. 또 몸에 인상적인 무늬가 나 있을 뿐 아니라, 그중 많은 종들은 거대한 눈처럼 보이는 한 쌍의 눈꼴무늬(meral spot)도 지닌다.

갯가재(그리고 다른 절지동물들)의 복잡한 행동과 지각 능력이 지능을 의미할까? 지능이라는 말을 꺼낸다는 것 자체에 어색함, 나아가 거부감까지 느끼는 이들도 있을 것이다. 우리는 두족류가 지능이 있다는 개념 정도는 받아들일 수 있다. 2010년 월드컵 기간 동안 경기 결과를 예언하는 능력을 지녔다고 유명세를 탄 문어 파울의 사례를 보면, 비록 장난스럽게 받아들이긴 해도 많은 사람들이 파울에게 지능이 있다고 생각한다. 우리는 사람의 눈을 떠올리게 하는 눈을 보면, 그 너머에 우리와 비슷한 지능이 있다는 상상을 비교적 쉽게 할 수 있는 듯하다(15장 〈문어〉 참조). 하지만 생각하는 절지동물이라는 개념은 많은 이들에게 아주 기이하게 들릴 것이다. 그들의 겹눈은 너무나 이질적이고 마치 기계처럼 작동하는 듯하며, 어쨌든 그 뒤의 뇌와 신경

---

* 대개 햇빛은 산란되지만, 특정한 조건에서는 어느 한 평면으로 편광된다. (한쪽 끝이 벽에 고정된 끈이 좌우로는 움직이지 않고 위아래로만 흔들리는 모습을 상상해 보라. 이것이 직선 편광이다.) 빛은 바다를 헤엄치고 있는 투명한 동물 같은 투명한 물질을 통과할 때 편광될 수 있다. 당신이 거의 투명한 작은 동물을 사냥한다면 이 특성을 이용하는 편이 유리할 것이며, 많은 동물들은 바로 그 편광을 식별할 수 있다. 빛이 나선을 그리면서 나아가는 원편광도 있으며, 갯가재는 이 특성을 이용하는 쪽으로 적응한 것이 분명하다. 가시갯가재는 감간(rhabdom)이라는 빛을 감지하는 세포가 여덟 개씩 배열되어 있는 특수한 낱눈을 지닌다. 감간 중 일곱 개는 원통 안에 있으며, 딱 들어맞는 평면으로 진동하는 편광만을 통과시키는 미세한 홈이 나 있다. 여덟 번째 세포는 일곱 개의 감간 위쪽에 있으며, 다른 감간들과 45도 각도로 홈이 나 있고, 원편광을 갯가재가 볼 수 있는 빛으로 전환시킨다.

가시갯가재, '생식기 손가락'의 갯가재

절*은 지능을 갖추기에는 너무나 작아 보인다. 하지만 갯가재가 놀라울 만치 영리한 동물이라는 것은 사실이다.

빛은 우리가 아는 그 어느 것보다도 빨리 나아가지만, 빛도 생명도 결코 서두르는 법이 없다. 갈릴레이는 이렇게 썼다. "자기 주위를 회전하며 자신에게 의존하는 그 모든 행성들을 거느리고 있으면서도 태양은 우주에서 달리 할 일이 없다는 양 느긋하게 포도송이를 익게 할 수 있다." 그리고 최소 25억 년(아마도 30억여 년) 동안, 햇빛은 지구에서 녹색의 도화선에 불을 붙여왔다. 세균, 이어서 조류, 그리고 식물은 햇빛의 에너지를 포획하고 이산화탄소로부터 당을 만드는 법을 터득했다. 그러면서 그들은 산소를 방출했고, 오랜 세월에 걸쳐 바다, 육지, 하늘을 변화시켰다. 많은 초기 생명체들은 빛이 오는 방향을 구별할 수 있었으며, 빛의 세기와 파장까지 식별하는 생물들도 있었다. 하지만 지구 생명의 역사 중 약 5분의 4를 차지하는 세월 동안, 생물은 세상을 볼 눈이 없었다. 최초의 안점, 즉 전기화학 신호를 일으키는 감광 단백질이 모인 곳이 진화한 것은 6억 년이 채 안 되었다.

물론 안점은 동물에게 에너지를 제공하지는 않지만, 소유자—초창기에는 주로 단세포생물이었을 것이다—가 일주기 리듬을 따르고, 먹이(또는 포식자)가 있을 가능성이 높은 더 밝은 곳(또는 더 어두운 곳)을 찾아내고, 햇볕을 쬐기 더 좋은 곳을 찾도록 돕는다. 그리고 비록 사소해 보일지 몰라도, 그런 적응 형질을 지닌 생물은 안점이 없는 생물보다 상당한 혜택을 누릴 수 있다. 그러나 단순히 빛을 감지하는 안점과 선명한 상을 만드는 완전히 형성된 눈은 상당한 차이가 있으며, 설계자의 개입 같은 것이 없이 전자에서 후자로 진화할 수 있었다는 사실을 못 믿겠다는 이들이 아직도 많이 있다. 하지만 세대를 거치면서 바깥 세계에 관한 정보를 모으는 능력을 점진적으로 향상시키는 작은 변화(예를 들면, 빛이 오는 방향을 검출하는 능력의 정밀도 향상)가 그 생물에 혜택을 주며, 그에 따라 많은 환경에서 선택될 가능성을 높인다고 설명하는 증거들은 압도적으로 많다. 초점을 조절할 수 있는 수정

상상하기 어려운 존재에 관한 책

체를 갖춘 눈이 반드시 완전히 발달한 최종 형태의 눈이라고 '생각할' 필요는 없다. 초기 생물에서 가장 단순히 빛을 감지하는 반점으로부터 완전한 기능을 갖춘 눈이 발달하는 데에는 40만 세대, 즉 50만 년도 채 안 걸릴 수 있다.

최초의 단순한 안점은 유글레나(*Euglena gracilis*)같이 지금 모습과 별 다를 게 없는 쌍편모충류에게서 출현했을 가능성이 높다. 유글레나는 광합성을 하기 위해 안점을 이용하여 빛을 검출하고 그 쪽으로 헤엄치는 조류성 쌍편모충[*]이다. 빛이 약한 곳에서는 동물이 으레 하듯이 먹이를 잡아먹으면서 살아간다.

다세포동물에게서 눈이 정확히 언제 어떻게 발달했으며, 그중 어떤 동물에 처음 출현했는지는 아직 불분명하다. (가이아 이론의 공동 창안자인 생물학자 린 마굴리스는 초기 캄브리아기나 그 직후에 후생동물이 안점을 지닌 쌍편모충을 먹어서 자신의 몸에 흡수했다는 대담한 주장을 내놓았다!) 확실한 것은 오늘날 동물의 엄청나게 다양한 눈들에 공통된 유전자가 있다는 점이다. 생쥐의 눈 발달을 통제하는 유전자인 Pax6[**]를 초파리 배아에 집어넣으면, 삽입한 지점에서 초파리의 눈이 발달할 수 있다.

화석 증거로 볼 때 상을 형성할 수 있는 눈 중 가장 오래된 것은 약 5억 4,300만 년 전까지 거슬러 올라간다. 현대의 많은 곤충과 갑각류의 눈을 닮은 겹눈인데, 바로 삼엽충의 눈이다. 삼엽충은 투구게나 거대 등각류와 비슷하게 생긴 절지동물 집단이다. 이 수정체는 삼엽충

---

[*] 인간과 다른 동물들의 마음 능력을 연구하던 찰스 다윈은 개미의 뇌 신경절('뇌')을 보고 놀랐다. 개미의 신경절은 갯가재의 신경절과 유사한 점이 많다. "극도로 적은 무게의 신경 물질로 놀라운 마음 활동을 하는 것이 확실하다. 개미는 놀라울 만치 다양한 본능, 마음 능력, 성향을 보이는 것으로 유명하지만, 그들의 뇌 신경절은 작은 핀 머리의 4분의 1에 불과하다. 이렇게 볼 때, 개미의 뇌는 세상에서 가장 경이로운, 아마도 인간의 뇌보다도 더 경이로운 물질에 속한다.(1870)"

[**] 지구에서 가장 작은 눈은 쌍편모충인 에리트롭시디움(*Erythropsidium*)의 것이다. 지름이 50~70마이크로미터로 사람의 머리카락 굵기도 채 안 된다.

[***] Pax 유전자는 눈, 심지어 신경계보다 먼저 기원했다. 해면동물도 아주 비슷한 유전자를 지니고 있다.

의 겉 뼈대와 본질적으로 똑같은 물질이지만 투명하다는 점만이 다를 뿐인 방해석 결정으로 이루어져 있다. 이 수정체는 단단해서, 사람이나 문어의 눈에 있는 부드러운 수정체와 달리 초점을 조절할 수 없다. 하지만 피사체 심도가 깊어서 멀리 있는 대상까지 비교적 선명하게 상을 맺을 수 있다.

캄브리아기의 많은 동물들은 왕성한 섭식 활동을 했으며, 정교한 눈이 주는 이점—먹이나 추격자를 더 잘 볼 수 있는—은 상당했다. 36개 문 가운데 여섯 개 문에서만 상을 맺는 눈이 진화했지만, 그 문들—절지동물(갑각류, 곤충, 거미), 자포동물(특히 일부 해파리), 연체동물(고등, 문어 등), 환형동물(갯지렁이), 유조동물(발톱벌레), 척삭동물(먹장어에서 인간까지)—에 해당하는 종들은 이후 대다수 생태계에서 주역을 맡아왔으며, 지금까지 지구에서 살았던 동물 중 대다수를 차지했다.

현존하는 동물 가운데 가위 같은 이빨이 달린 주둥이는 말할 것도 없고 눈자루 위에 다섯 개의 눈이 달린 캄브리아기 동물인 오파비니아(*Opabinia*)만큼 기이하게 생긴 종은 없을지라도, 지금은 그에 못지않게 살펴볼 가치가 있는 경이로운 생물들이 거의 무한할 정도로 많다. 산호와 해파리를 포함한 자포동물문을 생각해 보자. 우리는 으레 그들을 뇌가 없이 항문과 입을 겸하는 구멍 하나만을 지닌 방사대칭 동물이라고 정의하기에, 그들이 눈을 지녔다고 생각하기가 어렵다. 하지만 산호 폴립조차도 매우 제한적이긴 하지만 시각 지각 능력을 지닌다. 안점을 갖고 있는 덕분에 달의 움직임을 추적할 수 있어서, 보름달이 뜨고 수온이 알맞을 때 정자와 난자를 '위로 솟구치는 눈보라'처럼 뿜어낸다. 호주의 그레이트배리어리프에서는 대개 1년에 한 차례 이 일이 벌어진다. 세계 최대의 난교 파티라 할 수 있을 것이다. 그리고 적어도 자포동물문의 한 강인 상자해파리강에는 잘 발달한 눈을 지닌 종들이 있다. 키로넥스 플레케리(*Chironex fleckeri*)는 정교한 수정체, 망막, 홍채, 망막을 갖춘 눈을 여덟 개나 지닌다. 홈 모양의 눈도, 단순한 안점도 여덟 개씩 지니고 있다. 즉 눈 진화의 3단계를 한

상상하기 어려운 존재에 관한 책

몸에 보여주는 것이다. 이 세 종류의 시각 기관이 갓 주위에 균등하게 분포해 있어서 이 해파리는 360도를 다 볼 수 있다. 우리 인간은 고도로 발달한 뇌 피질의 3분의 1을 고작 두 개의 눈에서 오는 입력을 이해하는 데 쓴다. 키로넥스를 비롯한 상자해파리들—과학자들은 그들이 지닌 것이 예전에는 단순한 신경망이라고 생각했지만 지금은 복잡한 구조로 배치된 신경 덩어리들의 집합임을 이해하기 시작했다—은 여덟 개의 눈, 홈 모양의 눈과 안점까지 포함하면 24개의 눈에서 들어오는 정보를 어떤 식으로든 처리한다. 그들이 보는 것을 어떤 식으로 이해하는지는 우리에게 뜻 모를 화두나 다름없다. 하지만 그들은 보통 해파리의 기준으로 볼 때, 헤엄쳐서 먹이를 추적하고(먹이가 와서 부딪히기를 마냥 기다리는 것이 아니다)《카마수트라》의 애독자들조차 낯부끄럽게 만들 만큼 요란하게 교미를 할 뿐 아니라, 은신처인 맹그로브 뿌리까지 길을 찾아 되돌아가는 등 매우 복잡한 일을 수행한다.

연체동물에게는 눈이 흔하다. 복족류(연체동물 중 가장 큰 강인 민달팽이류와 고둥류)에게서는 안점에서 완전히 형성된 눈에 이르기까지 모든 눈을 만날 수 있다. 달팽이는 네 개의 자루 중 좀 더 긴 두 개의 끄트머리에 수정체를 비롯한 구조를 다 갖춘 구슬 같은 작은 눈이 달려 있다. 달팽이는 눈을 보호하고자 할 때, 사람이 손을 소매 안으로 집어넣듯이 촉수 안으로 쏙 집어넣는다. 연체동물 중 두 번째로 큰 강인 이매패류에 속한 대왕조개(거거)는 대다수의 고둥에 비해 무게가 수백 배, 아니 수천 배는 더 나가지만, 해저에 달라붙어 살며 외투막 가장자리를 따라 수정체가 없는 단순한 '바늘구멍' 눈이 수백 개 붙어 있다. 대왕조개의 벌린 '입' 위로 헤엄치면서 내려다보면, 선명한 파란색과 자주색의 부푼 입술처럼 보이는 것의 가장자리를 따라 나 있는 이 눈을 알아볼 수 있다.

연체동물의 눈 가운데 가장 정교한 것은 일부 현생 두족류(문어, 오징어, 참오징어)에게 있다. 이 강의 초기 종은 아마 오늘날 살아 있는 앵무조개에게 있는 것과 비슷한 단순한 바늘구멍 눈을 지녔을 것이다

가시갯가재, '생식기 손가락'의 갯가재

(14장 〈앵무조개〉 참조). 하지만 많은 현생 두족류, 특히 문어류는 우리의 눈과 기괴할 만치 닮은 눈을 지닌다(적어도 겉보기에 그렇다는 것이다. 사실 중요한 근본적인 차이점들이 있으며, 몇몇 측면에서는 두족류의 눈이 더 우수하다. 한 예로 그들의 눈은 우리에게 보이지 않는 편광 패턴을 읽을 수 있다). 덕분에 그들은 미리 신호 보내기, 기만, 놀이를 할 수 있다(15장 〈문어〉 참조). 그리고 세상에서 가장 큰 눈(여기에 견줄 만한 것은 오프탈로모사우루스[Ophthalomosaurus]라는 선사시대의 거대한 해양 파충류의 눈밖에 없다)도 두족류의 것이다. 바로 초대왕오징어(대왕오징어보다 큰 심해 오징어—역자 주)의 눈으로, 축구공보다 크다.

가장 커다란 두족류의 눈처럼 커다란 눈을 지닌 절지동물은 없다. 하지만 곤충, 거미, 갑각류를 포함한 절지동물문에게서는 빛을 감지하는 심해 새우의 단순한 반점(사실 더 복잡한 기관에서 역행한 것이다)부터 방 하나에 수정체 하나가 들어 있는 거미의 '사진기' 눈, 파리를 통해 우리에게 익숙해진 온갖 다양한 형태의 겹눈에 이르기까지, 알려진 모든 형태의 눈이 진화했다. 곤충과 거미의 눈도 매우 놀랍지만(기꺼이 한 장을 할애할 만하지만, 지면상 13장 〈미스타케우스〉에서 거미의 눈을 조금 다룬다), 갑각류는 눈의 다양성과 창의성 면에서 정말로 경이롭기 그지없다.* 나는 농게의 자루 달린 '잠망경' 눈**이 아주 마음에 든다. 왼쪽 집게발을 높이 치켜들고 흔들면서 걷는 동료 무리들을 더 잘 살펴볼 수 있도록 파노라마 전경을 제공하는 눈이다. 내가 좋아하는 또 하나의 눈은 작지만 불길한 기운을 풍기는 영리옆새우(Pram bug)의 두 쌍의 겹눈이다. 이 눈으로 이들은 먹이와 위험을 동시에 살펴볼 수 있다. 갯가재의 눈이 복잡성과 정교함 면에서 경쟁자가 없을지 몰라도, 몇몇 갑각류의 눈은 우아함과 독창성 면에서 더 뛰어나다.

척추동물의 눈은 두 가지 유형뿐이지만, 이 밋밋한 형태에서 시작하여 그들이 펼친 변이 양상은 미미한 것으로부터 얼마나 많은 것이 이루어질 수 있는지를 보여주는 모범 사례다. 어두컴컴한 심해에서는 가장 놀라운 발달 사례를 몇 가지 찾아볼 수 있다. 열대와 온대 수

　　　　　　　　　상상하기 어려운 존재에 관한 책

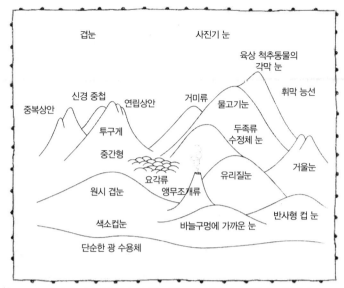

눈의 경관. 시각계가 일단 특정한 방향으로 진화하기 시작하면—이를테면
겹눈이나 단순한 '사진기' 눈으로—그 방향을 계속 유지하는 경향이 있다.
그림에서처럼 그 눈이 기어오를 수 있는 유일한 산이 된다.

역의 수심 1,000미터를 넘는 곳에서 살아가는 갈색주둥이스푸크피시
(Brownsnout spookfish)는 마치 눈이 네 개처럼 보이지만 사실은 두
개다. 이중 초점 안경을 써서 기괴하게 확대된 것처럼 두 부분으로 나
뉘어 있어서 각 눈이 마치 반쪽은 위를 보고 반쪽은 아래를 보는 듯
보일 뿐이다. (눈 안에는 망막에 초점이 맺히도록 빛을 모으는 거울이 들어 있
다. 지금까지 알려진 동물 중에서 수정체 대신에 거울을 쓰는 유일한 사례다.) 쥐
덫고기(Loosejaw dragonfish)는 눈 바로 밑의 발광기라는 특수한 기

---

* "현생 갑각류의 눈은 다양성이 아주 높다."
　—찰스 다윈(1859)
** 농게의 커다란 집게발은 개체의 건강을 드러냄으로써 매력적인 짝으로 보이게 하는 형질인
반면, 눈자루에 달린 눈은 멀리 볼 수 있도록 돕는 적응 형질이다. 눈자루의 길이로 따지자면, 맞
먹는 종이 하나 있다. 절지동물인 대눈파리(Stalk-eyed fly)다. 이 종의 눈자루는 몸길이보다 더 길
때도 있으며, 눈자루가 길수록 수컷은 암컷에게 더 매력적으로 보인다.

관에서 붉은 빛을 내쏜다. 쥐덫고기가 붉은색을 볼 수 있도록 진화한 반면, 심해 동물의 대다수는 붉은색을 볼 수 없다(그래서 심해의 생물발 광은 대부분 파란색이나 초록색이다). 그러다 보니 사실상 단거리 밤눈을 지닌 셈이지만, 먹이가 알아차리지 못하는 생체 전조등을 비추며 돌아다닐 수 있다. 그리고 내 현실 감각을 통째로 의심하게 만드는 더욱 기이한 동물이 하나 있다. 바로 '배럴아이(barrel-eye, *Macropinna microstoma*)'다. 이 동물의 앞쪽 윗부분은 액체로 차 있는 투명한 주머니가 대부분을 차지하는데, 이 주머니 안에 초록색의 수정체가 위에 달린 두 개짜리 관 모양 눈이 있다. 수정체는 헬리콥터 좌석에 놓여 조종사와 항해사의 엉덩이를 기다리는 방석처럼 놓여 있다.

수면 위쪽에서는 새의 눈이 가장 놀라운 눈일 것이 분명하다. 낮에 사냥하는 몇몇 매와 독수리는 망막에서 시각이 가장 예리한 부위인 중심오목에 1제곱밀리미터 당 약 100만 개의 원뿔세포가 들어 있다. 인간의 눈보다 다섯 배 이상 많다. 더욱 놀라운 점은 몇몇 철새가 눈의 감광 단백질로 양자 효과를 포착함으로써 지구의 자기장을 볼 수도 있다는 것이다.

눈으로 보는 우리 인간에게는 시각이야말로 살면서 얻는 경험의 가장 직접적인 구성 요소다. 우리는 생각할 필요도 없이(혹은 그렇다고 여기듯이), 그냥 보면 안다. 일상 언어에서 '보다'와 '이해하다'는 동의어로 쓰인다. (지식 또는 지혜를 뜻하는 산스크리트어 베다[véda]와 본다는 뜻의 라틴어 비데레[videre]는 어원이 같다. 심오한 깨달음을 가리키는 독일어 샤르프블리크[Scharfblick]는 '예리하게 보다'라는 뜻이다.) 고대의 중국과 그리스, 이슬람의 황금기, 유럽 르네상스 시대에 이루어진 광학 연구들은 인간의 눈이 이른바 카메라 옵스큐라(camera obscura)와 비슷하다는 것을 보여줌으로써 이 직접적인 연관성을 입증한 듯했다. 카메라 옵스큐라는 불투명한 상자 한쪽에 뚫은 작은 구멍을 통해 반대편의 화면에 세계를 정확히 비추는 장치다(눈에서는 눈동자와 망막이 구멍과 화면에 해당한다). 눈은 생각이나 개입이 없이 세계를 드러내는 기구처럼

상상하기 어려운 존재에 관한 책

보였다.

하지만 조금만 생각해 보면, 카메라 비유가 미흡하다는 것이 드러난다. 우리의 눈알 뒤쪽에 있는 '화면'에 투영된 상을 무엇이(혹은 누가) 그리고 어떻게 본다는 것일까? 그것(또는 그 사람)이 눈을 갖고 있다면, 그 눈의 뒤에서 눈 안쪽의 상을 바라보는 누군가나 무엇이 있을 것이고, 또 그 눈 안의 누군가나 무엇이 있을 것이고, 그런 식으로 무한히 이어지지 않겠는가? 따라서 눈은 단순히 카메라가 아니다. 수 세기 동안 눈이 무엇인지는 불분명한 채로 남아 있었다. 우리가 시각 구조의 배후에 놓인 뇌에서 일어나는 엄청나게 복잡한 과정들을 조금씩 이해하기 시작한 것은 최근 수십 년 전부터 신경과학이 급속히 발전하면서였다. 우리가 보고 있는 동안에는 의식적으로 경험할 수 없는 너무나 복잡한 과정들이다. 독일의 신비주의자인 마이스터 에크하르트가 13세기에 한 말이 딱 맞다. "우리는 보이지 않는 것이 없다면 보이는 것을 볼 수 없다."

뇌 속의 기본 과정들을 보여주기 시작한 뇌 기능 자기 공명 영상(MRI) 같은 첨단 기술이 없이도, 우리는 정상적인 일상생활에서 놓치기 쉬운 시각의 여러 측면들을 의식적으로 더 살펴볼 수 있다. 눈(건강할 때)은 세계를 전체적이고 완벽하게 담아 우리에게 보여주는 듯하지만, 작가인 사이먼 잉스(Simon Ings)는 간단한 실험을 통해 사실은 그렇지 않다는 것을 설명한다. 팔을 앞으로 쭉 펴서 엄지를 얼굴 앞에 수직으로 치켜 올린다. 엄지의 폭은 시야의 약 2도를 차지한다. 자세히 보면 자신의 눈에서 완벽하게 초점이 맞추어지는 영역이 이 엄지의 폭보다 약간 더 좁음을 알아차릴 것이다. 엄지 한가운데에 시선을 고정하면, 그 시각 중심으로부터 1도—약 엄지 가장자리까지의 거리—만 벗어나도, 시력, 즉 세세한 것을 구별하는 능력은 절반으로 줄어든다. 5도쯤 벗어나면 4분의 1로 줄어든다. 여전히 엄지 중앙에 초점을 맞춘 채로 5도를 넘어서면, 자신이 무엇을 보고 있는지조차 확신할 수 없을 것이다. 그리고 중심에서 20도를 벗어나면 앞을 못 보는

가시갯가재, '생식기 손가락'의 갯가재

사람과 별 다를 바 없어진다. 우리는 알아차리지 못하지만, 사실상 터널 시각(tunnel vision)을 지니고 있다.

우리는 눈을 거의 끊임없이 움직임으로써 이 단점을 보완한다. 잉스는 눈이 보이는 자신이 조각상을 지각하는 방식과 눈과 귀가 모두 먼 헬렌 켈러의 지각 방식을 비교함으로써 이 점을 부각한다.

나는 내가 서 있는 자리에서 조각상 전체를 한꺼번에—한눈에—보는 반면, 켈러는 자신의 손에 닿는 부위만을 감지한다고 말할지도 모르겠다. 하지만 이 견해는 쉽게 뒤집을 수 있다. 켈러는 조각상을 따라 손가락을 움직임으로써 다른 각도에서 조각상을 지각할 수 있는 반면, 나는 몸을 움직여야 함을 지적하기만 하면 된다.

그리고 나는 자신이 대상을 '한눈에' 볼 수 있다고 생각할 수 있지만, 사실 내 눈은 결코 고정되어 있지 않다. 3분의 1초마다 내 눈은 대상의 한 부분에서 다른 부분으로 시선을 홱홱 옮기는 '신속 운동(saccade)'을 한다. 즉 나의 '한눈'이란 사실 곤충의 더듬이나 생쥐의 수염이 씰룩거리는 것과—그 점에서는 켈러의 바쁜 손가락과도—그리 다르지 않은, 많은 작은 시선 변화들로 이루어진다.

우리 눈이 신속 운동을 하는 동안—0.2초까지 걸릴 수 있다—, 그리고 신속 운동이 멈춘 뒤 길면 0.1초까지, 뇌는 눈에서 오는 정보를 처리하지 않는다. 우리 눈은 보통 하루에 수만 번 신속 운동을 하므로, 우리는 하루의 상당한 시간을 사실상 눈이 먼 상태로 지낸다는 의미다. 하지만 뇌가 추론을 통해 그 빈틈을 메우므로*, 우리는 대개 그 사실을 거의 알아차리지 못한다. 우리는 갯가재가 눈을 빠르게 홱 움직였다가 제자리로 돌리는 모습을 볼 수 있다. 그것은 우리 자신이 하는 행동의 과장된 모습이며, 우리의 눈에서 이루어지는 특별하면서도 복잡한 과정** 중 일부를 잘 보여준다.

일상생활에서 우리는 눈구멍 안에서 눈이 끊임없이 움직이고 있

상상하기 어려운 존재에 관한 책

다는 생각을 전혀 하지 않는 것처럼, 나무나 건물 같은 대상을 앞에 놓고 시선을 빠르게 움직이면서도 그 대상들이 고정되어 있다고 지각하는 데에도 완벽하게 익숙해져 있다. 하지만 신경심리학자 크리스 프리스(Chris Frith)가 지적하듯이, 이것 역시 우리의 뇌에서 구축되는 현상이다. 우리는 아이라면 아마 다 알겠지만 대다수의 어른은 잊었을 방식을 써서 이 현상을 쉽게 교란할 수 있다. 한쪽 눈을 감은 뒤, 다른 쪽 눈으로 고정된 대상을 바라보면서 눈 밑을 지긋이 위로 밀어 올린다. 그러면 마치 세계가 아래쪽으로 움직이는 듯이 보일 것이다. 그렇지 않다는 것을 너무나 잘 알고 있음에도 말이다.

이런 사례들*은 시각에 관한 몇 가지 핵심적인 사실들을 지적한다. 하나는 잉스의 말처럼, "눈이 동떨어진 기적이 아니"라, 세계를 지각하는 감각과 기관의 집합에 속한다는 점이다. 또 하나는 우리의 지각 전체가 세계의 모형이 아니라, 세계에 관한 뇌의 모형이라는 것이다. (깨어 있을 때) 뇌는 대체로 의식하지 못한 채 새로운 정보에 비추어서 예측과 갱신이라는 순환 과정을 통해 이 모형을 끊임없이 수정

---

* 로튼(Lawton)은 이렇게 말한다. "우리의 뇌가 정확히 어떻게 그런 단편적인 정보를 엮어서 우리가 현실이라고 경험하는 매끄러운 천연색 영화를 만드는지는 아직 수수께끼다. 한 이론은 뇌가 어떤 예측을 하고, 중심오목이라는 '집중 조명'을 써서 그것을 검증한다고 말한다. 즉 내면에서 무언가를 떠올린 뒤에, 맞는지 검사하고 검사하고 또 검사한다는 것이다. 본질적으로 우리는 뇌가 지금 일어나고 있는 일에 관해 내놓는 최상의 추측을 경험한다."(2011)

** 인간의 눈은 신속 운동뿐 아니라, 30~70헤르츠의 속도로 미세 신속 운동이라는 끊임없는 진동도 일으키고 있다. 약 5,000분의 1초 사이에서 일어나는 이 운동은 눈 뒤쪽에 있는 원뿔세포와 막대세포에 비치는 상을 새로 고친다. 이 운동이 없다면, 무언가에 시선을 고정시켰을 때 시각은 급속히 쇠퇴할 것이다. 원뿔세포와 막대세포는 빛의 변화에만 반응하기 때문이다.

*** 사람들이 시각의 기본 메커니즘 몇 가지를 직접 경험하는 또 한 가지 교란 사례는 편두통을 비롯한 몇몇 질병으로 생기는 환각이다. 올리버 색스는 이렇게 썼다. "환각은 기둥 구조를 비롯한 일차 시각 피질의 상세한 해부 구조, 즉 세포학적 구조와 신경세포 수백만 개가 활동하면서 끊임없이 변하는 복잡한 패턴을 형성하는 방식을 반영한다. 우리는 그런 환각을 통해 사실상 큰 집합을 이룬 살아 있는 신경세포들의 동역학, 특히 복잡한 활성 패턴이 시각 피질을 통해 출현하도록 허용하는 수학자들이 결정론적 혼돈이라고 부르는 것의 역할을 볼 수 있다. 이 환각은 개인적 경험이라는 수준보다 훨씬 낮은 기본적인 세포 수준에서 작동한다. 이 환각은 원형, 어떤 의미에서 인간 경험의 보편적인 형태다."(2008)

가시갯가재, '생식기 손가락'의 갯가재

한다. 크리스 프리스는 이렇게 설명한다. "뇌는 우리를 세계 속에 끼워 넣은 뒤 우리를 숨긴다."

뇌가 어떻게 이런 일을 할까? 답의 일부는 우리가 진화할 때 세상을 보는 특정한 방식을 포함하여 자연적으로 선택되어 온 몇몇 형질이 우리의 본질적인 일부가 되었다는 것이다. 감각들의 불협화음으로 가득한 세계에 태어난 아기가 아주 짧은 기간에 그것들을 이해할 수 있는 것은 이 형질들 덕분이다. 한 예로 우리 시각계는—모든 동물들의 시각계와 마찬가지로—대체로 변화와 움직임을 감지하도록 조직되어 있다. 따라서 눈은 대상의 모서리에 특히 주의를 기울이고 더 나아가 그것을 과장하도록 되어 있다. 또 아기는 '거울 뉴런'과 전담하는 뇌 영역을 갖춘 것을 비롯하여 눈과 얼굴에 반응하도록 미리 준비되어 있다. 눈과 얼굴은 주변 세계에서 아기가 맨 처음 보고는 이윽고 찾게 되는 '행위자', 움직이는 대상에 속한다. 예를 들어 4개월쯤 된 아기는 똑같은 방식으로 움직이지만 상대적으로 무작위로 놓인 광점들보다 움직이는 형상을 이루도록 놓인 광점들을 더 주로 본다.

아이 때와 청소년 때 우리는 보는 법을 끊임없이 익힌다. 그리고 평범한 사람들은 상황이 알맞을 때 비범한 시각 능력을 계발할 수 있다. 안다만해의 섬에 사는 모켄족(Moken)의 아이들은 잠수할 때 눈동자를 의도적으로 수축하는 법을 배운다. 눈알에 가해지는 수압 때문에 흐려지는 상을 선명하게 하기 위해서다. 이 기술을 잠수 경험이 전혀 없는 스웨덴 아이들에게 가르친 실험이 있다. 현대 산업사회에 들어서기 전, 먼 바다를 항해하는 서양 뱃사람들은 한낮에도 금성을 알아볼 수 있었고, 오늘날 도시에서 멀리 떨어져 사는 사람들 중에서도 이 능력을 아직 간직한 이들이 있다고 한다. 그리고 《몽테크리스토 백작》의 주인공 에드몽 단테스처럼 어둠 속에 투옥된 뒤 흐릿한 불빛에서도 잘 보는 능력을 얻게 되는 것은 단순히 허구가 아니다. 어두컴컴한 지하실에 15년 동안 갇혀 있었던 카스파어 하우저(Kaspar Hauser)도 그런 능력을 얻었다.

상상하기 어려운 존재에 관한 책

눈은 우리가 보는 데에만 쓰는 것이 아니다. 우리는 보이는 용도로도 눈을 쓴다. 다른 동물들도 마찬가지다. 그리고 일부 어류, 모충, 나방, 기타 동물들은 포식자를 놀라게 하여 쫓아버리기 위해 몸에 커다란 가짜 눈(눈꼴무늬)을 만들이 이용한다. 영장류는 시선을 낮춤으로써 복종을 표현한다(인간도 여전히 그렇게 한다). 하지만 인간에게서는 타인의 눈 움직임에 특히 민감할 수 있게 해주는 특징이 하나 진화했다. 우리 눈의 흰자위, 즉 공막은 200종이 넘는 다른 영장류들을 포함하여 그 어떤 포유동물의 눈보다도 훨씬 더 크고 더 눈에 잘 띈다. 그 결과 우리는 흰자위에서 홍채의 미묘한 위치 차이를 파악함으로써 좀 떨어진 거리에서도 다른 사람의 시선 방향의 아주 미묘한 변화를 감지할 수 있고, 덕분에 그 사람이 어디를 바라보고 있는지를 놀라울 만치 정확하게 알아볼 수 있다. 이런 식으로 우리는 말없이 중요한 정보를 주고받으며, 때로는 자신도 모르게 자신의 마음 상태에 관한 정보를 드러내기도 한다.

17세 생일을 보내고 바로, 나는 먼 북쪽 노르웨이에서 여름 도보 여행을 하는 무리에 끼었다. 여행하는 거의 내내 비가 내렸고, 좀 덜한 날에는 가랑비가 내렸다. 남쪽으로 돌아오는 긴 여행길의 어느 날 저녁, 우리는 높은 산맥 옆의 한 호숫가에 야영을 했다. 날씨는 온화했고, 나는 홀로 몇 시간 동안 둘러보러 뿌연 햇빛 아래 길을 나섰다. 나는 길이 없는 습지를 철벅거리면서 가로질러 멀리 보이는 산마루를 향해 나아갔다. 산자락에 도달하여 오르기 시작했는데, 그만 더 이

---

* 당시 19세기의 설명을 보자. "그에게는 어스름도, 밤도, 어둠도 존재하지 않았다 …… 밤에 그는 너무도 자신만만하게 어디든 걸어 다녔다. 그리고 컴컴한 곳에서 그는 불을 켜줄까 물으면 늘 거절했다. 때로 그는 컴컴한 곳에서 안전을 위해 더듬더듬 길을 찾거나 옆에 있는 무언가에 기대는 사람을 보면 의아하게 쳐다보거나 웃어대곤 했다. 그는 환한 대낮보다 어스름이 깔릴 때 훨씬 더 잘 보았다. 그래서 해가 진 뒤 180보 떨어진 거리에서 한낮에는 읽을 수 없었던 집의 번지수를 읽을 수 있었다. 한번은 해가 완전히 진 후에, 교사에게 아주 멀리 있는 거미줄에 걸린 각다귀를 가리키기도 했다."

가시갯가재, '생식기 손가락'의 갯가재

상 갈 수 없는 곳이 나왔다. 옆으로 돌아가는데 흑갈색의 암반 옆에 야생화가 흐드러지게 피어 있는 작은 평지가 나왔다. 이 꽃들을 어느 누구도 본 적이 없고 앞으로도 볼 사람이 없을 것이라는, 즉 그 순간 내가 보면서 느낀 경이감과 기쁨을 어느 누구도 경험할 수 없을 것이라는 생각이 문득 떠올랐다. 물론 그 꽃들은 내가 오지 않았더라도 피어 있었겠지만, 잠시 동안 나는 그들과 하나가 되었다. 내가 있음으로써 지금까지 곤충, 새, 기타 동물들만이 보았던 그들의 아름다움이 더 현실감을 띠었을까? 그들의 아름다움이 나를 더 현실감 있게 만들었을까? 야영지로 돌아오는 길에 나는 호수를 따라 죽 돌아가기로 마음먹었다. 호숫가에 도착하자, 수면 위로 좀 솟아오른 곳에 작은 자작나무 숲이 보였다. 내 무릎보다 더 높이 자라는 식물이 거의 없던 먼 북쪽 지방에서 한 계절을 보낸 뒤로 나무들은 아주 커 보였다. 어쨌거나 한참 올려다봐야 할 만큼 컸다. 올려다보고 있는데 구름을 뚫고 햇살이 비쳤다. 밝은 빛줄기가 호수를 가로질러 나무의 줄기와 잎에 닿으면서 금색 얼룩과 무늬를 만들어냈다. 보고 듣고 숨 쉬면서 나는 마치 모든 생명과 공명하는 듯한 느낌에 빠져들었다. 나중에 읽은 헤라클레이토스의 한 글귀는 내가 경험한 느낌에 딱 들어맞는다. "그것은 예전에도 그러했고 지금도 그러하며 앞으로도 그러할, 때가 되면 켜졌다가 때가 되면 꺼지는 영원한 불꽃이다."

아르투르 쇼펜하우어는 젊은이의 희망은 예외 없이 추하고, 고통스럽고, 지루하고, 실망스러운 현실과 마주치기 마련이며, 희망으로부터의 해방만이 분별력 있는 대응이라고 했다. 한편 어떻게든 자연과 인간을 넘어선 하나 또는 여러 신에게서 희망을 찾는 이들도 있어왔다. 나는 어느 쪽도 받아들이지 않지만, 노르웨이 호숫가에서의 경험을 통해 시각, 주의, 그리고 존재의 특성을 더 강하게 느꼈다. 데이비드 허버트 로렌스는 이렇게 썼다. "생각은 주의를 온통 집중한, 한 인간의 전체다."

천체물리학자 조슬린 벨 버넬(Jocelyn Bell Burnell)은 인간인 우리 모두가 "전자기적으로 장애가 있다"라고 으레 지적하곤 한다. 우리가 전자기파 스펙트럼 중 극히 일부만을 지각할 수 있기 때문이다. 물론 현재 우리 문명은 시각을 강화하는 수천 가지 장치를 이용한다. 우리는 분자 하나에서 우주가 시작된 지 얼마 지나지 않아 생긴 은하에 이르기까지 모든 것을 볼 수 있다. 그런 의미에서 우리를 뛰어넘는 존재는 없다. 우리는 가공할 '추가' 눈을 갖춘 기술계의 갯가재다. 보르헤스의 《상상동물 이야기》는 에제키엘이 하니엘, 카프지엘, 아즈리엘, 아니엘의 환영을 본 이야기를 인용한다. 에제키엘은 그 "앞뒤가 눈들로 가득한" 짐승 또는 천사(그 예언자가 어느 쪽인지 알 수 없다)들을 보았다. 우리가 바로 그런 존재다.

우리는 광학 기구의 초기 개발자들이 구상한 계획을 이어 오고 있다. 그들 중 상당수는 현미경과 망원경이 인류가 낙원에서 쫓겨난 뒤 잃었다고 하는 완벽한 감각을 회복하는 길로 나아가는 징검다리라고 믿은 로버트 훅과 생각을 같이했다. 실제로 우리는 어디로 나아가고 있는 것일까? 바닷가재의 눈은 최근에 천체망원경의 X선 검출기 설계에 영감을 주었다고 하며, 갯가재의 원편광 검출 능력은 새로운 방식의 자료 저장 장치에 영감을 줄지도 모른다. 앞으로 놀라운 발전이 이루어질 수도 있겠지만, 그런 것들이 우리를 어디로 이끌까? 모든 맹시(blindsight)가 없어진다면 내면의 시각은 어떻게 될까? 우리가 인간으로서 남아 있는 한, 여전히 우리는 수천만 년에 걸쳐 숲에서 익은 열매를 찾아내기 위해 다듬어진 눈으로 세상을 본다. 기계의 개입이 없을 때 시각이 어떨 수 있는지를 잊지 말자. 시인 바쇼(Bashō)는 이렇게 썼다.

바다 너머 두견새 날아
사라진 자리에
작은 섬 하나가 보이네.

HUMAN
인간

문: 척삭동물

강: 포유류

목: 영장류

과: 사람

속: 사람

보전 상태: 평가 불가

오르페우스의 이야기는 진짜다.
—크리스토퍼 스마트

오비디우스의 《변신 이야기》에서 여성은 거미와 월계수로, 남성은 사슴과 아네모네*로 변한다. 하지만 자신의 발만 내려다보아도 그런 사례들에 거의 맞먹을 만치 기이한 변신을 볼 수 있다. 대부분의 영장류가 마치 손이 뒤에 달린 양 움켜쥘 수 있는 훌륭한 발을 지닌 반면, 우리의 발은 보잘것없이 변한 모습이다. 아치 모양으로 떠 있는 중앙을 사이에 두고, 뒤쪽은 둥그스름하고 앞쪽은 아기의 손가락 상태에서 멈춘 듯 뭉툭한 발가락들이 붙어 있다.

인간의 손은 몸에서 가장 경이로운 부위에 속한다. 예민하고 유연하며 놀라울 만치 다재재능하다. 손은 세계 전체를 만들 수 있다. 만화 〈피너츠〉(우리에게 친숙한 스누피가 등장하는 신문 연재 만화—역자 주)에 등장하는 라이너스처럼 손에 사탕을 잔뜩 쥔 채로도 말이다.

영장류와 갈라진 지 5,000만 년이 넘은 유대류인 주머니쥐를 연구하는 동물학자 조너선 킹던(Jonathan Kingdon)은 사물을 조작할 수 있는 뛰어난 손재주가 포유동물 계통에서 아주 일찍 출현했다고 추정한다.

상상하기 어려운 존재에 관한 책

주머니쥐가 나무줄기를 손가락으로 노련하게 두드려서 애벌레가 판 굴을 찾아내거나 구멍에서 나방 애벌레를 교묘하게 끄집어내어 입에 넣는 광경을 지켜보면서, 나는 주머니쥐만이 아니라 아마도 고대의 포유류 전체를 특징 짓는 가장 오래된 재능 중 몇 가지를 보고 있는 것이 아닐까 추측해 본다. 만지고 재고 뚫고 탐색하는 손과 손가락은 후각, 시각, 청각, 미각과 너무나 조화를 이루고 있으므로, 그것들이 섬세하게 다듬어진 것은 나뭇가지를 잡고 기어오르는 일뿐 아니라 감각과 섭식에 봉사하는 일과도 관련이 있을 것이다. 대다수의 진화생물학자들이 주장하듯이 인간의 해부학적 역사가 점진적인 축적을 통해 이루어진 것이라면, 우리가 손의 기원을 찾아내려면 1억 4,000만 년 전까지 거슬러 올라가야 할 듯하다.

그렇다면 발은? 발은 진화라는 잔인한 죔쇠에 짓눌리고 비틀려서 '고기 접시'(plates of meat, 런던 지역의 속어)로 변한 손처럼 보인다. 친척인 유인원들의 발과 달리, 우리의 뒷손, 즉 발은 나뭇가지를 우아하게 잡을 수도 없고 발을 구르는 것 외에는 아무짝에도 쓸모가 없어 보인다. (이것은 발이 신발에 맞추어진 결과가 아니다. 신발 없이 평생을 산 사람의 발은 튼튼하고 굳은살이 박혀 있을지언정 모양 자체는 평생 신발을 신은 사람의 발과 놀라울 만치 비슷하다.)

하지만 관점을 달리하면, 인간의 발은 하나의 경이처럼 보이기 시작한다. 코미디언 빌리 코놀리(Billy Connolly)는 스코틀랜드가 세계 역사에 엄청난 공헌을 했다고 말한 적이 있다. 스코틀랜드 사람이 했든 다른 누군가가 했든 간에 그 공헌은 발 덕분이었다. 그리고 굳이 위스키의 도움을 받지 않더라도, 인간은 아마도 푸른발부비새(Blue-footed Booby, 갈라파고스 제도에 사는 멋진 새)를 제외하고 두 발로 선 동물 가운데 가장 흥겨운 춤을 출 수 있다. 두 다리로 설 수 있게 해준

---

* 아라크네, 다프네, 악테온, 아도니스.

춤추는 푸른발부비새. 이 새의 발은 파랗다. 더 정확히 말하면 하늘색이다.

다른 적응형질들과 더불어, 발 덕분에 무리하지 않고서도 엄청난 거리를 걸을 수 있으며 조건만 좋으면 가장 빠른 네발 동물조차도 능가할 수 있다. 다른 유인원과 원숭이는 이 점에서 우리의 발끝도 못 따라간다. 우리의 가장 가까운 친척인 침팬지와 고릴라는 두 발로 몇 걸음 걸을 수 있지만, 그럴 때 우리가 네 발로 돌아다니는 것처럼 엄청난 노력*을 해야 한다.

두 발로 돌아다님으로써 인간이 특별한 존재가 되었다고 말하면 터무니없는 것일까? 전해지는 이야기에 따르면, 그리스의 키니코스학파 철학자인 디오게네스는 분명히 그렇게 생각한 듯하다. 플라톤이 인간을 "깃털 없는 두 발 동물"이라고 정의하자, 디오게네스는 털을 뽑은 닭을 플라톤 앞에 내놓으면서 말했다. "여기 당신이 말한 인간이 있소이다." 플라톤은 재빨리 정의를 수정했다. "넓은 손톱을 지닌 깃털 없는 두 발 동물"이라고 말이다. 우리는 디오게네스가 그 정의에도 조소를 보냈을 것이라고 상상하고도 남지만, 여기에서 플라톤의 정의

상상하기 어려운 존재에 관한 책

에 한 가지 수식어, 즉 "곧추선 등"이라는 말을 덧붙인다면 거의 수긍이 갈 만하게 여겨지기 시작한다. 레오나르도 다빈치는 비트루비우스적 인간에 원과 정사각형 안에 팔다리를 쭉 뻗은 모습으로 인체를 이상화시켜 그렸다. 그 그림에서 다리는 키의 절반이며, 보폭의 두 배는 키와 같다. 이와 같은 직립한 사람은 햄릿이 말한 "만물의 영장(paragon of animals)", 즉 종종 우스꽝스럽거나 악의적으로 왜곡하여 그려지곤 하는 다른 존재들을 비교하는 잣대가 된다.

인간이 다른 동물들과 다른 점이 무엇인가에 대한 논쟁은 적어도 2,500년 전으로 거슬러 올라간다. 몇몇 전통 종교는 한 사람 한 사람의 안에 눈에 보이지 않는 어떤 핵심이 들어 있다고 말한다. 즉 인간의 영혼 말이다. 하지만 겉으로 관찰할 수 있는 형질과 행동을 통해 인간을 정의하려는 시도도 무수히 이루어져 왔다. 인간은 정치적 동물(아리스토텔레스), 웃는 동물(토머스 윌리스), 도구를 만드는 동물(벤저민 프랭클린), 종교적 동물(에드먼드 버크), 요리하는 동물(제임스 보즈웰, 클로드 레비스트로스와 리처드 랭엄보다 앞서)이다. 또 추론하고 의견을 형성할 수 있는 동물, 잣대를 지닌 동물, 철학적 동물, 기만하는 동물, 이야기를 하는 동물, 매운 고추 양념을 좋아하는 유일한 동물이라는 정의도 나왔다. 인간은, 시인인 브라이언 크리스천(Brian Christian)에 따르면 왜 자신이 독특한가를 고심하는 유일한 동물인 듯하다.

최근 수십 년에 걸쳐 한때 인간만이 지녔다고 여기던 행동과 능력 중 상당수—도구 이용, 마음 이론, 문화, 도덕, 개성—가 적어도 어느 정도까지는 다른 동물들에게서도 나타난다는 연구 결과들이 무수

---

* 사람은 다리가 팔보다 훨씬 강하지만, 팔의 힘을 놀라울 만치 키운 이들도 있다. 그중에서도 오스트리아의 요한 훌링거(Johann Hurlinger)라는 사람이 독보적일 것이다. 그는 1900년에 오직 손만으로 파리에서 빈까지 약 1,400킬로미터를 걸었다. 하루에 10시간씩 걸어서 55일이 걸렸다. 하지만 이 경이로운 성취는 역설적으로 우리의 두 발이 얼마나 놀라운지를 말해준다. 적절히 운동을 한 사람은 두 발로 같은 시간에 두 배 더 긴 거리를 걸을 수 있고, 육상 선수는 그보다 다섯 배 이상 더 빠를 것이다.

인간

히 발표되었다. 하지만 우리는 여전히 미술, 종교, 요리, 스포츠, 그리고—논란의 여지가 있긴 하지만—유머 같은 것들이 인간에게만 있다고 주장한다. (말이 난 김에 덧붙이자면, 이 항목들은 동물들도 갈구하는 섹스와 애정 이외에 인간이 가장 관심을 가진 것들의 목록이기도 하다.) 부정적인 것들을 통해 우리를 정의하는 방식도 유용할 수 있다. 인지신경과학자 마이클 가자니가는 이렇게 말한다. "우리를 인간으로 만드는 것의 대부분은 더 많은 일을 하는 능력이 아니라, 이성적인 판단을 위해 자동적인 반응을 억제하는 능력이다. …… 우리는 만족 지연과 충동 조절에 힘쓰는 유일한 종일지 모른다."

우리를 독특하게 만드는 가장 확실한 것이라고 하면 무엇이 먼저 떠오를까? 크고 복잡한 뇌와 거기에서 나오는 언어가 아닐까? 하지만 이 장에서 나는 우리의 커다란 뇌가 커다란 발이 없었다면 존재하지 못했을 것이라고 주장하련다. 더불어 우리의 가장 심오하고 가장 수수께끼 같고 (아마도) 가장 오래된 예술 형식인 음악이 없었다면, 언어 또한 존재할 수 없었을 것이다. 앞서 제기한 질문에 대해 나는 두 발로 돌아다니는 것이 우리를 인간으로 만든 것이 아니라, 우리 조상이 두 발로 돌아다니기 시작하지 않았다면 우리는 결코 인간이 되지 못했을 것이라고 답하겠다.

두 발 동물 중에서 인류는 가장 최근에 등장한 신참이다. 세계 최초로 육지를 두 발로 걸은 동물은 아마도 약 2억 3,000만 년 전에 진화한 원시 공룡들이었을 것이다. 그 최초의 공룡 중 한 종에는 에오랍토르 루넨시스(*Eoraptor Lunensis*)라는 멋진 이름이 붙어 있다. 달 계곡의 새벽 사냥꾼이라는 뜻이다. (이 공룡은 포식자였으며, 아르헨티나의 달이라는 계곡에서 화석이 발견되었다.) 그 뒤로 약 1억 6,500만 년 동안 에오랍토르의 후손들을 비롯한 공룡들의 생활 방식에는 거의 변화가 없었다. 백악기-제3기 대멸종이라는 장벽을 만날 때까지 말이다. 그 뒤로 파충류 중에서 이족 보행을 추구한 동물은 소수에 불과했다. 바실리스크이구아나는 오늘날 두 발로 걷는 극소수의 파충류 중 하나로,

신화 속의 바실리스크처럼 왕관 모양의 볏을 지닌 중앙아메리카의 동물이다. 의욕이 마구 넘치는 찰리 채플린처럼 움직이는 이 파충류는 강이나 호수의 수면을 얼마간 두 발로 달릴 수 있다. 때문에 중앙 아메리카에서는 예수 그리스도 도마뱀이라고 불린다. 하지만 바실리 스크도 네 발로 돌아다니는 평온한 삶을 더 선호한다.

물론 공룡의 직계 후손인 새는 두 발로 걷는다. 하지만 대다수의 새에게, 걷기는 돌아다니는 방법 중 하나에 불과하다. 날지 못하면서도 번성했던 새들은 다른 특별한 능력을 지니곤 했다. 예를 들어 펭귄은 헤엄을 아주 잘 친다. 바다에서 멀리 떨어진 새들 중에도 몸집이 아주 크고 땅 위를 달리는 속도가 아주 빠른 타조처럼 뛰어난 능력을 갖춘 종류들이 있지만, 그들은 오늘날 인류의 보살핌 아래서만 존속할 수 있을 뿐이다. 날지 못하는 새들의 대부분은 도도처럼 이미 멸종했다. 오늘날 가장 성공한 생존자는 닭이다(덧붙이자면, 닭은 현생 동물 중 티라노사우루스 렉스의 가장 가까운 사촌이다). 닭은 240억 마리 이상이 살고 있는데, 인류가 개량하고 가축화했기 때문에 번성하고 있다.

포유류 중에는 두 발로 걷는 동물이 거의 없다. 오스트랄라시아의 진짜 캥거루와 왈라비—이들을 묶어서 '큰 발'이란 뜻의 마크로포드(macropod)라고 부른다—및 북아메리카의 캥거루쥐처럼 두 발로 다니는 동물이 있긴 하지만, 이들은 우리와 걷는 방식이 전혀 다르다. 그들은 두 발로 뜀뛰기(bipedal ricochet gait) 방식으로, 두 다리를 동시에 밀면서 거대한 스프링처럼 뛴다. 캥거루는 유대류판 스카이콩콩*이다. 곰, 원숭이, 유인원을 비롯한 몇몇 포유동물은 두 다리로 서

---

* 플라톤은 캥거루를 본 적이 없었다. 하지만 18세기의 가장 명석한 지성인 중 한 명은 캥거루에 대한 소식을 즉시 받아들였다. 1773년 인버네스에서 새뮤얼 존슨은 3년 전 유럽인이 처음 목격한 이 동물을 의인화함으로써 손님들을 놀라게 하는 동시에 영국과 스코틀랜드인의 영원한 친목을 강화했다. 제임스 보즈웰의 설명을 들어보자. "손님들은 존슨 박사같이 키 크고 육중하고 근엄해 보이는 인물이 일어서서 캥거루의 모습과 움직임을 흉내 내자, 그보다 더 우스꽝스러운 일은 없다는 표정을 지었다. 존슨은 똑바로 서서 양손을

서 걸을 수 있긴 하지만, 그렇게 걷는 거리는 아주 짧고 한정되어 있는 경향을 보인다.

우리의 선조들이 왜, 그리고 언제부터 대부분의 시간을 두 다리로 걷기 시작했는지는 알 수 없다. 탄자니아 라에톨리의 진흙 화석에는 약 370만 년 전 오스트랄로피테쿠스에 속한 '루시(Lucy)'가 우리와 아주 흡사한 발을 사용해 우리와 아주 흡사한 방식으로 똑바로 서서 걸은 발자국이 보존되어 있다. 그런데 이 점들을 빼면, 루시와 우리 사이에는 몇 가지 차이점이 두드러진다. 루시는 몸집(성체 기준으로 키가 약 1.3미터에 홀쭉하다)에 비해 우리보다 팔이 더 길고 다리가 더 짧았다. 그리고 물론 두개골이 훨씬 더 작았고, 뇌가 현생 인류의 약 3분의 1 크기였다. 짧은 다리에 긴 팔, 적어도 인간을 닮은 만큼 침팬지도 떠올리게 하는 얼굴에 머리를 갖춘 모습으로, 침팬지처럼 뒤뚱거리는 것이 아니라 인간처럼 걷는 루시의 걸음을 지켜보았다면 흥미로운 이상으로 기분이 아마도 좀 으스스했을 것이다.

루시는 나무 위 생활뿐 아니라 땅에서 어느 정도 걷는 생활에도 적응해 있었을 것이며, 이 다재다능함에 힘입어 루시 종은 기후와 환경이 변하는 와중에도 거의 100만 년 동안 존속할 수 있었을 것이다. 그러다가 또 한 종류의 선행 인류인 우리 속(屬)에 속한 최초의 구성원이 출현했다. 온종일 땅에서만 생활하도록 적응한 종으로 보이는 이들의 이름은 바로 호모 하빌리스다. 화석 기록상 이들은 약 230만 년 전에 등장하여, 약 90만 년 동안 번성했다. 하빌리스는 '손재주'를 뜻하는데, 1960년대에 화석이 처음 발견되었을 때 석기를 만든 최초의 종이라고 여겨서 이런 이름을 붙였다. 하빌리스는 분명히 솜씨 좋은 도구 제작자였다. 또 루시보다 다리가 더 길었고 엉덩이가 더 좁았다. 이런 해부학적인 혁신들에 힘입어서 그들은 힘을 덜 들이면서 더 효율적으로 (비록 검치류 고양이 디노펠리스[Dinofelis]의 먹잇감이 되지 않을 만큼 효율적이지는 못했지만) 걷고 달릴 수 있었을 것이다. 그리고 이 차이점들은 좀 더 큰 뇌를 지닌 호모 에르가스테르나 팔다리와 몸통의

상상하기 어려운 존재에 관한 책

비율이 현생 인류와 거의 같은 후대 종들인 에렉투스, 하이델베르겐시스를 거치면서 더 벌어졌다.

초기 인류는 고기를 좋아했다. 고기로부터 얻는 단백질과 열량 덕분에 그들은 몸집과 뇌기 더 키릴 수 있었다. 하지만 고기는 살이 있을 때에는 달아나는 습성을 지니며, 죽었을 때에는 더 크고 강한 누군가에게 약탈당할 가능성이 높다. 그렇다면 어떻게 해야 할까? 오래달리기 가설(endurance-running hypothesis)에 따르면, 초기 인류는 아프리카 사바나에서 경쟁하기 위해 새로운 방법을 개발했다고 한다. 바로 뜨거운 태양 아래에서도 장거리를 달릴 수 있는 능력이다. 소집단을 이루어 협력하며 오래 달림으로써, 인류는 네발 동물이 지쳐 쓰러질 때까지 뒤쫓거나 다른 동물들이 한낮의 열기를 피해 그늘로 피하면서 남겨둔 갓 잡은 먹이를 가로챌 수 있었다. 이 가설에 따르면, 창을 비롯한 효과적인 원거리 무기가 개발되기 전까지 수십만 년 동안 인류는 달리도록 태어났기에 번성할 수 있었고 생각하는 법을 배울 수 있었다고 한다.

이 개념을 뒷받침하기 위해, 인간의 생리와 형태 면에서 독특하게 진화한 몇 가지 특징이 인용되곤 한다. 특히 우리의 다리에 있는 커다란 힘줄은 달릴 때 스프링과도 같이 에너지를 저장함으로써, 걷는 효율을 100퍼센트 이상 개선한다. (루시 같은 더 이전의 종도 아킬레스건 같은 힘줄들을 지니고 있었을지 모르지만, 그들의 다리는 더 짧고 훨씬 힘이 약했다.)

더듬이처럼 내밀고는 커다란 갈색 겉옷의 끝자락을 모아서 캥거루의 주머니처럼 만든 뒤, 방안을 두세 차례 껑충껑충 뛰었다."

* 흔히 올도완 기술(Oldowan technology)이라고 하는 하빌리스의 석기는 대개 큰 돌을 때어내어 모서리를 날카롭게 만든 것이었다. 실제로 이 석기를 만든 최초의 종은 약 250만 년 전에 살았던 오스트랄로피테쿠스 가르히(*Australopithecus garhi*)였을 것이다. 하지만 그 기술이 만개한 것은 하빌리스와 더 뒤의 에르가스테르의 손에서였다. 호모 에렉투스는 에르가스테르로부터 올도완 기술을 물려받았고, 약 170만 년 전부터 모서리를 더 정교하게 다듬은 석기를 만들기 시작했다. 아슐리안 문화(Acheulean industry)가 출범한 것이다. 아슐리안 석기는 사람속의 역사 중 절반을 넘는 약 140만 년 동안 인류의 주된 기술로 남아 있었다.

인간

또 우리는 전신에 퍼져 있는 땀샘이라는 효과적인 냉각 시스템도 갖추고 있다. 우리의 양쪽 엉덩이에 있는 큰볼기근도 다른 두 발로 달리는 모든 동물들에게서 꼬리가 하는 일과 다소 비슷하게 우리 몸에서 균형을 잡아주고 매번 발이 땅을 밀 때 수축함으로써 몸이 앞으로 고꾸라지는 것을 막아줌으로써, 우리가 잘 달리도록 돕는다. 그밖에도 길을 방해하지 않는 짧은 발가락과 빨리 움직일 때 머리를 안정시키는 목덜미 인대를 비롯하여 약 26가지 특징이 더 있다.

또 달리기가 우리를 가장 인간답고 건강하게 만드는 핵심 요소라는 주장도 있다. 달리기를 할 때, 인간은 풍크치온스루스트(funktionslust), 즉 본래 하도록 되어 있는 것을 하는 기쁨을 느낀다는 것이다. 동물은 본래 자신의 생존에 중요한 것을 하는 데 능숙하며, 그것을 하면서 즐거움을 얻는 경향이 있다. 인간에게는 달리기가 그렇다(혹은 그러했다). 달리고 동물을 뒤쫓는 행위가 이후 과학을 가능하게 한 정신적 과정들 중 상당 부분이 진화할 수 있도록 자극했다는 주장도 있다. 어떤 말이 맞든 간에, 인류 역사의 99퍼센트를 넘는 기간 동안 끊임없이 움직이는 것이 우리의 운명이었다. 마셜 살린스는 "수렵채집의 첫 번째이자 결정적인 조건은 끊임없는 이동이다"라고 말했다. 휴 브로디(Hugh Brody)는 캐나다 서부의 유목민들을 이렇게 설명한다. "모든 자료들은 그들이 변화와 이동을 잘 받아들이며…… (물질적) 부의 축적에 지극히 무심하다는 것을 나타낸다."

하지만 인간이 된다는 것에는 먹고 싶은 사냥감이나 싫어하는 사람을 날카로운 것으로 찌르고 달리면서 돌아다니는 것뿐 아니라 그 이상의 것이 있다. 냉소주의자들이 뭐라고 하든 간에, 우리는 의사소통과 협력을, 적어도 우리 자신의 집단에 속한 구성원들과 할 수 있는 능력이 다른 영장류보다 훨씬 더 크다. 인간의 언어—세계에 관한 거의 무한히 많은 명제*를 만들 수 있게 하고, 과거를 회상하고 미래를 예견하는 능력을 대폭 향상시킨다—는 그것을 가능하게 하는 핵심 요소다. 하지만 언어는 극도로 복잡하다. 언어는 어떻게 그리고 왜

상상하기 어려운 존재에 관한 책

출현한 것일까? 애초에 우리는 왜 말하고 싶어 한 것일까? 일부 진화 심리학자들이 말하듯이, 답은 지난 수백만 년에 걸쳐 우리 조상들에게서 한 가지 특별한 재능과 '깊은 상호주관성(deep intersubjectivity)' (대강 '서로를 아주 잘 알기' 정도로 번역할 수 있는 전문용어)을 향한 욕망이 진화했다는 데 있다. 우리는 공감(감정 공유)과 동조(목표 공유)의 뒷받침을 받아서 '마음을 읽는'(즉 물을 필요가 없이도 남의 마음에서 어떤 일이 벌어지는지를 이해하는) 능력을 강화시켰다. 집단 전체에 이익을 제공하는 이 모든 특징들은 언어를 습득함으로써 강화되었을 것이다. 하지만 언어가 더 이전의 의사소통 방식으로부터 진화하지 않았다면 언어 자체가 출현할 수 없었을 것이고, 이 특징들도 지금처럼 발달하지 못했을 것이다. 그리고 한 가설은 여기서 음악과 매우 비슷한 것이 핵심적인 역할을 했다고 본다. 음악과 춤은 언어와 기원을 공유한다. 그뿐 아니라, 그 둘은 여전히 인간의 행복에 중요한 요소로 남아 있다.

적어도 인류학자 스티븐 미슨(Steven Mithen)은 그렇게 주장한다. 그는 초기 인류가 점점 더 융통성을 띠는 목소리**를 그가 '흐음음음음(hmmmmm)'이라 이름 붙인 의사소통 체계의 일부로 사용하는 것이 유익하다는 점을 알아차렸을 것이라고 말한다. 전체론적이고(holistic) 조작할 수 있고(manipulative) 다양한 양식을 띨 수 있고(multi-model) 음악적이고(musical) 흉내 낼 수 있는(mimetic) 소리다. 미슨은 이 모든 표현 양식들이 다른 영장류에서도 관찰되지만, 그것들이 분리되어 나타난다고 지적한다. 즉 초기 인류만이 그 모두를 결

---

* 언어 덕분에 우리는 칼 포퍼의 말마따나 '우리를 대신하여 죽는 가설을 세울' 수 있다. 즉 신체적 위험을 무릅쓸 필요 없이 마음속에서 가능성을 검사할 수 있다. 또 그 덕분에 우리는 그 내용을 남에게 전달하여 남이 발견을 할 수 있도록 한다.
** 이 논리의 한 형태는 적어도 18세기까지 거슬러 올라간다. 에티엔 보노 드 콩디야크 (1715~1780)는 이렇게 썼다. "원래의 몸짓과 춤의 언어가 말의 언어로 대체될 때, 원래의 표현 형식이 지닌 특징은 보존되었다. 격렬한 신체 움직임 대신에 목소리가 힘이 담기는 방식으로 오르내렸다. 사실 최초의 언어에서 이런 높낮이가 매우 독특했기 때문에 음악가는 그것들을 악보로 기록할 수 있었다. 따라서 목소리는 말보다 성가에 더 가깝다고 말할 수 있다."

합하여 인간 이외의 동물들에게서 발견되는 그 어떤 소리보다 더 복잡하고 정교한 소리를 만들어냈다는 것이다. 소리뿐 아니라 몸짓, 얼굴 표정, 다른 신호들에도 의존하는 '흐음음음음'은 음악도 언어도 아니었지만, 음악과 비슷했다. 비교적 최근에야—족히 200만 년을 존속한 사람속에서 겨우 10만 년 전에야—음악과 언어는 서로 분리되어 각자의 길로 나아갔다. 그때쯤 공유하는 감정과 협력을 이끌어내는 음악과 비슷한 소리를 내는 능력은 우리 존재의 토대에 깊이 뿌리를 내렸다. 심리학자 콜린 트레버슨(Colin Trevarthen)의 표현을 빌리자면, 우리는 "일종의 음악적 지혜와 취향을 타고났다."

이런 설명이 보편적으로 받아들여진 것은 아니다. 언어학자 스티븐 핑커는 1990년대에 음악이 "청각적 치즈케이크"라는 유명한 말을 했다. 현재 인간이 기호를 충족시키기 위해 사용하고 있지만 적응 면에서의 의미는 전혀 없는 진화의 우연한 부산물이라는 의미다. 분명히 음악은 오래전부터 예외적인 것이라고 여겨져왔다. 일찍이 1870년에 찰스 다윈은 이렇게 썼다. "음악 감상도 악보를 만드는 능력도 인간에게 가장 쓸모가 없는 능력이므로, 인간이 지닌 가장 큰 수수께끼 중 하나라고 보아야 한다." 다윈은 음악이 공작의 꼬리처럼 성적 과시의 일종이라고 결론지었다. 현대식으로 보자면, 록스타는 언제나 여자, 또는 남자를 끌어들인다는 것과 같은 이치다.

하지만 '치즈케이크'와 섹스가 이야기의 전부가 아니라는 점도 아주 명백하다. 모든 인류 사회에서 음악과 춤은 다양한 맥락 속에 존재하며, 통과의례, 영적 및 종교적 관습*, 애도와 유대감의 표현과 집단의 진정한 기쁨 등 여러 목적에 쓰인다. 특정한 신경학적 장애나 유전적 이상을 지닌 사람들을 제외한 거의 모든 사람에게, 음악과 춤은 사소하다고 할 수 없는 상당한 실질적인 혜택을 준다. 음악과 춤은 무엇보다도 함께 일하고 행진하는 것 같은 조화로운 움직임—이 현상을 '동조(entrainment)'라고 한다—을 부추김으로써 우리가 상호작용을 하고 유대를 맺을 수 있도록 해주는 사회적 활동이다. 또 음악과 춤

　　　　　　　　　상상하기 어려운 존재에 관한 책

은 혼자서 하는 언어 행위보다 더 효과적으로 기분과 몸의 생리를 조절하여 흥분하거나 활기를 불어넣거나 차분하게 만들 수 있기 때문에, 개개인에게도 혜택을 준다. 엄마가 아기에게 불러주는 자장가나 아기가 부모에게 하는 음아적인 옹알이는 우리의 출발점이자 우리가 드러낼 수 있는 가장 강력한 감정들을 표출하는 통로다. 그리고 올리버 색스를 비롯한 연구자들이 밝혔듯이, 음악은 뇌에서 미묘하면서도 심오한 방식으로 작용하며 때로는 언어와 운동 능력을 잃은 사람들의 기능을 회복하는 데에도 도움을 줄 수 있다. 이 모든 사례들은 음악이 현재 우리 본성의 본질**일 뿐 아니라, 인류의 과거에 깊이 뿌리를 내리고 있음을 시사한다.

이만큼 다양한 규칙적인 리듬과 음악적 패턴을 만들거나 흉내 내는 능력을 지닌 동물은 몇 되지 않는데, 그런 동물들은 유달리 우리의 애정을 자극하는 경향이 있다. 이 점은 명금류에서 가장 잘 드러나지만, 고래도 마찬가지다. 우리가 겨우 반세기 전에 처음으로 그들의 노래에 귀를 기울이기 시작했을 때부터 그랬다. 몇몇 애완동물도 음악성을 보여줌으로써 우리를 즐겁게 한다. 크리스토퍼 스마트는 자신의 고양이 조프리가 "음악에 맞추어 온갖 춤을 출" 수 있다고 믿었다. 춤추는 앵무새 스노볼(Snowball)은 인터넷을 통해 백스트리트보이즈의 음악에 맞추어 춤을 추는 모습을 선보임으로써 전 세계 인구의 절반을 놀라게 했다.

우리의 가장 가까운 사촌인 대형 유인원들도 매우 한정되어 있긴

---

* 샤먼은 때로 춤과 노래를 통해 무아지경에 빠지며, 음악과 율동은 기도에 통합되는 경향이 있다. 기도문을 암송하면서 가볍게 몸을 흔드는 유대교의 기도(davening)가 한 예다. 대체로 음악에 적대적인 살라피즘(Salafism, 이슬람 근본주의)도 기도할 때에는 음악을 기꺼이 받아들인다.

** 아리스토텔레스가 말한 '영혼(soul)'은 훗날 기독교 저자들이 상상했던, 죽을 때 몸에서 분리되는 보이지 않는 비물질적인 본질을 가리킨 것이 아니었다. 오히려 그것은 '생명력', 즉 생명의 유기적인 과정에 가까운 무언가를 뜻했다. 쇼펜하우어와 니체가 말한 '의지'에 비유할 수도 있다. 그들은 의지가 음악을 통해 강하게 표현된다고 믿었다.

인간

해도 음악 능력과 언어능력을 지닌다. 그리고 우리와 그들의 이런 차이는 우리의 두 발로 걷는 습관에서 기원했을지도 모른다. 완전히 곧추선 자세로 걷고 달리려면 척수가 머리뼈 뒤쪽에서가 아니라 바로 밑에서 연결되어야만 한다. 이렇게 배치되면 척추와 입 사이에 후두를 위한 공간이 더 좁아진다. 후두는 음식을 삼킬 때 폐로 가는 통로를 막는 근육 밸브다. 그 결과 후두는 목에서 좀 더 아래쪽에 놓이며, 그에 따라 부수적으로 성도(vocal tract)의 길이가 늘어나고 성도에서 만들어질 수 있는 소리가 더 다양해진다. 그럼으로써 초기 인류는 침팬지보다 더 다양한 소리를 낼 수 있게 되었다. (때문에 인간의 성도가 마치 약 50만 년 전에 이미 지금의 형태에 매우 가깝게 진화한 것으로 볼 수 있다.)

또 이족 보행 덕분에 우리는 걸음과 호흡의 군은 연결 고리를 풀 수 있었다. 우리 대다수는 걸으면서 말을 할 수 있다(심지어 껌도 씹을 수 있다). 다른 영장류들은 그렇게 하지 못한다. 움직일 때 뼈대를 통해 목에 압력이 가해지기 때문이다. 또 인간은 걷거나 달릴 때에 따라 걸음 대 호흡의 비를 달리할 수 있다. 예를 들어, 우리는 대개 두 걸음에 한 번 숨을 쉬는데, 달리기 선수는 네 걸음에 한 번, 세 걸음에 한 번, 다섯 걸음에 두 번, 두 걸음에 한 번, 세 걸음에 두 번, 한 걸음에 한 번 등 어떤 식으로 숨을 쉴지 택할 수 있다. 그 결과 인류는 리듬, 노래, 언어(그리고 부수적으로 우리 종의 특징인 웃음)의 대가가 되었다. 조지 세페리스(George Seferis)는 이렇게 말했다. "시는 인간의 호흡에 뿌리를 둔다."

한 문화의 음악을 전혀 들어본 적이 없는 다른 문화의 사람은 이따금 그것이 음악인 줄 거의 알아차리지 못하기도 한다. 때로 사람들은 음악이라고 부를 수 있는 단일한 실체가 있는지를 놓고 논쟁을 벌이기도 한다. 모든 문화가 음악이라고 할 수 있는 무언가를 만들며, 거기에는 어떤 본질적인 유사점들이 있다는 말도 한다. 예를 들어, 거의 모든 문화는 옥타브를 기본 음계로 삼으며, 또 대부분은 완전5도를 사용한다(옥타브를 쓰지 않는 문화가 적어도 한 곳 있고, 완전5도를 쓰지 않

상상하기 어려운 존재에 관한 책

는 문화도 몇 군데 있긴 하다). 하지만 형태와 내용의 유사성을 찾는 것은 부질없는 짓인지도 모른다. 더 중요한 점은 음악이 **무엇이냐**보다 음악이 **무엇을 하느냐**다.

콩고의 피그미 **부족**인 바벤젤레족(Babenzele)은 폴리포니(여러 사람이 서로 다른 선율을 동시에 부르는 것)와 폴리리듬(동시에 여러 가지 박자를 두드리는 것)을 결합한다. 바벤젤레족은 대개 8박자, 3박자, 9박자, 12박자를 조합하여 복잡한 음악을 만든다. 많은 서양인들은 이런 종류의 음악을 따라가거나 이해하기가 쉽지 않다. 하지만 처음 받은 당혹감은 곧 극복할 수 있다. 인류학자 제롬 루이스(Jerome Lewis)는 바벤젤레족이 사는 숲의 소리에 먼저 귀를 기울여보라고 말한다. 원숭이, 명금류 등 다양한 동물들이 때마다 서로 다른 소리를 낸다. 그 소리들은 조합되어 숲의 소리가 된다. 바벤젤레족에게 폴리포니와 폴리리듬은 자신들의 세계를 흉내 내고 체현하며, 그 비밀을 배우는 방식이다. 루이스는 이렇게 말한다. "그들이 진정으로 관심을 갖고 있는 것은 상승 작용이다. 자신을 잊고 더 큰 공동체와 하나임을 자각하는 몰아(沒我)의 기술*이다." 그는 사람들의 목소리가 적절히 서로 얽힐 때, 차분한 행복감이 솟아오른다고 말한다. "자신을 완전히 잊고 소리의 아름다움에 푹 잠기는 황홀한 상태"에 말이다.

사람들은 음악이 언어처럼 재현하는 방식이 아니면서도, 어떻게 우리에게 그렇게 직접적으로 말하는**지 오랫동안 당혹스러워했다.

---

* "음악은 진화적 적응형질이라기보다는 불과 마찬가지로 인류 발달에 핵심적인 역할을 한 '기술'이다."
—아니루드 파텔(Aniruddh Patel)

** 내 마음이 너무나 기쁜 나머지
내 마음은 노래하며
숲의 나무들 사이를 날아다니네
숲. 우리의 집. 우리의 어머니
나는 그물로 작은 새를 사로잡았지
아주 작은 새를

인간

아리스토텔레스는 이렇게 물었다. "리듬과 선율은 그저 소리일 뿐인데 어떻게 영혼의 상태를 닮는 것일까?" 답의 일부는 이러할 수 있다. 앞서 살펴보았듯이, 음악은 우리가 세계에 육체적으로 존재한다는 점과 우리 생리의 핵심적인 면들에 의존한다. 심장박동, 호흡, 걸음걸이, 감정, 인지 등에 말이다. 하지만 바벤젤레족의 음악이 상기시키듯이, 음악은 우리가 자신의 육체와 직접 접하는 집단의 소리를 넘어서 숲의 소리 같은 현상에 주의를 기울이는 데에도 의존한다. 음악은 우리의 생명력과 의지 감각을 강화하는(혹은 동조시키는) 방식으로 둘을 하나로 묶는다. 음악은 개인 정체성을 더 생생하게 만드는 동시에 음악 자체가 아닌 전혀 다른 무엇에 일시적으로라도 몰입하도록 함으로써 의식을 확장한다.

의식은 진화적 적응성이 있기 때문에 존재한다고 여겨져왔다. (대체로) 의식이라는 경이로운 경험을 함으로써, 우리는 자신이 사랑하는 것을 계속 사랑하고 거기에 투자하고 싶어지도록 강하게 동기부여가 되기 때문이라는 것이다. 이 말이 옳든 그르든 간에(이에 대해 격렬한 반박이 있어왔다), 음악이 의식을 강화하고 삶에 몰두하도록 기여하는 혁신적인 발명품임에는 틀림없다. 리듬, 강약, 화음, 음색을 다양하게 실험해 보는 것은 의식* 자체의 본질과 경계를 탐구하고 확장하는 한 방법이다.

따라서 우리는 음악적 동물이다. 아니 더 정확히 말하자면, 직립한, 음악적인, 깃털 없는, 달리는…… 때로 비틀거리기도 하는 두발동물이다. 음악은 설령 우리 존재의 근원은 아닐지라도, 우리 존재의 본질적인 측면들로 이어지는 통로가 된다. 하지만 이 능력으로 무엇을 하는가라는 질문은 아직 남아 있다. 그 질문에 답하기 위해, 오르페우스를 생각해 보자.

신화에 따르면 오르페우스는 새와 짐승을 매료시키고, 나무와 바위를 춤추게 하고, 더 나아가 강까지도 더 가까이에서 듣기 위해 강줄기를 바꿀 정도로 아름다운 음악을 들려준다. 그런데 사랑하는 아내

상상하기 어려운 존재에 관한 책

에우리디케가 그만 뱀에 물려서 죽고 만다. 가눌 수 없는 슬픔에 오르페우스는 천상의 신과 님프까지 흐느끼게 할 만큼 너무나 구슬픈 노래를 부른다. 신들은 그에게 지하 세계로 내려가보라고 권한다. 죽은 사들의 왕과 왕비에게 아내를 다시 살려달라고 부탁해 보라고 밀이다. 지하 세계의 통치자들은 인간의 애원에 감동한 적이 한 번도 없었지만, 오르페우스의 음악에 가슴이 뭉클해져서 에우리디케를 데려가도 좋다고 허락한다. 다만 오르페우스가 앞장서고 둘이 지상 세계에 이를 때까지 절대로 돌아보지 말라고 조건을 단다. 오르페우스는 출발하고, 에우리디케가 뒤를 따른다. 오르페우스는 지상 세계에 도달하자마자 고개를 돌린다. 아내도 지하 세계의 출구 밖으로 나와야만 조건이 충족된다는 것을 잊고서 말이다. 에우리디케는 영원히 사라지고, 오르페우스는 홀로 남는다.

감동적인 이야기임에는 분명하지만, 어디에 쓸모가 있을까? 크리스토퍼 스마트의 말마따나, 그것이 어떤 의미의 '진리'를 말하는 것일까? 신화가 단지 교훈과 의미만을 담고 있는 것은 아니다. 여기에서는 세 가지 위험도 지적하고 있다. 첫째는—앞서 개괄했고, 굳이 더 언급할 필요가 없을 정도로 명백한 것인데—음악이 삶에서 가장 경이로운** 힘 중 하나라는 것이다. 우리를 가장 감정이 고조된 상태로 이끌어서 죽음 자체를 거의 극복하게 할 수 있을 만큼 강력하다. 또 인간 이외의 세계에서 나오는 음악—특히 거대한 고래의 노래—은

그리고 내 마음은
내 작은 새의 그물에 사로잡혔네.
　—콩고의 피그미 부족인 에페족(族)의 아기 탄생 축하 노래
* "음악이 이해할 수 있으면서 번역할 수 없는 모순된 속성을 지닌 유일한 언어이기에, 음악 창작자는 신에 상응하는 존재이며, 음악 자체는 인류학의 가장 큰 수수께끼다."
　—클로드 레비스트로스
** "음악은 세상에 존재할 가치가 있는 무엇이다."
　—프리드리히 니체

인간

오랫동안 확고하게 이어졌던 인간의 자기중심주의를 뒤엎음으로써 (마치 우주에서 처음으로 찍은 지구 사진과 비슷한 정도로) 인간 의식을 심오하게 바꾸고 확장시킬 가능성을 제시한다.

오르페우스 이야기의 두 번째 '교훈'은 경고다. 오르페우스는 중요한 순간에 자기 통제력을 발휘하지 못했고, 그 결과 가장 사랑하는 사람을 잃는다. 따라서 교훈은 세상에서 가장 하기 힘든 일이기는 하지만, 때로 충동을 억제해야 한다는 것이다. 지하 세계로 간 또 한 명의 신화 속 여행자도 비슷한 교훈을 얻는다. 오디세우스는 처음에는 예언자 티레시아스의 유령으로부터, 두 번째는 님프인 키르케로부터 태양신의 소를 훔쳐서 잡아먹고 싶은 유혹에 빠지지 말라는 경고를 받는다. '신의 지혜를 지닌 남자'인 오디세우스는 유혹을 견뎌내지만, 동료들마저 통제할 수는 없었다. 동료들은 그와 무수한 시련을 함께 극복한 훌륭한 인물들이었음에도 결국 재앙을 맞이했다.

오르페우스 신화의 세 번째 교훈은 '결코 돌아보지 말라'라는 것이다. 하지만 나는 이 해석이 잘못되었다고 생각한다. 요지는 과거를 잊어야 한다는 것이 아니라, 오히려 언제 어떻게 돌아볼지를 알아야 한다는 것이다. 《차라투스트라는 이렇게 말했다》에 표현된 니체의 영원한 회귀도 종종 잘못 해석되곤 한다. 그것은 우리가 과거를 끝없이 반복해야 한다는 의미가 아니다. 오히려 그것은 우리의 진화적 기원 및 다른 동물들과의 친족 관계를 포함하여, 가장 본질적으로 우리를 우리답게 만든 모든 것을—완전히 자리 잡아 평화롭게 지낸다는 의미에서—해야 한다는 뜻이다.

따라서 우리는 지금까지 해온 것보다 훨씬 더 철저히 우리 인류의 선조들을 포용해야 한다. 그렇다고 해서 석기시대를 낭만적이나 감상적으로 대하라는 의미는 아니다. 사람들은 '고대의 공포'에 열중하다가 때로 좀 엉뚱한 방향으로 나아가기도 했기 때문이다. 그 말은 사람 속의 삶과 세계를 더 온전히 상상하라는 의미다.

과학자이자 작가인 제레드 다이아몬드는 '행동의 현대성(behavioral

modernity)', 즉 지난 수만 년에 걸쳐 일어난 기술적 및 문화적 성취의 대도약이 이루어지기 전의 인류를 경멸적으로 표현했다. 그는 묻는다. 침팬지가 흰개미를 개미집에서 빼내는 데 쓰는 막대기보다 '겨우 조금 더 정교한' 석기, 즉 '극도로 엉성한 것에서 아주 엉성한 것으로 무한히 느린 속도로' 발전하는 도구를 지닌 생물에 관해 할 말이 얼마나 될까? 다이아몬드는 약 4만 년 전까지 우리가 "단지 또 하나의 대형 포유동물 종"이었으며, "사자보다 훨씬 좁게 분포해 있던", 그래서 가장 인상적일 수가 없는 종이라고 말한다.

이 견해에는 상상력이 부족하다. 오히려 조각가인 에밀리 영(Emily Young)이 취한 견해가 더 낫다.

수십만 년 동안 우리는 석기를 만들어왔다. 사람들은 나무 밑에 모여 앉아서 자신들의 부싯돌, 흑요석, 벽옥을 떼어내고 두드리고 깼다. 그리고 그들의 다양한 리듬은 매미소리 및 새의 노래와 뒤섞여서 음악적으로 들렸을 것이다.

최초의 인류는 오늘날의 부시맨, 호주 원주민, 이누이트 같은 극소수의 살아남은 집단들과 달리, 세계의 가장 혹독한 변두리에 살고 있지 않았다. 오히려 조너선 킹던이 지적했듯이, 다른 생명체들이 오늘날 우리가 믿지 못할 정도로 풍부해지곤 했던 곳에 살았다. 열심히 귀를 기울인다면 우리는 매일 거의 기억도 못하는 100가지 활동 속에서 그들이 연주하는 '음악'의 단서를 찾을 수 있을지도 모른다. 그리고 세심하게 해석된 건전한 증거들을 토대로 우리가 이 머나먼 과거의 세부적인 사항들과 특징들을 더 잘 상상함으로써 이후 오랫동안 침묵해 왔던 이들에게 목소리를 허용한다면, 우리가 알고 있으며 미래를 바라보며 상상할 수 있는 생명은 좀 더 놀라운 존재가 될 것이다. 거의 모든 육지 환경에서 엄청난 거리를 걷고 달릴 수 있는 우리의 오래된 능력과 우리의 음악, 노래, 춤은 그 미래로 우리를 데려갈 것이다.

인간

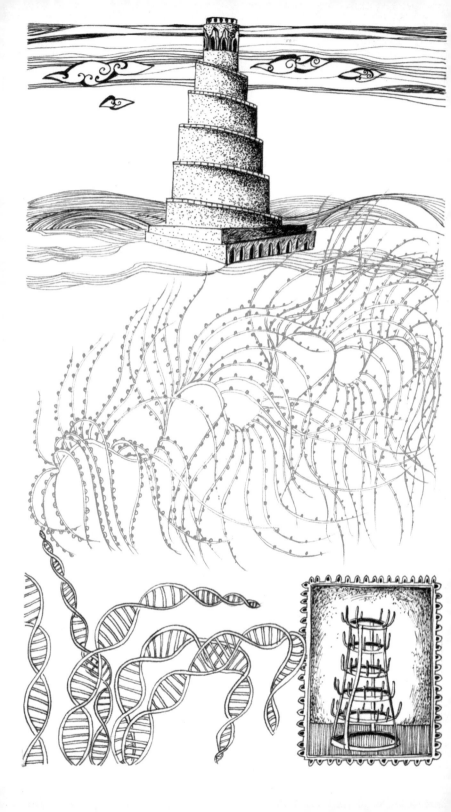

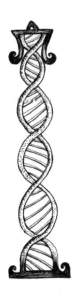

IRIDOGORGIA
이리도고르기아
포우르탈레시

문: 자포동물
목: 해양류
아목: 전축류
보전 상태: 평가 불가

나는 본래 아름다움을 추구했건만, 신은,
신은 나를 진주를 찾으라고 바다로 보냈네.
—크리스토퍼 스마트

사람들은 오랫동안 대칭, 아름다움, 그리고 그런 것들이 자연계에 존재하는 이유에 흥미를 느껴왔다. 그래도 깊은 푸른 바다의 밑바닥은 우리 대다수가 거의 살펴볼 생각을 하지 않을 만한 곳이 아닐까. 하지만 오랫동안 생명이 존재하지 않는 미지의 세계로 여겨졌던 이 드넓은 곳에서 1872~1876년에 최초의 대규모 해양 탐사에 나선 영국의 챌린저호는 이 문제의 핵심에 더 가까이 다가가는 데 도움을 줄 생물을 하나 건져 올렸다.

이리도고르기아(Iridogorgia)는 이 행성에 살고 있는 생물이라고 믿기 어려울 만치 너무나 기이하게 생겼다. 바로 자포동물문에 속한 해양류*, 즉 산호의 일종이다. 해파리와 돌산호가 이들의 먼 친척이다. 돌산호류처럼 해양류도 작은 폴립이 모인 군체다. 폴립은 작은 촉수들로 에워싸인 입을 지닌 작은 원통형 생물을 말한다. 돌산호를 비롯한 산호충류의 폴립이 육방 대칭인 반면, 해양류의 폴립은 팔방 대칭이다. 이들은 뿔 같은 물질로 된 가느다란 중심 줄기의 꼭대기에 부채꼴 구조를 형성하는 경향이 있다. 햇빛을 받는 얕은 물에 사는 몇몇 해양류는 금색, 자주색, 빨간색 등 화려한 색깔을 띠며, 물살에 따

이리도고르기아

라 부드럽게 휘어지는 경향이 있다. 한편 심해에 사는 종들은 더 뻣뻣하고 더 크며, (광합성을 하는 공생생물이 없기에) 더 칙칙하고 더 기이한 형태를 띠는 경향이 있다. 이리도고르기아의 사촌인 메탈로고르기아(*Metallogorgia*)는 비현실적으로 가느다란 줄기의 꼭대기에 섬세한 분홍색 아카시아가 얹힌 듯한 모습이다. 수심 1,600미터를 넘는 깊은 바다 밑에 사는 이리도고르기아는 영원한 어둠 속에서 끌어올려서 햇빛에 비추면 무지개 빛깔(iridescent)로 빛나기 때문에 그런 이름이 붙었다. 1883년 한 해양학자는 그 색깔을 반짝이는 황금, 조개의 진주층, 가장 화려한 열대 딱정벌레의 색깔과 비교했다. 이 비교는 적절

---

* 전혀 다른 두 부류의 동물들에게 뱀의 머리를 한 그리스 신화의 괴물인 고르곤의 이름이 붙어 있다(gorgonian). 자포동물인 해양류와 전혀 다른 동물인 삼천발이과(gorgonocephalidae)의 동물들이 그렇다. 후자는 넓적다리불가사리처럼 극피동물이다. 이들은 중심에서 방사상으로 뻗어 나온 1,000마리의 뱀처럼 꿈틀거리는 모습으로 잘 알려져 있다.

이리도고르기아 포우르탈레시

하지만, 이 동물의 가장 놀라운 점은 전체 구조가 대칭을 이룬다는 것이다. 규칙적으로 갈라진 깃털 같은 가지들과 우아한 타래송곳 같은 가시를 보면, 동물이라기보다는 수학 정리에서 나온 무슨 도식처럼 보인다.

19세기와 마찬가지로 21세기에 사는 우리들의 눈에도 비현실적으로 여겨지는 이 고르곤을 쳐다본다고 해서 돌로 변하지는 않겠지만, 그것은 반복시(反復視, palinopsia)를 일으킬 수도 있다. 더 이상 보지 않아도 뇌에 잔상이 남는 증상을 말한다. 나는 이 잔상이 20세기의 두 유명한 인공물과 비슷해 보인다고 생각한다. 하나는 1914년 마르셀 뒤샹이 발표한 '레디메이드' 작품 〈보틀랙(Bottle Rack)〉이고, 또 하나는 1952년 프랜시스 크릭과 제임스 왓슨이 만든 DNA 모형이다. 이 둘은 전혀 다르긴 해도 서로, 그리고 이리도고르기아와 몇 가지 공통의 주제를 지닌다. 먼저 이들은 미술과 과학에서 순환의 상징 역할을 하며, 지금도 영향을 미치고 있다. 그리고 우리가 아름다움을 어디에서 찾고 어떻게 생각할지를 다시 정의하는 데 기여한다. 뒤샹은 레디메이드 작품의 취지가 자신이 '망막 예술(retinal art)'이라고 부르는 것, 즉 겉모습에 관한 것을 넘어서 관람자의 마음에 직접적으로 가닿도록 하는 것이라고 했다. 크릭과 왓슨, 그리고 DNA 구조의 발견에 기여한 다른 인물들에게 DNA 모형은 눈에 보이는 생명체들의 겉모습 뒤에서 작동하는 '생명 암호'를 더 잘 이해하기 위해 만든 것이었다.

뒤샹과 당시의 다다이스트들은 현실을 모방하려고 애쓴 고전 미술에서 인간의 눈에 보이는 광경에 더 가깝게 묘사하려고 시도한 인상파에 이르기까지 유럽의 미술 전통 전체에 도전했다. 하지만 그의 레디메이드 작품은 플라톤, 아니 사실상 더 이전으로 거슬러 올라가는, 본질적인 진리를 체현한 형상을 찾고자 하는 전통에 속해 있기도 하다. (열렬한 체스 애호가이기도 한 뒤샹은 수학과 패턴에 매료되어 있었다.) 플라톤은 4면체, 6면체, 8면체, 12면체, 20면체라는 다섯 가지 정다면체가 아름다움 그 자체이자 존재의 토대라고 보았다. 이 개념은 이후

상상하기 어려운 존재에 관한 책

예술가들뿐 아니라 천문학자와 우주론자를 비롯한 과학자들에게 영감을 줘왔다. 요하네스 케플러는 1596년 《우주의 신비》에서 태양 주위를 도는 행성들의 궤도 비를 구 안에 다섯 가지 '플라톤 입체'를 차곡차곡 포갠 형태로 나타낼 수 있다고 주장했다. 2003년에 우주론자 장-피에르 뤼미네는 우주 전체가 유한한 12면체 같은 형상을 하고 있을지 모른다고 주장했다. 비록 비전문가에게는 이해하기 힘들 만치 극도로 미묘하고 어려울지라도, 대칭이라는 개념은 세계의 심오한 구조를 탐구하려는 항해자들을 계속해서 유혹하고 있다. 물리학자 미치오 카쿠는 자기 분야를 이렇게 묘사한다.

우리는 빅뱅 이후에 새로 출현한 대칭의 조각들을 찾아내어 빅뱅 순간에 존재했던 원래의 대칭을 조금씩 재구성하고 있다. 이 그림이 옳다면, 우리가 고둥 껍데기, 얼음 결정, 은하, 분자, 아원자 입자 등 주변에서 보는 모든 아름다움과 대칭은 빅뱅의 순간에 깨진 원래 대칭의 파편과 다르지 않다.

많은 생물학자들도 플라톤을 비롯한 학자들이 그토록 감탄한 대칭이 생명의 핵심에 놓여 있다는 개념에 사로잡혀왔다. 생명의 한계선상에 있는 듯이 보이는 존재들은 그 단서를 제공하는 듯했다. 18세기 중반까지 많은 사람들은 암석 결정―규칙적이고 기하학적이며 자가 창조를 하는(즉 주변의 물질로부터 스스로를 조립하는)―이 살아 있다고 생각했다. 칼 린네는 암석 결정을 동물계, 식물계, 균계에 이어 생명의 네 번째 계로 분류했다. 그리고 사람들은 육각형을 토대로 온갖 변이를 보여주는 눈송이와 꽃에서 해양생물에 이르는 다양한 생물 사이의 유사성에도 놀라고 매료되었다. 현미경 기술이 개선되면서 그들의 복잡한 구조가 더 뚜렷이 드러날수록 더 그러했다.

특히 방산충이라는 생물 집단은 플라톤의 기본 형상이 어떤 식으로든 생물의 형태*를 결정한다는 가장 흥미로운 증거를 제공하는 듯했다. 단세포 플랑크톤인 방산충은 전 세계의 모든 바다에 풍부하며,

다세포생물보다 오래된 생물이다. 몇몇 흔한 종이 중심점에서 방사상으로 뼈대 가시가 뻗어 나온 듯한 모습이라서 그런 이름이 붙었다. 하지만 집단 전체를 보면 방산충이라는 이름이 시사하는 것보다 형태가 훨씬 더 다양하다. 방산충이 처음으로 널리 주목을 받게 된 것은 에른스트 헤켈이 1862년에 내놓은 논문과 챌린저호가 발견한 종들을 연구한 1887년의 보고서 덕분이었다. 이 두 논문에는 방산충의 뼈대를 그린 멋진 삽화들이 들어 있었다. (1904년에 마침내 출간된 헤켈의 가장 잘 알려진 저서 《자연의 미적 형태(Art Forms of Nature)》에 실린 방산충 그림들은 오늘날 가장 유명하다.) 헤켈의 그림을 보면, 오늘날 우리가 측지선 돔(geodesic dome, 정20면체를 기본으로 같은 길이의 직선 부재를 활용해 살을 덧붙여 나가는 돔 구조─역자 주)과 버키볼(Buckyball, 오각형과 육각형으로 이루어진 축구공 모양─역자 주)이라고 하는 모양처럼 생긴 방산충도 있고, 무시무시한 투구게와 유겐트슈틸(Jugendstil, 독일어로 '청춘 양식'이라는 뜻으로, 아르누보 양식을 가리킨다─역자 주) 양식의 전등갓처럼 생긴 것도 있고, 꽃가루처럼 생긴 것도 있고, 날이 네 개인 칼처럼 생긴 것도 있다. 당대의 건축과 디자인의 발달에 영향을 받고 또 영향을 주기도 했던 헤켈은 1665년 로버트 훅의 《미크로그라피아(Micrographia)》 이래로 맨눈으로는 보이지 않는 생물을 이해하는 능력에 가장 큰 기여를 한 인물이라고 할 수 있다. 그리고 그의 연구는 많은 이들에게, 특히 스코틀랜드 생물학자 다시 웬트워스 톰프슨(D'Arcy Wentworth Thompson)에게 영감을 주었다. 톰프슨은 생물 세계에서 기하학적 구조가 어떤 역할을 하는지 이해하고자 역사상 가장 야심적인 연구에 몰두한 인물 중 한 명이었다.

헤켈은 방산충의 다양한 형태들을 보면서 열광했다. "자연은 지금까지 인간이 만든 모든 것을 훨씬 능가하는 아름다움과 다양성을 지닌 이루 헤아릴 수 없이 많은 경이로운 형태들을 빚어냈다." 그는 다윈의 추종자이기는 했지만, 그럼에도 자연의 모든 것에 창조적이며 조직적이며 신비롭기까지 한 힘이 배어 있다고 믿었다. 톰프슨은 좀

　　　　　　　　　　상상하기 어려운 존재에 관한 책

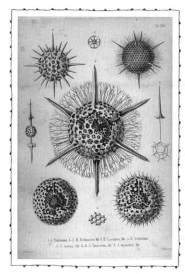
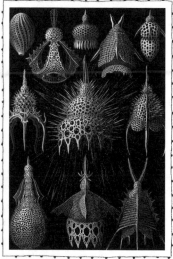

에른스트 헤켈의 방산충 그림

더 경험주의적인 입장을 취했다. 그는 둥글게 감은 철사 주위에 비눗방울**이 생길 때 비누막에 작용하는 힘처럼, 경이로울 정도로 다양한 형태를 만들어내는 데에도 단순한 역학적 힘들이 작용한다고 보았다. 또 방산충같이 상대적으로 단순한 생물들에게만 그런 것이 아니라고 믿었다. "생물에 특유한 것이 아니라, 일반적인 물리 법칙을 다소 단순하게 표현한 형태들이 생물 세계 전체에 걸쳐 무수히 많다." 톰프슨은 진화와 발달의 배후에 있는 화학적 및 생물학적 과정들보다 물리적 힘들이 더 중요하다고 생각했고, 기념비적인 저서인 《성장과 형태에 관하여(On Growth and Form)》(1917)에 잘 드러나 있듯이

---

* 역설적으로, 연구자들이 19세기 초에 방산충을 연구하기 시작했을 때 시대 분위기가 정반대 방향으로 기울어지면서 결정의 성질을 띤 것은 그 어느 것도 살아 있을 리가 없다는 생각이 팽배해졌다. 그래서 초기에는 방산충의 규칙적인 형태도 생명의 산물일 리가 없다는 결론이 내려졌다.

** 우주 규모에서 M-이론은 우리 우주의 입자들이 여분의 차원을 지닌 세계의 표면에 붙어 있는 비눗방울과 비슷할 수 있다고 주장한다.

이리도고르기아 포우르탈레시

모든 생물의 형태를 오로지 기하학적으로 해석하는 것을 연구 목적으로 삼았다. 1990년대에 스티븐 제이 굴드(Stephen Jay Gould)는 자신의 이론이 피타고라스와 뉴턴 이론의 잡종이라고 했다. 고대 아테네인들이 사랑했던 이상적인 기하학적 형상들이 생물의 형태에 배어 있는 것은 자연 법칙이 힘들의 최적 재현 형태로서 그런 단순성을 선호하기 때문이라는 것이다.

톰프슨은 자신의 이른바 변형 이론(theory of transformation)을 뒷받침할 증거를 찾았다. 그는 동물이나 식물(또는 뼈나 잎처럼 그 일부)의 윤곽을 학교에서 쓰는 모눈종이 같은 것에 그린 뒤(컴퓨터 그래픽이 등장하기 60~70년 전의 일이다), 종이를 잡아 늘이거나 일그러뜨려서 마름모, 다이아몬드 같은 모양으로 변형시켰다. 그러자 일그러진 모눈종이에 그려진 생물의 윤곽이 다른 종, 때로는 아주 먼 친척뻘인 종의 형태와 비슷해지는 사례가 무수히 나타났다. 변형은 '고정된' 각 종의 형태가, 다양한 방향으로 생물을 잡아당기고 누르는 물리적 힘들에

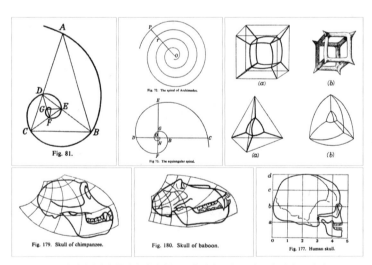

톰프슨의 《성장과 형태에 관하여》(1917)에 실린 그림들. 선 그림 안에 든 나선,
비누막을 침팬지, 개코원숭이, 인간의 머리뼈가 이루는 형태 공간(morpho-space)
및 플랑크톤의 모양과 비교했다.

상상하기 어려운 존재에 관한 책

따라 결정되는 가능한 형태들의 연속 스펙트럼 가운데 한 단면임을 보여주는 듯했다.

나선은 또 다른 흥미로운 단서를 제공하는 듯했다. 톰프슨은 해바라기의 꽃 배열에서 코끼리 코의 말린 모습과 불꽃을 향해 달려드는 나방의 비행 경로 등의 동물의 행동에 이르기까지, 생물 세계에 나선이 흔하다는 사실을 깨닫고 놀랐다. 특히 놀라운 점은 연체동물 껍데기의 진정한 다양성과 거의 완벽한 기하학적 모양이다. 여왕수정고둥(Queen conch)에서 앵무조개에 이르기까지, 이들의 껍데기는 상상할 수 있는 거의 모든 각도와 간격의 등각 나선과 로그 나선을 이루면서 성장한다. 톰프슨은 이것이 "자연의 엄청난 다양성이 펼쳐지는"(플리니의 표현을 빌린 것이다. "magna ludentis naturae varietas") 탁월한 사례라고 했다. 암울한 경쟁의 세계가 아니라, 끝없는 창의성, 대위법, 푸가가 펼쳐지는 세계다.

이 껍데기들이 그토록 단순하며, 자신의 구성 물질과 환경과 그것들이 노출되는 안팎의 모든 힘들과 아주 잘 조화를 이루는 법칙들에 따라 성장했다는, 즉 그 어느 것도 남보다 생존에 더 적합하지도 덜 적합하지도 않다는 상상을 하게 된다.

인류는 오랜 옛날부터 꾸준히 나선에 매료되어 있었다. 극히 드물긴 하지만 약 2만 년 전의 동굴 벽에 그려진 상징들 가운데 나선도 있으며, 나선은 더 뒤의 선사시대와 역사시대의 여러 문화에서 흔한 모티프로 쓰였다. 초기의 나선 그림들은 '단순한' 나선의 변형 형태들

＊ 톰프슨은 방산충과 유공충이라는 또 한 부류의 플랑크톤에 관해 이렇게 썼다. "형태와 형태 사이의 모든 가능한 전이 단계들, 그리고 진화 계통수의 분지 체계 전체를 담은 거의 완벽한 그림을 보는 듯하다. 마치 사라진 가지가 거의 또는 전혀 없는 양, 그리고 과거와 현재의 생명의 그물 전체가 언제나 완벽하게 갖추어져 있는 듯하다."

이리도고르기아 포우르탈레시

일 때가 많다(아르키메데스 나선). 포물 나선, 즉 페르마 나선은 도나우 문화의 점토 여성상의 엉덩이 윤곽을 비롯한 약 6,000년 전의 유물들에서 볼 수 있다. 약 5,000년 전에 세워진 아일랜드의 뉴그레인지(Newgrange) 무덤 입구에 있는 거대한 돌에는 삼중 나선이 새겨져 있다. 역사상 가장 놀라운 인공 구조물 중 하나인 이라크 사마라에 있는 높이 52미터의 말위야 미나렛(Malwiya Minaret, 미나렛은 이슬람 신전에 세워진 탑—역자 주)는 848년에서 852년 사이에 세워진 것으로, 2003년 미군의 이라크 침공 때 크게 훼손되기 전까지 오랜 세월 동안 거의 손상되지 않고 잘 보존되어 왔다. 이 탑은 원뿔 나선 형태로, 일부는 소용돌이이고 일부는 나선 모양을 띠고 있다.

우리가 나선에 끌리는 이유는 몇 가지가 있을 것이다. 과학이 나선이 대단히 널리 퍼져 있음을 보여주기 이전에도, 사람들은 직관적으로 나선이 자연계에서 작용하는 힘의 표현임을 알아차리고 있었는지도 모른다. 일정한 형태이지만 계속 빙글빙글 움직이다 보면 가까워지는 듯 보이는 나선을 칼 워즈(Carl Woese)는 생명 자체의 비유*로 삼는다. "생물은 난류(亂流) 속에서 복원되는 패턴이다." 이 말이 맞든 틀리든 간에, 나선의 수학과 증거를 **이해하고** 나면, 콜리플라워에서 태풍에 이르기까지, 고둥에서 별의 형성에 이르기까지 모든 것에서 로그 나선 같은 자기 유사성을 띤 형태가 존재한다는 것을 알고 놀라게 된다. 현재 우리는 나선과 소용돌이가 눈으로 직접 볼 수 없는 곳에서도 존재한다는 것을 안다. 예를 들어, 바람과 빙하 아래의 깊은 물에는 에크만나선(Ekman spiral)이 있고, 바다의 표층수 아래에는 랭뮤어 순환(Langmuir circulation)이 있다. 토성의 고리 중 적어도 하나는 사실상 나선이다.

톰프슨의 《성장과 형태에 관하여》는 풍부한 그림을 통해 생물들에게 나타나는 나선을 비롯한 다양한 형태들을 이해하는 데 큰 기여를 한다. 이보다 더 큰 경이감을 불러일으키는 작품은 찾기 힘들다. 하지만 생명이 어떻게 진화하고 발달하는지의 설명이라고 본다면, 그 책

상상하기 어려운 존재에 관한 책

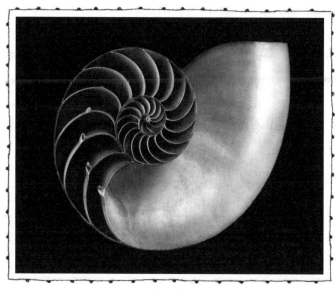
앵무조개 껍데기

은 부족한 점이 많다. 톰프슨도 자신의 책이 우리를 "오직 문턱**까지
만" 데려간다고 말하며 그 점을 인정했다. 하지만 1948년 톰프슨이
확장판을 준비하다가 세상을 떴을 무렵, 다른 과학자들은 대사, 광합
성, 유전, 발달을 새로운 방식으로 이해하고자 하고 있었다. 분자생물
학이 탄생하고 있었던 것이다.

물론 이 혁명의 중요한 성과 중 하나는 1953년에 이루어진 DNA
구조의 발견과 이 이중나선—수학적으로 나선의 사촌—이 모든 생

---

* "숲의 개울에서 노는 아이를 상상해 보자. 아이는 물이 흐르면서 만드는 소용돌이에
막대기를 찔러서 소용돌이를 흩트린다. 하지만 소용돌이는 금방 다시 생긴다. 아이는 다시 소
용돌이를 흩트린다. 소용돌이는 다시 생기고, 재미있는 게임이 계속된다. 우리도 그렇다! 생물
은 난류 속에서 복원되는 패턴이다."
   —칼 위즈
** 유전학자 잭 쇼스택(Jack Szostak)은 세포막을 형성하고 나누는 힘 같은 "단순한 물리적 힘"이
생명의 기원을 재구성하려는 노력에 특정한 역할을 할 수 있다고 주장한다.(2010)

189   이리도고르기아 포우르탈레시

물의 유전적 '청사진'을 지닌다는 깨달음이었다. 이중나선이 너무나 익숙해져 있기에, 우리는 그것이 제공하는 관점이 얼마나 놀라운 것인지를 알아차리지 못할 때가 많다. 이 엄청나게 다양한 모든 생명이 세대마다 상대적으로 단순하면서 부정할 수 없는 아름다운 기하학적 특징을 지닌 '비주기적 결정(aperiodic-crystal)*', 즉 비틀린 계단통 안에 염기쌍들이 층층이 겹쳐져서 육각형 배열을 한 원자들의 집합으로부터 펼쳐진다는 점을 말이다.

DNA의 나이를 생각해 보자. 그것은 모든 생물의 마지막 공통 조상, 즉 38억~35억 년 전에 살았던 생물의 유전 암호를 구성했다. 지표면의 암석 중에 그 정도로 오래된 것은 극히 드물다. 거의 대부분의 산**은 DNA보다 더 젊은 셈이다. 수억 년 된 것일 수도 있는 해변의 자갈을 쥔 당신의 손은 그 자갈보다 훨씬 더 오래된 패턴이 빚어낸 산물이며, 동시에 그 패턴을 간직하고 있다. 한편으로 DNA는 영원히 젊다고도 할 수 있다. 살아 있는 거의 모든 생물들 속에서 DNA는 다른 화학물질들로부터 끊임없이 합성된다. 시간이 흐름과 함께 그 암호의 서열과 그 암호가 만드는 단백질은 변화한다. 그렇지 않으면 진화도 없을 것이다. 하지만 그 안에는 놀라운 연속성도 담겨 있다. 한 예로 사람의 신생아와 판형동물(항아리해면보다 더 먼 친척이다) 둘 다 p53이라는 종양 억제 유전자의 DNA 서열 등, 사실상 동일한 서열들을 지니고 있다.

그리고 DNA에는 공간적인 차원도 있다. 우리 몸의 세포 하나에는 약 32억 쌍의 뉴클레오티드(nucleotide, DNA의 기본 구성 단위─역자주) 염기가 촘촘히 감기고 또 감겨서 46개의 염색체를 이루고 있으며, 그 DNA를 다 풀고 이어서 한 줄의 분자로 만든다면 길이가 거의 2미터에 이를 것이다. 우리의 몸에는 약 10조 개의 세포가 있으므로(그보다 열 배는 더 많이 들어 있는 미생물을 제외하고), DNA를 다 이으면 1억 4,900만 킬로미터에 이른다는 의미다. 지구와 태양의 거리보다 수백 배 더 길다. 수천 명의 DNA를 하나로 이으면, 가장 가까운 별에까지

상상하기 어려운 존재에 관한 책

이를 것이다.

유전체에 염기쌍이 이토록 많으므로, 서열이 달라질 가능성도 무한하다고까지는 할 수 없어도 환상적일 만치 크다. 얼마나 큰지 감을 잡기 위해, 더글러스 애덤스의 책에 나오는 통역 물고기인 바벨피시(Babel fish)라는, 상상 속의 동물을 생각해 보자. 그리고 그 물고기가 인간의 것과 같은 크기의 유전체를 지닌다고 하자(터무니없는 가정은 아니다. 얼룩무늬폐어[Marbled lungfish]와 몇몇 도롱뇽 종은 사람보다 40배나 큰 유전체를 지닌다). 이제 단백질 암호를 지니지 않은 부위를 골라서, 그 DNA의 1퍼센트를 바꾼다고 하자. (생쥐를 대상으로 이미 이런 실험이 이루어진 바 있는데, 겉보기에 해로운 영향은 전혀 없어 보였다.) 이루어질 수 있는 변이의 총 수는 $2^{32000000}$, 즉 $10^{9632960}$이다. 우리 눈에 보이는 우주 전체를 모래알로 채운다면 모래알이 약 10^{90}개가 들어가므로, 그와 비교해 볼 때 이것이 얼마나 큰 수인지 감을 잡을 수 있을 것이다. 다중 우주에서 당신을 쏙 빼닮은 사본도 10^{128}미터밖에 떨어져 있지 않을 것이다.

DNA의 비암호 영역에 문자를 가리키는 서열을 삽입하는 것은 새로운 일이 아니다. 2007년 마사루 토미타(Masaru Tomita) 연구진은 한 세균의 유전체에 $E=mc^2$을 나타내는 서열을 집어넣었고, 2010년 크레이그 벤터(Craig Venter) 연구진은 '새로운' 세균에 세 가지 짧은 문장*의 암호를 집어넣었다고 발표했다. 제임스 조이스의 글귀도 들어갔다. "살도록, 실수를 저지르도록, 타락하도록, 승리하도록, 생명에

---

* '비주기적 결정'이라는 말은 에르빈 슈뢰딩거의 《생명이란 무엇인가》(1944)에 처음 등장한다. '육각형 배열'은 뉴클레오티드인 아데닌, 시토신, 구아닌, 티민으로, 이들은 A-T와 C-G로 결합하여 생명의 '디지털 암호'인 염기쌍을 형성한다.

** 지금까지 발견된 가장 오래된 '산'(지표면 암석)은 퀘벡 북부의 누부아깃턱(Nuvvuagittuq)에 있으며, 약 42억 8,000만 년 된 것이다. 하지만 지표면에 있는 암석의 대부분은 이보다 훨씬 젊다.

** 다른 두 문장은 이러하다. 물리학자 로버트 오펜하이머의 전기에서 따온 문장인 "사물을 있는 그대로가 아니라 그것이 어떠하면 좋을지를 보라"와 리처드 파인만의 "내가 만들 수 없는 것은 이해할 수 없다".

이리도고르기아 포우르탈레시

서 생명을 재창조하도록." 바벨피시 유전체의 1퍼센트에 글귀의 암호를 넣을 공간은 세균보다 훨씬 더 많다. 비록 호르헤 루이스 보르헤스가 상상한 바벨 도서관에 있는 $10^{1834097}$권의 책에 실린 문장을 전부 담기에는 부족할지라도 말이다.

다 제쳐두고, 가시 우주의 현상들을 만드는 암호들을 **담은** 유전체들 간의 차이만으로도 칠성장어에서 레이디가가에 이르기까지 환상적일 만치 다양한 생물들을 만들어낼 수 있다. 그렇기에 유전체를 말로 설명하려고 애쓰다가는 과장하게 되는 경향이 있다. 《와이어드》지의 자칭 선임 이단자인 케빈 켈리는 이렇게 쓰고 있다. "이 오래된 작은 나선을 따라 미묘하게 재배치함으로써, DNA는 키가 18미터에 이르는 장엄한 용각류, 무지개색으로 아롱거리는 섬세한 보석 같은 잠자리, 눈이 시리도록 새하얀 난초 꽃잎, 물론 복잡미묘한 인간의 마음까지도 낳는다." 이보다는 시각의 토대를 연구한 공로로 노벨상을 받은 조지 월드(George Wald)의 간결한 유머가 더 낫다. "바다를 헤엄치고 싶다면 유전체는 스스로 물고기가 된다. 하늘을 날고 싶다면 스스로 새가 된다. 하버드에 가고 싶다면, 스스로 인간이 된다."

물론 월드는 비유적으로 말한 것이다. 유전체나 그것을 구성하는 유전자가 말 그대로 어떤 의도를 지닌다는 의미는 아니었다. 하지만 유전자가 통제한다는 개념은 강력한 것임이 드러났다. 그것은 DNA 구조의 공동 발견자인 프란시스 크릭이 '분자생물학의 중심 원리'라고 한 것을 따르는 듯했다. 즉 DNA는 RNA를 지시하고 RNA는 생물을 만드는 단백질을 만들며, 그 모든 정보는 한 방향으로만 흐른다는 원리다. 리처드 도킨스는 1976년 저서 《이기적 유전자》에서 그 점을 극적이면서 또 극단적으로 표현했다.

오늘날 (유전자는) 덜거덕거리는 거대한 로봇 속에서 바깥세상과 차단된 채 안전하게 집단으로 떼 지어 살면서, 복잡한 간접 경로로 바깥세상과 의사소통하고 원격 조종기로 바깥세상을 조종한다. 그들은 당신 안에

상상하기 어려운 존재에 관한 책

도 내 안에도 있다. 그들은 우리의 몸과 마음을 창조했다. 그리고 그들이 살아 있다는 사실이야말로 우리가 존재하는 궁극적인 이론적 근거이기도 하다.

반면에 이 관점이 생명의 존재 방식을 왜곡하고 있다고 보는 이들도 있다. 그들은 생물 안에 있는 유전자 자체보다 생물(더 정확히 말하자면 표현형, 즉 생물의 형질과 특징의 총체)이 자연선택이 작용하는 주된 단위라고 보는 것이 더 나은 설명이라고 주장한다. 이에 따르면, 유전자는 세계를 제어하는 실체라기보다는 세계의 제반 측면들에 관한 지식을 간직하여 전달하는 수단에 더 가깝다. 생리학자 데니스 노블은 도킨스가 경험적인 진술이 아니라 수사학적 기교를 끌어다 쓰고 있다고 지적하면서, 이 대목을 다음과 같이 똑같이 유효한 말로 고칠 수 있다고 주장한다.

오늘날 (유전자는) 바깥세상을 통해 형성된 고도로 지적인 존재 안에 갇힌 채, 거대한 무리 속에 사로잡혀 있으면서, 기능을 출현시키는 복잡한 과정들을 통해 바깥세상과 의사소통을 한다. 그들은 당신 안에도 내 안에도 있다. 우리는 그들의 암호가 읽힐 수 있도록 해주는 시스템이다. 그리고 그들의 존속은 전적으로 우리가 번식을 하면서 느끼는 기쁨에 달려 있다. 우리는 그들이 존재하는 궁극적인 이론적 근거다.

이 논쟁에서 어느 쪽을 취하든 간에, 인간 게놈 프로젝트에서 시도했던 식의 유전체(게놈) 지도는 생명의 완전한 지도와는 거리가 멀다는 것이 점점 분명해져 왔다. 다른 수많은 요소들도 고려할 때 생물의 진화, 발달, 기능을 더 잘 설명할 수 있다. 특히 발육 과정과 생리 과정의 각기 다른 시기에 유전자가 발현되는 양상과 한 세포에서 활동하는 모든 단백질들—단백질체(proteome)라고 한다—간의 상호작용이 그렇다. 하지만 이 모든 것을 제쳐둔다고 해도, 유전체 자체는 수십

이리도고르기아 포우르탈레시

년 전에 거의 예측도 못한 놀라운 사실들을 드러내왔다. 하나는 후성 유전학이라는 갓 생긴 분야가 보여주듯이, 세포가 DNA에 있는 유전 암호를 컴퓨터 프로그램이 매번 똑같은 결과를 산출하는 식으로 읽는 것이 아니라 해석의 여지가 있는 대본처럼 읽는다는 것이다. 그리고 또 하나는 우리가 가장 중요하다고 여기는 DNA 중에서 그렇지 않은 부분이 많다는 것이다. 처음에 연구자들은 인간의 유전체에 있는 DNA의 거의 전부가 우리 몸을 만드는 단백질의 암호를 담고 있다고 보았다. 하지만 21세기 초 무렵에는 그런 암호를 지닌 영역이 유전체 전체의 2퍼센트도 안 된다는 것이 분명해졌다. 비록 나머지 중에서도 별도의 기능을 지닌 부분들이 있는 듯하지만, 대부분은 아무 일도 안 하는 듯했다. 게다가 유전체의 적어도 8퍼센트는 외부 침입자의 유전자 사본들이다. 이 유전자들은 원래 내생 레트로바이러스—에이즈(AIDS)를 일으키는 사람면역결핍바이러스(HIV)를 비롯해 더 최근에 출현한 바이러스들을 포함한 집단—의 것들이었으나, 지금은 숙주 생물과 그 후손들의 유전체에 끼워진 상태다. HIV와 달리, 이 내생 레트로바이러스의 유전자는 현재 활성화되지 않거나 (뒤에서 살펴보겠지만) 자신의 새 집을 유지하는 데 핵심적인 기능을 수행하고 있다.

이렇게 점점 드러나는 전체 그림은 한편으로는 불안하지만, 다른 한편으로는 흥미로우며 나아가 아름답기까지 하다. 부정적으로 보면, 인간의 유전체는—거의 모든 다른 동식물들의 유전체와 더불어—바이러스라는 '자동 기계(automaton)'에 수천만, 수억 년에 걸쳐 무자비하게 공격당한 상처들을 안고 있다. 최근에 특히 아프리카 남부에서 맹위를 떨치는 HIV/AIDS가 상기시키듯이, 레트로바이러스는 숙주를 파괴할 수 있다. 또 독감 바이러스 같은 바이러스들이 전 세계에 유행하여 더 큰 피해를 입힐 수도 있다. 독감에 시달릴 때면 분자생물학자 조슈아 레더버그가 냉전 시대에 한 말이 그다지 틀리지 않은 것도 같다. "인류의 지구 지배에 가장 큰 위협이 되는 것은 바이러스다." 그리고 자연적으로 출현하는 변이 형태들에 관한 레더버그의 말이

상상하기 어려운 존재에 관한 책

옳든 그르든 간에, 의도적으로 조작한 '슈퍼독감(superflu)'이나 천연두와 유사한 바이러스는 유례없는 대재앙을 일으킬 수 있다.

하지만 한편으로 안심할 수도 있는 것이, 개체 하나하나는 그렇지 못할지라도, 많은 종이 그런 공격에 맞서 저항력과 회복력을 보여준다는 점이다. 그리고 바이러스 자체는 대단히 아름답기도 하다. 많은 바이러스들은 20면체 결정*에 둘러싸여 있고 심지어 나선형 껍데기를 갖추어 이리도고르기아의 축소판처럼 보이는 것도 있다. 그렇게 작고 단순한 형태를 띠면서도, 자신의 이익을 위해 인간과 같이 더 복잡한 생물을 착취할 수 있다. 바이러스는 놀라운 **장치**다. 그들은 숙주보다 100만 배 더 빨리 진화할 수 있다. 그들은 DNA뿐 아니라 단일 가닥 및 이중 가닥 DNA에 유전정보를 저장함으로써, 세포보다 더 다양한 생화학을 활용한다. 바이러스는 1억 종류가 넘을 것이며, 세균을 감염시키는 바이러스(박테리오파지)는 다른 모든 생물들을 합친 것보다 더 많다. 지구의 바이러스는 우주의 별보다 더 많다. 그들은 온천에서 사막에 이르기까지, 남극대륙의 얼음 밑 호수에서 지하 2,000미터의 암석에 이르기까지 감염시킬 생명체만 존재한다면 지구의 모든 환경에서 발견된다. 분자생물학자 루이스 비야레알(Luis Villarreal)의 말을 빌리자면, 바이러스는 "진화하는 모든 생물학적 존재들의 첨단"을 대변한다.

또 바이러스는 전체 생태계(즉 지구의 기후 및 지구화학과 상호작용하는 생물들의 집합)의 기능에도 핵심적인 역할을 하는 듯하다. 바다를 생각해 보자. 바닷물 한 방울 한 방울(1밀리리터)에는 수억 마리의 바이러

---

* 헤르페스바이러스를 비롯한 많은 바이러스는 정 20면체(똑같은 정삼각형 20개로 이루어진 정다면체)처럼 보이는 캡시드(단백질 껍질)을 지닌다. 이런 모양은 같은 단백질을 반복하여 사용함으로써 만들 수 있으며, 따라서 바이러스 유전체에 공간을 늘릴 필요가 거의 없다. 또 나선형 껍데기를 지닌 바이러스도 많다. 하지만 언뜻 볼 때 너무나 기이하게 여겨지는 바이러스도 있다. 병 모양의 바이러스, 양 끝에 꼬리가 달린 바이러스, 물방울처럼 생긴 바이러스, 줄기가 달린 바이러스도 있다.

　　　　　　　　　　　　이리도고르기아 포우르탈레시

스가 들어 있으며, 바이러스는 전 세계의 바다에서 1분마다 약 1억 톤의 미생물을 살해하고 있다. (세균과 고세균에서 진핵생물인 식물성 플랑크톤과 동물성 플랑크톤에 이르기까지, 미생물은 대개 무게가 1그램에도 한참 못 미친다. 바닷물 한 방울에는 미생물이 수천 마리, 아니 수백만 마리까지도 들어 있을 수 있다.) 바이러스가 미생물을 죽일 때, 미생물이 터지면서(또는 용해되면서) 새로운 바이러스들과 세포 잔해가 방출된다. 이 잔해는 새 세대의 미생물에게 먹이가 된다. 이런 식으로, 또 다른 식으로도 바이러스는 죽음을 조장하여 새로운 생명을 빚어낸다. 사실 바이러스는 수십억 년 전 세포예정사(programmed cell death)의 진화에 한 역할을 했을지도 모른다. 세포예정사는 다세포 생물이 늙고 병든 세포를 제거하는 과정이며, 이 과정이 없다면 우리가 아는 복잡한 생명은 존재하지 못할 것이다.

또 긍정적인 측면에서 볼 때, 바이러스는 세균 및 진핵생물과 오랜 동반자 관계를 이루면서 새로운 종류의 생물을 탄생시키는 데 기여했다. 현생 포유류의 진화 과정에서 일어난 한 중요한 사건이 극적인 사례다. 태반의 형성에 핵심적인 역할을 하는 한 유전자는 내생 레트로바이러스에서 왔다. 한 과학자는 이렇게 농을 친다. "바이러스가 없었다면, 인간은 지금도 알을 낳고 있었을 것이다."

그뿐이 아니다. 바이러스는 우리 면역계에서 낯선 병원체에 빨리 반응하는 능력이 진화할 때 핵심적인 역할을 한 듯하다. 연구자들은 이 능력이 지난 5억 년 동안 이루어진 가장 중요한 생물학적 혁신 중 하나라고 평가한다. 내생 레트로바이러스에서 유래한 서열들은 유전자들을 언제 어디에서 켜고 끌지를 통제하는 유전자 조절망에도 깊이 관여하는 듯하다. 여기서도 바이러스는 진화의 핵심 추진력이 된다. 유연관계가 가까운 종들 사이의 주된 차이점은 유전자 자체가 아니라 유전자가 어떻게 발현되느냐에 있기 때문이다.

살아 있다고도 죽어 있다고도 할 수 없는 이 기이한 존재들은 우리가 아는 다른 모든 생명체들의 진화에 관여해 왔다. 인간과 다른 동물들의 유전체는 나름대로 돌연변이를 겪고 그 결과에 자연선택이 작용하는 자족적인 '비주기적 결정'이 아니다. 아니 적어도 그것만은 아니다. 그 유전체는 바이러스를 비롯한 외부의 힘들에 끊임없이 재편되고 있다. 바이러스는 우리를 탈중심화한다. 다른 존재들 사이의 상호작용 속에서 기원한 생물로서 우리 자신을 볼 수 있게 해준다. 불교에서 말하는 '연기(緣起)', 즉 '더불어 있음(interbeing)'의 표현이다.

생명은 정보지만, 물질이기도 하다. 산소가 약 60퍼센트, 무게로 따지면 약 65퍼센트를 차지하며, 탄소가 18퍼센트, 수소가 10퍼센트, 질소가 3퍼센트, 칼슘이 1.5퍼센트, 인이 1퍼센트이며, 그밖의 원소들은 1퍼센트 미만으로 들어 있다. 한 사람의 몸에는 약 100조 마리의 세균이 살며, 바이러스는 그보다 훨씬 더 많이 들어 있다. 하지만 이런 사실들은 모두 단편적인 이야기일 뿐이다. 창발적 특성과 복잡 적응계도 그것을 구성하고 있는 물질, 에너지, 정보 흐름 못지않은 현실이다. 예를 들어 쇼팽의 후기 작품들은 종이에 적은 기호, 피아노 줄을 두드리는 망치가 일으키는 공기의 진동, 전자 기억 장치에 저장된 바이트이기도 하다. 하지만 이런 사실들은 쇼팽의 작품을 제대로 묘사하지도 설명하지도 못한다. 춤꾼은 DNA 이상의 무엇이다.

아름다움이란 무엇이며, 그것이 왜 중요할까? 일부 진화심리학자들은 자신들의 답이 설득력이 있다고 생각한다. 이 설명에 따르면, 상호 얽혀 있는 네 가지 현상이 있다. 첫째, 우리는 인공물(미술이든 음악이든 다른 무엇이든 간에) 속에서 좋은 짝이 될 만한 자질들을 당사자가 지니고 있는지 말해주는 단서를 본다. 조지 산타야나는 이것을 "우리 미적 감수성의 감상적인 측면들은 …… 우리의 성적 체계가 모호하게 자극을 받아서 나타난다"라고 표현했다. 둘째, 우리는 인간이 만들었다면 창작자를 칭찬할 만한, 다른 생명체들의 패턴과 행동에서 아름다움을 본다. 나비의 날개에서, 논병아리의 춤에서, 산호초에 사는 물고기들의 색깔에서, 나이팅게일의 노래에서, '생물학이 구애자와 음유시인의 언어로 말할 때' 그렇다. 셋째, 우리가 미학적으로 '빼어난 형태'라고 느끼는 것과 자연이 선택한 진화적으로 '안정한 형태'는 서로 접점을 갖는다. 넷째, 복잡한 비생물계를 지배하는 보편적인 법칙들은 조화와 질서를 드러내는 '끌개 상태(attractor state)'를 낳으며(눈의 결정이나 달의 위상을 예로 들 수 있다), 인간은 주변의 모든 것에서 의도를 지닌 행위자의 증거를 보는 경향이 있는 고도로 사회적인 존재인 만큼 자연의 이 비생물계 현상들에서 두려운 마음이 들게 하는 정령, 신, 또는 다른 힘이 존재한다는 증거를 찾는다.

이러한 관점이 아름다움이 무엇인지를 얼마간 설명해 줄 수는 있다. 그러나 한계가 있다. 우선 우리의 감수성은 진화적 유전뿐 아니라, 데이비드 흄이 지적했듯이 역사적 상황을 통해서도 형성된다. '아름다움'이라는 단어 자체는 문화적 관습 및 관련 개념들을 담은 상태로 우리에게 온다. 5세기 플로티노스와 히포의 아우구스티누스의 저술을 통해 서구의 주류 사상이 소개되었을 때, '아름다움'은 우주 자체와 동일시되는 창조적인 힘으로 여겨졌다. 하지만 그 의미와 연관성은 18세기와 19세기의 숭고함(sublime) 같은 관련 개념들, 혹은 육체의 아름다움이 더 이상 중요하지 않다는 20세기 일부 예술가 등의 주장 같은 역사적인 배경에 따라 달라지는 인식에 담긴 여타 요인들과 연계되어 계속 발전해 왔다.

아름다움의 진화심리학적 설명에서 빠져 있는 또 한 가지는 아름다움이 어떤 **느낌**인지 그다지 말해주지 않는다는 것이다. 아름다움*은 우리 스스로의 애착이나 감정이 얼마나 강렬하든 간에, 그것들과 독립적으로 존재하는 것들을 우리가 볼 수 있도록 돕는 방식이다. 또 아름다움은 우리에게 완전히 주의를 기울일 것을 요구한다. 이 두 특성은 과학과 인류의 지혜에도 기여하는 것들이다.

이리도고르기아는 이런 현안들을 떠올리고 계속 관심을 기울이는 데 도움이 될 수 있다. 이리도고르기아는 나름의 아름다움을 간직하고 있다. 이들은 먹이가 거의 없는 환경에 살면서, 스스로 나선형의 중심에서부터 그물을 치고 이슬이 맺힌 거미줄처럼 가지를 따라 구슬을 달아놓았다. 그럼으로써 우주의 크고 작은 여러 규모에서 나타나는 것과 같은 일종의 자기 유사성을 채택했다. 처음 발견됐을 때에도 그랬고 뒤이어 심해에서 잇달아 발견되었을 때에도—2007년에만 새로운 세 종류의 이리도고르기아가 발견되었다—인간의 상상을 자극하여 창의성과 즐거움을 불러일으켜 왔다. (아마 생물학자 스티븐 케언스[Stephen Cairns]가 주장하듯이, 우리가 오늘날 얕은 물에서 보는 생명 다양성 중 상당 부분은 우리 눈에 보이지 않는 깊은 곳에서 기원했을지도 모른다.) 이 새로운 형태의 동물들과 새로운 세계의 발견, 그리고 인간의 행동 때문에 지금까지 생각한 것보다 훨씬 더 빠른 속도로 그들이 사라져가고 있다는 깨달음은 우리에게 그들을 보호해야 한다는 새로운 책임감과 도전 과제를 안겨준다. 달리 보면, 올바른 행동, 스피노자의 말을 빌리자면 아름다운 행동을 할 새로운 가능성을 제시하는 것이기도 하다.

천체 물리학자 마틴 리스(Martin Rees)는 중세 유럽인들이 오늘날의 우리보다 우주가 훨씬 더 작고 역사가 훨씬 더 짧다고 믿었으면서도, 대개 자신의 생전에 결코 완공을 보지 못할 대성당을 세우는 데 평생을 바치는 등의 장엄한 꿈을 꾸었다고 말한다. 오늘날 훨씬 엄청난 지식과 기술력을 지닌 우리는 과연 어떤 꿈을 꾸고 있을까?

---

* "물리학에서 아름다움은 자동으로 진리를 보장하는 것은 아니지만 진리를 얻는 데 도움을 준다."
—마틴 가드너(Martin Gardner)

이리도고르기아 포우르탈레시

JAPANESE MACAQUE
일본원숭이

Macaca fuscata

문: 척삭동물

강: 포유류

목: 영장류

과: 긴꼬리원숭이

속: 마카크

보전 상태: 관심 필요

우리는 윤리가 어떻게 발전할지 예측할 수 없으므로,
큰 희망을 갖는 것도 불합리하지 않다.
—데릭 파핏(Derek Parfit)

우리는 총과 돈을 지닌 원숭이다.
—톰 웨이츠

기온이 영하 20도나 될 텐데, 일본원숭이(Japanese macaque)들은 고고하게 추위에 개의치 않고 뜨거운 온천 속에 몸을 담근 채 선승처럼 앉아 묵상 중이다. 영리한 원숭이들임에 틀림없다. 이들은 지구에서 가장 적응력이 뛰어나고 다재다능한 영장류에 속한다. 하지만 사진에는 무리 중에서 지위가 높은 원숭이들만이 온천을 즐긴다는 사실이 드러나 있지 않다. 지위가 낮은 원숭이들은 엄격하게 배제된다. 그들은 근처에서 추위를 피하기 위해 옹기종기 모여 있다. 딱하기 그지없는 모습이다. 그리고 그들은 대개 수명이 더 짧고 질병에 더 자주 시달린다. 따라서 이 사진은 매혹적이지만 한편으로 잔인함과 배척의 세계도 보여준다. 일본원숭이는 스님보다는 오히려 야쿠자처럼 행동할 수도 있다.

일본원숭이는 전직 미국 대통령 조지 부시의 얼굴과 흡사하게 길다란 붉은 얼굴과 눈을 지니고 있다. 털은 대개 은회색이나 갈색을 띠는데, 매우 수북해서 정도를 보면 그들이 높은 산에 잘 적응해 있음을 알 수 있다. 겨울에는 털이 두툼해져서 마치 파카처럼 몸과 머리를 전부 뒤덮는다. 덕분에 그들은 주요 서식지인 얼어붙은 강가나 눈으로

상상하기 어려운 존재에 관한 책

일본원숭이들. 높은 계급의 원숭이들만이 추운 날에 따뜻한 온천욕을 즐긴다.

뒤덮인 숲에서 살아갈 수 있다. 이 털가죽은 진정으로 놀라운 적응형질이다. 그런 추운 기후에 적응한 영장류는 이들과, 옷과 불을 지닌 인간뿐이다. (일본원숭이들이 온천욕을 하기 시작한 것은 아주 최근의 일인 듯하다. 제2차 세계대전 이후에 인간에게 배운 것으로 보이며, 몇몇 무리만이 온천욕을 한다.) 하지만 마카크속 전체는 놀라운 동물들이다. 적어도 인간이 등장하기 전까지, 이 속의 다양한 종들은 지구에서 가장 널리 퍼진 성공한 영장류*였다. 유라시아와 아프리카에 걸쳐 20여 종이 퍼져 있었다. 온몸이 새까매서 펑크, 고스풍으로 유명한 검둥이원숭이를 비롯한 많은 종들은 현재 심각한 멸종 위기에 있다. 하지만 아시아 대륙에 사는 일본원숭이의 사촌 레서스원숭이(붉은털원숭이)는 우리를 매료시키거나, 또는 우리를 조종하고 속이는 능력에 힘입어 지금도 번성하고 있다.

---

* 영장류는 포유동물목에 속한다. 로리스원숭이, 여우원숭이, 구대륙과 신대륙의 원숭이, 소형 및 대형 유인원으로 이루어져 있다.

일본원숭이

뜨거운 목욕탕으로 돌아가보자. 이곳은 좁고 혹독한 곳이다. 이곳에서는 힘이 곧 정의이며, 친족 집단의 가까운 구성원만을 믿을 수 있는, 때로는 그들조차도 믿지 못하는 무자비한 경쟁의 세계다. 모든 일본원숭이 무리에는 지배층 가족이 있으며, 그들은 가장 좋은 장소와 가장 좋은 먹이를 먼저 차지한다. 가족은 어른 암컷이 이끌며 이를 수컷 한 마리가 보조하는데, 복종에 대한 보답으로 그 수컷은 특권을 얻는다. 암컷은 대개 이 수컷이 너무 늙거나 약해져서 내치기 전까지, 그나 이전의 정부들로부터 자식을 몇 마리 낳는다. 지배층 가족은 무리의 계급 구조에서 맨 위에 있으므로, 다른 가족들 중 아무리 어른이라도 지배층 가족의 가장 어린 구성원에게 양보한다. 물론 아무도 보지 않을 때면 몰래 힘으로 윽박지르려 하겠지만 말이다. 이따금 무리의 다른 가족들은 전술적 동맹을 맺고 지배층 가족에게 맞서 쿠데타를 일으키기도 한다. 이때 패배한 쪽은 무리의 밑바닥으로 강등된다.

일본원숭이와 레서스원숭이를 비롯한 마카크속의 원숭이들에게 공통으로 나타나는 이 생활 방식의 암울한 측면들에 주목한 영장류학자 다리오 마에스트리페에리는 어디에서든 초도덕적 권력 추구자의 교본이 되는 니콜로 마키아벨리의 《군주론》을 언급하며, 이 속이 '마키아벨리 지능'의 모범 사례라고 말한다. 마에스트리페에리는 마카크속 원숭이들과 인간에게서 동질성을 본다. 양쪽을 성공으로 이끈 것은 가장 도구적이고 무자비한 성향이었다. 그는 이런 말로 독자들의 마음을 불편하게 만든다.

인류가 우리 문명을 파괴할 세계적인 핵전쟁을 시작할 무렵이면, 지구를 유인원의 행성으로 만들 대형 유인원은 더 이상 남아 있지 않을 것이다. 하지만 그들 주변의 수많은 레서스원숭이들에게는 기회가 남아 있을 것이다.

마에스트리페에리가 레서스원숭이들에게서 밝혀낸 행동들은 실제로 있으며, 다른 영장류학자들을 통해 무수히 확인되었다. 지배 가

상상하기 어려운 존재에 관한 책

족 내에서조차 체사레 보르자 저리 가라 할 정도로 조작과 간계*가
판친다. 그가 전하고자 하는 내용—야만적인 권력 정치가 성공의 근
원이자 통로다—은 인간이 때로 배려하고 협력하는 듯이 보일지라도
그것이 사실은 오로지 협소하게 정의된 자기 이익이 동기가 된 '사악
한' 행위라는 '베니어판 이론(veneer theory)'을 뒷받침하는 증거처럼
보인다. 하지만 마카크속 원숭이에게서든 인류에게서든 모든 환경과
상황을 그런 식으로 해석하는 것은 무리이며, 우리의 미래를 내다보
는 토대로 삼기에도 빈약하다.

영장류(여우원숭이, 원숭이, 유인원을 포함하는 포유동물)를 대하는 태도
는 문화마다 시대마다 크게 달랐다. 힌두교는 원숭이 신인 하누만을
경배하므로, 인도인 대부분은 마카크 원숭이를 신성하게 여긴다. 옛
일본에서도 일본원숭이를 존중했으며, 원숭이를 모시는 신사도 있었
다. 중국에서는 아름다운 노래를 부른다고 긴팔원숭이를 유달리 높
이 평가했다. 하지만 세계의 많은 지역에서와 마찬가지로, 중국과 일
본에서도 원숭이를 인간의 어리석음을 상징하는 존재로 묘사하기도
했다. 물에 비친 달그림자를 잡으려고 애쓰는 원숭이들을 그린 족자
그림은 유명하다. 유럽과 지중해 세계에서는 레이 코비(Ray Corbey)
가 "유인원과 인류 양쪽으로 인간화하고 짐승화하는 움직임이 번갈
아 나타났다"라고 묘사한 태도의 변화가 주기적으로 나타났다. 고대
이집트인은 적어도 한 종의 영장류, 즉 개코원숭이를 존경할 대상으
로 보고 심지어 신의 지위에 올려놓았다.

로마인은 더 적대적인 입장을 취했고, 중세와 근대 초기의 유럽에

---

* 마에스트리피에리는 말한다. "레서스원숭이 어미가 손위 딸들을 도우면, 딸의 수가
늘어날수록 가족 내에서 딸들의 힘이 커져서 이윽고 어미에게 반역을 일으킬 수도 있
다. 대신 어미가 늘 가장 어린 딸을 지원한다면, 새 암컷 새끼가 태어날 때마다 나이 든
딸들의 힘은 늘어나는 것이 아니라 줄어들게 된다. 그리고 가장 어린 딸은 언니들이
어미에게 반역을 시도하려 한다면 늘 어미를 도울 것이다."

일본원숭이

서는 유인원과 원숭이를 구분하지 않고 뭉뚱그려서 대체로 혐오스럽고 사악한 존재나(중세 동물우화집에서 유인원은 악마 자체의 모습으로 묘사되곤 했다), 성적으로 문란한 이미지(셰익스피어 작품의 주인공 오셀로는 위엄 있게 달변을 쏟아내다가 질투심에 미쳐 날뛰며 "유인원과 원숭이"라고 소리친다) 또는 인간의 오만함과 어리석음의 상징(셰익스피어의 《자에는 자로》에서 이사벨라는 말한다. "인간, 오만한 인간이여/ 아주 잠시의 권위로 자신을 감싸고/ 자신이 가장 자신만만해하는 것을 가장 모르면서도/ 성난 유인원처럼 본성을 뻔히 드러낸 채/ 하늘에서 내려다보는 줄 모르면 기상천외한 재주를 피워대니/ 천사들조차 눈물을 흘리는구나")으로 묘사했다.

이런 태도는 점차 바뀌어서, 17세기부터 유럽인은 우리가 현재 대형 유인원이라 부르는 종들이 있음을 알게 되었다. 침팬지(유럽인들이 17세기에 처음 발견했다), 오랑우탄(18세기), 고릴라(19세기)가 인간과 해부구조가 매우 비슷하다는 사실이 분명해지자, 자연철학자들은 깊은 감명을 받았다. 스코틀랜드의 기인인 몬보도 경(Lord Monboddo)이 주장한 것처럼, 이 유인원들이 야생의 인간을 묘사한 옛 이야기가 실화라는 '증거'이자 우리의 가까운 친척일 수 있을까? 그런 의문들에 힘입어, 적어도 철학자들은 유인원과 원숭이를 더 호의적으로 보게 되었다. 한 예로 몬보도 경은 인간과 오랑우탄이 똑같이 수치심을 느낀다고 주장했다. 하지만 일반적으로 유럽인들이 줄곧 느껴온 불편한 마음을 걷어내기란 어려웠다. 19세기 말에 발견된 뒤로 한 세기 동안 고릴라는 대체로 인간 이하의 사악한 괴물로 묘사되었다. 얌전한 채식주의자라는 이들의 진정한 본성과 정반대되는 이미지였다.

18세기 철학자들이 추측했던 것을 다윈과 그의 뒤를 이은 생물학자들은 합리적인 수준에서 의심의 여지가 없을 만큼 확실하게 밝혀냈다. 생명의 계통수에서 유인원과 인간이 비교적 최근에 공통 조상으로부터 갈라졌다는 것을 말이다. 다윈이 《종의 기원》이 출간되기 19년 전인 1838년에 개인적인 노트에 적은 내용은 그의 연구 계획 전체와 그 결과를 요약하고 있다. "인간의 기원은 이제 증명되었다. …… 형이

상상하기 어려운 존재에 관한 책

상학은 번성할 것이 분명하다. …… 개코원숭이를 이해하는 사람은 형이상학을 로크보다 더 깊이 이해하게 될 것이다." 자신만 알아볼 수 있게 간략하게 적어놓은 내용이 으레 그렇듯이, 이 글귀도 이해하기가 쉽지 않다. 대강 이런 뜻이다. "자연선택 이론은 인간이 동물계의 일원임을 증명한다. 우리와 가장 가까운 친척인 동물들(여기서 '개코원숭이'는 유인원과 원숭이를 총칭한다)을 이해한다면, 존 로크 같은 위대한 철학자들보다 인간이 무엇인지 더 깊이 이해하고 더 잘 알게 될 것이다."

다윈은 이 새로운 이해가 당시의(그리고 우리 시대의) 한 가지 열띤 현안을 규명할 빛을 던져줄 것이라고 보았다. 인간의 본성에서 본질적이며 변하지 않는 것은 무엇이며, 이성처럼 외부의 힘을 통해 형성되는 것은 무엇일까? 로크는 인간의 마음이 '빈 서판(blank slate)' 상태에서 출발한다고 주장했다. 오로지 경험을 통한 일반화만이 세계의 그림을 구성하는 데 쓰인다고 했다. 한편 임마누엘 칸트와 새뮤얼 테일러 콜리지 같은 철학자들은 인간 본연의 이미 갖추어진 본능적인 측면들이 우리의 발달을 관장한다고 주장했다. 다윈의 직관은 1838년에 적은 다른 글귀에 담겨 있는데, 동물과 인간 모두 실제로는 두 견해 사이의 어딘가에 놓여 있다고 말했다.

동물에게서 본능이 무엇이고 이성이 무엇인지를 말하기는 어려우며, 그와 마찬가지로 인간에게서도 습관적인 것이 무엇이고 이성적인 것이 무엇인지를 구분하기가 어렵다. …… 인간은 유전적 성향을 지니고 있기에, 인간의 마음은 짐승의 마음과 그리 다르지 않다.

다윈의 사상은 미묘하고 심오한데, 특정한 부분만 취사선택하거나 오해할 소지가 있다. 당시나 지금이나 여전히 쟁점이 되는 주제 중 하나는《종의 기원》3장에서 개괄한 생존경쟁이라는 관점이다. 자연이 영국 시골의 목가적인 축제 마당이 아니라, 모든 종이 가능한 한 많이 번식하기 위해 애쓰는 일반적인 전쟁터라는 것이다. "억제를 약하게

일본원숭이

하고 파괴를 아주 조금이라도 완화하면, 종의 수는 거의 즉시 무한히 늘어날 것이다." 이런 관점에서 보면, 어떤 종에서든 간에 포식자, 질병, 기후, 자기 종의 다른 개체들이 가하는 파괴*는 환영할 일이었다.

짐승의 세계에서 야수성을 보는 태도는 다윈의 열렬한 지지자인 토머스 헉슬리의 사고에 깊이 뿌리박혀 있다. 헉슬리는 인간의 성취, 그리고 앞으로의 과제가 짐승이었던 우리의 과거를 딛고 올라서는 것이라고 보았다. 인간이 "선사시대의 어둠"에서 빠져나와야 한다는 것이다.

> 인간은 자신을 옥죄는 하등한 기원의 표지들을 갖추고 출현한다. 인간은 짐승, 다른 짐승들보다 더 지적일 뿐인 짐승이며, 자기 충동, 대개 그를 파괴로 이끌곤 하는 충동의 맹목적인 희생양이며 …… 그는 끝없는 사악함, 유혈, 비참함에 사로잡혀 있다.

이어 헉슬리는 이성의 힘과 "지적이고 합리적인 언어라는 경이로운 재능"만이 그 충동을 극복할 수 있다고 덧붙인다.

> 다른 동물에게서는 개체의 삶이 끝날 때 그 경험도 거의 전부 사라지고 말지만, 인간은 서서히 경험을 축적하고 체계화했다. 그럼으로써 그는 이제 더 초라한 동료들보다 훨씬 위에, 산꼭대기에 우뚝 서 있으며, 진리의 무한한 광원에서 나오는 빛을 여기저기로 반사하여 비춤으로써 자신의 비천한 본성에서 벗어나 변모했다.

이 견해에 따르면, 존엄성은 동물이었던 우리의 과거로부터 물려받은 것이 아니라, 우리 자신의 부단한 노력을 통해 획득한 것이었다. '문명'이라는 얇은 베니어판 아래에는 동물의 충동─늘 잔인하다─이 계속해서 사납게 날뛰고 있었고, 따라서 억제해야 했다. 하지만 이 충동이 갇혀 있는 한, 인간은 이성의 명령에 따라서 자신이 원하는 거의 모든 방향으로 스스로를 재편할 수 있었다.

상상하기 어려운 존재에 관한 책

이런 유형의 사고방식과 허버트 스펜서가 개괄한 사회다윈주의 (social Darwinism)는 현재에 이르기까지 많은 문화적, 정치적 사상과 행동의 배후에 어떤 편견이 있는지를 드러내고 또 재확인한다. 도덕을 천성과 대비하고 인간을 다른 동물들과 대비하는 이원론은 지그문트 프로이트의 사상에도 담겨 있다. 그의 사상은 의식과 무의식, 자아와 초자아, 사랑과 죽음을 대비시킴으로써 사람들을 매료시켰다. 헉슬리처럼 프로이트도 모든 곳에서 투쟁을 보았다. 그는 근친상간 금기를 비롯한 도덕적 제약들이 권위적인 아버지가 아들들에게 학살당하는 결과를 빚어내는 영장류 무리의 문란한 성생활로부터 무리하게 단절한 결과라고 설명했다. 그는 문명이 본능을 거부하고 천성의 힘을 통제하고 문화적 초자아를 구축함으로써 나온 것이라고 주장했다.

가열찬 투쟁이라는 개념은 공산주의자들에게도 호소력이 있었다. 카를 마르크스는 나름의 방식으로 이해한 것이긴 하지만, 다윈주의를 초기에 받아들인 인물이었다. 그의 후계자들(혹은 변조자들)인 볼셰비키와 마오주의자들은 그 인식을 극단까지 끌고나갔다. 인간은 이른바 과학적 역사 법칙—그리고 진정한 의지—에 따라, 당의 영도 하에 사회주의의 이상에 맞게 개조되어야 했다. 그들은 진보의 앞길을 가로막는 자들은 희생되어도 좋다고 정당화할 수 있었다.

자신들의 방법이 과학적이며 자신들이 제국주의자들보다 진화론을 더 제대로 이해하고 있음을 입증하려는 열의에 넘치던 소련은 미하일 불가코프의 잊혀진 소설에서 튀어나온 듯한 일화들을 낳았다.

° 오늘날 우리는 고도로 진화한 존재의 동기와 심리를 포함하여 생명에 관한 모든 것을 설명할 때 경쟁과 투쟁을 들먹거리는 것이 자동차 엔진의 피스톤이 위아래로 빠르게 움직이므로 차가 앞뒤로 빠르게 왔다 갔다 할 것이라고 가정하는 것만큼이나 잘못되었음을 알 수 있다. 당시나 지금이나 많은 사람들에게는 이 점이 명백하게 와 닿지 않았다. 비록 다윈은 자신의 이론이 도덕의 기원 문제에 적용될 수 있음을 확실히 간과했지만, 진화 과정의 혹독함과 그 산물의 온화함 사이에 충돌이 빚어진다는 점은 알아차리지 못했다.

일본원숭이

1926년 일리야 이바노프(Ilya Ivanov)라는 과학자는 인간이 유인원의 후손임을 보여주는 실험을 하겠다고 승인을 받았다. 그는 인간과 침팬지의 잡종, 말하자면 '인팬지'를 만들고자 했다. 이바노프는 서아프리카에 있는 한 프랑스 연구소로 갔다. 그곳에서 그는 침팬지 암컷 세 마리에게 인간의 정자를 주입했다. 그는 유럽인보다 아프리카인이 유인원과 유연관계가 더 가깝다는 식민지 시대의 믿음을 여전히 지니고 있었기에 자신의 정자를 쓰지 않았다. 이바노프는 자신의 실험이 실패했음을 깨달을 때까지 아프리카에 머물다가, 쿠바의 한 부유한 상속녀인 로살리아 아브레우(Rosalia Abreu)와 접촉했다. 그녀는 사육되는 침팬지를 번식시키는 데 성공한 최초의 인물로, 아바나 외곽에 대형 동물원을 소유하고 있었다. 이바노프는 아브레우에게 G라고만 알려진 러시아인 자원자를 임신시키는 실험을 하고 싶으니 침팬지 수컷을 빌려달라고 부탁했다. (그 뒤의 기록은 전혀 없으며, G는 역사에서 그냥 사라졌다.)

미국의 거대 자본가들은 사회다원주의를 열렬히 환영했다. 미국에서 그들은 그 사상을 자신의 종교나 필요에 어울리게 얼마든지 고칠 수 있었다. 록펠러에게 대기업의 승리는 "그저 자연법칙의 작용과 신의 산물"일 뿐이었다. 노골적인 무신론자인 아인 랜드의 세계관은 레닌주의를 뒤집은 것이자 니체의 사상을 지극히 세속화한 것이었다. "대중이 자격 있는 자를 위한 발밑에 달라붙는 진흙, 불에 탈 연료가 아니라면 무엇이란 말인가?" 모든 사람은 신이 있든 없든 간에 돈의 교회에서 예배를 볼 수 있었다. 이 견해는 1987년 영화 〈월스트리트〉의 주인공 고든 게코의 말에 압축되어 있다. "신사 숙녀 여러분, 더 좋은 단어가 있는지 모르겠지만, 요지는 '탐욕'이 좋다는 것입니다. 탐욕은 정의입니다. 탐욕은 잘 먹힙니다. 탐욕은 진화 사상의 본질을 포착하고 명확히 하고 꿰뚫고 있습니다."

〈월스트리트〉는 1990년대와 2000년대에 번성할 금융 문화를 예견하여 선보인 것이었지만, 냉전 시대가 마지막 맹위를 떨치던 시기에 제작되었기에 상호 확증 파괴(적국이 핵으로 선제공격을 했을 때 잔존한 핵전력으로 응전하여 전멸시키는 전략으로서 적국의 선제공격을 단념시키기 위한 구상이며, 상호 필멸 전략이라고도 한다—역자 주)의 위협 아래 수십 년 동안 기수된 문의의 산물로 볼 수 있다. 당시 미국과 러시아 양국 모두 대부분의 인간과 동물을 20분 안에 전멸시킬 공격력을 지니고 있었다. 국제주의에 심취해 있던 젊은 피델 카스트로는 1962년 소련에 그 능력을 쓰자고 적극적으로 부추기기도 했다. 1950년대에 미국 군사 사상가들은 평화를 유지하는 최선의 방법이 각 참가자가 무자비하게 자기 이익을 극대화한다는 게임이론—수학자 존 내시(John Nash)를 빌리면, "이봐, 엿 먹어(Fuck you, buddy)"—을 따르는 것이라고 판단했다.

제2차 세계대전 뒤에는, 인간이 자신의 야수적인 본능을 통제할 수 있기는커녕 유인원 중 **가장 뛰어난** 살해자라는 결론을 내려도 불합리하지 않은 듯했다. 이스라엘 총리 메나헴 베긴은 "문명은 단속적이다"라고 간파했다. 끝없는 투쟁이 우리의 핵심 현실이라는 인식은 코맥 매카시의 1985년 소설 《핏빛 자오선》에 등장하는 판사의 냉정한 말에도 담겨 있다.

1990년대에 엔론 사(Enron Corporation)의 경영진은 리처드 도킨스의 책 《이기적 유전자》에 영감을 얻어서 "등급 매겨 내쫓기(rank and yank)"라는 체계를 고안했다. 인간의 행동에는 탐욕과 공포라는 두 가지 추진력만 있다는 개념을 토대로 성과급과 해고라는 기본 틀 안에

＊ 다큐멘터리 영화 〈포그 오브 워〉(2003)에서 미국의 전 국방장관인 로버트 맥나마라는 1992년 이 쿠바 대통령과 미사일 위기 때의 이야기를 나눈 일을 떠올렸다. "대통령 각하, 세 가지 질문이 있습니다. 첫째, 거기에 핵탄두가 있는지 알았나요? 둘째, 알았다면, 미국의 공격에 맞서 그것을 사용하라고 흐루시초프에게 권고했을까요? 셋째, 그가 그것을 발사했다면, 쿠바는 어떻게 되었을까요?" 카스트로는 말했다. "첫째, 있다는 것을 알고 있었습니다. 둘째, 군이 가정할 필요 없이, 나는 실제로 흐루시초프에게 권고했어요. 쓰라고요. 셋째, 쿠바가 어떻게 되었겠냐고요? 철저히 파괴되었겠죠."

일본원숭이

서 직원들이 서로 악다구니를 벌이게 만드는 방식이었다. 이 방식은 자기 충족적 예언이 되었다. 내부적으로는 무자비함과 부정직, 외부적으로는 노골적인 착취로 정의되는 기업 문화가 탄생했다. 조지 부시가 동료로 아끼는 기업가가 경영하던 엔론은 결국 2001년에 파산했다.

행동주의는 부분적인 진리에 토대를 둔 또 하나의 오류 사례다. 그것은 인간이 무엇이든 적을 수 있는 빈 서판이라는 개념의 20세기 판본이다. 조지 오웰의 소설 《1984》에서 오브라이언은 윈스턴 스미스에게 이렇게 말한다. "당신은 우리가 하는 일에 모욕당해서 결국 우리에게 맞설 인간 본성이라는 것이 있다고 상상하고 있지. 하지만 우리는 인간 본성을 창조해. 인간이란 얼마든지 다듬을 수 있거든."

마오쩌둥에게 중국인은 "가장 새롭고 가장 아름다운 단어를 적을 수 있고, 가장 새롭고 가장 아름다운 그림을 …… 그릴 수 있는 …… 백지"였다. 그의 신념은 대약진 정책을 낳았고, 그 정책으로 2,000만~4,500만 명이 굶어죽었다. 서양에서는 그렇게 끔찍한 일은 일어나지 않았지만, 행동주의는 적어도 1970년대까지 계속 영향을 끼치고 있었다. 그때까지도 행동주의의 지지자 중 가장 유명한 인물인 심리학자 B. F. 스키너는 인간의 모든 정신 활동이 "설명을 위한 허구"라고 주장하고 있었다. 그는 내면의 심리적 경험—생각, 느낌, 의도, 목표—이 실제로 무엇이 행동을 통제하는지 연구하는 데에는 불필요하다고 말했다. 사실상 중요하지 않다는 의미였다.

인간과 동물이 빈 서판인지 입증할 실험을 하겠다던 이들은 좀 악독한 짓까지 저질렀다. 1960년대 말에 미국의 두 심리학자는 포유동물의 근원적인 유대, 즉 아기와 엄마 사이의 유대를 끊을 수 있는지 알아보기로 했다. 그들은 젖을 먹이는 어미와 비슷해 보이도록 천과 철사로 만든 인형과 갓 태어난 레서스원숭이를 한 우리에 넣었다.

처음에는 천으로 만든 어미 원숭이 인형을 넣었다. 이 괴물은 정해진 시각에 또는 때때로 고압의 압축 공기를 분출했다. 아기 원숭이는 바람에 밀려 어미에게서 떨어지곤 했다. 아기 원숭이는 어떻게 했을까? 어미에게 더 꽉 매달렸다. 겁에 질린 아기는 무슨 수를 써서라도 어미에게 매달리기 때문이다. ……

그러나 우리는 포기하지 않았다. 우리는 다른 대리모를 만들었다. 이번에는 아기의 머리와 이빨이 달그락거릴 만치 마구 몸을 흔들어대는 어미였다. 모든 아기는 대리모에게 더욱 꽉 달라붙었다. 우리가 만든 세 번째 괴물은 몸 안에서 튀어나와서 아기를 떼어내는 철사 틀이 들어 있었다. 그러자 아기는 바닥에 떨어져서 철사 틀이 천으로 된 몸 안으로 돌아가기를 기다렸다가, 다시 대리모에게 매달렸다.

마지막으로 우리는 고슴도치 어미를 만들었다. 단추를 누르면 이 어미의 앞쪽 전체에서 뾰족한 황동 가시가 튀어나왔다. 아기들은 비록 뾰족한 가시에 내쫓길 때마다 슬퍼했지만, 가시가 사라질 때까지 기다렸다가 다시 어미에게 달라붙었다.

실험자들은 태어나자마자 철저히 고립시켜 키우면, 원숭이에게 '정신병을 일으킬'(즉 정신을 무너뜨릴) 수 있음을 알아냈을 뿐이다.

어떻게 그렇게 많은 지식인, 정치인, 기업, 아니 사실상 사회 전체가 그렇게 재앙 수준의 잘못된 생각을 할 수 있었을까? 다윈도 그랬을까?《종의 기원》의 뒷부분에서 그는 자기 연구가 "훨씬 더 중요한 연구들"을 낳을 것이라고 썼다. "심리학은 새로운 토대 위에 설 것이다. 이미 허버트 스펜서가 잘 닦아놓긴 했지만……" 당대의 가장 저명한 철학자였던 스펜서는 앞서 언급된 대로 우리가 사회다윈주의라고 부르는 것의 창시자다. 하지만 결국 다윈 자신의 연구가 생명이 맬서스식의 생존 경쟁을 벌일 뿐이라는 생명관을 넘어서 더 나아갔다. 그의 기본 개념은 그의 주요 저서인《인간의 유래》(1871)에 다음과 같이 개괄되어 있다.

부모와 자식의 애정을 포함하여 확연한 사회적 본능을 지닌 동물은 어떤 종이든 간에, 지적 능력이 인간만큼이나 거의 그 비슷한 수준으로 잘 발달하게 되면 필연적으로 도덕 감각이나 양심을 획득할 것이다.

다윈은 이 개념을 뒷받침할 만한 증거들을 열거했다.

(아비시니아에서 나와 편지를 주고받는 이는) 골짜기를 건너는 개코원숭
이 큰 무리와 마주쳤다. 일부는 이미 반대편 산비탈로 올라가 있었고, 일
부는 아직 골짜기에 있었다. 그때 골짜기에 있던 무리를 한 무리의 개떼
가 덮치자, 나이 든 수컷들이 바위 위에서 득달같이 내려오더니 입을 쩍
벌리면서 개들을 향해 무시무시하게 고함을 질렀다. 개들은 움찔하여 뒤
로 물러났다. 개들은 다시 용기를 내어 공격에 나섰지만, 이때쯤에는 개
코원숭이들이 모두 높은 곳으로 다시 올라간 뒤였다. 한 마리만 빼고. 약
6개월 된 이 새끼는 바윗덩어리 위로 올라가서 도와달라고 크게 울부짖
었다. 개들이 이 새끼를 둘러쌌다. 그때 가장 큰 수컷 중 한 마리, 진정한
영웅이 다시 산비탈을 따라 내려오더니, 천천히 다가가 그 새끼를 달래고
는 의기양양한 자세로 새끼를 데리고 떠났다. 개들은 너무 놀라서 공격할
엄두도 내지 못했다.

훈련을 받은 영장류학자는 물론이요 야생에서 온종일 영장류를
관찰하는 사람조차 전혀 없던 시대였으니 이런 자료는 일화에 불과
할 수도 있었겠지만, 그런 내용을 믿었다는 점이 다윈의 뛰어난 판단
력이 지닌 한 특징이다. 그럼으로써 그는 당대의 편견에 맞서 나아
가고 있었다(당대만이 아니다. 그로부터 거의 한 세기 뒤에도 로버트 아드리
[Robert Ardrey]는 개코원숭이를 "교수형에 처해지기 딱 좋은 타고난 범죄자, 타
고난 깡패"라고 묘사한 바 있다). 오늘날 우리는 다윈이 들려준 이야기에
서처럼 유인원뿐 아니라 많은 원숭이 종이 때로 친족이 아닌 남을 위
해서 종종 이타적으로, 때로 영웅적으로 행동한다는 것을 안다. 그 사
이에 쌓인 엄청난 양의 증거들 중에서 사례를 하나 골라보자. 손발이
없이 태어난 모주(Mozu)라는 이름의 암컷이 속한, 산속에서 자유로

　　　　　　　　　상상하기 어려운 존재에 관한 책

이 살아가는 한 일본원숭이 무리가 그렇다. 동료들은 장애가 있는 모주를 먹이고 보호했고, 모주는 오래 살면서 새끼 다섯 마리를 길렀다. 또 다른 사례는 연구실 실험에서 레버 당기기를 일관되게 거부한 레서스원숭이들이다. 이들은 레버를 당기면 보상이 주어지되 다른 원숭이에게 고통이 가해지는 것을 보고서, 더 이상 당기기를 멈췄다. 레서스원숭이보다 훨씬 더 지적인 개코원숭이는 교감하고 협력하는 행동 사례를 무수히 보여준다. 1950년대에 남아프리카의 한 농장에서 일한 젊은 암컷 알라(Ahla)는 특히 놀라운 사례다.

알라는 저녁에 집에 와서 식사를 하고 나면, 문을 통해 양들이 있는 울타리로 향한다. 안에서 양들의 소리는 들리지만 어두워서 볼 수는 없다. 알라는 어미를 찾는 새끼 양의 울음소리를 들으면, 그 새끼를 찾은 뒤 입구를 뛰어넘어서 …… 젖을 빨 수 있도록 새끼를 어미의 몸 아래에 놓는다. 알라는 어미와 새끼 몇 마리가 동시에 울어대도, 결코 실수하는 법 없이 어미를 찾아준다. …… 또 어미와 새끼가 울음소리를 내기도 전에 새끼를 찾아서 어미에게 데려가기도 한다. 애스턴 부인(농장 주인)은 "서로 똑같아 보이는 스물 남짓의 새끼를 각자의 어미에게 데려다줄 수 있는 사람은 없을 거예요. 하지만 알라는 실수 한 번 없이 다 해내요."

영장류가 언제나 친절하고 다정하다고 가정하는 것은 그들이 언제나 무자비하고 폭력적이라고 가정하는 것과 마찬가지로 큰 오류일 것이다. 거의 모든 종에는 동족을 향해 극단적인 폭력 행위를 저지르는 개체나 집단이 있기 마련이다. (그런 행위는 드물지만 결코 무작위적으로 나타나는 것은 아니다.) 영장류가 드러내는 동정적인 반응과 행동이 그들의 뇌에 새겨진 것이라는 증거가 있다. 이제는 유명해진 '거울 뉴런'이 처음으로 발견된 것도 레서스원숭이의 뇌에서였다. 거울 뉴런은 우리가 특정한 행동을 할 때뿐 아니라, 남이 그 행동을 하는 것을 볼 때에도 우리 뇌에서 발화하는 뉴런이다.

원숭이에게 참인 것은 마찬가지로 인간에게도 참이다. 몬보도 경과 동시대인인 애덤 스미스가《도덕감정론》의 첫머리에 썼듯이 말이다.

인간을 얼마나 이기적이라고 보든지 간에, 인간의 본성에는 남의 운명에 관심을 갖도록 하고, 그들의 행복이 자신에게 필요하다고 여기게끔 하는 어떤 요소가 분명히 있다. 설령 그 행복을 지켜봄으로써 기쁨을 얻는 것 외에 자신에게 돌아오는 것이 전혀 없다고 할지라도 말이다.

이 정도 말하면 주변에서 볼 수 있는 미덕의 사례들이 거의 알아서 줄줄이 흘러나올지도 모른다. 하지만 애덤 스미스가 잘 간파한 것처럼, 인간이 공감을 드러내고 그에 따라 행동할지 아닐지는 그 맥락에 따라 달라진다. 우리가 다른 영장류 종들보다 더 복잡한 과제를 더 오래 협력하여 수행할 수 있다는 것은 분명하다. 또한 인류학자들이 지금껏 믿었던 것과 정반대로 친족관계가 유일한 요인이나, 더 나아가 주된 요인이 아닐 때도 종종 있다. 평판과 호혜성이 더 중요할 때도 있기 때문이다. 또 우리는 공정함이라고 여기는 것에 극도로 높은 가치를 부여하는 경향이 있다. 하지만 이런 특성들이 반드시 관대한 정신에서 나오는 것은 아니다. 우리는 이해관계가 얽혀 있는 한 어떻게 하는 것이 가장 이익인지도 계산한다. 그리고 우리의 협력 욕구에는 더 어두운 면도 당연히 있을 수 있다. 때로 많은 이들은 우리가 느낄 법한 공감이 무엇이든지 간에 그것을 뭉개라고 요구하는 규범을 받아들인다. 규칙을 고수하려는 성향은 다른 모든 것을 짓밟을 수 있다. 적어도 1960년대 초 스탠리 밀그램(Stanley Milgram)이 한 실험은 그 점을 시사한다. 그는 실험 대상자들—보통 사람들—의 약 3분의 2가 암기 시험에서 떨어진 사람에게 치명적인 수준이라고 믿으면서도 얼마든지 전기 충격을 가할 수 있음을 보여주었다. 권위적인 인물이 그렇게 하라고 말했기에, 전기 충격을 가하는 것이 옳은 일이라고 믿었기 때문이다. (전기 충격을 받는다고 한 사람은 실제로는 아무런 해도 입지 않았

상상하기 어려운 존재에 관한 책

갓 태어난 원숭이는 인간 어른이 혀를 내밀면 '거울처럼' 따라한다.

다.) 원래 밀그램은 실험 대상자의 1퍼센트만이 명령을 따를 것이며, 그 1퍼센트는 사이코패스일 것이라고 예측했다.

'마키아벨리 지능'이라는 용어를 만든 영장류학자 프란스 드 발은 우리의 생물학적 본성이 "우리를 끈으로 묶고 있으며, 그 길이만큼만 우리가 자기 자신에서 벗어나도록 허용할 것이다"라고 말한다. "우리는 원하는 어떤 식으로든 자신의 삶을 설계할 수 있지만, 그것이 잘될지는 그 삶이 인간의 성향에 얼마나 잘 들어맞느냐에 달려 있다." 그렇다면 그 성향은 무엇일까? 드 발은 말한다. "다른 영장류들처럼, 인간도 이기적이고 공격적인 충동을 계속 통제하기 위해 열심히 노력해야 하는 고도로 협력적인 동물이거나 함께 잘 지내고 호혜적인 행동을 하면서도 고도로 경쟁적인 동물이라고 묘사할 수 있다." 달리 표현하자면 우리는 두 개의 '내면 유인원(inner ape)'을 지닌다고 할 수 있다. 하나는 '위계질서를 강화하는(hierarchy enhancing) 성격'으로서, 법과 질서와 엄격한 수단이 각자의 본분을 다하게 한다고 믿는다. 또 하나는 '위계질서를 약화시키는(hierarchy attenuating) 성격'으로서, 공평한 경쟁의 기회를 추구한다. 드 발은 어느 성향이 더 바람직한지를 말하는 것이 아니다. 우리가 아는 인류 사회를 만들려면 양쪽이 함께 있어야만 하기 때문이다. "우리 사회는 형법 체계처럼 위계질서를 강화하는 성향의 제도와 사회 정의를 위한 조치처럼 위계질서

일본원숭이

를 약화시키는 성향의 제도 사이에 균형을 잡고 있다."

드 발의 말은 대체로 설득력이 있지만, 마지막 주장에는 서로 다른 두 가지가 뒤섞여 있다. 개인과 제도는 동일한 것이 아니며, 제도가 인격이라는 것을 지닌다면, 그것은 우리가 일반적으로 '정치'라고 부르는 과정의 결과물일 것이다. 그리고 개인들의 공동체는 아마 개인 인격의 덜 공격적이고 더 협력적인 부분을 전면에 내세운 제도를 창안할 수 있을 것이다. 역설적으로 들릴 수도 있겠지만, 마키아벨리 본인이 제시하고자 한 것도 바로 이것일지 모른다. 《군주론》이 '잉여' 아기를 고기로 먹자는 조너선 스위프트의 《겸손한 제안》과 암울한 복종의 세계를 그린 조지 오웰로부터 시작된 문학 전통과 맥을 같이하는 일종의 풍자라고 보는 학파도 있다. 이 해석에 따르면, 《군주론》은 1513년 판 《1984》다. 사실 마키아벨리의 신념은 다소 덜 잘 알려진 《로마사 논고》에 더 잘 드러나 있다. 이 책은 사람들이 자유롭고 평화롭게 말하고 논쟁할 수 있는 공화국이 전제 정치보다 훨씬 낫다고 주장한다.

마키아벨리 본인이 무엇을 바랐든지 간에, 그가 만든 이미지는 500년 동안 지대한 영향력을 미쳐왔다. 우리 시대도 이탈리아 도시국가 시대 못지않게 부패와 권력 남용이 판치는 듯하다. 개개인 간의 이해관계, 계급, 인종 집단, 국가가 더 큰 규모에서 움직인다는 것만이 다를 뿐이다. 그런 비관주의가 잘못된 것일까? 오늘날의 일부 과학자들과 사상가들은 더 희망적인 견해를 뒷받침할 증거를 찾고 있다. 언어학자 스티븐 핑커는 인류 사회가 시간이 흐를수록 덜 폭력적인 방향으로 나아가고 있다고 주장한다. 신경과학자 데이비드 이글먼은 인터넷이 촉진하는 새로운 형태의 의사소통, 갈등 해소, 영리한 의사 결정 방식에 힘입어서 우리 문명이 더 이전의 문명들이 맞이했던 파국을 피할 수 있을지도 모른다고 말한다. 이런 주장들이 얼마나 근거가 있는지는 아직 잘 알 수 없다. 철학자 데릭 파핏도 비슷한 생각을 갖고 윤리적 행동의 객관적인 토대를 파악할 수 있을 것이라는 말을 하는 것인지 모른다. 하지만 그렇다고 해서 우리가 실제로 객관적으로

상상하기 어려운 존재에 관한 책

옳은[*] 행동을 할 것이라는 의미는 아니다. 아마 그보다는 수학자 마틴 노왁의 주장이 더 설득력이 있을 것이다. 그는 무정부주의자인 피터 크로포트킨이 옳았다고 말한다. 상호 부조가 진화의 한 요소라는 것이다. 노왁의 표현에 따르면, 협력, 즉 '존재의 껴안기(snuggle for existence)'는 돌연변이와 자연선택에 이어서 진화의 세 번째 기둥이다. 하지만 실제로 그렇다고 해서 곧바로 우리 미래의 행복이 보장되는 것은 아니다. 사기꾼과 배신자가 협력자를 착취할 기회를 늘 호시탐탐 노리고 있을 것이기 때문이다. 결과를 결정할 핵심 요소는 협력자가 다른 협력자와 만나고, 배신자가 다른 배신자와 힘을 모으는 상대적인 비율이다. 그리고 노왁을 비롯한 학자들은 바로 이 부분에서 우리가 무언가를 **할 수 있는** 여지가 있다고 주장한다.

지구시스템 과학자 팀 렌턴(Tim Lenton)과 앤드루 왓슨(Andrew Watson)은 생명이 시작된 이래로 생명의 본질에 여덟 가지 주요 혁신이 이뤄져왔다고 본다. 세포 구획, 염색체, 유전 암호, 진핵생물, 성, 진핵생물의 세포 분화, 진정한 사회성 군체, 인간 언어가 그렇다. 각 혁명은 서로 다르지만, 본질적인 특징들을 공유한다. 각각은 지구시스템 전체를 대폭 재편했으며, 그 시스템이 더 많은 에너지를 이용하고, 재순환 효율을 더 높이고, 정보를 더 빨리 처리하고, 더 높은 수준의 조직화를 이루도록 했다. 하지만 렌턴과 왓슨은 각 혁명이 성공할지 여부를 전혀 확신할 수 없는, 대격변에 가까운 것이기도 했다고 말한다. 그 혁명들이 불가피했던 것으로 보이는 이유는 오로지 그것들이 실패했다면 우리가 지금 여기에 없을 것이기 때문이다. 가장 최근의 혁명—인간의 복잡한 상징(자연) 언어의 발달—은 아직 결과를 빚어내고 있는 중이다.

달라이 라마가 피자 가게에 가서 "빼지 말고 전부 넣어서 줘요"라

---

[*] 파핏은 현재 중요한 것은 가장 풍요로운 사회가 사치품 소비를 줄이고, 지구 대기의 과열을 중단시키고, 지적인 생명을 계속 지탱할 수 있는 방식으로 이 행성을 돌봐야 하는 것이라고 말한다.

고 말했다는 농담이 있다고 누군가 그에게 이야기했을 때, 달라이 라마는 대꾸하지 않았다. 하지만 그는 텐진 갸초(Tenzin Gyatso, 지혜의 바다)라는 이름 그대로 지혜로운 노련한 인물*이다. 억압받고 쫓겨난 티베트인들의 운명에 노심초사하던 갸초는 엘리 비젤(노벨 평화상을 받은 루마니아 출신의 유대계 미국 작가—역자 주)에게 무엇이 유대인을 도왔는지 물은 적이 있다. 비젤은 책, 연대, 기억이라는 세 가지를 들었다. 지구촌을 이룬 우리가 자기 자신에게 가장 좋은 것을 지키는 문제를 심각하게 고민 중이라면, 우리 역시 같은 것에 주목해야 할지 모른다. 부족의 경계를 넘어서 연대를 촉진하고자 할 때, 성경보다 종파적인 해석이 이루어질 여지가 더 적고 세계에 관한 진리를 더 많이 담고 있는 책이 있다면 도움이 될 것이다. '생명의 책(book of life)' 그 자체보다 이 요구 조건에 더 잘 들어맞는 책은 없다. 인류는 이제야 겨우 이 책을 읽기 시작했으며, 그 책에는 우리 모두가 공통 조상에서 기원했다는 사실이 알아보기 쉽게 적혀 있다. 잘 쓴 이야기책들이 다 그렇듯이, 이 책도 도덕적인 상상력을 요구한다. 다른 동물들이 우리와 어떻게 같고 다른지를 생각해 보라고 말하기 때문이다. 체홉은 이렇게 말했다고 한다. "자신이 어떤 모습인지를 보게 한다면, 인간은 더욱 나은 존재가 될 것이다."

생명의 책을 더 제대로 이해한다면, 다른 생물들, 특히 우리의 아주 가까운 친척인 영장류에게 우리가 어떤 책임을 져야 하는지를 더 깊이 인식할 수도 있다. 21세기는 그들 모두에게 시련의 시대다. 레서스원숭이와 일본원숭이야 지금은 잘 살 수 있지만, 현재 살아 있는 원숭이, 유인원, 여우원숭이 634종 가운데 약 절반이 멸종 위기에 처해 있다. 한 연구는 전 세계에서 멸종 위험에 가장 몰린 25종의 개체들을 모두 다 축구 경기장에 넣어도 자리가 아주 많이 남을 것이라고 말한다.

야생에서 살아남을 가능성이 가장 적은 종 가운데 하나는 유인원 중에서 가장 온화한 종인 오랑우탄이다. 최근까지 인도네시아의 우림에 남아 있던 소수의 오랑우탄 중 상당수가 불태워지거나 다른 방식으

상상하기 어려운 존재에 관한 책

로 살해당했다. 이 점을 생각할 때면, 나는 존 버거가 동물원에서 오랑우탄 어미와 새끼를 지켜본 뒤에 적은 글이 떠오른다.

갑자기 코시모 투라이 그림에 나오는 성모아 예수가 떠오른다. 감상저인 혼란에 빠져 있는 것이 아니다. 나는 극장에서 내 자신이 무대를 지켜보고 있다는 점을 잊지 않듯이, 지금 유인원 이야기를 하는 중이라는 점을 잊은 것이 아니다. 수백만 년이라는 세월을 강조하면 할수록, 그 표정이 담긴 몸짓은 더욱 특별한 느낌으로 와 닿는다. 팔, 손가락, 눈, 애틋한 눈동자 …… 수백만 년 동안 유지되어 온 특정한 보호 방식, 다정함—목에 닿는 손가락이 주는 부드러움—말이다.

인간이 미래에 완전히 자애로운 존재가 될 가능성은 거의 없다. 영화 〈제3의 사나이〉에서 해리 라임은 뻐꾸기시계만 내놓았을 뿐 이탈리아 르네상스 같은 것은 없었다며 평화가 죽 이어진 스위스에 조소를 보낸 바 있는데, 그런 식의 권태로운 시대가 올 가능성은 거의 없다. 그리고 어쨌든 철학자 앤서니 애피아(Anthony Appiah)가 심드렁하게 말했듯이, 당신 집안의 모계와 부계 어느 쪽에 노예 주인이나 노예 장사꾼이 있을 가능성이 얼마든지 있다. 하지만 지식과 상상력이 철저히 적용된다는 가장 완전한 의미에서, 과학은 '우리 본성의 좋은 천사' 편을 든다. 과학은 철저히 정직할 것을 요구하며 우리 자신을 속이지 않을 더 나은 방법을 끊임없이 찾기 때문이다. 그렇지 않다면 우리는 결코 슬기로운 원숭이일 수 없을 것이다.

---

* 갸초의 가장 노련한 정치 활동 중 하나는 환생을 통해 정해진다는 티베트인들의 새로운 정신적 지도자를 지명(또는 선출)하기로 한 것일 수도 있다. 이로써 갸초가 세상을 뜬 즉시 다른 어른이 그 지위를 물려받을 수도 있다. 이는 환생 문제의 주도권이 자신들에게 있다고 선언한 중국 공산당에게 한 방 날릴 수 있는 방법이다.

일본원숭이

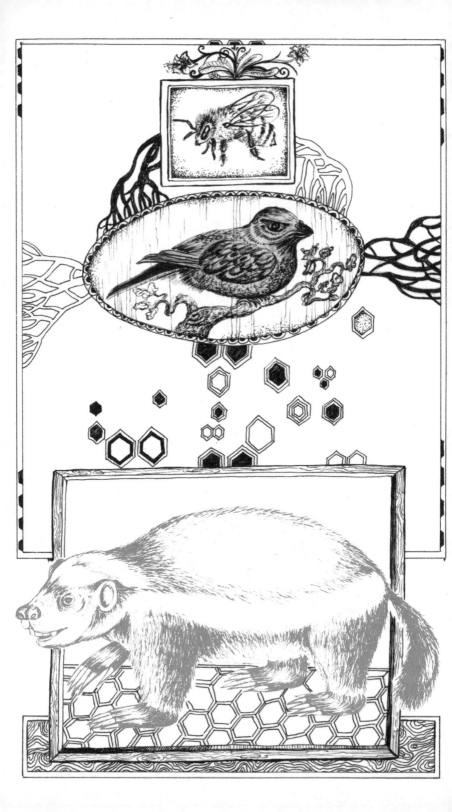

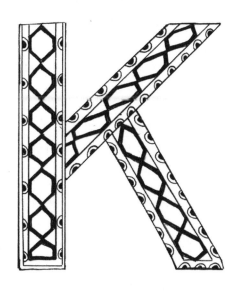

KÌRÌPᴴÁ-KÒ,
THE HONEY BADGER

키리파코와 시크일리코
—벌꿀오소리와 꿀잡이새

벌꿀오소리

Mellivora capensis

문: 척삭동물
강: 포유류
과: 족제비
보전 상태: 관심 필요

큰꿀잡이새

Indicator indicator

문: 척삭동물
강: 조류
과: 벌꿀길잡이
보전 상태: 관심 필요

이 동물은 아주 사악해. 공격을 당하면 스스로를 방어하거든.
—프랑스 격언

새는 말했네. 빨리 그들을 찾아. 어서,
모퉁이를 돌아. 첫 번째 문을 지나서,
우리의 첫 번째 세계로 들어가……
—T. S. 엘리엇, 〈번트 노튼(Burnt Norton)〉

7월의 이라크 바스라는 후끈거린다. 낮 기온은 으레 섭씨 40도까지 오르고, 때로는 50도까지 치솟기도 한다. 영국군이 주둔한 지 4년째인 2007년에도 예외가 아니었으며, 그 열기에 맞먹는 끔찍한 폭력 행위가 저질러졌다. 그 도시의 넓은 지역을 장악하고 있던 시민군이 얼굴을 가리지 않았다는 죄목으로 거리에서 여성들을 잡아다가 죽여서 하수구에 내던진 것이다. 영국군은 2003년의 고작 며칠간만 바스라를 차지했을 뿐, 이후 대부분을 공항에 위치한 요새 같은 기지 안에 안전하게 틀어박혀 있었다. 바스라 주민들 사이에는 원숭이의 머리에 개의 몸통을 한 동물들이 밤에 미쳐 날뛰며 돌아다닌다는 소문이 돌았다. 이 짐승은 소를 산 채로 갈기갈기 찢어발긴다면서 말이다. 그들은 집 안으로도 뛰어들어서 잠을 자던 사람들을 혼비백산하게 만들고, 주민들이 퍼붓는 총알을 요리조리 피한다고 했다. 굴욕을 당한 영국군이 보복하기 위해 주민들 사이에 특수 훈련을 한 오소리를 풀어놓은 것이라고 말하는 이들도 있었다. 영국군은 이를 부인했다. 군 대변인은 무표정한 얼굴로 말했다. "우리는 단연코 그 지역에 인간을 잡아먹는 오소리를 풀어놓지 않았습니다." 한 블로거는 그 말을 이렇게

　　　　　　　　　　　상상하기 어려운 존재에 관한 책

각색했다. "우리에게 냄새나는 오소리(stinking badger)*가 굳이 필요하겠는가."

많은 도시 괴담이 그렇듯이, 이 일화에도 얼마간의 진실이 담겨 있다. 벌꿀오소리(아랍어로 알 기르타[Al Girta])는 몸집이 작은 개만 하지만 사납고 겁이 없다. 오소리계의 핏불테리어라고도 할 수 있다. 더 날렵하면서도 더 근육질이라는 점이 다를 뿐이다. 귀여운 오소리보다는 족제비와 작은 곰의 잡종처럼 보인다. 사람이 훈련시킬 수도 있다. 비록 길들여진 개체는 대개 상냥하고 장난을 좋아하지만 말이다. 하지만 벌꿀오소리가 그 여름에 바스라에서 말썽을 피웠다고 한다면, 그것은 배신을 밥 먹듯이 하는 영국군이 그들을 동원했다기보다는 전쟁 때문에 그들이 자연 상태의 서식지인 도시 주변 관목림과 습지에서 내쫓겼기 때문일 것이다.

벌꿀오소리(Honey Badger)를 왜곡하는 이야기가 새로운 것은 아니다. 기원전 5세기의 작품인 《역사》에서 헤로도토스는 인도 사막에 여우보다 크고 개보다는 작은 사나운 동물이 있는데, 모래를 파헤쳐 황금을 찾아낸다고 적고 있다. 그 금을 약탈하러 가는 사람들은 가장 빠른 낙타를 타야 하며, 이 동물들이 동료들을 불러 모으는 동안 재빨리 달아나야 한다. 그들이 가장 빠른 낙타도 거의 따라잡을 수 있기 때문이라는 것이다. 이 이야기(중세 동물우화집의 원전인 6세기의 《피지올로구스》에 재수록되어 있다)에 얼마간 진실이 담겨 있다고 본다면, 이 동물은 일부에서 주장해 온 것처럼 마멋이 아니라 벌꿀오소리일 가능성이 높다. 마멋은 모래에 굴을 파기를 좋아하는 몸집이 크지만 유순한 설치류다. (더 혼란스럽게도 이 동물이 '개미'의 일종이라고 적혀 있는데, 아

---

* 영화 〈시에라 마드레의 황금〉(1948)과 〈불타는 안장(Blazing Saddles)〉(1974)에는 '우리에게 냄새나는 배지(stinking badge)는 필요 없다'라는 대사가 나온다. 이후 바스라에서 영국군 부대 일부가 200명 이상의 포로를 야만적으로 취급하거나 고문했으며 그중 상당수를 살해했다는 증거가 나왔다.

키리파코와 시크일리코 — 벌꿀오소리와 꿀잡이새

마 어원을 혼동한 탓인 듯하다.) 벌꿀오소리는 지금도 인도의 오지에 살고 있으며, '황금'은 아마 그들이 무척 좋아하는 벌꿀(그렇다, 그래서 바로 '벌꿀오소리'라는 이름이 붙어 있다.)을 가리키는 것일 수 있다. 꿀은 벌들이 모여 사는 땅속 굴에서 발견되기도 한다.

현대 동물학자들은 벌꿀오소리가 2,500년 전 인도의 이야기나 2007년의 이라크에서 떠돌던 터무니없는 이야기에서와 마찬가지로 현실에서도 무척 사나워질 수 있다고 말한다. 동아프리카의 동물들에 관한 가장 신뢰할 만한 안내서(벌꿀오소리는 서식 범위가 넓다. 학명인 *Mellivora capensis*[*]는 '희망봉의 벌꿀 먹는 자'라는 뜻이다)에는 벌꿀오소리가 야생동물의 사체에서 사자를 쫓아낼 수 있다고 적혀 있다. 사자는 목의 피부가 두껍고 느슨하기 때문에 벌꿀오소리가 물어도 다치지 않는다. 그래서 벌꿀오소리들이 대신에 고환을 물어뜯는 모습이 목격되곤 하는데, 고환을 물어뜯긴 사자는 피를 흘리다가 죽음에 이른다. 벌꿀오소리는 독사의 맹독에도 거의 면역이 되어 있으며, 벌들이 마구 침을 쏘아대도 거의 무신경하다. 어쨌든 벌꿀오소리는 항문 근처의 분비샘에서 강력한 악취를 풍기는 물질을 분비하여, 몰려든 성난 벌들을 쫓아버릴 수 있다. 덜 학술적인 내용을 원한다면, 인터넷에서 〈역겨운 엉덩이의 미친 벌꿀오소리(The Crazy Nastyass Honey Badger)〉라는 동영상을 찾아보시라.

또 벌꿀오소리는 빽빽한 털 덕분에 벌침 등의 공격이 먹히지 않는다. 벌꿀오소리는 16개의 아종이 있는데, 아종마다 털 색깔이 다르다. 거의 완전히 검은 종류도 있지만, 대부분은 배만 검고 위쪽은 회색에서 흰색까지 다양한 색깔을 띤다. 한 아종은 머리를 하얀 페인트 통에 넣었다 꺼낸 듯하며, 또 한 아종은 몸 양쪽에 멋진 하얀 줄무늬가 있다. 벌꿀오소리는 주로 홀로 살지만, 때로 짝을 지어 지내기도 한다.

---

[*] 영어로 벌꿀오소리를 라텔(Ratel)이라고도 하는데, '벌집'을 뜻하는 아프리칸스어에서 유래했다.

역겨운 엉덩이의 미친 벌꿀오소리

(오소리류는 수달, 족제비, 담비, 스컹크, 울버린을 포함하는 족제비과에 속한다.)

강인하긴 해도, 벌꿀오소리는 서식지 파괴와 그들로부터 닭과 양봉통의 꿀을 지키려는 인간들의 추적 때문에 위협받고 있다. 그래도 나는 21세기에 보호론자들이 애지중지하지 않아도 이 끈덕진 약탈꾼이 인류가 가할 최악의 조건에서도 살아남을 기회가 꽤 많은, 어지간한 몸집을 지닌 몇 안 되는 포유류 중 하나라고 생각하고 싶다. 인간에게 휘둘리지 않고 황폐해진 미래의 환경을 지배할 것이라고 예측하곤 하는 바퀴벌레, 거대해진 쥐 같은 '몸집이 거대해진 종'들보다 훨씬 더 카리스마가 있는 동료 동물이 있다니 멋진 일이 아닌가.

또 우리는 벌꿀오소리가 숲이 군데군데 있는 동아프리카의 사바나에 사는 몸집 작은 꿀잡이새(Honeyguide)와 지속적인 동반자 관계를 유지하고 있다는 점에서도 그들을 존중해야 한다. 벌꿀오소리와 꿀잡이새의 관계는 인간이 꿀잡이새와 맺은 관계와 비슷하며, 인간이 보고 배운 것인지도 모른다. 그리고 그 관계는 우리 인간의 지금 모습을 빚어내는 데 중요한 역할을 했을 수도 있다.

꿀잡이새, 즉 인디카토르 인디카토르(Indicator indicator)―그렇다, 진짜 학명이다―는 겉모습보다 이름이 더 독특하다. 외모만 보면 그저 작고 칙칙해 보이는 새이기 때문이다. 이 새는 밀랍을 잘 먹는데 벌집을 뚫기에는 몸집이 너무 작고 또 벌침에 쏘이는 것도 싫어한다. 그래서 오소리와 인간에게 자신을 대신해서 그 어려운 일을 하도록 맡기는 방법을 찾아냈다. (오소리나 인간은 보답으로 꿀을 얻는다.) 꿀잡이새는 다음과 같이 행동한다. 먼저 도움을 받고자 하는 상대의 근처에 앉아서 독특한 소리를 반복하여 낸다. 이렇게 동물이나 인간의 주의를 끈 뒤에는 벌집이 있는 방향으로 짧게 급강하하는 비행을 되풀이한다. 점찍은 동료가 잘 볼 수 있도록 연한 색깔의 꼬리깃털을 반짝거리며 가는 길을 따라 자주 나무 위에서 휙 내려오곤 하는 것이다. 동료가 따라오지 못하면 이전 위치로 돌아가서 같은 행동을 되풀이한다. 벌집에 도착하면, 이전의 소리와 쉽게 구별할 수 있는 소리를 내

상상하기 어려운 존재에 관한 책

고는 동료가 벌집을 깨고서 꿀을 채취해 떠날 때까지 참고 기다린다. 그런 뒤 남은 밀랍을 먹는다.

벌꿀오소리는 꿀을 좋아하지만, 직접 꿀잡이새를 찾아 나서는지는 알려져 있지 않다. 하지만 인간은 자신이 어디에 있는지 새에게 알리는 법을 터득함으로써 동반자 관계를 더 진전시켰다. 케냐 북부와 에티오피아 남부의 보란족(Boran)은 푸울리도(Fuulido)라는 날카로운 휘파람을 써서 1킬로미터 떨어진 곳에서 꿀잡이새를 부를 수 있다. 그럼으로써 꿀잡이새와 만날 수 있는 확률을 두 배로 높인다. 보란족은 꿀잡이새의 도움이 없을 때에는 벌집을 찾는 데 대개 9시간이 걸리지만, 도움을 받으면 3분의 1로 줄어든 평균 3시간 만에 벌집을 찾을 수 있다.

우리는 인간이 꿀잡이새와 벌꿀오소리가 상호작용을 하는 광경을 지켜보면서 꿀잡이새를 따라가는 법을 처음 배웠는지, 아니면 꿀잡이새에게 직접 배웠는지—가르침을 받았다고 할 수도 있으니 말이다—결코 알지 못할 것이다. 게다가 그 협력이 오늘날 이루어지고 있는 동아프리카에서 언제부터 사람들이 그 새를 따라다니기 시작했는지 알아낼 가능성도 희박하다. 유럽의 기록에는 유럽인이 처음 그 지역에 발을 디딘 17세기부터 나오지만, 암석에 새겨진 그림을 보면 적어도 2,000년 전부터 그 협력이 이루어지고 있었음을 알 수 있다. 하지만 꿀잡이새와의 역사가 그보다 훨씬 더 오래되었다는, 완전한 현생 인류가 등장하기 이전까지 거슬러 올라간다는 증거들이 있다.

탄자니아의 하드자족(Hadza)이 벌꿀오소리와 꿀잡이새에게 붙인 이름들이 하나의 단서가 될 수 있다. 이 장의 제목으로 삼은 이름들이 바로 그것이다. 하드자족의 언어는 아마 가장 오랫동안 쓰인 말 중 하나일 것이며, 그들이 붙인 이 동물들의 이름인 키리파코(Kiripʰá-kò) 와 시크일리코(Tʰikʼìlí-ko)는 어원상 서로 연관이 있을 수도 있다. 하드자족의 조상은 벌꿀오소리와 꿀잡이새 사이의 동반자 관계를 기술한 최초의 현생 인류일지 모른다. 또 그들의 관계를 모방한 최초의 현생

키리파코와 시크일리코 — 벌꿀오소리와 꿀잡이새

인류에 속할 수도 있다.

이것은 추정일 뿐이지만, 터무니없는 것은 아니다. 하드자족의 조상들은 아마 5만 년 동안, 아니 더 오랜 세월을 같은 지역에서 살아왔을 것이다. (이웃의 대다수 부족 집단들보다 훨씬 더 오랜 세월이다. 하드자족의 가장 가까운 친척은 아프리카 남부의 부시맨으로, 두 종족은 유전적으로 가장 오래 전에 갈라진 인류 집단*에 속한다.) 이 기간 내내 그들은 수렵채집 생활을 해왔다. 작물을 재배하지도 가축을 기르지도 영구 정착지를 조성하지도 않았다. 우리가 확실히 말할 수 있는 것은 하드자족이 꿀을 매우 귀중히 여겼다는 것이며(무게로 따지면 그들의 식단 중 약 80퍼센트는 야생의 덩이뿌리와 열매 같은 식물이지만, 꿀과 고기에서 얻는 나머지 20퍼센트는 에너지와 영양 공급 면에서 무게 비율을 훨씬 초월하여 중요한 역할을 한다), 그들의 조상이 꿀잡이새를 따르는 편이 시간을 훨씬 절약해 준다는 것을 발견한 이래로 죽 그렇게 해왔을 가능성이 높다.

혀를 차고 끊으며 발음해야 하는 하드자족의 벌꿀오소리와 꿀잡이새 이름은 따라 하기가 어렵다. 솔직히 말하자면, 우선 나 또한 제대로 발음할 수 있을 것 같지가 않다. 하지만 그것이 하드자족에게 존중을 표하는 방식이기 때문에, 또 인간의 인지와 언어가 자연 세계와 어떻게 관계를 맺고 있는지에 관해 어떤 심오하고도 중요한 점을 떠올리게 하는 수단이 되기에 발음해 보고 싶다.

존중을 이야기하자면, 인류학자들을 비롯해 하드자족과 시간을 보낸 외부인들은 모두 그들의 육체적, 정신적 강인함에 경이로움을 느끼곤 한다. 그들은 최근까지도 어느 누구도 탐내지 않았을 만큼 혹독한 환경에서 살아가며, 그럼에도 아주 유쾌하게 산다. 처음에는 제국주의 식민 정부가, 다음에는 탄자니아 정부가 그들을 강제로 정착시키려 시도했지만, 그들은 줄곧 이에 저항했다. 더 최근 들어서는 자신의 이익을 위해 그들의 땅을 약탈하려는 외지인들도 심심찮게 나타난다. 하드자족은 나름대로 벌꿀오소리 못지않게 완고하다. 하지만 그들은—적어도 대체로—남들에게 친절하고 다정하기도 하다. 공동

상상하기 어려운 존재에 관한 책

육아 연구를 통해 인류가 어떻게 서로를 보살피고 사랑하는가에 관한 혁신적인 생각을 제시한 인류학자 세라 블래퍼 허디(Sarah Blaffer Hrdy)는 하드자족 남녀가 육아 등의 활동에 있어 다른 대다수 인류 집단들보다 훨씬 더 함께 참여한다고 말한다. (남녀 어른들 모두 휴식 시간도 즐긴다. 남성들은 대체로 모여 앉아서 독화살로 도박을 하는 듯하다.) 우리가 하드자족을 존중해야 하는 이유가 또 있다. 전통적인 생활방식을 따르는 이 부족의 인구는 오늘날 1,000명도 안 되며, 외부의 적극적인 지원이 없다면 이 생존자들마저 사라질 가능성이 더욱 커질 것이다. 키리파코와 시크일리코 같은 단어들이 그것을 만든 이들보다 더 오래 남을지도 모른다. 그 단어들을 기억함으로써, 우리는 아마도 가장 오래 존속해 왔을 인류의 생활 방식과 세계를 아는 방식을 따르는 사람들을 기리게 될지도 모른다.

8장(〈인간〉)에서 우리는 언어와 음악의 기원이 같을 수도 있다는 주장을 살펴보았다. 하지만 그 둘의 관계가 실제로 어떠하든 간에, 언어의 뿌리가 여러 갈래라는 점은 분명하다. 그리고 하드자족과 꿀잡이새의 상호작용은 인간으로서의 우리를 정의하는 의사소통 방법이 적어도 어느 정도는 다른 동물들과 맺은 동반자 관계 덕택에 발달한 것임을 시사하는, 감질날 정도로 단편적인 정황 증거가 된다. 아마 재현, 이야기, 연극은 어쩌면 오늘날에도 인간과 꿀잡이새 사이에서 볼 수 있는 것과 같은 새와 인간 사이의 상호작용에서 기원했을지도 모른다. 가축이나 애완동물이 없는 하드자족에게 이런 종류의 동반자 관계는 인류가 가축이나 애완동물과 맺어온 관계와 마찬가지로 오랫동안 다른 종과 맺어온 긴밀한 관계일지 모른다. 이는 우리의 길들이기(tameness)** 개념보다 앞서면서 동시에 다른 유형의 관계다. 무엇

---

* 유전학적 및 언어학적 증거로 볼 때, 현생 호모 사피엔스 집단들 가운데 하드자족과, 지금은 지리적으로 그들과 멀리 떨어진 곳에 사는 산족(San), 즉 아프리카 남부의 부시맨이 가장 먼저 갈라진 듯하다.

보다도 그것은 거의 평등한 관계다. 시인인 에드윈 뮤어(Edwin Muir)가 인류와 다른 동물 사이의 "오래전에 잃은 태곳적 동료 관계"라고 한 것의 좋은 사례일지 모른다.

인류학자들은 하드자족이 '전통적인 연극'을 통해 꿀잡이새와 함께 성공을 거둔 날을 축하하곤 한다고 말한다. 이 연극에서는 한 사람이 새 역할을 맡아서 휘파람을 불고 다른 사람은 새의 휘파람 소리를 흉내 내며 따라가는 인간을 연기한다. (마찬가지로 개코원숭이에서 기린에 이르기까지 어떤 동물이든 잡아서 고기를 나눈 뒤에, 그들은 그 사냥 이야기를 할 것이다. 사냥이 어려웠거나 위험했다면 더욱 이야기가 꽃을 피울 것이다.) 그런 재연은 아마 가장 오래된 형태의 오락에 속할 것이며, 그것이 찬미하는 동반자 관계와 더불어 인간의 언어가 처음에 발달하고 다듬어지는 데에 중요한 역할을 했을 수도 있다. 언어는 적어도 어느 정도는 꿀잡이새 같은 다른 동물들의 소리에 귀를 기울이거나 그들이 남기는 흔적들(먹잇감의 발자국 등)에 주의를 기울이는 것에 뿌리를 두고 있으며, 그런 소리와 흔적을 찬미하고 다시 말하는 행위를 통해 더 깊어지고 풍성해진다.

인간의 언어를 충실하게 기술하고 그 의미를 설명하려면 한두 권의 책으로는 안 될 것이다. 하지만 간단하게 써야 한다면, "많은 어휘를 써서 정보를 암호화하고 해독하는 체계, 빠르고 튼튼한 전달 체계, 정해진 규칙에 따라 단어들을 조합하여 거의 무한한 의미 집합을 만드는 능력"이라고 정의하는 것도 나쁘지 않다. 대다수의 인류학자들은 우리가 아무리 돌고래를 옹호할지라도 인간을 제외한 다른 그 어떤 동물도 이런 의미의 언어는 지니고 있지 않으며, 우리가 다른 동물들과 정말로 '남다른 존재'가 되게끔 언어가 우리의 능력을 대단히 크게 증대시킨다고 생각한다. 일부에서는 언어의 발달이 DNA 자체의 진화만큼 기념비적인 사건이라고 본다.

언어학이 정식 학문 분야가 된 이래로 대부분의 시간 동안, 언어의 기원과 진화에 관한 이론들은 대체로 증명할 수도 반증할 수도 없

상상하기 어려운 존재에 관한 책

는 '그저 그런' 이야기들에 불과했다. 하지만 지난 수십 년 사이에 유전학과 고고학 분야에서 이루어진 발견들에 힘입어 이 이론들은 점차 검증 가능한 것이 되어왔다. 한 예로 2001년에 현생 인류만이 지닌 FOX2P리는 유전자의 직은 변이가 언이에 중요한 역힐을 했다는 주장이 나왔다. 이 변이체는 약 20만 년 전에 인류 집단 전체로 급속히 퍼진 듯하다. (오늘날 이 변이체가 없는 극소수의 사람들은 언어와 발성의 여러 측면에서 큰 곤란을 겪고 있다.) 하지만 더 최근 들어서 네안데르탈인도 이 변이체를 지니고 있었음을 시사하는 증거들이 나오고 있다. 이는 네안데르탈인이 우리와 매우 흡사하게 언어와 발성 능력을 지니고 있었거나, 아니면 그 유전자가 언어를 가능케 한 여러 가지 요소 중 하나일 뿐임을 시사한다.

고고학 기록을 더 자세히 살펴본다면, 더 믿음직한 해답을 얻을 수 있을 수 있을지도 모른다. 우리가 호모 사피엔스라고 부르는 종의 해부 구조는 지난 20만 년 동안 거의 변하지 않았다. 아주 섬세하게 다듬은 도구의 제작, 장거리 교역, 미술과 기호의 창안을 포함하는 '행동의 현대성*'은 약 10만 년 전에야 출현하기 시작했고, (고고학이 보여주듯이) 5만~4만 년 전에는 후손을 남긴 모든 인류 집단에 확고히 자리를 잡았다. 우리가 아는 언어가 발달함으로써 이 새로운 행동을 가능하게 한 '인지적 유동성(cognitive fluidity)'의 핵심을 이루었을 것이 거의 확실하다.

** 생물학자 팀 플래너리(Tim Flannery)는 '길들이기'가 인류가 세계의 여러 지역에서 많은 동물들과 맺은 최초의 관계를 떠올리게 하는 희미한 메아리에 불과하다고 말한다.

* 우리 사람속의 더 이전 종들은 개체 수준에서 볼 때 다른 많은 동물들보다 약한 몸을 지니고 있었지만, 나름의 의사소통과 협력 방식 덕분에 계속 살아남아 100만 년 전에 아프리카와 유라시아의 드넓은 지역으로 퍼져나갈 수 있었던 것이 틀림없다. 그들의 원시 언어는 다양한 시기에 걸쳐 우리가 완전히 진화한 언어라고 여기는 것을 구성하는 요소들을 많이 혹은 전부 갖춰있을 것이 분명하다.

키리파코와 시크일리코 — 벌꿀오소리와 꿀잡이새

언어의 기원과 발달이 정확히 어떤 궤적을 그렸든 간에, 그것이 진공 상태에서 이루어진 것은 아니었다. 하드자족을 비롯한 농경 이전의 부족들은 인간이 인간들끼리뿐 아니라 다른 동물들과도 의사소통하고 교감하며 진화했음을 상기시킨다. 비록 과거나 지금이나 매우 고달프고도 짧은 삶을 살고 있지만, 하드자족의 생활 방식은 우리 존재의 핵심에 있는 무언가를 보여준다. 데이비드 에이브럼(David Abram)은 이렇게 표현한다. "인간이 아닌 존재들과 접촉하며 상생하고 …… 인간 언어의 복잡성이 지구 생태계의 복잡성과 연관을 맺을 때에만—우리 종의 모든 복잡성을 그 모체와 동떨어진 것이라고 여기지 않을 때에야—우리는 인간이 된다." 이것이 바로 하드자족처럼 지금까지 남아 있는 극소수의 석기시대 문화가 파괴되는 것이 그토록 끔찍한 이유다.

사람들은 이른바 고도 문명을 낳은 언어를 대단히 다양한 목적으로 사용할 수 있으며, 그중 유익한 결과를 낳는 것들도 있다. 헨리 데이비드 소로우는 죽음이 가까운 순간에까지 돌 위에 떨어지는 빗방울이 바람에 어떻게 지나갔는지를 말해주는지를 자신의 일기에 기록하는 식으로, 언어를 단순히 알리기 위한 도구로서 유려하게 다듬었다. 하지만 우리 언어는 명백한 한계들도 지니고 있다. 중국 시인인 왕유(王維)가 말했듯이, "우리는 단어들의 미망 속을 방랑하는" 경향이 있다. 그리고 가장 나은 사례에서조차도 우리가 풍부한 경험을 통해 아는 것과, 언어가 제공하는 좁은 기다란 대역폭 사이에는 큰 격차가 있다. 이 점에서는 언어만큼 오래되었을 수 있는 그림과 지도 그리기 같은 다른 형태의 상징적인 의사소통 방식들도 마찬가지다. 아마 우리의 언어 지도와 인지 지도는 1492년 독일에서 제작된 아름다운 지구의 에르다펠(Erdapfel)보다 그다지 발전하지 않았을 것이다. 콜럼버스가 제1차 항해에서 돌아오기 전에 제작된 이 지구의에는 남북아메리카가 표시되어 있지 않다.

미래에는 아마도 더 나은 의사소통 수단이 등장할 것이다. 그런데

상상하기 어려운 존재에 관한 책

그 수단에는 무엇이 필요하고 무엇이 없어도 될까? 그 힘이 커질수록 그것을 남용하는 능력도 그만큼 커진다. 우리는 10세기에 바스라에서 지식과 지혜를 평화롭게 추구하는 데 헌신하던 수피교 수도사들을 위해 쓰여진 문헌을 떠올리는 편이 좋을 것이다. 《인간에게 소송을 건 동물(The Animal's Lawsuit Against Humanity)》이라는 제목의 이 책에서, 동물들은 정령의 왕이 주재하는 법정에서 인간들이 자신들을 취급하는 방식에 항의한다. 법정은 인간들이 동물을 노예로 부리고 죽일 권리가 없다고 판결한다.

이 교훈을 염두에 둔다면, 우리 자신이 재현하는 상징들에 일방적으로 의지하지 않을 때라야 제대로 이해할 수 있는 것들이 있다는 점을 더 잘 깨닫게 될 것이다. 새의 노래가 좋은 사례다. 작가인 그레임 깁슨(Graeme Gibson)은 우리 인간이 새들에게 둘러싸여서 자의식을 갖게 되었다고 말한다. 아마 새들의 노래에 주의를 기울이고 마음속에서 이를 생각하는 것이 곧 생명 자체를 생각하는 것이라는 시적인 사유 속에는 진리가 담겨 있을지도 모른다. 하지만 우리가 살아남으려면 벌꿀오소리의 강인함과 꿀잡이새의 민첩함도 필요할 것이며, 우리는 그 동물들을 찬미하고 존중해야 할 것이다.

LATHERBACK
TURTLE
장수거북

Dermochelys coriacea

문: 척삭동물
강: 파충류
목: 거북
보전 상태: 위급

영원히 이상적인 것은 경이로움이다.
—데릭 월컷

별들은 대부분 구름 속에 숨어 있다. 뒤로는 숲이 안개에 싸여 있다. 앞쪽으로는 해변이 펼쳐져 있고, 파도는 회색을 띠고 있어서 잘 보이지 않는다. 고작 몇 미터 앞밖에 보이지 않지만, 멀리서 파도가 철썩이고 모래밭을 적시는 소리가 들린다. 시간은 계속 흐른다. 그러다가 농밀한 어둠 속에서 포효하는 파도 소리 사이로 얕은 물에서 쉿쉿거리고 꼬르륵거리는 소리가 들리기 시작한다. 장수거북(Leatherback turtle)이 알을 낳기 위해 뭍으로 올라오고 있다. 이곳 서파푸아의 해변은 서태평양 전역에서 최근에 알려진 산란지 중 하나다. 때는 2006년 7월, 나는 한 소규모 무리에 끼어서 점점 더 보기 힘들어지는 이 광경을 지켜보고 있다.

장수거북은 생애의 99퍼센트 이상을 머무는 바다에서는 빠르고 힘차게 헤엄을 치는 운동선수다. 하지만 육지로 올라오면 중력에 짓눌리게 된다. 때로 500킬로그램을 넘기도 하는 자신의 몸무게가 잔인한 농담이 된다. 장수거북(그리고 그 알)은 인간 사냥꾼과 그 개에게 너무나 취약해진다. 장수거북의 산란이 잘되기를 바라마지 않는 우리들은 멀찌감치 떨어져서 지켜보고 있다. 첫 번째 장수거북이 해안으

상상하기 어려운 존재에 관한 책

로 올라와서, 거대한 앞지느러미발로 소형차에 맞먹는 몸을 움직이기 시작한다. 한 걸음 한 걸음 내딛는 데 엄청난 노력이 필요한 듯 보인다. 장수거북은 자주 멈추고는 힘겹게 심호흡을 하곤 한다. 거대한 돌을 들어 올리는 일꾼이 떠오르기도 하고, 나 자신이 무거운 짐을 등에 이고서 해발 5,500미터가 넘는 히말라야산맥을 오르던 일이 생각나기도 한다. 그때 나는 그랜드피아노를 끌면서 한 걸음 한 걸음 옮기는 기분이었다.

바닷물이 모래로 스며들어서 알들을 익사시킬 걱정을 안 해도 될 만큼 높은 곳까지 올랐다고 판단한 장수거북은 모래를 파기 시작한다. 날개라고 부르는 편이 더 나을 만큼 거대한 앞지느러미발로 모래를 푹푹 떠내기 시작한다. 왼발과 오른발을 번갈아 호를 그리면서 강하게 뒤쪽으로 밀어낸다. 때로는 발을 너무 깊이 박아서 걸리기도 하고, 때로는 적절히 쑤셔 넣지 못해서 발을 뒤로 홱 젖혀 퍼낼 때 얼마 안 되는 모래만이 공중에 흩뿌려지기도 한다. 좀 굼떠 보이긴 하지만, 거북의 행동은 보이는 것보다 더 효율적이다. 장수거북은 곧 자신의 몸이 들어갈 만큼 크고 얕은 구덩이를 다 판다. 이어서 가장 섬세한 단계가 시작된다. 알이 들어갈 방을 파기 시작하는 것이다. 우리를 안내한 전문가의 말에 따르면, 이때쯤 장수거북은 일종의 무아지경에 빠져서 인간이 다가가도 알아차리지 못한다고 한다. 따라서 가까이 다가갈 수 있고, 심지어 방해하지도 않으면서 등딱지를 만질 수도 있다. (나도 만져본다. 따뜻하다.)

이제 장수거북은 뒷지느러미발로 파기 시작한다. 앞지느러미발보다 훨씬 작고 더 유연하며, 섬세하다고까지 할 수 있다. 이 뒷지느러미발은 사실 인간의 팔을 닮았으며, 인간의 팔이 납작하고 넓은 노 모양으로 변해서 코끼리의 피부 안에 끼워진 듯이 보이기도 한다. 장수거북 자신은 뒷지느러미발을 전혀 볼 수 없기에, 오로지 촉감에 의지해서 축축한 모래에 목이 좁은 항아리 모양의 깊은 구멍을 판다. 정확하고도 능숙하게 발을 깊이 집어넣어 모래를 파서, 숙련된 도공이나 조각가*처럼 능숙하게 방 안쪽 벽에 대고 두드려서 단단히 만든다. 이 윽고 흡족할 만큼 했다 싶으면, 거북은 부리처럼 생긴 통통한 산란관을 그 항아리 안으로 들이민 뒤 천천히 알을 낳기 시작한다. 투명한 점액질로 온통 뒤덮인 하얀 탁구공 같은 알을 수십 개 낳는다. 다 낳으면 처음에는 뒷지느러미발로 부드럽게, 그 다음에는 몸을 좀 돌려서 강한 앞지느러미발을 써서 많은 양의 모래로 위를 덮는다. 마지막으로 알을 낳은 자리를 감추려는 양, 아무 방향으로나 모래를 마구 흩뿌린다.

장수거북을 만지는 행위에는 어린 시절에 꿈꾸던 마법의 요소가 모두 들어 있다. 이 동물은 대체로 우리의 손길과 상상 너머의 세계에서 생생하게 살아 있다. 나중에 나는 장자의 한 구절을 떠올렸다. "만물의 이런 성질은 누가 정한 것인가."

우리 소집단의 구성원—부유한 선진국에서 온 과학자, 환경보호론자, 사진작가 등—은 모두 희열과 경이감에 충만하여 아이처럼 기뻐하며 동동 뛰었다. 이 동물들은 우리가 평생에 한 번 보았으면 하고 바랄 만큼 아름답고 경이롭다. 또 이들은 매우 기이하다. 앞지느러미발은 혹등고래의 지느러미발처럼, 몸집에 걸맞게 거대하다. 등딱지는 유선형이어서 몸 전체가 마치 눈물방울이나 아몬드 모양을 이루지만, 류트**의 등에 솟아 있는 융기들과 비슷하게 머리에서 발까지 일곱 개의 융기가 뻗어 있다. 등딱지의 가죽질 표면은 진회색에서 검은색을 띠고 하얀 반점들이 나 있으며, 고무질 가죽이나 압축 성형한 컴퓨터 마우스 패드 같은 느낌이다. 무궁류(머리뼈의 관자놀이 근처에 구멍이 없는 파충류—역자 주)의 머리뼈는 포탄처럼 끝이 뭉툭하며, 대단히 단단하고 원시적이다. 부리 같은 입은 양쪽이 뿔처럼 삐죽 아래로 튀어나와 있다.

우리는 이 거북이 목이 있다는 것을 알지만 볼 수는 없는데, 이 목 안에는 날카로운 가시들이 안쪽을 향해 빽빽하게 들어차 있다. 해파리를 옭아매어 삼키는 가공할 장치의 일부다. (인간에게 해파리는 맛있는 종류도 있고 독성이 매우 강한 종류도 있지만, 장수거북에게는 주식이다.) 기울어진 눈에서 흘러내리는 굵은 눈물─인간이 오해하기 너무나 쉬운─은 사실 먹이와 함께 섭취한 염분을 배출하는 수단이다. 장수거북이 호흡할 때마다, 등딱지가 오르내릴 때마다, 폐가 얼마나 크고 얼마나 힘차게 움직이는지를 느낄 수 있다. 악어가 이만하다면 우리는 겁을 먹겠지만, 우리는 장수거북이 해를 끼치지 않는다는 것을 알기에 전혀 두려움이 일지 않는다.

이 만남을 돌아보자니, 그 동물로부터 얼마나 많은 것을 배웠고 그것이 얼마나 중요할지 궁금증이 인다. 우리가 장수거북들을 **직접** 접하면서 경외심을 느꼈다는 점은 분명하다. 하지만 우리가 피상적으로밖에 인식하지 못한 사건, 편견, 가정도 우리의 감정과 생각을 형성하는 데 한몫했다. 우리는 이 동물들을 없애고 있는 문명의 혜택을 입으면서도 자신이 '선한' 사람이라고 여겼다. **남들**에게, 이를테면 원주민들의 권리를 박탈하고 그들의 주변 땅과 바다에서 자원을 약탈하는 데 직접 관여한 사람들에게 환경 파괴의 책임을 떠넘기기란 아주 쉬웠다. 우리는 사적인 기쁨과 슬픔을 느끼는 한편으로, 공공연히 감상을 말하고 비난을 퍼부었다. 하지만 정말로 우리는 무엇을 보고 만지고 있던 것일까?

베르너 헤어조크는 좀 울적하던 시기에 이렇게 내뱉었다. "대양에서의 삶은 진정한 지옥일 것이 틀림없다. 끊임없이 긴박하게 찾아오는 위험으로 가득한 드넓은 잔혹한 지옥이다. 너무나 지옥 같았기에 진화하는 동안 어떤 종은 …… 기고 날아서 단단한 땅덩어리인 몇몇 작은 대륙으로 올라갔고, 그곳에서도 어둠의 교훈은 계속된다." 하지

---

* "자연의 작품이 미술 작품에 비해 그렇듯이, 자연선택은 …… 인간의 허약한 노력에 비해 이루 헤아릴 수 없이 우월하다."
—찰스 다윈, 《종의 기원》
** 장수거북의 스페인어 이름 중 하나는 토르투가 라우드(tortuga laud), 류트거북이라는 뜻이다.

만 이 관점은 자연 세계보다는 그 전설적인 독일 영화감독의 삶에 관해 더 많은 것을 말해준다. 육지에서 살던 종들은 사실 지난 2억여 년 동안 바다로 돌아가곤 했으며, 돌아간 종들은 번성하며 온갖 놀라운 형태로 진화했다. 그 기간 중 중간 부분, 즉 우리가 공룡의 시대라고 하는 수천만 년 동안 익티오사우루스, 플레시오사우루스, 모사사우루스 같은 해양 파충류는 북극해에서 남극대륙까지 전 세계 바다를 돌아다녔고, 종종 거대한 크기로 진화하곤 했다. 6,500만 년 전 공룡들을 전멸시킨 백악기 말의 대격변 때 이 해양 파충류들도 사라졌고, 바다는 잠시 조용해졌다. 하지만 그로부터 약 1,500만 년이 흐르기 전에 돌고래와 고래의 조상들은 에오세의 풍족한 바다를 탐험하기 시작했다. 바다소류, 기각류(물범, 바다코끼리), 해달, 펭귄, 바다이구아나 등도 그 뒤를 따랐다. 나름대로 위험이 있긴 하지만, 바다는 살기에 좋은 곳이다. 죽음의 교훈뿐 아니라 삶의 교훈도 얻는 장소다.

바다거북*류도 앞장서서 바다로 돌아간 동물에 속했고, 가장 오래 존속해 왔다. 그들의 조상이 마지막으로 육지에 산 것은 약 2억 2,500만 년 전이었던 듯하다. 이 시기는 공룡이 1억 6,000만 년에 걸쳐 지구를 지배하기 시작하던 즈음이며, 내가 목격한 거북의 산란지가 속한 북아메리카가 그 이름을 얻기 오래 전, 모든 대륙들이 판게아라는 거대한 대륙으로 합쳐져 있던 때였다. 약 2억 2,000만 년 전에 오돈토켈리스(Odontochelys)라는 종은 생애의 대부분을 얕은 바다에서 보내고 있었다. '이빨이 있고 절반이 껍데기로 뒤덮인 거북'이라는 뜻의 이름을 지닌 이 동물은 골질로 된 배딱지가 있었지만 등딱지는 없었다(대신에 아마 가죽질이었을 것이다).

그 뒤로 1억 년이 흐르면서 판게아가 쪼개지고 대륙들이 이동하는 동안, 이 원시거북 또는 그와 아주 흡사한 종의 후손들은 갖가지로 불어났다. 그중에는 골질 갑옷을 완전히 갖춘, 즉 몸의 위와 아래를 모두 갑옷으로 감싼 우리에게 친숙한 모습의 종도 많았다. 그렇지만 격자처럼 짜인 뼈 위를 질긴 가죽으로 덮은 형태로 진화한 종들도

상상하기 어려운 존재에 관한 책

있었다. 그중 가장 큰 종은 아르켈론(Archelon)으로, 폭이 4미터를 넘었다. 현대 주력 전투 전차의 포탑보다 더 컸던 셈이다. 아르켈론은 뼈대가 비교적 가벼웠기에 빨리 움직일 수 있어서 모사사우루스(아마 생명의 역사상 가장 포악한 해양 포식자였을 것이다)의 먹이가 되어 일찍 멸종하는 운명을 피할 수 있었다. 나아가 부리 모양의 커다란 입 덕분에 백악기 바다에서 생선 요리를 마음껏 즐기면서 번성했을 것이 분명하다.

장수거북(뼈대 위를 가죽질 피부가 덮고 있다는 점에서 아르켈론과 닮았지만, 아마 후손은 아닐 것이다)은 약 1억 1,000만 년 전에서 9,000만 년 전 사이에 진화했는데, 그 이후로 모습이 거의 변하지 않았다. 우리가 서파푸아의 해변에서 알을 낳는 장면을 본 장수거북과 아주 흡사한 거북들이 우리 뒤의 숲에 티라노사우루스 렉스가(인종 청소와 생태 파괴를 상징하는 존재로 비추어지는 오늘날의 모습이 아니라) 숨어 있던 시대에도 같은 일을 하고 있었을 것이다. 그들은 오늘날의 사하라사막과 북아메리카의 대평원을 뒤덮고 있던 바다를 헤엄치고 다녔다.

장수거북과 현생 바다거북의 조상들은 악어를 제외한 다른 모든 대형 파충류를 전멸시킨 백악기 대멸종에서 어떻게든 살아남았다. 아마 유체 역학적으로 뛰어난 형태와 먹이를 가리지 않는 식성 덕분이었을 것이다. 장수거북 등딱지의 융기는 배의 용골처럼 몸을 안정시키고, 물 흐름을 좋게 하고, 헤엄치는 속도를 높이는 역할을 한다. 그 결과 장수거북은 거대한 앞지느러미발로 거의 힘들이지 않고 장거리를 돌아다니면서, 하루에 자기 몸무게만큼 해파리를 먹어치울 수 있다.

---

* 영국식 영어는 육지에 살면서 발이 넓적한 종류를 토터스(tortoise), 민물에 살면서 지느러미발을 지닌 종류를 테라핀(terrapin), 바다에 살면서 지느러미발을 지닌 종류를 터틀(turtle)이라고 구별하지만, 미국식 영어는 모두 뭉뚱그려서 터틀이라고 한다. 거북에 아주 기발한 이름을 붙인 언어도 있다. 독일어에서는 방패-두꺼비라는 뜻의 쉴트크뢰테(Schildkröte)라 부르고, 헝가리어에서는 그릇-개구리라는 뜻의 테크뇌스베커(tecknösbéka)라고 부른다.

바다를 향해 기어가는 장수거북 새끼

(해파리는 열량과 영양가가 매우 적다. 같은 무게의 다른 어류에 비하면 약 2퍼센트밖에 안 된다. 하지만 거의 어디에든 있다. 한 장수거북은 3시간 만에 유령해파리 [Lion's mane jellyfish]를 무려 69마리나 먹어치웠다. 유령해파리는 이따금 아주 크게 자라기도 하지만 대개 자동차 타이어만 하며, 몸무게는 약 5킬로그램이나.) 또 장수거북은 움직일 때 체열을 낼 수 있으며, 일단 적절한 크기만큼 자란 뒤에는 두꺼운 지방층으로 체열을 보존할 수 있다. 그럼으로써 다른 어떤 파충류보다도 더 멀리 남쪽과 북쪽의 차가운 물에까지 진출하여 해파리를 잡아먹을 수 있다. (성체는 대개 암컷보다 수컷이 더 크며 체열을 더 잘 보존한다. 웨일스 해안에서 발견된 개체가 가장 크다고 기록되어 있다.) 장수거북은 가장 깊이 잠수하는 척추동물 중 하나다. 아마 향유고래 다음일 것이다. 그리고 지구의 자기장을 감지하는 능력 덕분에 아주 뛰어난 항해자이기도 하다. 지구 반대편까지 갔다가도 고향 해변을 찾아올 수 있다. 대륙들이 이동하여 중앙아메리카의 바닷길이 닫히기 오래 전에 장수거북은 오늘날 태평양, 인도양, 대서양, 카리브해라고 부르는 해역들에 이미 다 퍼져 있었다.

우리가 현재 알고 있는 장수거북에 관한 지식의 상당 부분—주요 산란지들 중 많은 곳의 위치, 작은 온도 변화로 새끼의 성별이 결정된다는 사실, 이동하는 거리와 특성—은 겨우 지난 수십 년 사이에 얻은 것이다. 일부 개체가 동남아시아의 해안에서 내가 들렀던 북아메리카의 해안 같은 곳까지 수만 킬로미터를 정기적으로 왕복한다는 것을 과학자들이 알아차린 것도 2006년이었다.

하지만 이 놀라운 발견들이 순수한 야생 환경에서 이루어진 것은 아니다. 오늘날 장수거북은 비참하기 그지없는 상태에 있다(정도의 차

---

* 육지의 대형 거북 이야기도 비슷하지만, 그 이야기는 끝난 지 오래다. 수천 년 전까지 대형 육지 거북은 남아시아와 동남아시아, 호주에 걸쳐 살았던 그들은 인간의 손쉬운 표적이었기에, 역사 기록이 시작되기 오래전에 모두 잡아먹혔다. 세이셸 제도와 갈라파고스 제도 같은 고립된 곳에서만 살아남았을 뿐이다.

장수거북

이는 다르지만, 다른 현생 바다거북 여섯 종류도 마찬가지다. 납작등바다거북, 푸른바다거북, 매부리바다거북, 캠프각시바다거북, 붉은바다거북, 올리브각시바다거북 모두 멸종 위기종으로 분류된다). 한 기자는 이렇게 적었다. "그들이 얼마나 다양한 방식으로 죽음을 맞이하는지 나열하다 보면 절망에 빠진다. 어구에 엉켜서 익사하고, 떠다니는 비닐봉지에 목이 막히고, 배에 치이고, 살육되어 고기로 팔리고, 심지어 모래를 파다가 알을 낳기도 전에 잡혀 죽고, 그 알은 요리용이나 정력제로 팔린다." 2000년 무렵, 20년 사이에 장수거북의 개체 수가 90퍼센트나 줄어들었다는 자료가 나와 있었고, 과학자들은 이들의 멸종이 임박했다고 예측하고 있었다. 게다가 최근의 급격한 개체 수 감소는 더 긴 역사적 추세에 따른 것이다. 사람들은 적어도 지난 500년˚ 동안 장수거북을 비롯한 거북들을 대규모로 꾸준히 없애왔다.

초기 유럽인들은 거북이 발 디딜 틈 없이 우글거린다는 식의, 지금의 우리가 볼 때에는 터무니없을 만치 과장한 것처럼 들리는 기록을 남기기도 했다. 하지만 현대 생물학자들은 그런 기록이 참이라고 믿어도 좋을 만한 사례들이 많이 있으므로 타당한 주장이라고 말한다. 쿠바 남부의 하르디네스 데 라 레이나 제도(Jardines de la Reina)를 항해하던 크리스토퍼 콜럼버스와 선원들도 눈앞에 펼쳐지는 광경에 경악했다.

> 항해하는 내내 그들은 거북을 많이 보았고 그중에는 아주 큰 것들도 있었다. 하지만 이 20리그(1리그는 4.8킬로미터 가량—역자 주)를 가는 동안, 그들은 훨씬 더 많은 거북을 보았다. 바다를 온통 뒤덮고 있었을 뿐 아니라, 지금까지 본 거북 중 가장 컸다. 어찌나 많던지 배가 거북들 위에서 좌초하고 마치 거북들 속에서 목욕을 하고 있는 듯했다.

나중에 식민지로 이주한 유럽인들은 거북의 항해 능력을 알고 놀라워했다. 《자메이카 역사(The History of Jamaica)》(1774)에서 에드워드 롱(Edward Long)은 이렇게 썼다.

해마다 매우 정기적으로 이곳을 찾아와 머물도록 거북을 이끄는 본능은
진정으로 놀랍다. 그들 중 훨씬 더 많은 무리는 150리그 떨어진 온두라스
만에서 오는데, 해도도 나침반도 없이 인간이 발휘하는 최고의 항해 실력
보다도 더 정확하게 이 지루한 항해를 해낸다. 안개 자욱한 날에 위도를
놓친 배들이 오로지 이 동물들이 헤엄치면서 내는 소리만을 따라서 카이
만 제도까지 무사히 올 수 있을 정도다.

이들이 말하는 거북에는 장수거북 외에 푸른바다거북 같은 종들
도 포함되어 있었겠지만, 장수거북은 오랫동안 카리브해에서 수가 아
주 많았으며, 이후 식민지 이주자들은 모든 거북 종들을 원주민들이
해왔던 것보다 훨씬 더 많이 죽였다. 거북들 속에서 목욕을 하거나 거
북들을 헤치고 항해할 만큼 우글거린다는—우리에게는 거의 믿어지
지 않는**—목격담이 그래서 나온 것이다. 지금은 이 바다를 헤치고
나아가는 거북 한 마리조차 보기 힘들다.

하지만 이 이야기의 결말은 아직 쓰이지 않았다. 우선 재앙이 모
든 해역에서 균일하게 일어나는 것은 아니다. 태평양에서는 장수거북
이 대대로 서식해 왔던 곳들에서 사라졌거나 거의 사라졌다. 1980년
대 초에 멕시코의 태평양 연안에는 산란을 하러 오는 암컷의 수가 약
7만 5,000마리에 달했지만, 지금은 수백 마리에 불과하다. 한때 장수

---

* 육지의 대형 거북 이야기도 비슷하지만, 그 이야기는 끝난 지 오래다. 수천 년 전까지
대형 육지 거북은 남아시아와 동남아시아, 호주에 걸쳐 살았던 그들은 인간의 손쉬운 표
적이었기에, 역사 기록이 시작되기 오래전에 모두 잡아먹혔다. 세이셸 제도와 갈라파고스
제도 같은 고립된 곳에서만 살아남았을 뿐이다.
** 과거에 아주 많았다는 이야기를 불신하는 경향은 지금은 잘 알려진 현상으로, 기준선
이동 증후군(Shifting Baseline Syndrome)이라고 한다. 사람은 어릴 때 안 생물의 수, 다양성, 크기를
기준선이나 기준점으로 삼고서 세계가 늘 그래왔다고 가정한다. 세대가 지나면서 천연자원은 고
갈되고, 옛 사람들의 '기준선'은 더 젊은 세대에는 터무니없는 이야기처럼 보이기 시작한다.

장수거북

거북이 우글거리는 곳으로 유명했던 말레이시아의 해안들에서는 지금은 아예 구경도 할 수 없다. 서파푸아의 해안에서 내가 만져본 장수거북은 서아프리카 전체에서 마지막으로 살아남은 개체군 중 하나에 속했다. 이 지역의 개체 수는 다 모아도 수백에서 수천 마리에 불과하다. 인도양에서도 장수거북은 거의 사라진 상태다. 하지만 대서양과 카리브해에서는 거의 절멸 상태까지 갔던 극소수의 개체군이 조금씩 회복되고 있다는 징후가 약간 보인다. 한 예로 카리브해의 세인트크루아 섬의 해안에서 알을 낳는 암컷의 수는 1980년에 역사상 최저 수준인 약 20마리였다가 2000년에는 200마리로 늘었고, 부화한 새끼의 수도 약 2,000마리에서 5만 마리로 불어났다.

세인트크루아 섬을 비롯한 몇몇 장소에서 벌어지고 있는 그런 회복이 계속될 것이라고는 결코 보장할 수 없지만, 헛된 희망이라고 단정할 필요도 없다. 해양생물학자이자 작가인 칼 사피나(Carl Safina)는 2007년에 쓴 《거북의 항해(The Voyage of the Turtle)》에 이렇게 썼다. "내가 씨름하고 있는 의문은 '대체 무엇이 문제일까?'가 아니다. 내가 지금 묻고 있는 질문은 '우리가 복원시킬 수 있을까?'이다." 그리고 그는 답이 '그렇다'라고 생각한다. "다양한 계통의 증거들이 한 점으로 수렴한다. 지역 주민들이 해안의 환경을 바꿈으로써 거북을 돌아오게 할 수 있는 사례가 많다. 그리고 실제로 돌아오고 있다." 사피나는 1980년에 세인트크루아 섬 같은 곳에서는 붕괴했던 개체군이 알 사냥꾼과 개로부터 산란지를 집중 보호하는 것만으로도 회복되기 시작할 수 있다고 말한다. 해마다 사라질 운명인 알을 단 몇 개라도 더 지키고 산란지를 보호하기만 해도 파괴적인 어업 방식을 바꾸는 등의 더 장기적인 도전 과제를 다룰 시간을 벌 수 있다.

어업 방식을 '고치라'는 것은 아주 어려운 주문이다. 태평양에서는 다랑어를 잡기 위해 한 해에 긴 낚싯줄에 약 **20억 개**의 낚시 바늘이 드리워진다. 이 바늘에 거북도 잡히곤 한다. 그리고 설령 이런 위험들을 잘 통제한다고 할지라도, 장수거북을 위험에 빠뜨릴 다른 요인들

상상하기 어려운 존재에 관한 책

이 더 악화될 수도 있다. 비닐봉지를 삼키다가 목이 막히거나, 평균 기온이 상승함에 따라 정기적으로 모래가 너무 뜨거워져서 알이 부화하지 못하거나, 인간의 개발로 남아 있는 산란지가 더 교란*될 수도 있다. 최근 수십 년에 걸쳐 세계 바다의 많은 해역에서 플랑크톤 밀도가 감소한다는 주장이 정말이며 그 추세가 계속된다면, 장수거북과 다른 거의 모든 해양 동물들이 의존하고 있는 먹이 사슬이 심하게 부실해질 수 있다.

그런 상황에서는 산란지를 보호하는 것 같은 온건한 조치는 미흡할지 모른다. 하지만 그런 조치는 출발점이 된다. 그 다음에 해양 보호 구역의 연결망—해양 생태계를 복원시킬 수 있는 최선의 방안임이 거듭 입증되고 있다. 적어도 단기적으로는 말이다—을 구축할 수도 있다. 물론 그런 조치들이 충분할 것이라고는 결코 보장할 수 없다. 장수거북이 인류세 대멸종이라는 위기를 잘 넘겨서 우리가 사라진 뒤의 먼 미래에도 헤엄을 치고 있을지는 결코 확신할 수 없다. 칼 사피나는 이렇게 말한다. "우리가 홍수처럼 쏟아지는 문제들에 빠져 허우적거리지 않는다면 절망을 피할 수 있다. 우리가 할 수 있고 도울 수 있는 일이 무엇인지, 즉 자신이 무엇을 할 수 있는지에 초점을 맞추자. 일단 시작한 뒤에는 결코 방치하지 말라."

바다거북은 북아메리카에서 중국에 이르기까지, 메소포타미아에서 폴리네시아에 이르기까지 세계 각지의 신화에서 중요한 역할을 한다. 지구가 우주 공간을 돌고 있는 것이 아니라 거대한 거북의 등 위에 놓여 있다고 주장하는 우주론자에 관한 이제는 좀 지겨운 농담

---

* 해안에서 멀리 떨어진 곳에서 이루어지는 개발 때문에도 산란지가 교란될 수 있다. 대서양 장수거북에게서 엿볼 수 있는 희망 중 하나는 서아프리카 가봉의 해안 산란지에 많으면 3만 마리에 이르는 암컷들이 모인다는 점인데, 이들은 때때로 해안에 떠내려 오는 수많은 통나무에 매우 큰 위협을 받을 수 있다. 중앙아프리카에서는 최근에 마구잡이로 이루어지는 벌목이 급증하고 있다. 통나무의 방해로 거북은 산란지에 접근하지 못하거나, 물이 들어차는 얕은 곳에 알을 낳을 수밖에 없어서 알이 다 죽게 된다.

장수거북

을 자동 반사적으로 되풀이할 때면 이 점을 쉽게 잊곤 한다. (그 거북의 밑에는 뭐가 있냐고 물으면, 그 우주론자는 이렇게 답한다. "거북 밑에 또 거북이 있지. 무한히 죽 이어져.") 하지만 과학 이전 시대의 개념이라며 폐기한다고 하더라도, 우리의 마음은 신화와 상징의 힘을 결코 완전히 벗어나지 못한다. 그것들은 무엇보다도 우리에게 마음의 특성과 우리 안에 있는 우리가 완전히 통제하지 못하는 과정들에 관한 단서를 제공한다. 우리는 세계가 어떻게 돌아가며, 앞으로 어떻게 될지를 말해줄 새로운 이야기가 필요하다.

장수거북은 우리가 듣고 싶어 하는 이야기를 쉽게 들려줄 수 있다. 잔혹함, 어리석음, 황폐함이 난무하지만, 가장 암울한 와중에도 극적인 회복의 가능성이 엿보이는 이야기(개체군의 수가 멸종 직전까지 갔다가 회복되고 생태계가 복원되는)를 말이다. 환경보호론자들은 특히 그런 이야기를 원한다. 물론 오래된 전형적인 이야기의 변주곡이다. 상실, 회복, 새로운 지혜, 새로운 번영으로 이어지는 이야기 말이다. 그래도 나쁘진 않다. 사실 그것은 우리의 본질적인 이야기일 수도 있다. 하지만 나는 그 이상의 것이 있다고 생각하며, 어쨌거나 현대판 동물우화집은 중세 동물우화집이 그랬듯 다중적인 의미와 모순을 함축할 수 있어야 한다. 예를 들어, 장수거북을 화두로 삼아서 자연 자체를 생각할 수도 있다.

일본의 카레산스이(枯山水)는 자갈이나 모래 위에 암석과 식물을 배치한 뒤 자갈이나 모래를 갈퀴로 긁어서 선이나 무늬를 만든 정원이다. 어떤 사람에게는 그저 잔가지, 바위, 모래에 불과할 뿐이겠지만, 어떤 사람에게는 '문 없는 문', 구름 사이로 솟아오른 산이 보이는 창문, 강 속의 호랑이, 물결이 이는 바다 한가운데의 섬으로 보인다. 물론 정원에 있는 것들은 움직이지 않는다. 움직임은 마음속에서 일어나는 것이다. 나는 장수거북도 마찬가지라고 말하고 싶다. 그들은 우리 속보다 50배나 더 길고 우리 종보다는 500배나 더 긴 세월 동안 거의 모습이 변하지 않았으면서도, 무수한 세대에 걸쳐 엄청난 거리를 돌아다녔다.

다 자란 장수거북은 물속에서 헤엄칠 때 거대한 바위처럼 보인다 (고 들었다). 우리를 향해 다가오면 물과 빛이 출렁이고 일렁이다가 육 중한 덩어리가 불쑥 모습을 드러낼 것이다. 장수거북은 중력처럼 확 실하게 시선을 끌어당기며, 우리가 지켜보는 사이에 전혀 힘들이지 않고 빠르게 사라져서는 다시 잔잔한 파란 물만 남길 것이다. 그 경험 은 의식 자체와 비슷하다. 주변 세계의 다른 현상들을 무시하고 주의 를 집중하도록 요구하는 초점, 지금 이 순간*에 머릿속에서 스쳐 지나 가는 광경이다.

장수거북은 우리가 의식이라고 일컫는 것을 거의 지니고 있지 않 을지 모른다. 어쨌거나 뇌가 포도알 하나만 하기 때문이다. 항해와 섬 세한 산란 활동이라는 엄청난 일을 하는 데 필요한 기억과 지능은 본 성에 새겨진 틀에 박힌 행동이 되어 있다. 하지만 바다거북은 자신도 모르는 사이에 무언가 우아한 행동을 한다. 그들은 중력의 법칙에 따 라 이 행성이 꾸준히 도는 동안, 진화해 왔고 지금도 진화하고 있는 무 수한 생명체들 중 하나에 그치지 않는다. 그들은 우리보다 앞서 오랫 동안 있었고 아마 먼 미래까지도 펼쳐질, 우리의 짧은 생애를 아름답 게 장식해 주는 패턴이자 춤이다. 장수거북은 오케아노스(고대 그리스 인들이 대륙을 에워싸 흐르고 있다고 생각했던 거대한 강)를 꾸준히 끊임없이 헤엄치고 있다. 그와 대조적으로 짧은 삶을 살아가는 우리는 처음에 는 이리저리 바쁘게 뛰고 달리다가** 점점 느려지면서 이윽고 멈추고 만다.

---

* 체코의 시인이자 면역학자인 미로슬라프 홀룹(Miroslav Holub)은 "지금 이 순간의 차원 이 3초―시 한 줄을 읊는 데 걸리는 시간―이내"라고 말한다.
** 다우베 드라이스마(Douwe Draaisma)는 말한다. "객관적인 '시계'의 시간은 골짜기를 흐 르는 강물처럼 일정한 속도로 흐른다. 삶이 시작될 때 인간은 강둑을 따라 강물보다 더 빨 리 경쾌하게 달린다. 황혼이 다가올수록 그는 지쳐서 뒤처지고 강물이 더 빨리 흐르게 된 다. 이윽고 그는 멈춰 서서는 강가에 눕고, 강은 줄곧 그래왔듯 한결같은 속도로 계속 흘러간다."

장수거북

우리가 아는 세계가 거북, 혹은 무한히 쌓인 거북들의 등에 타고 있다는 개념은 비유적으로 받아들인다면 그리 이치에 닿지 않는 것만은 아니다. 대다수의 우주론자들은 우리 눈에 보이는 우주의 물질과 에너지, 따라서 우리가 어느 정도까지 의식하고 있는 것들이 훨씬 더 드넓은 바다의 거대한 거북처럼, 전체의 작은 일부에 불과하다고 생각한다. 암흑물질과 암흑 에너지가 훨씬 더 큰 부분을 이루고 있다고 보는 것이다. 그리고 현재 많은 우주론자들이 믿는 바처럼, 우리 우주가 1단계, 2단계, 3단계, 4단계로 이루어진 다중 우주의 하나에 불과하다면, 어떤 의미에서 우주는 사실상 '무한히 죽 이어지는 거북들'이라고도 말할 수 있다. 우리가 실제로 볼 수 있는 거북은 브라만의 부적이 된다. 물질, 에너지, 시간, 공간을 토대로 한 무한하고 투명한 현실을 의미한다.

몇 년 전 장수거북을 지켜보며 서 있던 외진 해변으로 돌아가자. 구름이 갈라지면서 별빛이 드러나기 시작한다. 곧 하늘이 완전히 맑아지고 그림자를 드리울 만치 별빛이 환해진다. 바다는 잔잔해진다. 모래 위에서 무언가 꼬물거리는 것이 보이기 시작한다. 새끼 장수거북이다. 손바닥 안에 들어갈 만큼 작은 새끼들이다. 몇 주 전에 다른 장수거북들이 낳은 알에서 깨어난 새끼들로서, 마치 터치라인을 향해 달리는 작은 럭비 선수들처럼 결연하게 바다를 향해 나아가고 있다. 각 새끼의 등에는 진주색 반점들이, 화성 표면에서 본 태양의 아날렘마(평균 태양일과 진태양일의 차이에 따른 태양의 높이 변화의 궤적으로 '8'자 모양을 띤다—역자 주)처럼 눈물방울 모양을 이루고 있다.

먼저 세상을 뜬 건축가이자 해양공학자인 내 친구 볼프 힐베르츠(Wolf Hilbertz)가 들려준 이야기가 떠오른다. 그는 이 행성을 파괴하지 않고서도 인간의 열망을 충족시킬 수 있기를 원했다. 볼프는 인도양의 외진 곳에서 수중 둑 위에 '에코토피아(ecotopia)'를 건설하는 꿈을 꾸었다. 파도와 햇빛의 힘을 이용하여 바닷물을 전기분해하여 얻은 광물로 지은 인공 섬이었다. 볼프는 동료인 해양생물학자 토머스

상상하기 어려운 존재에 관한 책

고로(Thomas Goreau)와 그 후보 지역을 예비 조사한 일을 떠올리며 말했다.

> 노스뱅크에서 우리는 독특한 기상 현상과 마주쳤다. 바다는 거울보다도 매끈했고, 밤하늘에는 구름 한 점 없었다. 마치 하늘을 보고 있다고 착각할 만치, 수면에 반사되는 별빛이 너무나 환했다. 수평선이 사라지고 모든 신들이 흥겹게 놀고 있었다. 평생에 한 번 있을까 말까 한 심오한 경험이었다. 독자가 원한다면 톰은 과학적 설명을 댈 수도 있다.

아이의 주먹만큼 자라기도 전에 대다수가 잡아먹히고, 그나마 살아남은 개체들도 대부분 인류 문명의 고기 분쇄기 속으로 빨려 들어갈 것이 뻔한 검은 물을 향해 부지런히 나아가는 새끼들을 지켜보면서도, 세계가 끝없는 고통과 고생으로 가득한 곳이라는 쇼펜하우어의 관점이 틀렸다고 느낄 수도 있다. 이 새끼들 중 소수는 살아남아서 어른이 되어 돌아와 육중한 몸을 다시금 해변으로 끌어올릴 것이다. 떠날 때보다 2,000배는 더 무거워진 몸을 말이다. 불굴의 무신론자인 알베르 카뮈의 말마따나, 우리는 시시포스가 행복하다고 상상해야 한다. 그리고 무수한 우주의 어딘가에서 신들이 잔잔히 웃으면서 지켜보고 있을 수도 있다.

장수거북

MYSTACEUS
미스타케우스
─깡충거미의 일종

Phidippus mystaceus

문: 절지동물
강: 거미류
과: 깡충거미
보전 상태: 평가 불가

그저 방향만 바꾸면 된다.
—프란츠 카프카

몇 년 전 요크셔의 한 토마토에서 신의 메시지가 발견되었다. 먹을 수 없는 껍질을 절반으로 가른 만다라 안에 얌전히 들어 있는 과육, 내과피, 씨가 뚜렷하게 아랍어 글자들을 이루고 있었다. 물론 그 글자들을 볼 수 있는 이들의 눈에 말이다. 이 현상을 설명할 방법이 적어도 두 가지 있다. 하나는 신이 회오리바람과 퀘이사(quasar, 준성)에서처럼 토마토에서도 자신을 드러내는 것이 좋다고 생각했다는 것이다. 또 하나는 그 메시지를 본 이들이 아포페니아(apophenia)를 경험했다는 것이다. 아포페니아는 실제로는 없는데도 의미 있는 패턴과 연결을 보는 경향을 말한다.

그 토마토에 관한 진실이 무엇이든 간에, 인간이 실제로는 없는 무언가를 보곤 한다는 것은 분명하다. 우리 모두는 실제로 무생물에서 얼굴을 보곤 한다. 이 현상을 파레이돌리아(pareidolia)라고 한다. 진화심리학자들은 여기에는 환경에 대한 적응이라는 타당한 이유가 있다고 주장한다. 키 높은 수풀 사이에 있는 모호한 형태가 사실은 사자의 얼굴이 아니라 바위였다고 할 때, 위험한 동물로 잘못 파악했을 때의 그 비용은 정반대의 실수를 저질렀을 때의 비용에 비해 미미할 가

상상하기 어려운 존재에 관한 책

능성이 높다. 더군다나 고도로 사회적인 존재로서의 우리는 서로의 얼굴 표정과 그 변화, 때로는 극도로 미묘한 변화까지도 세밀히 살펴보고 해석하기 위해 상당한 주의를 기울인다. 신경과학자들은 시각 피질 중 많은 부분을 차지하는 방추상 얼굴 영역(fusiform face area, FFA)이 이 복잡하고 힘겨운 과제를 전담하고 있음을 밝혀냈다.

그렇다면 미스타케우스(Mystaceus) 같은 동물은 어떻게 봐야 할까? 이 동물에게는 주위의 새하얀 수염과 위쪽에 머리털처럼 삐죽 솟아 있는 검은 털까지 갖춘 얼굴이 있다. 하지만 앞쪽에 있는 앞가운데눈(anterior median)과 앞옆눈(anterior lateral)이라고 하는 두 쌍의 눈은 양쪽 다 우리의 주의를 끌며, 우리의 시선은 얼굴을 지각하게 해줄 중심점을 잡기 위해 이쪽 눈 저쪽 눈으로 옮겨가는 경향을 보일 것이다. 즉 그 얼굴에는 결코 어느 한쪽으로 결정되지 않는 오리-토끼 착시 그림 같은 것이 있다. 거미판 트롱프뢰유(trompe l'oeil), 즉 눈속임 그림이다. (앞쪽에만 네 개의 눈이 있는 것이 아니라, 뒤쪽에도 네 개의 눈이 있다. 작은 한 쌍과 좀 더 큰 한 쌍의 눈이 미스타케우스 머리가슴의 맨 뒤쪽에 놓여 있다. 랭카스터 폭격기의 위쪽 중앙에 사수가 앉는 총좌를 덮은 돔 같다.)

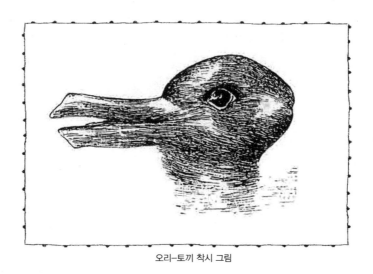

오리-토끼 착시 그림

　　　　　　　　　　　　　　미스타케우스 — 깡충거미의 일종

깡충거미의 일종인 미스타케우스

북아메리카에 사는 미스타케우스는 깡충거미[*]의 일종이다. 깡충거미류는 그린란드와 남극대륙을 제외한 거의 모든 곳에서 서식하는 거미류(다리가 8개이며, 공기 호흡을 하고, 독니를 지닌 절지동물) 중에 번성한 축에 속하는 약 5,000종 가운데 하나다. 영국에만 36 종류가 있다. 깡충거미류는 사람 새끼손가락의 손톱보다 작지만, 시력이 매우 뛰어나다. 이들은 사냥 방식이 매우 독특하며, 벌, 곤충, 그리고—종종—다른 거미를 먹어치운다. 몇몇 종류는 몸집이 100배를 넘는 고양이보다 시력이 더 뛰어나며, 비록 앞쪽에 달린 눈 하나하나의 시야는 좁지만 여덟 개의 눈이 서로를 완벽히 보완하기에 주변 세계의 넓은 영역을 훑을 수가 있다. (대다수의 거미가 그렇듯이, 이들도 청력이 아주 좋다. 소리는 가장 작은 진동까지 느끼는 다리의 미세한 털을 통해 전달된다.) 또 몸집에 비해 고양이보다 훨씬 더 점프력이 좋다. 자기 몸길이의 50배에 이르는 거리를 뛰어서 정확히 착지할 수 있다. 그리고 그들은 안전 밧줄도 갖고 있다. 거리를 잘못 판단해서 못 미칠 때를 대비하여 착륙 지점까지 밧줄을 매달아놓는다. 깡충거미는 전방위를 감시하는 게걸스러운 포식자이자, 번지점프 선수이자 파쿠르(도심의 건물 등 장애물을 뛰어넘으면서 운동하는 사람—역자 주)다.

미스타케우스를 비롯한 깡충거미류는 사랑을 할 때에도 결코 다소곳하고 소심한 동물이 아니다. 많은 종의 수컷은 대담한 혼인색을 띤다. 미스타케우스의 가까운 친척인 아우닥스(*Audax*)의 수컷은 풍조의 깃털처럼 화려한 색깔의 수염(앞쪽 부속지)을 지닌다. 얼굴 한가운데 화려한 생식기를 달고 있는 수컷을 어느 암컷이 거부할 수 있겠는가? 반면에 헨트지아 팔마룸(*Hentzia palmarum*)은 앞쪽 네 개의 눈 주위가 온통 선명한 오렌지색 털로 덮여 있다. 깡충거미류의 종들은 위

---

[*] 깡충거미류는 약 110개의 거미과 중에서 가장 규모가 크며, 모든 거미 종의 약 7분의 1을 차지한다.

미스타케우스 — 깡충거미의 일종

협과 유혹을 표현하는 나름의 박자에 맞춰 발을 구르면서 독특한 춤을 춘다. 수기신호, 플라멩코, 그리고 남아프리카의 검붓(gumboot) 춤의 특징들을 결합한, 3막에서 길면 7막까지도 이어지는 공연이다.

하지만 몸보다 뇌를 통해 더 아름다움이 드러나는 깡충거미 종들도 있다. 몇몇 가장 영리한 종들은 가장 음침한 종류에 속한다. 다른 거미만 먹고 사는 남아시아와 동아시아의 깡충거미인 포르티아 라비아타(Portia labiata)가 그렇다. (깡충거미들은 모든 거미들이 그렇듯이 육식을 하지만, 보통 다른 거미보다는 더 쉬운 먹이를 잡는다. 남아메리카에 사는 바그헤라 키플링기[Bagheera kiplingi]는 지금까지 알려진 중에 유일한 채식주의 거미다.) 포르티아는 자신이 사냥하는 종의 특징에 맞추어서 행동을 바꾸고 적응한다. 처음 보는 종이라면 그 종을 속이기 위해 관찰한 뒤에 그 종이 발로 두드리는 박자를 흉내 내고, 정면 공격이 너무 위험해 보인다면 교활한 공격 계획을 짠다. 포르티아는 자신과 표적으로 삼은 먹이 사이의 뒤엉킨 수풀과 간격을 한 시간 넘게 꼼꼼히 훑으면서, 기습 공격을 가할 최상의 경로를 계산하기도 한다. 과학자들은 포르티아가 이렇게 오래 살펴보는 이유가 시력이 뛰어남에도 그 정보를 받아들이고 처리하는 능력이 매우 한정되어 있기 때문이라고 본다. 그래서 앞쪽 눈들로 주변의 작은 영역들을 체계적으로 훑으면서[*] 기억 속에 충분한 정보를 서서히 쌓아서 활용할 수 있는 마음 지도를 구축한다는 것이다. 아주 느린 인터넷 연결을 통해 해상도 높고 커다란 사진을 내려받으려 하는 것과 비슷하다. 하지만 일단 지도가 완성되면, 포르티아는 막다른 골목으로 몰아붙이듯이 경로를 빠르게 되짚어서 대개 실패 없이 먹이를 잡는다. 올바른 경로를 선택하여 특별한 능력을 지닌 암살자처럼 먹이를 덮치는 것이다.

사람의 뇌도 감각기관들, 특히 눈을 통해 들어오는 정보의 홍수에 대처해야 하며, 어떤 정보를 흘려 넘길지 판단하는 것이 그 일의 상당 부분을 차지한다. 포르티아 눈의 좁은 시야는 기본적으로 이 걸러내는 일의 상당 부분을 담당하고 있는 것인지도 모른다. 그렇다면 이 거미

상상하기 어려운 존재에 관한 책

가 지적인 의사 결정을 내리는 양 보이는 것은 실제로는 산만하게 만들 수 있는 과잉 정보를 애초에 훨씬 적게 받아들이기 때문일 수 있다.

깡충거미와 인간(더 구체적으로 말하자면, 내가 아는 사람의 대다수)이 확연히 다르다는 점은 분명하다. 특히 우리는 정보의 '대역'이 훨씬 넓고 처리 능력도 훨씬 뛰어나다. 깡충거미는 뇌세포가 겨우 60만 개인 반면, 우리에게는 약 1,000억 개가 있다. 또 우리는 협력을 통해 어느 한 개인이 다룰 수 있는 것보다 훨씬 더 강력하고 복잡한 정보와 지원의 망을 구축함으로써 능력을 확대한다. 이렇게 다른 점이 많긴 해도 둘 사이에는 연속성이 존재하며, 그들과 마찬가지로 우리도 세계 전체를 놓고 봤을 때 협소한 구간에서 산다. 스타니스와프 렘의 소설 《솔라리스》의 주인공 크리스 케빈은 이렇게 간파한다. "인간은 한 번에 겨우 몇 가지 일만 할 수 있을 뿐이야. 지금 눈앞에서 일어나는 일만 볼 수 있지." 깡충거미가 자신이 알아야 하는 것을 방해하는 요인 중 일부를 마음 지도를 통해 극복하듯이, 우리도 단편적인 지각, 기억, 가정을 뇌에서 무의식적으로 통합함으로써 세계를 이해한다. 그 통합을 통해 우리는 바깥에서 실제로 일이 이렇게 저렇게 일어나고 있을 것이라는 대강의 모형을 구축하며, 그것을 현실이라고 믿는다.(7장 〈가시갯가재〉 참조.)

기억은 우리가 가장 아끼는 능력 중 하나다. 우리는 기억을 토대로 자신의 정체성과 문화를 구축한다. 하지만 기억과 그것을 바탕으로하는 일들이 놀랍다고 할지라도—특히 술에 떡이 되지 않았을 때—그 능력은 자연 세계의 연속선상에 놓여 있으며 분리된 것이 아니다. 기억을 나중에 쓰기 위해 정보를 간직하는 능력이라고 정의한다면, 그것은 생명 자체의 토대가 된다.

---

* 깡충거미는 망막을 좌우로 약간 진동시키는 방법으로 시각을 강화한다. 그럼으로써 몸을 움직이지 않고서도 더 많은 정보를 모을 수 있다. 이 동물은 눈이 머리에 고정되어 있기 때문이다. 화성에 보낸 로봇 탐사선의 시각계를 강화할 방안을 찾을 때 이 기술도 연구되었다.

미스타케우스 — 깡충거미의 일종

최초의 생명 체계, 아마 RNA 세계*라는 가설로 요약될 이 체계를 구별 짓는 특징은 많겠지만, 그중 하나를 꼽으라면 바로 화학적 암호로 기록을 하고 나중에 복제하는 능력일 것이다. 그 덕분에 그들은 번성할 수 있었다. 그리고 오늘날 살아 있는 모든 생물은 약 40억 년 전에 DNA 기반의 생명체가 등장한 초창기에 처음 암호로 담긴 하위 체계들을 간직하고 있다. 우리 세포는 매 순간 시생대에 존재했던 틀에 박힌 과정들을 재연하고 있다. 세계의 기억 대부분은 전혀 의식하지 못한 상태에서 이어지며, 심지어 뇌조차 필요하지 않다. 면역계가 좋은 예다. 면역계는 당신이 평생 동안 마주친 바이러스, 세균 등의 병원체를 '기억한다'. 면역계가 일을 하는 방식은 복잡하지만, 본질적으로 당신이 병원체에 노출될 때 면역계의 특정한 세포가 그것이 어떤 모습인지 기억을 형성한다는 것이다. 다음에 같은 병원체와 다시 마주친다면, '기억' 세포는 그 병원체를 알아볼 것이고 당신의 몸은 더 빨리 면역 반응을 일으킬 수 있을 것이다. 인간과 다른 동물들뿐 아니라 식물도 이 일을 한다.

우리가 아는 한, 인간의 기억은 지구의 그 어떤 다른 생물이 경험하는 것보다 더 풍부하고 다양하고 절묘할 수 있다. 아마 우리는 기억이 해체되고 사라지는 것을 죽음 다음으로 끔찍하게 여기는 듯하다. 한편 너무 많은 것을 기억하는 일도 가능하다. 보르헤스의 한 소설에는 이레네오 푸네스라는 젊은 농장 일꾼이 등장한다. 푸네스는 말에서 떨어져 심한 뇌진탕을 일으키는데, 정신을 차렸을 때 그의 지각과 기억 능력은 '완벽해져' 있다. 그에 비하면 이전의 삶은 몽롱한 꿈과 같았다. 보면서도 보지 않고, 들으면서도 듣지 않고, 그래서 거의 모든 것을 잊었던 생활이었다. 새로 얻은 삶에서 푸네스는 "1882년 4월 30일 아침 남쪽 하늘에 있던 구름의 형태와 …… 예전에 단 한 차례 본 책의 대리석 무늬 장정에 있는 줄무늬나 케브라초 무장 항쟁이 일어나기 전날 밤 네그로 강에서 노가 일으킨 물결들의 모양을 비교할 수 있었다". 하지만 계속해서 밀려드는 인상과 기억들이 너무나 강렬하기에 푸네스는 대처할 수가 없으며, "뒤뜰에 있는 무화과나무나 거미줄을 응시한 채" 꼼짝 않고 침대에 누워 있다. 그는 개념의 일반화와 추상화를 할 수 없다. 잊는다는 사소한 행위가 가능해져야만 할 수 있는 것이기 때문이다. 그는 세계, 생각을 기의 이해힐 수 없을 지경에 이른다.

따라서 제대로 기능을 하려면, 우리는 대부분의 것들을 잊어야 한다. 심리학자들과 철학자들은 오래 전부터 이 사실을 인식하고 있었다. 1890년에 윌리엄 제임스는 동료인 테오뒬-아르망 리보(Théodule-Armand Ribot)가 이런 말을 했다고 적었다. "의식의 엄청나게 많은 상태들을 완전히, 또 시시각각 많은 것들을 잊지 않는다면, 우리는 아무것도 기억할 수 없을 것이다. 따라서 망각은 ……기억이 병든 것이 아니라, 건강과 삶의 한 조건이다." 200여 년 전에 토머스 브라운은 이렇게 간파했다. "앞으로 올 불행을 알아차리지 못하고 과거의 불행을 잊는 것은 자연이 갖추어준 자애로운 장치이며, 그럼으로써 우리는 받았던 느낌이 통렬한 기억 속에 재발되지 않도록 하고, 반복이라는 칼날에 슬픔이 계속 생생하게 가슴 저미지 않도록 하면서, 얼마 안 되는 불행한 날들을 삭인다." 프리드리히 니체는 1886년에 더 간결하게 썼다. "잊는다는 것은 축복이다. 그럼으로써 자신의 어리석음도 극복한다."

아마 제정신은 너무 많은 기억과 너무 적은 기억 사이를 잘 헤치고 나아가는 데 달려 있을지 모른다. 하지만 이 중도를 걷다가도 망상에 빠지기 쉽다. 최근에 신경과학은 약 300년 전에 데이비드 흄이 알

---

* RNA 세계 가설은 디옥시리보핵산(deoxyribonucleic acid, DNA)과 단백질을 토대로 한 생명의 세계 이전에 리보핵산(ribonucleic acid, RNA)에 기반을 둔 생명이 있었다는 것이다. RNA는 DNA처럼 유전정보를 저장할 수 있을 뿐 아니라, 효소 단백질처럼 화학반응을 촉진할 수도 있다. 'RNA 세계'는 자가 복제하는 더 이전의 복수의 분자계로부터 경쟁에서 이김으로써 출현한 것인지도 모른다. 그러니 RNA 이전의 최초의 원시 생명체는 '잊힌' 셈이다.

미스타케우스 — 깡충거미의 일종

아차린 것이 옳았음을 입증했다. 기억이 재창조 행위이며, 따라서 왜곡과 허구화를 일으키기 쉽다는 것이다. '진짜' 기억은 이야기가 되고, 이야기는 '기억*'이 된다.

그리고 우리가 가장 많은 가치를 부여하는 의식상의 경험들(적어도 그중 일부) 핵심에는 역설까지는 아니라도 긴장이 존재한다. 우리는 한편으로는 그 순간에 철저히 존재하고 싶어 한다. 젊은 비트겐슈타인은 그것을 이렇게 표현했다. "미래가 아니라 현재를 사는 사람만이 행복**하다." 그런 한편으로 우리는 주변 세계의 가능한 한 완벽한 그림을 그리고 간직하고 싶어 하며, 그 그림이 영속성을 띠려면 경험의 깊은 과거와 토대에 관한 일관성 있는 지도가 포함되어야 한다. 그래서 역사학자 R. G. 콜링우드는 이렇게 주장했다. "역사는 시간에 대한 마음의 승리이며, 기억도 마찬가지다. …… 사유 과정에서, 과거는 현재에, 생물 자체에 미치는 효과 또는 단지 '흔적'으로서가 아니라, 마음의 자신에 관한 역사적 지식의 대상으로서 영원한 현재 속에 산다."

때로 나는 우리 존재의 가장 중요한 순간 중 하나가 한편으로 그 순간에 충실하게 살고자 애쓰고 다른 한편으로 기억과 회고 속에 살고자 애쓰는 두 상태 사이에서, 그 틈새를 잇고자 하는 때가 아닐까 싶다. 우리는 어떻게든 양쪽을 동시에 경험하고 싶어 하면서, 깡충거미가 앞쪽에 있는 두 쌍의 눈 사이를 오락가락하면서 시선을 옮기는 것처럼 이쪽 상태에서 저쪽 상태를 보았다가 저쪽 상태에서 이쪽 상태를 바라보곤 한다. 깡충거미의 '얼굴'은 백지다. 어디를 쳐다보고 있는지 우리에게 알려주지 않으며, 프란츠 카프카의 〈작은 우화〉에 등장하는 고양이처럼 거미도 할 수만 있다면 우리를 집어삼킬 것이다.

* "기억이라는 개념이 …… 상상이라는 개념으로 간주될 정도로까지 변질될 수 있듯이, 상상이라는 개념은 기억이라는 개념으로 여겨질 수 있을 만치 힘과 생생함을 획득하고 마치 기억인 양 신념과 판단에 영향을 미칠 수도 있다."
  —데이비드 흄

** 마커스 초운은 우주론자 프랭크 티플러(Frank Tipler)가 영원한 삶과 구별할 수 없는 상태를 가능하게 만들 만큼 기술이 발달한 시점을 가리키는 용어로 제창한 '오메가 포인트(Omega Point)'에서, 인간이 경험할 수 있고 상상할 수 있는 가장 큰 기쁨은 어린 시절의 '영원한' 여름날로 돌아가는 것이라고 주장한다. 좋아하던 반려견이 살아 있고 부모님이 젊고 활기가 넘치던 시절로 말이다. 테렌스 맬릭의 2011년작 영화 〈트리 오브 라이프〉의 마지막 장면이 주는 느낌과 비슷하다.

NAUTILUS
앵무조개

Nautilus spp.

문: 연체동물
강: 두족류
아강: 앵무조개
보전 상태: 평가 불가
　　　　　하지만 급속히 줄어드는 중

그저 우리 중 하나가 끝없는 나선과 시간이 존재할 수 있도록 하기만 하면 돼.
—이탈로 칼비노,《우주만화》의 주인공 크프우프크의 말

따라서 전체 세계는 꾸준히 만개한다
진정한 숨은 자연력인
바다, 아름답고 투명한 바다 안에서
그 바다 속을 항해한다, 끝없이 솟아오르면서
—돈 패터슨(Don Paterson), 〈구형 잠수기(Bathysphere)〉 중에서

아름다운 사체를 남기는 생물은 그리 많지 않다. 하지만 영국 제도의 삼림 지대 중 몇몇 깊숙한 곳에서 지금도 살고 있는 고대의 참나무들은 그런 사체를 남긴다. 또 열대 바다에 사는 오징어와 문어의 먼 사촌인 앵무조개(Nautilus)도 그렇다. 오래된 참나무는 줄기와 굵은 가지의 주름과 비틀림을 통해 500년이라는 생애에 걸쳐 그 나무를 빚어낸 힘들을 조각품을 빚어내듯이 계속 표현한다. 한편 앵무조개는 상대적으로 짧은 세월에, 대개 10년도 안 되는 기간에 걸쳐 껍데기를 키우지만, 단면은 완벽한 대칭—로그 나선*—을 계속 유지한다. 참나무가 격동적이고도 웅장한 악보 같다면, 앵무조개의 껍데기는 간결한 화음 같다.

내가 이 껍데기를 처음 본 것은 인도네시아의 한 작은 섬(여러 해 뒤에 장수거북을 보게 될 해변에서 수백 킬로미터 떨어진 곳)의 모래톱에서였다. 너무나 조용하고 사람의 발길이 닿지 않은 곳이어서 그것이 인류보다 한 시대 앞서—또는 뒤에—살았다고 해도 믿을 듯했다. (물론 착각이었다. 그 섬은 굶주린 사람들의 무리를 막는 감시 활동이 이루어지는 보호 구역 안에 있었다.) 그 껍데기는 깨져 있었지만, 내 눈에는 마치 평면 세계에

　　　　　　　　상상하기 어려운 존재에 관한 책

놓인 삼차원 물체인 양 보였다. 경이로움이 밀려왔다. 머나먼 과거의 흔적을 찾았다는 어린아이 같은 감정이었다.

내가 본 앵무조개 껍데기는 물론 신의 선물이 아니다. 그리스 신들이 헌신했던 로도스 섬의 헤인에는 앵무조개의 흔적조차 없다. 하지만 한때 그것의 일부였던 동물을 더 자세히 들여다본다면 진정으로 영속하는 경이가 무엇인지 감을 잡을 수 있다. 이 장은 그런 경이 중 세 가지를 살펴본다. 첫 번째는 시간에 관한 것이다. 앵무조개 한 마리는 수명이 짧지만, 그것의 껍데기가 만드는 나선 형태는 참나무나 다른 어떤 나무보다도 훨씬 더 오래된 것이며, 그것을 빚어낸 그 선조의 형태들은 그들의 시대를 구축하는 데 기여했다.

고대 그리스와 로마의 철학자들은 돌로 변해서 암석에 박힌 조개 껍데기가 한때 육지를 뒤덮었다가 바다 밑바닥에 쌓인 고대 생물들의 잔해라고 믿었다. 이러한 생각은 로마 문명이 무너지면서 유럽에서 거의 사라졌고, 세계가 수천 년밖에 안 되었다는 기독교 교리가 지배했던 르네상스 시대에는 이 껍데기를 설명하는 주된 이론이 두 가지 있었다. 한 이론은 암석 안에 결정처럼 저절로 자라는 무생물 구조가 있다고 주장했다. (그 구조가 생물과 비슷하게 생겼다는 사실은 그다지 이상하게 여겨지지 않았다. 그저 자연 속 다양한 생태계들 사이에 존재하는 조화를 반영한 것으로 보였다.) 또 한 이론은 그 껍데기들이 성서에 묘사된 대홍수 때 산꼭대기에 쌓였던 바다 생물들의 잔해라고 주장했다. 조심스럽게나마 이 두 이론에 의문을 제기한 이들도 극소수 있었다. 16세기 초에 레오나르도 다빈치는 비밀 공책에, 화석들이 마치 각기 다른 시기에 쌓인 듯이 몇 개의 층을 이루고 있다고 적었다. 따라서 한 차례 일어났다는 홍수로는 그 층들을 설명할 수 없었다. 또 그는 석질 껍데기가 암석의 '씨앗'에서 자란다는 개념에도 의문을 품었다. 껍데기의

---

* 앵무조개 껍데기의 나선은 로그 나선이지 '황금' 나선이 아니다. 황금 나선은 원점에서 멀어질수록 90도마다 φ, 즉 $(1+\sqrt{5})/2$라는 '황금비'만큼 증가하는 로그 나선의 특수한 형태다.

앵무조개

생장 테를 보면, 그 씨앗을 에워싸고 있는 물질들을 깨뜨리지 않고서는 생장 테에 나타난 것처럼 커질 수 없었을 것이기 때문이다. 레오나르도로부터 150여 년이 지난 뒤, 로버트 훅('영국판 레오나르도 다빈치'라고 불리기도 한다)은 일부 지층에 풍부한 다양한 나선형 껍데기 화석들을 살펴보면서 비슷한 의구심을 품었다. 훅은 암모나이트라고 알려진 이 형태들을 두고 해양생물이 광물화한 껍데기라고 믿었다. 하지만 그는 이 껍데기들이 알려진 대다수의 껍데기들과 거의 닮은 점이 없어서 동물들이 영원하고 변하지 않는다는 기독교 교리와 모순되는 것에 당혹스러워했다. 그는 떠올릴 수 있는 모든 현생 생물들에서 상사기관을 찾다가 이윽고 앵무조개에 주목했다. 당시 유럽에는 앵무조개가 희귀했다. 앵무조개는 여러 암모나이트와 비슷하게 껍데기가 나선형이었다. 하지만 암모나이트의 껍데기가 대체로 골이 져 있고 심지어 가시로 덮여 있기도 한 것과 달리 앵무조개의 껍데기는 매끈했다. 훅의 결론은 단순했고, 당시로서는 대담했다. "이전 시대에 다른 많은 생물 종이 있었으며, 그중에는 현재 찾아볼 수 없는 종도 있다. 그리고 …… 몇몇은 태초부터 있었던 것이 아닌, 새로운 종류일 수도 있다." 그는 세계 창조가 이루어진 이래로 그 어떤 생물도 멸종하지 않았고 그 어떤 새로운 종도 출현하지 않았다는 믿음에 직접 도전하고 있었다.

훅의 주장은 유럽의 사상에 심오한 변화가 일어나고 있음을 알리는 신호였다. 그 뒤로 한 세기에 걸쳐, 자연철학자들은 화석과 지질을 점점 더 자세히 연구하면서 자신들이 발견한 것들을 일관성 있게 설명할 방법은 단 하나뿐임을 깨닫기 시작했다. 인류가 존재하기 이전의 엄청나게 긴 과거가 있었다는 것이다. 우리가 오늘날 '깊은 시간(deep time)'이라고 부르는 것을 처음으로 경험한 이들은 마치 이차원으로만 보던 사람이 입체적으로 보는 시각을 갖춘 순간 자신이 까마득히 깊은 골짜기로 이어지는 벼랑 끝에 있음을 알아차리는 것만 같은 느낌을 받는다. 지질학의 선구자인 제임스 허튼의 친구인 존 플레

　　　　　　　상상하기 어려운 존재에 관한 책

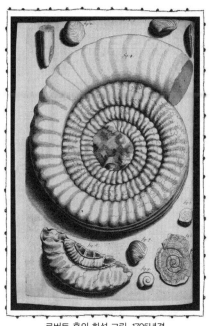
로버트 훅의 화석 그림. 1705년경

이페어(John Playfair)는 1788년에 "아득한 시간의 심연을 바라보고 있자니 현기증이 인다"라고 썼다.

허튼과 동시대 사람이자 찰스 다윈의 할아버지인 에라스무스 다윈도 단순한 생명체에서 기원하여 복잡한 생명으로 진화할 시간이 충분할 만큼 아주 오랜 과거가 있었다고 주장했다. 하지만 진화가 정확히 **어떻게** 일어났는가라는 질문에는 모호하게 얼버무렸고—그의 좌우명은 "모든 것은 조개껍데기에서 나왔다"였다—그 문제는 손자에게 넘겨졌다. 그리고 그 손자는 자연선택이라는 답을 내밀었다. 따라서 찰스 다윈의 이론이 앵무조개와 암모나이트의 관계를 추론함으

＊ 암모나이트라는 이름은 플리니의 암모니스 코르누아(ammonis cornua), 즉 '암몬의 뿔'에서 유래했다. 고대 이집트의 신인 암몬 또는 아문은 대개 숫양의 뿔처럼 치밀하게 말린 뿔이 달린 모습으로 묘사된다. 중세 유럽에서는 암모나이트 화석을 뱀이 석화한 것이라고 보았다.

앵무조개

로써 직접 영감을 얻은 것은 아니었지만 깊은 시간이 존재함을 인식함으로써 가능해진 것이었고, 그 인식은 궁극적으로 앵무조개와 이 수수께끼 같은 나선형 화석의 유사성을 처음으로 직감했던 훅을 비롯한 이들의 연구에서 유래했다고 말할 수 있다.

사실 앵무조개는 암모나이트의 직계 후손이 아니라, 나우틸로이드(앵무조개아강)라는 더 오래된 두족류 아강의 일원이다. 나우틸로이드는 화석 기록에 약 4억 9,000만 년 전에 처음 나타난다. 그 뒤로 약 2,500종으로 진화했지만, 지금은 두 속의 몇 안 되는 종만 살아 있다. 지금의 앵무조개는 뼈오징어, 오징어, 문어 같은 현생 두족류들과 전혀 다르다. 가장 두드러진 차이점은 앵무조개가 여전히 껍데기 속에 살고 있다는 것이다. 다른 두족류가 수천만 년 전에 버린 습성을 여전히 갖고 있다. 또 그들은 신경계와 뇌가 훨씬 더 단순하다. (그들은 영리하지 못하다는 점을 근육으로 어느 정도 보완한다. 다른 두족류보다 훨씬 더 많아 90개까지도 되는 촉수가 각질의 부리를 중심으로 이중 원형으로 배열되어 있다.) 다른 두족류와 달리 앵무조개의 촉수에는 빨판이 전혀 없지만 골이 져 있다. 그 촉수들로 먹이—가장 좋아하는 먹이는 옛 껍질을 막 벗어서 몸이 부드러운 상태의 바닷가재다—를 감싸서 강한 힘으로 꽉 누른 채, 살을 뜯어먹는다. 앵무조개는 껍데기 안쪽에 있는 기체가 들어찬 방들 덕분에 물속에서 떠다닐 수 있다. 물을 내뿜으면서 그 반동으로 획 하고 움직이다가 부딪히기도 하고 뒤뚱거리기도 하지만, 기회가 생기면 외투막 안의 빈 공간으로 물을 빨아들였다가* 근육을 수축하여 방향을 조절할 수 있는 깔때기와도 같은 출수관을 통해 분출하는 제트 추진 방식으로 어느 정도의 속도를 내어 선택한 먹이를 잡는 무시무시한 사냥꾼이다.

고대 나우틸로이드는 촉수를 아주 잘 활용함으로써 오르도비스기(약 4억 8,800만 년~4억 4,300만 년 전) 바다의 주요 포식자가 되었다. 전부는 아니었지만 많은 종들은 마녀의 모자나 도로 공사 표지판으로 쓰는 러버콘 같은 곧은 원뿔 모양의 껍데기를 갖고 있었고, 엄청나

상상하기 어려운 존재에 관한 책

게 크게 자라는 것들도 있었다. 오소콘(Orthocone)과 카메로케라스(Cameroceras)는 적어도 사람 키만큼 자랐고, 아마 기린만큼 자라기도 했을 것이다. 그들은 머리에 뾰족한 잠수 장비를 쓴 오르도비스기의 잠수부였다. 케라티르게스(Ceratargeo) 같은 몇몇 삼엽충의 등딱지에 난 기괴한 가시는 이런 포식자들을 물리치기 위해 진화한 것일 가능성이 높다.

이 동물들이 '지배한' 세계는 오늘날의 세계와 전혀 달랐다. 지구의 자전 속도는 지금보다 빨랐다. 하루는 21시간이었고 1년은 417일이었다. 달도 지구에 더 가까이 있어서 자세히 그림으로 그릴 수도 있었을 것이다. 이탈로 칼비노의 황당무계하면서도 아름다운 단편소설인 《달과의 거리》에 표현된 것처럼 실제로 손을 뻗으면 닿을 수 있을 듯 바다 위로 밝게 떠서 흔들거리며 빠르게 움직였다. 달이 더 가까웠다는 것은 오늘날보다 밀물과 썰물의 차이가 더 심했다는 의미다. 그에 따라 해양 생물의 성장 속도도 영향을 받았다. 현생 앵무조개는 매일 달의 조석 주기에 맞추어서 물질을 분비하여 껍데기에 조금씩 층을 만든다. 그럼으로써 조금씩 나선형 껍데기가 자란다. 오늘날 방 하나에 들어 있는 이 생장층의 수는 대개 29개다. 한 달의 길이와 일치한다. 화석 기록을 따라 과거로 거슬러 올라갈수록, 층의 수는 줄어든다. 오르도비스기의 나우틸로이드는 생장층 수가 여덟아홉 개에 불과했던 듯하다. 당시의 한 달은 오늘날의 일주일에 불과했음을 시사한다.

나우틸로이드는 수천만 년 동안 최상위 두족류—동시에 바다의 최상위 포식자—였다. 하지만 실루리아기 말부터 암모나이트가 훨씬 더 흔해졌으며, 훅을 비롯한 이들에게 그토록 깊은 인상을 남기고 더 후대의 지질학자들이 지구 역사를 재구성하는 데 도움을 준 풍부하고 다양한 종들로 진화한 것도 암모나이트였다. 암모나이트는 3억

---

* 앵무조개가 추진력을 내기 위해 빨아들인 물은 아가미를 거쳐서 뿜어진다. 따라서 앵무조개는 움직이는 동시에 호흡을 한다.

3,500만 년이라는 세월에 걸쳐 새 물질을 계속 붙여서 껍데기를 키우는 부가 생장 방식으로 성장하는 개체가 이용할 수 있는 형태학적 공간을 대거 발견하면서 크기와 모양의 한계를 '탐사해' 왔다. 대다수의 암모나이트는 껍데기가 평권형(달팽이 껍데기 같은 모양—역자 주)이다. 아주 작은 종도 있지만, 지름이 2미터를 넘는 종도 있었다. 또 나선이 감기면서 원뿔 모양을 이루는 종도 있었다. 기괴한 모양의 니포니테스(Nipponites)처럼 불규칙한 형태를 이루는 종도 있었다. 니포니테스는 새뮤얼 존슨이 《트리스트럼 섄디》(영국 작가 로렌스 스턴의 장편소설로, 내용을 종잡을 수 없는 것으로 유명하다—역자 주)를 두고 한 말을 떠올리게 한다. "이렇게 기괴한 것은 오래 남지 못할 것이다." 하지만 암모나이트라는 집단 자체는 놀라우리만치 강인했다. 그들은 해양생물 종의 약 95퍼센트를 몰살시킨 페름기 말의 대멸종을 포함하여 자연이 가할 수 있는 온갖 타격을 받고도 회복되곤 했다가, 백악기 말에야 장엄한 종말을 맞이했다.

칼비노의 《우주만화》에 실린 또 하나의 단편소설에서 주인공인 크프우프크는 순간순간에만 존재하는 하등한 연체동물로서 긴 시간을 보낸다. 영원한 현재에 갇힌 포로다. 낮과 밤이 "모두 맞바꿀 수 있고, 똑같으며, 또는 지극히 우연한 차이만이 있는 파도들처럼" 그에게 밀려들어 부서진다. 자신의 현재를 다른 모든 이들의 현재와 구분하기 위해 크프우프크는 껍데기를 만들기 시작한다. 마치 자신의 시간을 기록하듯이, 나선형으로 자라는 껍데기에 표시를 할 수 있기를 기대한다. 그는 극도로 길고 깨지지 않는 껍데기-시간을 만들려고 하지만, 무한 나선을 만드는 것은 불가능하다. 껍데기는 자라고 또 자라다가 특정한 시점이 되면 멈추며, 그것으로 끝이다. 다른 수많은 연체동물들도 같은 시도를 했지만, 헛수고였다. "시간은 지속되기를 거부하며, 껍데기는 약해서, 부서져 산산조각이 날 운명이다. 그들의 껍데기는 작은 껍데기의 나선 길이만큼만 지속되는 시간의 환영, 서로 떨어져서 분리되는 시간의 파편일 뿐이다." 결국 크프우프크는 다른 누군

상상하기 어려운 존재에 관한 책

가가 "남거나 묻힌 모든 것을 다른 무언가의 표지로 삼으려는" 시도를 해야 한다는 것을 깨닫는다. 칼비노는 굳이 말할 필요를 못 느꼈다. 다른 누군가란 바로 우리다. 성장이 중단된 수많은 나선형 껍데기들 사이의 연결 고리를 살펴보고 가가의 종류를 진화의 표지로 삼음으로써, 인류는 그것들을 죽 이어서 지구의 역사라고 하는 거대한 나선을 만든다. 지질 기록은 다른 종들이 살면서 쌓아왔지만, 인간을 제외한 그 어떤 종도 알지 못하는 무언가다.

앵무조개가 지닌 두 번째 경이로움은 껍데기의 내부 구조다. 내부는 칸칸이 방으로 나뉘어 있으며, 앵무조개는 연실세관이라는 입구를 통해서 이 방(camerae)**, 즉 공기탱크에 기체나 액체를 채우거나 비워서 부력을 조절한다. 이 놀라운 적응 형질은 이들이 기원할 때부터 있었다. 어류에게 부레가 진화하기 훨씬 전에, 나우틸로이드는 바다밑에서 수월하게 떠오르고 원하는 대로 물속을 오르내릴 수 있는 수단으로서 이 방을 진화시켰다. 그리고 이러한 능력을 출수관을 통해 물을 뿜어내는 힘으로 수평 운동을 조절하는 능력과 결합함으로써, 초기 나우틸로이드는 먹이 동물을 위에서 덮치는 최초의 거대한 죽음의 사자가 되었다.

공기탱크는 동물계에서는 낡은 방식일지 모르지만, 인류에게는 비교적 새롭고 유용한 기술이다. 오늘날 우리는 공기탱크를 써서 물속 깊숙이 잠수를 하거나 장시간 물속에서 머물 수 있다. 대조적으로 최초의 잠수 장치인 잠수종은 그저 공기를 담은 장치로서, 공기 압력을 조절할 수 없었고 산소가 금방 고갈되었다. 또 물속에 집어넣고 끌

---

* 현생 앵무조개의 조상은 어떻게든 이 위기를 헤쳐 나왔다. 아마 변두리로 밀려나서 청소동물로 살아가던 단순한 삶을 살던 것이 도움이 되었을 수도 있다. 앵무조개는 대사 활동이 느리며, 한 달에 한 번만 먹으면 된다.
** 현생 앵무조개는 알에서 나올 때 이미 껍데기 안에 네 개의 빈 방을 갖추고 있으며, 다섯 번째 방에서 산다. 시간이 흐르면서 몸이 자라는 데 맞춰서 점점 더 큰 방을 추가한다.

어올리는 데 밧줄과 무게가 필요했다. 별도의 방에 물을 채우거나 비움으로써(밑바닥의 탱크에 물이 흘러들도록 했다가 인력으로 퍼내는 식) 가라앉고 떠오르게 한 최초의 잠수정은 아마 1775년 코네티컷의 데이비드 부시넬(David Bushnell)이 영국 함선을 공격하기 위해 개발한 터틀(Turtle)일 것이다. (터틀은 앵무조개와 좀 비슷하게 아래쪽의 중력 중심 주위로 뒤뚱거리고 흔들리면서 물속을 나아갔을 것이다. 이 잠수정은 전함으로 쓰기에는 전혀 맞지 않았다.) 로버트 풀턴(Robert Fulton)이 프랑스 제1공화국을 위해 1793년에서 1797년 동안 개발한 노틸러스호(Nautilus)는 터틀보다 훨씬 더 정교했지만, 전쟁에 쓸모가 없다는 점에서는 별 다를 바 없었다. 노틸러스라는 이름은 아마 수면에서 항해할 때 집낙지(Paper Nautilus)와 비슷해 보여서 붙은 듯하다. 집낙지는 사실 문어의 일종으로, 암컷은 실제 앵무조개의 껍데기와 약간 비슷한 모양의 종잇장 같은 '껍데기'를 만든다. 당시 사람들은 집낙지가 물갈퀴가 달린 촉수 두 개를 수면 위로 돛처럼 내밀어서 항해한다고 생각했다. 그 생각이 옳든 그르든 간에, 잠수정에 노틸러스라는 명칭은 절묘하게 어울렸고, 1870년대에 쥘 베른이 소설 《해저 2만리》에 나오는 잠수함에 그 이름을 붙인 뒤로 그 이름은 사람들의 마음속에 깊이 뿌리 내렸다. 그리고 1954년 세계 최초의 핵잠수함에 노틸러스호라는 이름이 붙여짐으로써 그 인상은 더욱 강화되었다. 이 핵잠수함은 언제든 대륙 간 탄도 미사일(ICBM)을 발사할 수 있는 발사대를 갖추되 거의 들키지 않는 배를 만든다는 목표를 향한 중요한 진전이었고, 이후 결국 그 목표를 이루게 되었다. ICBM을 탑재한 '배' 한 척은 한 대륙 전체의 대도시 대부분을 파괴할 수 있으며, 지구 전체를 공격권 안에 넣고자 하는 강대국이라면 그런 배를 보유할 필요가 있다. 따라서 18세기의 뒤뚱거리는 잠수정에서 출발한 기계실을 갖춘 괴수는 21세기에 수면 아래로부터 공격하는 궁극적인 죽음의 사자가 되었다.

잠수함에 기대하는 것이 새로운 파괴 수단의 완성만은 아니었다. 인력이 아니라 연소를 통해 움직이는 최초의 잠수정은 1864년 카탈

상상하기 어려운 존재에 관한 책

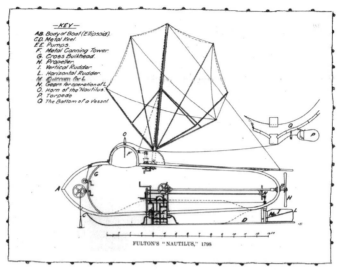

로버트 풀턴이 설계한 잠수함 노틸러스 호(1793~1797)

루냐의 화가이자 기술자이자 공상적 사회주의자인 나르시스 몬투리올(Narcís Monturiol)이 개발한 익티네오 2호(Ictineo II)*였다. 그는 자신의 잠수정이 산호 채집가들의 목숨을 구하고 인류의 번영과 평화에 도움이 되기를 원했다. 최근 수십 년 동안 과학 탐사에 쓰인 잠수정들은 인류가 지금까지 상상했던 것보다 더 기이한 생물들이 있음을 얼핏 보여주면서, 인간 이외의 생물들이 어디에서 어떤 모습으로 살 수 있는가에 관한 우리의 생각을 바꾸는 데 기여해 왔다.

앵무조개가 지닌 세 번째 경이로움은 눈이다. 그리고 여기서 말하는 경이는 7장에서 다룬 가시갯가재의 경이와 정반대다. 앵무조개는 몸집이 어느 정도 되는 동물 가운데 가장 단순한 눈을 지니고 있다. 수정체가 없이 망막에 뿌옇고 다소 흐릿한 상을 맺는 '바늘구멍' 눈이

---

* 익티네오 2호는 올리브나무와 참나무, 구리판으로 만든 잠수정으로, 동판에 이름 이 새겨진 미완성 증기기관 잠수정의 최종 형태로 남아 있다.

앵무조개

기 때문이다. 육지의 달팽이, 고둥, 총알고둥 같은 훨씬 더 작은 동물들도 눈에 수정체를 갖고 있다. 앵무조개의 눈보다 지름이 10분의 1에 불과해 1밀리미터도 안 되는데 말이다. 앵무조개는 바늘구멍 눈으로 낮(깊은 곳에 숨어야 할 때)과 밤(먹이를 찾아 수면 쪽으로 올라가야 할 때)을 구별할 수 있고, 수면 가까이에 있을 때 바위 같은 커다란 물체를 참조하여 방향을 잡을 수 있다. 하지만 대강 알아보는 수준에 그치는 듯하다. 분해 가능한 최대 공간 주파수(화상의 세밀한 정도를 나타내는 단위로, 수치가 높을수록 더 선명하다—역자 주)로 나타낼 때, 앵무조개(1라디안에 3.6사이클)는 투구게(4.8)보다 시야가 덜 선명하며, 금붕어(409)의 100분의 1, 문어(2,632), 사람(4,174), 독수리(8,022)의 1,000분의 1도 안 된다. 아마 앵무조개의 부리와 치설(작은 이빨들이 박혀 있는 일종의 '혀')에는 후각이 먹이를 찾는 더 중요한 안내자 역할을 하는 듯하다. 앵무조개의 눈 아래쪽에 있는 후각돌기는 10미터 떨어진 곳의 냄새도 맡을 수 있다. 촉수도 화학 수용체 역할을 겸하기 때문에, 가까이 있는 먹이를 포착할 수 있다.

비록 엉성하긴 해도, 바늘구멍 눈은 앵무조개에게 유용한 것이 분명하며, 이와 유사한 눈은 (비록 흐릿하긴 해도) 아마 5억 년 동안 세계를 응시해 왔을 것이다. 시각의 자연사를 이야기하려면 그런 눈도 설명해야 한다. 게다가 오래 존속해 온 그 눈은 우리의 '인공 눈' 개발의 역사에서 기준점 역할을 할 수 있다. 카메라를 비롯한 화상 기록 장치들은 처음에 몹시 엉성했지만 우리가 세계를 지각하고 평가하는 방식에 지대한 영향을 미쳐왔다.

기계 눈을 만들기 위한 첫 단계는 아마 우리가 인간이 된 이래로 죽 알아차리고 있었을 자연현상 하나를 활용하는 것이 아니었을까? 화창한 날에 때로 무성한 나뭇잎들 사이의 작은 틈새로 햇빛이 비치면서 바닥에 태양의 작은 상이 맺히곤 한다. 기원전 5세기 말, 중국 철학자 묵자와 그 제자들은 작은 구멍을 통해 밝은 바깥 세계의 상을 검은 벽에 투영하는 '수집판(收集板)' 또는 '쇄착적 장보실(鎖着的 藏寶室)'

이라는 것을 만들었다. 최초의 카메라 옵스큐라였다. (묵자는 논리, 자기 인식, 상호 존중, 겸애를 가르친 인물로, 그의 사상은 철저히 억압되었다.) 고대 그리스에서 아리스토텔레스를 비롯한 이들도 이 장치의 원리를 꽤 잘 이해하고 있었으며, 시간이 흐르면서 점점 더 복잡한 상치들이 묘사되고 개발되었다. 중국인뿐 아니라 아랍 황금기의 알하젠 같은 자연철학자들도 만들었을 것이 확실하며, 아마 콘스탄티노플 사람들도 만들었을 것이다. 1591년 무렵에는 단순한 바늘구멍이 아니라 렌즈를 장착한 장치가 이탈리아에 나와 있었으며, 1600년에 독일의 요하네스 케플러는 그런 장치를 써서 태양과 수성의 움직임을 관측하고 있었다. 17세기에는 더 작은 휴대용 장치들이 발명되었고, 그 이후로 제도공과 화가들은 그 장치를 점점 더 많이 쓰게 되었다.

카메라 옵스큐라에 맺히는 세계의 상은 카메라를 둘러싼 세계가 흘러감에 따라 마찬가지로 계속 흘러간다. 하지만 감광필름 같은 매체에 찍힌 상은 다르면서도 놀라운 무언가를 만들어낼 수 있다. 실제 순간(혹은 적어도 그것에 해당하는 무엇)이 시간의 흐름에서 분리되어 그 너머에 놓인다는 인상을 주는 것이다. 상을 기록하는 카메라는 일종의 타임머신처럼 보인다. 사진이든 동영상이든 간에 우리는 오늘날 이 현상에 너무나 익숙해진 나머지, 대개 그 점을 되짚어볼 생각을 아예 하지 않는다. 하지만 여기에서는 놀라우면서 심오한 일이 벌어지고 있기에, 그 점을 새롭게 다시 살펴볼 가치가 있다.

내 또래인 이들이라면 열세 살 쯤에 해봤을 텐데, 당시에는 바늘구멍 카메라를 만들어서 사진을 찍는 것이 과학 교과과정에 들어 있었다. 뚜껑 쪽을 떼어낸 빈 깡통의 바닥 한가운데에 송곳으로 작은 구멍을 뚫고서, 구멍을 접착테이프로 가렸다. 일종의 셔터였다. 그런 뒤

---

* 카메라 옵스큐라와 영화의 관계는 영화 〈천국으로 가는 계단〉(1946)에서 찾아볼 수 있다. 이 영화에서 등장인물 중 한 명이 카메라 옵스큐라를 통해 마을에서 벌어지는 일을 지켜본다. 하루하루가 새롭고, 연민과 기쁨으로 가득해진다.

앵무조개

어둠 속에서 노출되지 않은 필름을 도화지에 붙이고, 필름을 안쪽으로 해서 깡통의 뚜껑 쪽에 대고 빛이 새지 않도록 잘 막았다. 준비를 마친 우리는 이제 화창한 날에 사진을 찍을 곳을 찾아 야외로 **나갈**(!) 수 있었다. 나는 어느 광장의 모퉁이에 서 있는 건물의 옥상에서 웨스트민스터 대성당의 두 탑을 향해 카메라를 놓고 필름을 노출시켰다. 다음날 필름을 인화한 우리는 대다수가 성공했다는 것을 알았다. 내 사진에는 그늘진 곳과 밝은 곳이 선명하게 대비된 덕분에 지붕 가장자리, 벽, 창문의 수평선과 수직선이 멀리 뻗어가는 모습이 아주 뚜렷이 드러나 있었다. 나는 그 사진에 홀리고 말았다. 사진은 화창한 날의 한순간을 포착했으면서도 어쩐 일인지 그 다음 순간, 구름이 드리우면서 회색으로 변하는 순간을 예견하고 있었다. 이 이미지는 '단지' 인간의 뇌에 있는 기억이나 상상이 아니라, 어느 모로 보나 **실제로 있는** 무엇이었다. 그날 물리적 현실의 일부였던 실제 광자들의 흐름이 지속성을 띤 흔적을 남긴 것이었다. 헤라클레이토스는 이렇게 말했다고 한다. "만물은 움직이며 멈춰 있는 것은 없다˚." 하지만 우리 사진을 보면 그 말이 참이 아닌 듯했다.

　운동과 정지라는 수수께끼는 사진술이 등장할 때부터 뚜렷이 알아볼 수 있었다. 서양의 전통적인 구도와 원근법 개념에 따라 두 건물 사이의 트인 공간을 조망한, 1825년에 니세포르 니엡스(Nicéphore Niépce)가 찍은 〈르그라의 창문에서 본 전경(The View from the Window at Le Gras)〉은 여러 면에서 단순하고 투박한 이미지다. 하지만 극도로 흐릿한 이 사진은 오늘날 우리에게 강한 인상을 안겨준다. 지극히 평범한 장면이라고 해도 그것이 사람들의 기억에서 사라진 지 이미 오래인 한순간을 얼려놓은 최초의 사진임을 알고 있기 때문이다. 또 그 사진을 만드는 데 쓰인 원시적인 기술이 빚어낸 우연한 결과로, 우리는 그 이미지를 볼 때 한순간을 구성하는 것이 무엇인지를 생각하게 된다. 니엡스는 인상을 포착하기 위해 필름을 밝은 햇빛에 8시간 이상 노출시켜야 했는데, 그 결과 전경의 양쪽에 햇빛과 그

니세포르 니엡스의 〈르그라의 창문에서 본 전경〉(1825)
현재 남아 있는 가장 오래된 사진이다. 카메라 옵스큐라로 찍었다.

늘이 함께 찍혔다. 따라서 이 이미지에 담긴 순간은 약 1초—관람자
가 바라보는 데 걸리는 시간—인 동시에 8시간이기도 하다. 이는 요
람에 누운 채 홍수처럼 흘러드는 인상들을 체계화하는 법을 배우고
있는 아기나 중병에 걸려 꼼짝 못한 채 생사의 문턱에 있는 어른이 볼
법한 전경이기도 하다.

　　그로부터 12년이 지나기 전에, 루이 다게르(Louis Daguerre)는 단
8분만 노출시켜서 필름에 이미지를 기록하는 방법을 발견했다. 파리
의 탕플대로(Boulevard du Temple)를 찍은 그의 사진은 니엡스의 것
보다 선명도와 세부 묘사가 훨씬 뛰어나며, 더 중요한 점은 사람처
럼 보이는 대상을 사진에 최초로 담을 만큼 빨리 기록할 수 있었다는

---

* "같은 강에 들어서도 늘 새로운 물과 마주친다."

앵무조개

루이 다게르의 〈탕플대로〉(1838)는 사람의 모습이 담긴 최초의 사진이다.
왼쪽 아래에 구두를 닦는 사람의 모습이 보인다.

데이비드 옥타비우스 힐과
딸 샬로트의 사진. 1843년경.

것이다. 사진의 왼쪽 아래에서 그 사람들을 볼 수 있다. 한 사람이 한쪽 다리를 들어 의자를 밟은 채 서 있고, 그 옆에 앉은 사람은 그의 구두를 닦고 있다. 이 바쁜 거리를 지나가는 사람들은 유령보다도 자취를 덜 남겼다. 이 두 인물이야말로 1970년대에 롤랑 바르트가 '푼크툼(punctum)'이라고 한 것의 첫 번째 사례일 것이다. 바르트는 푼크툼이 우연히도 상황이 딱 들어맞아서 사진을 보는 이가 동질감과 감정의 초연함을 동시에 느끼는 것이라고 했다. 탕플대로의 이미지는 사진술이 인간 의식의 연장으로서 자리매김을 하기 시작한 출발점이 된다.

데이비드 옥타비우스 힐(David Octavius Hill)이 1843년에 찍은 자신과 딸의 사진에서 푼크툼은 딸의 머리를 꾹, 하지만 사랑스럽게 누르고 있는 그의 오른손이다. 여기서 직접적인 우발적 상황은 노출에 필요한 몇 분 동안 딸의 머리를 움직이지 않게 해야 할 필요성에서 비롯된 것이었다. 하지만 힐이 딸의 때 이른 죽음을 막을 수 없었다는 점과, 부드러움과 강인함을 겸비했던 힐조차 이미 오래전에 세상을 떠났음을 아는 현대의 관람자는 저도 모르게 가슴이 찡해온다. 바르트와 동시대에 활동한 수전 손택은 이렇게 말했다. "사진은 자신의 파괴를 향해 나아가는 삶의 취약성, 순수성을 증언한다."

바르트와 손택보다 약 50년 앞서 사진술의 본질과 의미를 탐구한 발터 벤야민은 남아 있는 최초의 사진들이 단 한 장밖에 남아 있지 않으므로, 더 오래된 종교적인 대상들과 예술 작품들과 마찬가지의 '아우라(aura)'를 풍긴다고 주장했다. 기계적인 대량생산 시대가 오기 이전의 특별한 작품이라는 것이다. 나중에 벤야민은 견해를 바꾸어서, 대량생산 시대에 찍은 사진도 아우라를 지닐 수 있다고 했다. 시간적 거리가 있어도 즉시성을 느끼게 하는 '마법 같은' 특성을 지니고 있다는 것이다. 이 나중의 견해가 더 설득력이 있다. 정말로 중요한 점은 **무엇이** 기록되느냐다. 벤야민은 특정한 개인(이를테면 어린 시절의 프란츠 카프카)을 담은 사진이 중요하다고 보았다. "인물을 없앤다는 것은 사진술이 가장 참을 수 없는 일이다."

벤야민의 말은 대다수의 사람들에게서 대부분의 시간에 들어맞는다. 우리가 사랑하는 사람들의 사진은 대개 우리가 지닌 가장 소중한 이미지에 속한다. 하지만 사진술, 영화, 기타 이미지를 포착하는 기술들은 벤야민이 생각한 수준을 훨씬 초월하여 발전했다. 지금의 디지털 영상 기술은 결코 존재한 적이 없고 앞으로도 없을 세상의 놀라울 만치 진짜 같은 이미지를, 즉 우리가 결코 보지 못할 과거 및 미래의 현실의 시뮬라크라(simulacra)를 만들어낼 수 있다. 이 발전이 어떤 영향을 미치고 있는지는 앞으로 연구가 필요하겠지만, 동영상이 등장한 초창기에, 허버트 조지 웰스는 소설 《타임머신》(1895)에서 그것이 가져올 파괴적인 힘과 현기증*을 어느 정도 예견했다.

> 어둠과 빛이 번득이며 계속 지나가는 바람에 눈알이 빠질 듯이 아팠죠. 그러면서 간간이 찾아오는 어둠 속에서, 달이 초승달에서 보름달로 빠르게 주기를 거듭하고 별들이 흐릿한 빛을 내며 도는 것을 보았습니다. 여전히 속도가 빨라지고 있었기에, 마침내 맥박 치던 낮과 밤이 하나로 뭉개져 계속 회색으로 보이더군요. 하늘은 어스름처럼 찬란하게 빛나는 색채, 경이로울 정도로 신비한 푸른색을 띠었습니다. 쏜살같이 움직이는 태양은 허공에 불길, 곧 눈부신 아치를 만들었고, 달은 띠 모양으로 그보다 흐릿하게 요동치더군요. …… 나무들이 증기를 뿜는 것처럼 갈색이 되었다가 녹색이 되었다가 하면서 자라는 것이 보였어요. 나무들은 자라고, 가지를 뻗다가, 부스러지고, 사라져갔죠. 거대한 건물들이 곳곳에 흐릿하게 솟아올랐다가 꿈인 양 사라져버렸습니다. 땅 전체도 변하는 듯했죠. 내 눈 아래에서 녹고 흘러갔어요.

이미지 포착 기술의 한 가지 특징은 현실이 확고하다는 것을 밝히는 대신에 세계가 늘 변하고 있음을 보여주는 데 기여한다는 점이다. 하지만 한 가지 역설처럼 보이는 것은 이 기술이 시간의 한 순간—스냅샷(snapshot)—이 바깥에 있는 '전부', 아니 적어도 우리에게 중요한

상상하기 어려운 존재에 관한 책

전부일 수 있다는 인식도 강화한다는 점이다. 우리의 의식이 오직 그 순간에 놓여 있기 때문이다. 크리스 마르케(Chris Marker)의 1962년 작 영화 〈방파제(La jetée)〉는 이 느낌을 생생하게 그려냈다.

사진술, 동영상 등을 통해 우리의 세계 인식은 강화되고 수정되어 왔다. 그렇지만 우리는 **실제로 있는** 생물들을 볼 때, 진정한 의식하는 존재로서의 우리가 이용할 수 있는 시야가 죽어서 시간의 모래톱 위로 올라오기 전 어스름한 달 아래 검은 물속을 떠다니던 무수한 세대에 걸친 앵무조개들의 시야보다 그다지 나은 것이 아니라는 사실도 깨닫는다.

---

* 웰스에 앞서 알프레드 테니슨은 이렇게 썼다. "산들은 그림자라네/ 이 모습 저 모습으로 흘러가고/ 멈춰 있는 것은 없네/ 산들은 안개처럼/ 단단한 땅을 녹이지/ 구름처럼 스스로 모양을 만들고 바꾸네."

앵무조개

OCTOPUS
문어

Octopus vulgaris(왜문어) 를 비롯한 종들

문: 연체동물
목: 팔완목
보전 상태: 많은 종들이 위급종,
관심 필요, 평가 불가에 속함

지구를 위해 자신의 모든 신체 부위로 말을 하려는 성향과
목소리를 지닌 지성(知性)이 있다.
　　　　　　　　　　　　　　　　　—크리스토퍼 스마트

　오그던 내시는 한 유명한 시에서 몸에 달려 있는 것이 팔인지 다
리인지 말해달라고 문어에게 간청한다. 교과서는 근엄하게 답한다.
다리가 아니라(촉수도 결코 아니라) 팔이라고 말이다. 하지만 이 부속지
들은 결코 한 단어로 정의할 수 없다. 호주의 문어 전문가인 마크 노
먼(Mark Norman)은 문어의 팔을 여기저기 쪽쪽거리며 돌아다닐 만큼
강한 '초강력 입술(super lip)'이라고 한다. 하지만 초강력 혀라는 말도
그에 못지않게 어울릴 것이다. 문어의 팔 하나하나는 사람의 혀처럼
근육질 장치이며, 팔에는 수십 또는 수백 개의 빨판들이 죽 붙어 있
고, 빨판 하나에는 수만 개의 화학 수용체—우리 혀의 맛봉오리에 해
당하는—가 있어서 그에 상응하는 수의 신경 말단이 뛰어난 촉감을
제공한다. 다음번에 누군가가 자신의 혀로 코끝을 건드리는 묘기를
부리며 당신에게 깊은 인상을 심어주려고 한다면(나에게는 좀 불편한 일
이다), 문어는 마음대로 길이를 두 배로 늘이거나 반으로 줄일 수 있는
여덟 개의 혀를 볼에서 내민다고 말하기를.
　그리고 '초강력 혀'란 말도 사실 문어 팔의 특성을 제대로 표현하
지 못한다. 팔 하나에는 약 5,000만 개의 신경세포가 들어 있어서, 팔

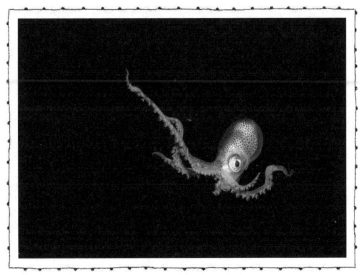

심해 문어

은 독자적으로 복잡한 행동을 할 수 있는 신축성을 지닌 뇌, 혹은 준자율적인 몸-뇌 연결망이 된다. 각 팔은 스스로 늘이고 줄이고 비틀고 구부릴 수 있으며, 팔에 있는 각 빨판도 독자적으로 움직이고 붙들고 늘어나고 수축하고 흡착력을 가할 수 있다. 이 팔과 빨판이 힘을 모으면, 문어는 자신의 눈알이나 부리만 한 좁은 틈새로 들어갈 수도 있고, 맛있는 먹이가 든 병의 뚜껑도 돌려서 열 수 있다. 몸집이 좀 큰 몇몇 문어 종은 작은 상어와 싸워서 물리칠 수도 있다.

그리고 만델브로 집합(Mandelbrot set)이라고 하는 프랙탈(fractal) 구조처럼, 문어*는 더 자세히 살펴볼수록 더 많은 것이 보인다. 해부 구조를 살펴보자. 사람의 음낭처럼 생겼으면서 색깔 스펙트럼의 전 범위를 이용할 수 있는 '머리', 철이 아니라 구리가 포함된 피를 뿜어내는 세 개의 심장, 사람의 눈과 매우 흡사하지만 기본 설계가 더 뛰

---

* 영어에서 문어(octopus)의 복수형은 'octopuses'다. 'octopi'가 아닌 이유는 이 단어가 그리스어에서 유래했기 때문이다. 그리스어에서 문어의 복수형은 'octopodes'다.

문어

어난 눈을 보라. 아니면 문어의 지능을 생각해 보라. 적어도 개와 비슷한 수준이다. 왜문어를 실험한 자료를 보자. 왜문어의 앞에 불투명한 문 다섯 개를 놓고 그중 하나에만 문어가 무척 좋아하는 먹이인 게를 숨겨놓는다. 각 문에는 서로 다른 기호가 그려져 있다. 문어는 몇 번 시도하다가 우연히 맞는 기호가 그려진 문을 연다. 그 뒤의 실험들에서 문어는 그 기호를 재빨리 알아보고 맞는 문을 연다. 문의 위치를 바꿔도 마찬가지였다. 다른 기호가 그려진 문 뒤에 게를 숨기면, 문어는 새 기호를 즉시 학습한다. 다른 실험들에서 문어는 서너 살 된 아이와 비슷한 수준으로 기호를 구별하는 능력을 보여주었다.

또 다른 연구에 따르면, 문어는 훈련을 받은 다른 문어가 하는 행동을 멀리서 지켜본 뒤에 미로 퍼즐을 푸는 법을 배웠다고 한다. 미로에 넣었을 때, 훈련받은 동료를 관찰한 문어는 그렇지 않은 문어보다 더 빨리 문제를 풀었다. 또 문어는 수조에 던져 넣은 작은 공처럼 자신에게 아무런 쓸모가 없는 대상을 갖고 놀이—이보다 더 적절한 단어는 없다—를 한다. 등뼈가 없는 동물 중에서는 문어만이 이런 행동들을 하며, 이 행동들은 어류뿐 아니라 많은 파충류와 포유류에게서 볼 수 있는 것보다 더 정교하다.

문어가 우리를 낳은 계통과 전혀 별개로 진화했다는 점에서 그들의 지능은 더욱 놀랍게 느껴진다. 우리와 문어의 공통 조상—아마 단순한 민달팽이처럼 생겼을 것이다—은 적어도 5억 4,000만 년 전에 살았다. 인간에게는 문어보다 불가사리와 해삼이 더 가까운 친척이다. 하지만 진화적 시간에 놓인 한 협곡을 건너면, 우리 자신과 놀라울 만치 닮은 동물을 만난다. 헤아릴 수 있는 마음과 아마 일종의 자각* 까지 지니고 있을 존재다. 이 장의 뒷부분에서 살펴보겠지만, 어떤 면에서 그들은 우리보다 뛰어난 능력을 지닌다.

팔완목(즉 문어 종들)은 300종이 넘는다. 이들은 크기, 모양, 겉모습, 행동이 아주 다양하며, 남극대륙 주변의 심해에서 따뜻하고 얕은 열대의 산호초에 이르기까지, 거의 모든 해양 환경에 적응해 있다. 가장

상상하기 어려운 존재에 관한 책

크다고 알려진 종은 자동차만큼 자랄 수 있고, 가장 작은 종은 약 2.5 센티미터에 불과하다. 보라문어(Blanket octopus)는 동물 가운데 암수의 몸집 크기 차이가 가장 크게 나서 암컷이 수컷보다 무려 1만 배 더 무겁다. 이들이 어떤 방법으로 교미를 할지 상상하기가 쉽지 않다. 심지어 해저의 열수 분출구 가까이에 사는 종도 있다. 높은 수압 아래서 섭씨 100도에 이르는 물이 솟구치는 곳에서 말이다. (이 종은 만화 영화 〈심슨 가족〉에 나오는 마지 심슨의 머리카락을 하얗게 탈색한 것과 다소 비슷하게 생겼다.) 수심 2,000미터의 광활한 심해에 사는 스타우로테우티스(Stauroteuthis)는 어둠 속에서 빛을 뿜어서 먹이를 꾀며, 물갈퀴가 달린 분홍색 팔들을 넓게 펼치면 세계 유일의 심해 발레복처럼 생겼다. 지금까지 발견된 문어 중 가장 깊은 곳—대개 수심 3,000~4,000미터—에 사는 것은 그림포테우티스(Grimpoteuthis)다. 하늘을 나는 코끼리인 만화 주인공 덤보의 귀를 닮은 모양의 커다란 귀가 달려 있어서 덤보문어(Dumbo octopus)라고 널리 알려져 있다. 흡혈오징어—실제로는 오징어가 아니라 문어의 일종이며, 있을 법하지 않은 고대의 꿈에서 튀어나온 유령처럼 보인다—는 사람에게 해를 끼치지 않는다. 하지만 호주의 얕은 물에 사는 몸집 작은 파란고리문어는 지름이 몇 센티미터밖에 안 되지만 세상에서 가장 독성*이 강한 동물 중 하나다. 흉내문어(Mimic octopus)는 2005년에야 인도네시아의 얕은 바다에서 발견되었는데, 넙치, 바다뱀, 쏠베감펭 등 눈에 보이는 거의 모든 것과 비슷하게 몸을 빠르게 변형시킬 수 있다. 그 사촌인 2006년에 발견된 원더퍼스(Wunderpus photogenicus)는 몸이 그렇게 유연하

---

* 생물학자 제니퍼 매더(Jennifer Mather)는 문어가 인간처럼 '만개한' 의식을 지니고 있지는 못해도, 지각과 기억을 조합하여 어느 순간에 자신에게 일어나고 있는 일에 관한 일관성 있는 느낌을 구축하는 '원시적인' 의식을 지닌다고 주장한다.
** 파란고리문어는 청산가리보다 1만 배 강한 신경독소인 테트라도톡신(tetrodotoxin)을 지닌다. 이 물질은 침샘에 사는 세균이 만드는 것으로, 소량만으로도 마비가 일어나며 이 독소에 노출되면 몇 분 사이에 호흡기와 심장의 활동이 억제된다.

문어

원더퍼스(Wunderpus)

지는 않지만, 몸의 빨간색과 갈색 배경에 하얀 줄무늬가 이루는 선명한 대비는 브리짓 라일리의 옵아트에 자연이 화답하는 듯하다. 심지어 거의 완전히 투명해져서 전혀 보이지 않기를 바라는 듯한 유리문어도 있다.

이 현실과 비교할 때, 우리의 문화적 상상력은 너무나 빈약하다. 문어는 존재의 경이로움을 보여주는 상징이라기보다, 그저 식탁에 오르는 요리나 비명을 질러대는 공포 영화 속의 섬뜩한 괴물, 일본 포르노물에 등장하는 괴물, 월드컵의 오락거리로 비칠 가능성이 훨씬 높다. 식욕, 혐오, 욕정이 이 동물을 바라보는 인간의 상상력에서 큰 부분을 차지하는 것이 분명하다. 하지만 우리는 3,500년 전에 문어의 기이함과 아름다움을 찬미하는 거의 유일한 목소리를 남긴 미노스인과 오늘날 연구하는 자비로우면서 선견지명을 갖춘 과학자들을 본받아야 한다.

미노스인들 이후에, 문어는 고대 지중해 문화의 상상 속에서 미미한 역할만 맡았던 듯하다. 호머는 오디세우스를 문어에 비교하는데, 바위 해안에서 배가 산산이 부서질 듯 가장 위태로웠던 순간에만 그

상상하기 어려운 존재에 관한 책

표현을 쓴다. 문어는 변화무쌍함에도, 세계 문학에서 가장 감각적이고 폭력적인 동물 변형의 사례집이라고 할 만한 책인 오비디우스의 《변신이야기》에 등장하지 않는다. 아마 고대 그리스와 로마의 신화에서 문어와 같은 두족류가 맡은 가장 중요한 역할은 스킬라(Scylla)에 대한 영감을 주었다는 점일 것이다. 스킬라는 여섯 개의 긴 목 끝에 달린 여섯 개의 머리 각각에 있는 세 줄의 날카로운 이빨로 뱃사람을 잡아먹는 괴물이다. 신화 속의 스킬라는 실제 대왕오징어에 영감을 받았을 수도 있다. 대왕오징어는 긴 곤봉처럼 생긴 촉수의 빨판에 이빨이 박혀 있을 뿐 아니라, 무시무시한 갈고리도 달려 있다. 고대 세계에도 두족류의 대형 종들이 알려져 있었다. 아리스토텔레스는 길이가 약 2.5미터인 문어를 보았다고 했고, 먼 바다에는 훨씬 더 큰 것들이 산다고 적었다. 하지만 이런 생물들의 목격담에 어느 정도 영감을 받긴 했어도, 스킬라는 인간의 마음 깊숙한 곳에서 여러 형태들을 짜깁기한 일종의 키메라 괴물이기도 하다. 페니키아 신화에 나오는 머리가 일곱 개인 바다 괴물 로탄(Lotan)*도 마찬가지다.

고대 세계에서 괴물 같은 문어를 가장 사실에 근접하게 묘사했다고 할 수 있는 것은 77년경에 쓰인 플리니의 《자연사》다. 1601년의 영역본에 따르면, 플리니는 물에서 사람을 죽이는 야만적인 동물 중에서는 이 "포커틀(Pourcuttle), 즉 발이 여럿인 폴리퍼스(Polypus)"가 최고라고 했다. 바로 문어를 가리킨다.

---

* 로탄은 고대 셈족의 바다신인 야우(Yaw)의 동물이다. 성서의 레비아탄에 해당하는데, 〈욥기〉에 따르면 레비아탄은 고래보다는 거대한 바다뱀에 더 가깝다. 레비아탄은 "깊은 바다를 도가니처럼 끓일" 수 있고, 생물발광 능력을 지닌 것으로 묘사된다. "뒤쪽으로 빛나는 길을 만든다. 심해를 백발인 양 보이게 한다." 헤라클레스가 죽인 레르나의 히드라도 머리가 일곱 개였다. 자연 세계에서 비슷한 동물을 찾는다면, 일곱팔문어(Haliphron atlanticus)가 아닐까? 그런데 일곱팔문어는 사실 팔이 일곱 개가 아니다. 수컷의 팔 하나가 오른쪽 눈 아래에 달린 알주머니를 둘둘 말아 감싸도록 변형되어 있어서 잘 보이지 않을 뿐이다.

이 동물이 물속에서 이 잠수부나 난파당해 물에 빠진 사람을 만난다면 이런 식으로 공격하기 때문이다. 마치 씨름을 하듯이 발톱이나 팔로 그들을 꽉 잡고서 가운데가 오목한 빨판과 올가미로 그들을 계속 빨아들인다(사람들의 몸에 붙인 부항단지들처럼). 피를 오랫동안 빨아들여서 죽음에 이르게 한다.

플리니는 먼 바다로부터 문어가 와서 노출된 양어장을 습격하고 절인 물고기를 잡아먹곤 한다는 카르테이아 지방의 이야기를 전한다. 계속되는 도둑질에 좌절한 관리인들은 문어를 막을 울타리를 치지만, 문어는 위로 드리운 나뭇가지를 타고 올라가는 법을 터득했다. 이윽고 문어는 궁지에 몰려 사나운 개들에 둘러싸이지만 문어는 그들보다 뛰어났고, 삼지창으로 무장한 사람 몇 명이 와서야 겨우 물리쳤다. 플리니는 그 문어의 팔이 거의 9미터나 된다고 했다. 죽은 문어의 무게는 거의 320킬로그램에 달했다.

왠지 도시 괴담처럼, 즉 뉴욕의 하수구에 악어가 돌아다닌다는 이야기의 로마판처럼 들리기 시작한다. 플리니 자신도 이렇게 썼다. "좀 터무니없는 거짓말 같고 믿어지지 않을 수 있다." 하지만 그 안에는 진실이 어느 정도 담겨 있을 수 있다. 적어도 크기*가 아니라 행동 면에서는 그렇다. 문어는 과감한 사냥꾼이 되어, 먹이를 찾아 물 바깥으로 나와서 해안의 물웅덩이 사이를 돌아다니곤 한다. 아가미가 축축한 상태가 유지된다면 20~30분 동안 물 밖에서 돌아다닐 수도 있으며, 최근에 수족관과 연구실의 수조에서 문어가 탈출하여 가구를 오르내린 끝에 좀 떨어진 다른 수조로 들어가서 그곳에 든 동물을 잡아먹는다는 사례가 몇 건 보고되었다. (처음에 관리자와 과학자는 당혹스러웠다. 다음날 출근하거나 점심을 먹고 오면, 게처럼 맛 좋은 동물들이 껍데기만 남아 있고 문어는 새끼 양처럼, 혹은 T. S. 엘리엇의 책에 나오는 불가사의한 고양이 매캐비티[Macavity]처럼 방 반대편에 있는 자신의 수조에서 아무것도 모르는 척하고 있었다. 문어가 자기 수조와 희생된 먹이의 수조 사이의 도저히 믿어지지 않

상상하기 어려운 존재에 관한 책

을 만큼 작은 틈새를 들락거리는 모습이 숨겨 놓은 카메라에 찍힌 사례도 있었다.)
문어가 바다에서 어선 위로 올라가서 잡아놓은 게를 훔쳐 먹는다는
신빙성 있는 이야기들도 있다.

하지만 햇살 가득한 고대 지중해 세계는 대체로 문어에게 공포를
거의 느끼지 못한 듯하다. 무엇보다도 지중해 사람들은 예전이나 지
금이나 가난하든 부유하든 간에 문어 요리를 무척 좋아한다. 폼페이
의 모자이크화를 보면 이를 짐작할 수 있다. 문어는 식용 가능한 다양
한 해양 생물들의 한가운데에 생생하게 그려져 있다. 고급 어종을 파
는 생선 가게에서 볼 법한 그림이다.

문어를 냉철하게 기술하려고 시도한 또 한 명의 유럽인이 등장
한 것은 플리니 이후로 약 1,500년이 흐른 뒤였다. 1595년경 이탈리
아 자연사학자이자 박식가인 울리세 알드로반디(Ulisse Aldrovandi)
는 자연사의 기념비적인 백과사전 겸 '극장'을 짓겠다며, 자신이 찾을
수 있는 모든 정보를 집대성했다. 알드로반디의 설명에 따르면 이렇
다. 문어는 바다뿐 아니라 육지에서도 살며, 물속에서 헤엄치는 것처
럼 쉽게 돌 위를 지나다닌다. 또 독수리보다 강하고 사자보다 사납다.
게걸스럽게 먹어대고, 물고기와 갑각류를 뒤쫓지 않을 때에는 열매(특
히 무화과), 올리브기름, 길 잃은 사람, 심지어 자신의 팔까지 먹는다. 또
흰색을 제외한 모든 색깔을 띨 수 있다. 아무것도 곁들이지 않고 먹으
면 정력제가 되고, 포도주를 넣어서 구우면 임신 중절약이 된다.

오늘날 볼 때 알드로반디의 설명은 기이한 상상들을 가득 쌓은
뒤 정확한 사실 몇 가지만 그럴싸하게 얹은 아이스크림 같다. 하지
만 적어도 상징적 의미보다는 사실을 전달하려는 시도로 볼 수 있으
며, 그 책에 실린 삽화들은 놀라울 만치 정확하다. 하지만 알드로반디

---

* 문어류 중 현재 가장 크다고 알려진 것은 문어(Giant Pacific octopus)로, 대개 45킬로그램까지 자
라지만, 1967년에 몸무게 70킬로그램에 팔 끝에서 끝까지 길이가 7.5미터나 되는 것도 잡힌 바
있다.

문어

가 글을 쓸 당시에도 유럽에는 무수한 과학 연구들보다 문어의 대중적인 개념에 더 큰 영향을 미칠, 거대하고 무시무시한 짐승에 관한 이야기가 떠돌고 있었다. 북유럽에서 거대한 물속 동물의 이야기는 적어도 북구 신화로까지 거슬러 올라간다. 신화에서 토르는 요르문간드(Jormungander)라는 거대한 바다뱀과 싸운다. 크라켄(Kraken)이라는 다리가 여덟 개인 괴물의 이야기도 있다. 크라켄의 이름은 건강하지 못한 동물이나 뒤틀린 무언가를 가리키는 스칸디나비아어의 크라케(krake)에서 유래했다. (영어의 '굽은[crooked]'이라는 단어도 어원이 같으며, 현대 독일어에서 문어를 가리키는 단어도 마찬가지다.) 시간이 흐르면서 상상은 기이하지만 사실적인 내용과 뒤섞인다. 지리적 특징과 자연 현상을 상세하고도 정확히 묘사했을 뿐 아니라 환상적인 바다 괴물들도 그려져 있는 것으로 유명한, 1539년에 그려진 스칸디나비아와 주변 해역의 지도인 〈카르타 마리나(Carta Marina)〉에는 팔이 여러 개인 '물고기'가 등장한다. 린네는 크라켄이 진짜로 있다고 믿을 만하다고 여겨서 1735년판 《자연의 체계》에 크라켄도 포함시켰다(비록 나중 판들에서는 뺐지만). 그리고 베르겐의 주교인 폰토피단(Pontoppidan)은 1752년에 출간한 《노르웨이의 자연사》에서 크라켄이 뜬 섬만 하며, 공격을 하지 않아도 잠수하는 것만으로 지나가는 배를 끌어들일 정도의 강한 소용돌이를 만들 수 있다고 썼다.

린네와 폰토피단의 생각이 전적으로 잘못된 것은 아니었다. 대왕오징어(길이 10미터)와 초대왕오징어(14미터)같이 거대한 오징어들은 실제로 존재한다. 생물학자들은 1857년에야 그 사실을 받아들였다. 하지만 그 생물들을 보기란 지극히 어려운 일이다. 지금까지 잡힌 개체는 극소수에 불과하며, 여전히 아주 많은 기이하기 그지없는 종들*이 인간의 지식 너머에 숨어 있다. 옛날 사람들은 얼핏 비친 생물의 모습—또는 뼈 없는 뒤틀린 잔해—을 더 친숙한 문어의 거대한 형태로 쉽게 오인하곤 했을 것이다. 폰토피단이 사라지는 배를 기술한 내용도 실제 사건에 토대를 두었을 수 있다. 비록 거대한 두족류와 무

상상하기 어려운 존재에 관한 책

관한 사건이었겠지만 말이다. 일부에서 주장하듯이, 해저에서 갑자기 메탄가스가 거대한 공기방울을 이루며 솟아오르면서 해수면의 물 밀도를 떨어뜨리고, 그 결과 배가 더 이상 부력을 유지할 수 없어 수직갱으로 떨어지는 돌멩이마냥 가라앉는 희기한 현상이었을 수 있다.

너무나 보기가 힘들기 때문에, 거대한 두족류는 우화 작가들에게 좋은 소재가 되었다. 1800년대 초에 프랑스 연체동물학자인 피에르 드니 드 몽포르(Pierre Denys de Montfort)는 한 영국 배가 가라앉고 선원들은 거대한 문어, 즉 크라켄에 잡아먹혔다고 주장하는 책을 출간했다. 드 몽포르는 자신의 사기가 드러났을 때 몰락했지만, 그가 창조한 이미지는 살아남아서 무엇보다도 1830년 젊은 알프레드 테니슨의 강렬한 소네트와 그 뒤의 수많은 싸구려 공포 문학의 괴물들에 영감을 주었다. 허먼 멜빌은 거대한 두족류를 거의 언급하지 않았는데, 그가 진실만을 추구했으며 작품의 판매 부수를 올리려는 짓 따위에는 관심도 두지 않았기 때문이다. 대조적으로 빅토르 위고와 쥘 베른―당대의 대단히 인기 있던 두 작가―은 거대 두족류가 혹할 만한 소재임을 즉시 알아보았다.

1866년 빅토르 위고가 출간한 대작 《바다의 일꾼들》에서는 주인공이 거대한 오징어에게 잡힌다. 그 동물은 "우리 세계가 아닌 다른 세계에서 오는 듯한 악의 수수께끼 자체, 의지를 갖춘 점액질, 한 구멍이 입이자 항문인 뼈 없고 피 없고 살 없는 동물, 뱀 여덟 마리를 부리는 메두사"다. 위고는 플리니를 읽은 듯하지만, 대단히 과장하고 해부 구조를 극도로 혼란스럽게 만들기 위해 최선을 다했다.

당신을 공격하는 것은 일종의 공기압 장치다. 당신은 발 달린 진공과 싸우고 있다. 발톱으로 찌르지도 이빨로 물지도 않지만, 이루 말할 수 없이

---

* 몬터레이 만 수족관 연구소의 홈페이지에서 심해 오징어를 비롯한 다양한 생물들의 동영상을 볼 수 있다.

문어

섬뜩하다. 무는 것도 무시무시하지만, 그런 흡착에는 못 미친다. 발톱은 빨판에 비하면 아무것도 아니다. 발톱, 그것은 당신의 살로 들어오는 짐승이다. 빨판, 그것은 짐승 속으로 들어가는 당신 자신이다. 이 다른 세상에서 온 듯한 힘 아래 당신의 근육이 부풀어 오르고, 손가락이 뒤틀리고, 피부가 터져 나가고, 피가 분출하여 연체동물의 림프와 소름끼치게 뒤섞인다. 그 짐승은 천 개의 끔찍한 입으로 당신을 뒤덮는다. 히드라는 인간과 뒤섞인다. 인간은 히드라와 융합된다. 둘은 하나가 된다. 이 꿈은 당신을 덮친다. 호랑이는 당신을 그저 먹어치울 수 있을 뿐이다. 문어는 소름끼치게도 당신 안에서 숨쉰다! 문어는 당신을 자신 쪽으로 그리고 자신 속으로 끌어들이고, 당신은 꼼짝도 못한 채 힘없이 붙잡힌 상태에서 그 끔찍한 주머니, 그 괴물의 안으로 자신이 서서히 텅 비어가는 것을 느낀다. 산 채로 먹히는 공포보다 더한 것이 바로 산 채로 빨린다는 말로 표현할 수조차 없는 공포다.

괴물 문어는 영화 〈메가 샤크 Vs. 자이언트 옥토퍼스(Mega Shark Versus Giant Octopus)〉 같은 예술 작품들에 살아 있지만, 21세기인 지금, 가장 유명하다는 의미에서 '가장 놀라운' 문어는 독일의 한 지방 수족관에 사는 작은 종이었다. 파울(Paul)이라는 이름의 이 왜문어는 2010년 월드컵 축구 경기의 결승전에 이르기까지 누가 이길지를 연달아 예측하는 데 성공하는 듯하면서 세계적인 명성을 얻었다. (파울에게 간식으로 홍합이 든 두 상자 중 하나를 선택하도록 했는데, 각 상자에는 앞으로 맞붙을 두 팀의 국기가 붙어 있었다. 파울이 고른 상자에 붙은 국기의 대표팀들은 모두 이어지는 경기에서 승리를 거뒀다.) 전 세계인이 파울의 이야기를 좋아했다. 스페인의 호세 루이스 로드리게스 자파테로 총리는 파울을 국가가 보호해 주겠다고 제안한 반면, 이란의 마흐무드 아흐마디네자드 대통령은 파울이 서양이 타락했다는 결정적인 증거라고 말했다.

물론 파울의 '예측*'은 우연, 선입견, 그밖의 요인들로 설명될 수 있다. 하지만 이 일화가 보여주는 것—독일 동물학자들이 보수적인 이

상상하기 어려운 존재에 관한 책

란 정치가보다 유머 감각이 더 낫다는 그리 놀랍지 않은 사실 외에—
은 문어가 괴물이 되지 않고서도 대중의 상상을 사로잡을 수 있다는
것이다. 이쯤 되었으니, 아마 더 많은 사람들이 예지력과 축구를 엮지
않아도 평범한 문어가 놀라운 동물임을 알아치릴 수 있지 않을까.

우선 문어를 비롯한 두족류는 피부의 색깔과 질감을 변화시킬 수
있는 능력을 지닌다. 여기에 무엇이 관여하는지를 일단 이해하기 시
작하면, 이것이 진정으로 놀라운 능력임을 깨닫게 된다. "인간은 얼굴
을 붉히는, 아니 붉힐 필요가 있는 유일한 동물이다"라고 마크 트웨인
은 비꼬았다. 하지만 그는 반만 옳았다. 문어류는 열두 가지 색조 중
에서 원하는 색깔로 붉힐 수 있다. 이들은 몸에 있는 색소포—색소를
지니고 있고 빛을 반사하는 세포—수만 개를 열거나 닫아서 연속적
으로 미묘하게 변화하는 환경과 정확히 들어맞는 색깔들을 만들어낼
수 있다. 그와 동시에 문어는 삼차원상에서 피부 표면을 수축하고 변
형시켜서 바위, 산호 등의 질감을 흉내 낼 수 있다. 여기에 수반되는
지각과 통제 능력은 인간이 자신의 몸으로 할 수 있는 능력을 초월하
며, 우리가 언어와 예술이라는 상징적인 세계에서 할 수 있는 일만이
겨우 그와 맞먹을 것이다. (비록 문어가 새로운 것을 배우는 놀라운 능력을
지니고 있긴 하지만, 이 특별한 능력은 본능적인 것이다.)

컴퓨터과학자이자 음악가이자 가상현실의 선구자인 재런 러니어
(Jaron Lanier)는 두족류의 열광적인 애호가다. "그들은 우리 종의 잠
재적인 미래에 관한 단서들을 들이대면서 우리를 힐책한다. …… 두

---

* 파울은 독일이 영국을 이긴다고 올바로 예측함으로써 국제적인 인정을 받기 시작했
다. 그 뒤로 그는 네 차례 더 예측에 성공했다. 이것은 사람이 동전 네 개를 연달아 던진
결과를 올바로 예측할 때의 확률과 같다. 16분의 1이다. 과테말라의 한 자료 분석가는 여덟 번의
경기를 모두 올바로 예측하는 데에는 178명만 있으면 된다고 계산했다. 예지력이 있다고 여겨지
던 다른 많은 동물들은 파울보다 실력이 떨어졌다. 고슴도치 레온, 난쟁이 하마 페티, 페루의 기니
피그 지미, 앵무새 매니, 악어 해리, 덤불멧돼지 아렐신, 그리고 적어도 두 마리의 다른 문어 네덜
란드의 파울리너와 중국 칭다오의 시아오제가 그랬다.

족류의 원초적인 뇌의 능력은 포유동물의 뇌보다 잠재력이 뛰어난 듯하다. …… 어느 모로 보나 그들이 세상을 주도해야 하고, 우리는 그들의 애완동물이 되어야 한다." 러니어를 비롯하여 여러 사람들이 지적하듯이, 현실이 그렇지 못한 이유는 거의 모든 두족류가 수명이 아주 짧기 때문이다. 왜문어는 대개 1년도 채 못 살며, 가장 오래 사는 종도 수명이 3년에서 5년 사이로, 새끼가 알에서 깨어나기 전에 죽는다. 그 결과 그들은 자신이 배운 것을 다음 세대로 전달할 기회가 없다. 두족류는 문화란 것이 없다. 어떤 아이도 부모의 인도를 받지 못한다. 그들은 새 세대마다 무에서 다시 시작해야 한다.

그래도 러니어는 우리가 문어로부터 배울 것이 많다고 주장한다. 피부의 색깔과 질감을 바꿈으로써 복잡한 의미를 전달하는—말 그대로 의미를 체화하는—인상적인 능력은 인류가 훗날 '언어 이후의 의사소통' 세계에서 획득하고자 열망하는 것이 될 수도 있다. 그것은 '의미의 생생한 확장'을 낳을 것이다. 미셸 드 몽테뉴는 러니어보다 앞섰다. 그는 1567년에 이렇게 썼다. "문어는 두려운 것을 피해 숨거나 먹이를 잡기 위해 몸을 숨길 때 그렇듯이, 상황에 맞게 자신이 원하는 색깔을 얼마든지 띤다." 몽테뉴는 이것을 다른 동물들이 때로 우리를 훨씬 능가하는 능력을 보여주는 사례로 삼아서, 우리가 세계를 지각하는 자신의 익숙한 방식을 고집하지 않고 새로운 방식으로 지각할 수 있다면 훨씬 더 많은 것을 배울지도 모른다는 점을 생각해 보라고 제안한다. "우리는 함께 활동하는 오감을 의문시함으로써 진리를 구해 왔다. 하지만 아마 진리가 본질적으로 무엇인지를 더 확실히 알고자 한다면, 8감 또는 10감을 조화시킬 필요가 있지 않을까."

중세 동물우화집의 저자들은 모든 육상동물마다 그에 대응하는 해양 동물이 있다는 고대의 믿음을 이어받았다. 이 불신을 받던 개념을 오늘날 부활시킨다면, 우리는 인간에 대응하는 해양동물의 후보자로 돌고래를 선호할 것이다(4장 〈돌고래〉 참조). 하지만 아마 따지면 문어가 더 적합할 것이다. 아마 우리는 그들을 악귀나 점심거리로가 아

상상하기 어려운 존재에 관한 책

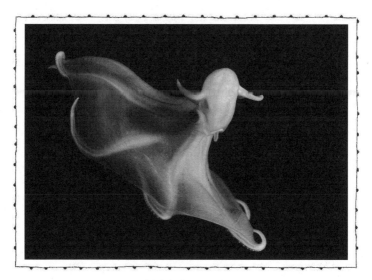

심해의 스타우로테우시스

니라, 탈출 묘기, 적응력, 자기 표현력의 스승으로, 그리고 지금이라도 행복한 유년기를 보내기에는 늦지 않다는 주장을 전달하는 사절로 대우하는 법을 배울 수 있지 않을까.

PUFFERFISH
복어

Tetradontidae

문: 척삭동물
강: 조기류
목: 복어
보전 상태: 많은 종이 평가 불가

인간은 세상이 아니라, 세상에 관한 자신의 견해 때문에 괴로워한다.
—에픽테토스, 로렌스 스턴이 《트리스트럼 샌디》에서 경구로 인용

영어권에서 풍선고기(balloonfish), 부푸는고기(blowfish), 공기방울고기(bubblefish), 공고기(globefish), 뻥튀기고기(swellfish), 두꺼비고기(toadfish) 등 여러 이름으로 불리는 복어류와 그 사촌들은 르네상스시대 유럽에서 분더카머른, 즉 '진귀품 방'의 진열장 중 거의 절반을 차지하고 있었다. 오늘날에는 진열장에 놓을 진귀품보다는 어항에 키울 애완용으로 여겨지지만 말이다. 어떤 면에서 그들을 대하는 태도는 거의 변하지 않았다. 복어는 여전히 우스꽝스러운 모습의 별난 생물로 보인다. 못생기고 좀 우습게 생겼다고 말이다. 애니메이션 〈니모를 찾아서〉에 등장하는, 놀라면 갑자기 자동 구명조끼처럼 확 부푸는 복어 블로트가 좋은 사례다. 돌고래도 우리와 생각이 같은 듯하다. 그들은 일부러 복어를 도발해서 복어가 몸을 부풀리면, 공으로 삼아서 공중으로 던지며 논다. 돌고래판 수구인 셈이다.

우스꽝스럽다는 점을 제쳐놓더라도—그리고 이들은 위협을 받을 때면 전혀 우스꽝스럽지 않을 수 있다—복어와 그 사촌들은 정말로 기이하다. 복어목의 영어 학명(Tetraodontiformes)은 '네 개의 이빨이 융합되어 부리 모양을 형성했다'라는 뜻인데, 이 목에는 약 360종이

상상하기 어려운 존재에 관한 책

있다. 이들은 대다수 물고기의 특징인 유연한 유선형 몸을 버리고 대신 뻣뻣한 공 모양—또는 상자 모양, 삼각형—을 택했으며, 몸 전체를 굽이치듯 움직이기보다는 꼬리지느러미와 배지느러미로 '노를 저으면서' 움직인다. 이것을 '복어형 운동'이라고 한다. 사람이 다리 전체를 움직이는 것이 아니라 발만 움직여서 걷거나 손가락과 발가락만 저으며 헤엄치는 것과 비슷하다고 할 수 있다. 이 방식은 그들이 자신의 생태 지위에 적응한 결과다. 약 4,000만 년 전, 그들의 조상은 산호를 뜯어 먹기 시작했고, 그에 따라 벌새마냥 떠 있는 능력이 멀리 돌아다니는 능력보다 더 중요해졌다. 조금씩 물어뜯는 데 어울리게끔 마치 부리처럼 점점 더 커지는 가공할 앞니를 갖춤으로써, 그들은 단단한 산호와 딱딱한 조류를 물어뜯기에 가장 좋은 각도를 취할 수 있었다.

또 복어의 방어하는 측면을 생각하면 그들의 모습이 덜 우스꽝스럽게 보인다. 복어는 위장을 급속히 늘려 물을 가득 채워서, 거의 공 모양으로 몸을 빠르게 부풀린다. 그러면 산호초에 사는 대다수의 물고기가 삼키지 못할 만큼 커진다. 대다수의 종은 몸을 부풀리면 곁에 있던 날카로운 가시도 삐죽 솟아오른다. 이 가시는 거북 같은 큰 동물

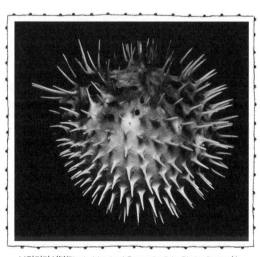

브리커가시복(Black-blotched Porcupinefish, *Diodon liturosus*)

복어

이 삼키려 들다가는 목이 뚫릴 만큼 날카롭다. (그때 삼켜진 복어가 말 그대로 속을 파먹으면서 밖으로 나올 때도 있다.) 또 많은 종은 파란고리문어가 쓰는 대단히 강력한 독인 테트로도톡신을 지닌다. 게다가 복어는 동족에게 친절하지 않다. 새끼는 첫 이빨이 나자마자 더 작은 형제자매를 뜯어 먹기 시작하며, 종종 죽이기도 한다. 형제를 뜯어 먹은 새끼는 영양분을 더 섭취했기에 더 빨리 자란다. 그러면 더 빠르고 더 민첩해질 가능성이 높고, 따라서 포식자에게 더 잘 대처할 수 있다.

가시와 독성, 사나움을 갖춘 덕분에 복어와 친척들은 산호초라는 풍성하지만 무자비한 생태계에서 잘살아왔다. 하지만 이 목의 적어도 한 종은 이 혼잡한 세계를 완전히 벗어나 더욱 기이한 모습으로 변신했다. 개복치(Mola mola)라는 이 종은 몸 둘레가 엄청나게 커졌다. 다 자라면 몸무게가 1톤을 넘고 때로는 2톤까지 넘기도 하며, 지름이 3.3미터에 달한다. 세계에서 가장 무거운 경골어류다. 인간이 등장하기 전까지 그 어떤 포식자도 달려들 수 없을 만치 컸기에, 누구의 간섭도 없이 살파, 관해파리, 해파리를 먹어치우면서 햇볕 아래 아주 행복하게 떠다녔을 것이다. 잘라낸 머리의 뒤쪽에 뭐라고 설명할 수 없는 술을 달고 날개 또는 돛이 위와 아래에 잘못 붙어 있는 듯 기괴한 모습이다.

중세 동물우화집에서 이 동물은 미덕, 악덕 등 인간에게 교훈이 되는 속성을 지닌 상징이었다. 요즘의 우리는 별로 그렇게 생각하지 못하지만, 나는 복어나 개복치를 볼 때면 특정한 감정과 생각이 저절로 연상되곤 한다. 첫째, 그들의 기이한 모습을 보면 우리 종의 모습이 기이해 보였을 시대가 떠오른다. 대부분의 문화는 인간의 아름다움을 찬미하지만, 자연 전체적으로 보면 우리는 기이해 보이는 무리일 수 있다. 울퉁불퉁한 귀, 빠르게 변하는 얼굴, 믿어지지 않게 수직으로 선 몸 위에서 흔들거리는 지나치게 큰 머리를 지닌 우리의 모습이 전혀 우아하지 않아 보일 때가 종종 있다.

둘째, 복어를 보면 우리의 식욕이 어떤 식으로 통제를 벗어나고 괴팍해질 수 있는지를 생각하게 된다. 앞서 말했듯이, 이 동물은 먹성

상상하기 어려운 존재에 관한 책

좋은 소비자지만 그 자신이 인간에게는 고급 요리가 된다. 비만인 사람이 수억 명에 달하고 요리사들이 늘 새로운 요리 재료와 방법을 찾느라 애쓰고 있는 세계—중국 식당의 동물 음경 요리든, 미국의 먹기 대회에서 한 양동이 가득 담겨 나온 지방과 옥수수 시럽이든, 동남아시아의 살아 있는 곰의 발바닥을 잘라서 한 요리든 간에—에서도, 일본의 전문 요리사가 내놓은 복어 요리는 여전히 미식가들에게 궁극적인 도전 과제로 남아 있다. 먹는 사람의 입술을 마비시킬 만큼만 살에 독이 남도록 요리를 한다는 점과 요리사가 자칫 실수라도 하면 먹는 사람이 죽기 십상이라는 점도 이 요리를 짜릿하게 만드는 요소다.

심리학자를 비롯한 학자들은 새로운 재료든 양이든 간에 사람들을 음식에 극도로 집착하도록 만드는 것이 무엇인지를 이해하고자 오랫동안 애써왔다. 애덤 필립스는 "우리가 탐욕이라고 말하는 지나친 식욕은 사실 절망의 한 형태다"라고 주장한다. "지나친 것은 식욕이 아니다. 좌절에 대한 우리의 두려움이다." 그는 우리의 탐식이 "우리 자신이 얼마나 빈곤한지, 그리고 이를 감추는 최선의 방법이 무엇인지를 보여 주는 가장 좋은 증거"라고 주장한다. 이 말이 옳을지도 모른다. 우리는 늘 뭔가 다른, 더 뛰어나거나 더 강력한 존재로 자신을 변신시켜 줄 약물을 찾고 있으니 말이다. 하지만 수많은 악덕을 보이는 만화영화 〈심슨 가족〉의 주인공 호머 심슨처럼, 그런 시도는 종종 어리석고 약한 모습으로 끝나곤 한다. 호머는 잘못 요리된 복어를 먹고는 마지막 남은 시간을 올바르고 자비롭게 보내기로 결심하지만, 늘 그랬듯 장엄한 실패로 끝나고 만다.

아리스토텔레스는 말했다. "미덕이 없다면 인간은 동물 중에서 가장 비열하고 야만적이며, 성욕과 식욕 면에서 최악인 존재다." 자신의 식욕을 더 지적이고 창의적인 방식으로 다스리는 법을 터득하지 못한다면, 우리는 자기 자신과 바다, 다른 많은 환경을 대단히 빈약한 상태로 만들 위험이 있으며, 보면서 경탄하고 웃어댈 복어조차 만날 수 없게 될 것이다.

QUETZALCOATLUS
케찰코아틀루스

Quetzalcoatlus Northropi

문: 척삭동물
목: 익룡류
보전 상태: 멸종

우리 대다수는 지구의 가장 장엄한 생물들을 개인적으로 접할 일이 결코 없을 것이다. 우리는 흰긴수염고래와 함께 헤엄칠 일이 결코 없을 것이며, 눈표범이 노는 광경은 기껏해야 다큐멘터리에서 몇 분 동안 보는 것으로 만족해야 할 것이다. 하지만 거의 모든 사람이 단지 밖으로 나가기만 하면 볼 수 있는 경이도 하나 있다. 바로 하늘을 나는 깃털 달린 공룡이다. 날개를 펼치고 높이 나는 칼새, 나무 꼭대기에서 노래하는 지빠귀는 모두 이 거대한 파충류의 후손들이 하늘을 정복했다는 사실을 상기시킨다.

물론 인간도 엄청난 양의 외부 에너지 자원을 소비하는 정교하고 무거운 기계 덕분에 하늘을 날 수 있게 되었다. 하지만 우리 자신의 몸과 근력을 이용한 자유비행*은 늘 꿈꾸던 일이지만 앞으로도 계속 꿈으로 남아 있을 가능성이 높은 듯하다.

하지만 자연사에는 인간만큼 무거우면서도 동력 비행을 할 수 있었던 아주 기이한 존재가 실제로 있었다. 바로 공룡과 동시대를 산 날개 달린 파충류인 익룡, 특히 익룡목 중에서 가장 거대한 케찰코아틀루스(Quetzalcoatlus) 같은 동물이 그러했다. 백악기 말의 이 동물은 기

상상하기 어려운 존재에 관한 책

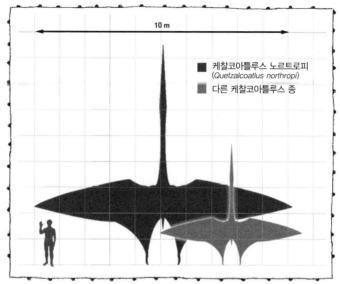

10 m

■ 케찰코아틀루스 노르트로피
(Quetzalcoatlus northropi)
■ 다른 케찰코아틀루스 종

가장 큰 케찰코아틀루스는 날개폭이 스핏파이어만 했지만,
몸무게는 커다란 사람 정도였다.

린만큼 컸고, 날개폭이 제2차 세계대전 때의 영국 전투기 스핏파이어
(Spitfire)만 했다. 하지만 몸무게는 헤비급 권투 선수 정도였을 것이다.

케찰코아틀루스를 더 자세히 살펴보기 전에, 우리만큼 무거운 것
이 하늘을 날 수 있다는 것이 얼마나 기이한 일인지를 생각해 볼 가치
가 있다. 인간은 코끼리나 고래에 비하면 작지만, 날 수 있는 거의 모
든 동물들에 비하면 거대하다. 대부분의 새와 박쥐는 무게가 몇 킬로
그램에 불과하다. 그리고 하늘을 날고 싶다면, 크다는 것은 엄청난 단

* 비행은 오래 전부터 인간의 한결같은 꿈이었다. 가장 오래된 문헌 중 하나인 기
원전 2,000년대 아시리아의 쐐기 문자로 기록된 문서에는 꿈속의 비행을 길게 다
룬 내용이 있다. 이슬람에는 타이 알-아르드(Tay al-Ard), 즉 '지구의 주름'이라는 개
념이 있다. 사실상 순간 이동을 가리키는 개념이다. 셰익스피어는 요정 퍽이 40분 안에 지구를 한
바퀴 돈다고 했다. 최근에 내가 가장 좋아하는 꿈속의 비행 장면은 2004년 영화 〈씨 인사이드〉에
나온 것으로, 하비에르 바르뎀이 연기한 사지 마비 환자인 주인공이 침대에서 깃털처럼 날아올라
햇살을 받으며 산림 위로 높이 솟구쳐서 바다로 가는 장면이다.

케찰코아틀루스

점[*]이다. 리처드 도킨스가 제시한 사고 실험은 그 이유를 보여준다. 하마가 1,000분의 1로 줄어들어서 벼룩만 해진다고 상상하자. 몸무게는 세제곱 단위로 줄어드는 반면 표면적은 제곱 단위로 줄어들기 때문에, 벼룩만 한 하마는 원래 하마보다 몸무게가 10억 분의 1(1/1,000×1/1,000×1/1,000)에 불과하지만, 표면적은 100만 분의 1(1/1,000×1/1,000)일 것이다. 따라서 몸무게에 대한 표면적의 비는 원래 크기의 하마보다 1,000배 더 클 것이다. 이 행복한 결과로 벼룩만 한 하마는 지나가는 돌풍에 아주 쉽게 올라타서 공중으로 휙 뛰어오를 수 있다. 물론 우리는 벼룩이 지나가는지 알아차리지 못할 것이다.

동물 세포가 생산할 수 있는 에너지의 양에는 엄격한 상한선이 있으며, 고급 항공기 연료를 태워서 얻을 수 있는 양보다는 훨씬 적다. 이 말은 하늘을 나는 동물은 아무리 크더라도 놀라울 만치 가벼울 것이라는 의미다. 한 예로 나는 포유류 중에서 세계에서 가장 큰 것은 황금모자과일박쥐다. 무화과를 먹는 이 온순한 동물은 필리핀의 외진

느시(*Otis tarde*)는 날 수 있는 현생 새 중에서 가장 무겁다.
하지만 이 수컷은 그저 과시 행동만 할 뿐이다.

상상하기 어려운 존재에 관한 책

숲에 사는데, 날개폭이 약 1.5미터로 사람이 양팔을 쭉 뻗은 길이의 약 6분의 5가 된다. 하지만 몸무게는 겨우 1.2킬로그램에 불과하다. 날개와 뼈를 제거하고 나면 고기라고 할 부위가 거의 없지만, 그 고기가 별미로 여겨져서 이들은 사냥당하여 기의 멸종 지경에 이르렀다. 예전에 나는 필리핀 본토에서 멀리 떨어진 한 작은 섬에서 이 박쥐를 잡아 도시의 식당에 공급하는 명사수로 유명하던 스탈린이라는 17세 소년을 만난 적이 있다. 스탈린이 이라크에 주둔한 미군에서 저격수로 활약할 만한 사격 솜씨를 지녔다고 모두가 이구동성으로 말했다. 실제로 훗날 그렇게 되었다.

날 수 있는 현생 조류 중에서 가장 무거운** 새는 아마 느시(*Otis tarde*, 들칠면조)일 것이다. 느시는 예전에는 몽골에서 스페인까지 초원에 흔한 새였지만, 그들이 좋아하는 초원이 농경지로 바뀌고 고속으로 날다가 전깃줄에 걸리곤 하게 되면서 지금은 멸종 위기에 처하게 되었다. 다 자란 수컷은 날개폭이 2.4미터에 몸무게가 약 12킬로그램까지 나가는데, 21킬로그램까지 나가는 것도 있었다고 한다. 다섯 살배기의 몸무게와 비슷한 정도다. 턱이 없는 대신 번식기에 목에 화려한 깃털이 자란다. 빅토리아시대 신사들이 좀 마뜩치 않게 쳐다보았을 법하다.

안데스콘도르는 느시보다 날개폭이 더 클 수도 있지만—3미터를 넘는 개체도 있다—몸무게가 15킬로그램을 넘는 개체는 보고된 바없다. 현생 조류 중에서 날개폭이 제일 넓다고 알려진 것은 나그네알바트로스와 남방로열알바트로스(Southern Royal Albatross)로, 3.5미터

---

* 이 말은 금방 와 닿지 않는다. 정말로 그렇다면 중국의 용과 유럽의 천사는 전혀 다른 모습, 날개가 훨씬 더 크고 몸집은 훨씬 더 작은 모습이어야 한다. 아기 큐피드 상과 절반쯤 절충하면 된다.

** 힌두 신화의 거대한 새인 가루다(Garuda)는 태양을 가릴 만큼 컸다고 한다. 유대교 설화의 지즈(Ziz)도 마찬가지였다. 아라비아 전설에 나오는 로크(Roc)는 발톱으로 코끼리를 움켜쥐고 날 수 있었다.

케찰코아틀루스

까지도 자란다. 이 종의 수컷들은 몸무게가 11킬로그램까지 나갈 수 있다. 인류가 등장하기 오래 전에는 이보다 더 큰 새들도 있었다. 화석에서 지금까지 발견된 것 중에 가장 큰 새는 테라톤(teratorn)이다. 그중 하나인 아이올로르니스 인크레디빌리스(*Aiolornis incredibilis*)는 날개폭이 5미터에 이른다. 안데스콘도르는 최근에 개체 수가 줄어들고 있는데, 좀 더 몸집이 작은 캘리포니아콘도르보다는 그나마 사정이 낫다. 캘리포니아콘도르는 거의 전멸했다. 20세기 문명은 느시와 마찬가지로 캘리포니아콘도르에게도 호의적이지 않았다. 그들도 많은 수가 전깃줄에 걸려서 죽었고, 한때 수천 마리였던 개체 수가 1980년대 중반에는 50마리도 채 안 남게 되었다. (일부 연구에 따르면 원주민*들이 이 새의 깃털을 행사 때 머리 장식으로 쓰기 위해 이들을 마구 잡는 바람에 산업사회 이전에 이미 수가 급감한 상태였다고 한다.) 하지만 1986년 이래로 포획 번식 계획이 이루어지면서 캘리포니아콘도르의 개체 수는 얼마간 늘어나고 있다. 나는 아주 잠시 자연사 라디오 방송국의 기자 생활을 한 적이 있었는데, 수백 제곱킬로미터 면적의 콘크리트 숲 한가운데에 있는 로스앤젤레스 동물원에서 기르는 콘도르 새끼를 취재하러 갔던 일이 기억에 남는다. 새끼들은 어른 콘도르로부터 전깃줄을 피하는 방법 같은 삶에 필요한 기술들에 관해 조기 교육을 받고 있었다. 어른 콘도르는 사실 콘도르 모양의 장갑을 끼고 있는 사람이었다. 나는 보이지 않는 곳에 멀찌감치 떨어져 있으라는 주의를 받았다. 사람을 보는 순간 새끼가 그 사람에게 가망 없는 사랑에 빠진다는 것이다.

콘도르나 알바트로스같이 몸집 큰 동물에게는 날개를 펄럭이는 것이 힘든 일이기에, 그들은 대부분의 시간을 공중에서, 엄밀히 말하면 나는 것이 아니라 바람을 타 활공하고 활상(滑翔)하면서** 보낸다. 그러니 전형적인 성인보다 몸무게가 4~6배나 되는 동물이 하늘을 날았다고 하면 얼마나 터무니없게 들릴 것인가.

하늘을 나는 거대한 파충류가 처음 모습을 드러낸 것은 1757년 먼지가 쌓인 선반에서였다. 카를 테오도르(Karl Theodor)라는 사람

상상하기 어려운 존재에 관한 책

이 독일 만하임에 있는 한 궁전의 진귀품 방을 뒤적거리다가 정체를 알 수 없는 뼈를 몇 점 발견한 것이다. 7년 뒤 볼테르의 비서로 일했던 피렌체 사람인 코시모 콜리니(Cosimo Collini)는 그 뼈가 긴 앞다리를 노처럼 써서 먼 바다를 들이다니는 동물의 것이라고 했다. 1801년 프랑스의 자연사학자인 조르주 퀴비에(1장 〈아홀로틀〉 참조)는 그 '노'를 살펴본 끝에, 하늘을 나는 거대한 파충류의 날개를 지탱하는 엄청나게 커진 손가락 뼈라고 올바르게 추측했다. 그는 그 파충류에 '날개 달린 손가락'이라는 뜻인 '프테로닥틸(pterodactyl)'이라는 이름을 붙였다. 그의 통찰은 놀라울 만치 정확했음이 드러났다. 그 뒤로 오늘날 '익룡(pterosaurs)'(또는 날개 달린 도마뱀)이라고 부르는 동물 수십 종이 전 세계에서 발견되었다. 그중에 1971년 텍사스의 한 채석장에서 발견된 화석이 가장 컸다.

케찰코아틀루스는 몸무게가 적어도 60킬로그램은 되었을 것이고, 국제권투연맹의 헤비급 기준을 훨씬 초월하는 100킬로그램을 넘는 개체도 있었을 것이다. 하지만 설령 대단히 강인하고 앞다리가 아주 길다고 할지라도, 케찰코아틀루스는 권투선수로 뛰기에는 무리였을 것이다. 무엇보다도 이 동물의 '주먹'—즉 첫 손가락 세 개—은 앞날개의 절반까지 뻗어 있고, 앞날개 자체는 아주 길게 늘어난 네 번째 손가락에 매달려 있다. 다 자란 개체는 날개폭이 11~12미터로, 영국에서 도로 통행이 허용된 차량 중 가장 큰 44톤 트레일러트럭의 길

---

* 캘리포니아 원주민들은 콘도르가 신비한 힘을 지녔다고 믿었다. 위요트족(Wiyot)은 올드맨(Old Man)이 홍수를 일으켜 인류를 몰살시킨 뒤에 콘도르가 인간을 재창조했다고 말한다. 모노족(Mono)은 콘도르가 인간을 잡아서 머리를 베어 흘러나온 피로 땅다람쥐의 집을 잠기게 한다고 믿는다. 요쿠트족(Yokut)은 콘도르가 달을 베어 먹어서 달의 주기를 일으키고 날개로 일식을 일으킨다고 말한다.
** 능동 비행은 공기 덩어리에 대해 상대적으로 상승하는 것을 뜻한다. 활공은 일종의 지연된 하강이다. 학술적으로는 수직선에 대해 45도 이상의 각도로 하강하는 것을 가리킨다. 활상은 상승하는 공기 덩어리를 타고서 고도를 유지하는 것이다.

케찰코아틀루스

이만 하다. (미국은 66톤 트레일러트럭까지 허용하는데, 이 트럭의 길이는 대개 14.6미터까지로서 좀 더 길다.) 따라서 설령 케찰코아틀루스 성체가 전성기의 무하마드 알리만큼 몸무게가 나갔다고 해도, 우리에게는 아주 삐쩍 말라 보였을 것이다. 《더벅머리 페터》 이야기에 등장하는 수프를 먹지 않는 소년 수펜카스파르(원래는 통통하지만 어느 날부터 수프를 안 먹겠다고 해서 삐쩍 말라가다가 5일째에 죽는다―역자 주)를 뺑튀기한 듯하다.

메소아메리카의 하늘신이자 창조신인 케찰코아틀*의 이름을 딴 케찰코아틀루스는 (신화들을 좀 뒤섞어서 비유하자면) 제우스의 머리에서 다 자란 모습으로 튀어나온 것이 아니었다. 케찰코아틀루스가 등장하기 이전에 조상 익룡들은 적어도 1억 5,000만 년 동안 번성하고 진화하고 있었다. 하늘을 난 최초의 파충류와 케찰코아틀루스 사이의 시간적 거리는 케찰코아틀루스와 우리 사이의 거리보다 두 배 이상 더 길다. 하지만 익룡이 정확히 언제 어디에서 처음 진화했는지는 불확실하다. 아직까지 확실한 원시 익룡 화석이 발견되지 않았기 때문이다. 삼각날개 전투기와 블루머 속바지를 입은 도마뱀의 잡종처럼 보이는 트라이아스기의 작은 도마뱀 샤로빕테릭스(*Sharovipteryx*)가 조상이라는 주장도 있었다. 이 동물은 뒷다리 사이에 커다란 막을 펼쳐서 나뭇가지 사이를 활공할 수 있었다. 흥미롭긴 하지만 안타깝게도 그 주장이 옳을 가능성은 적어 보인다. 그보다는 익룡과 공룡의 공통 조상으로 여겨지는 빠른 발의 작고 빈약한 동물 스클레로모클루스(*Scleromochlus*)가 후보자로 더 설득력이 있지만, 그 관계는 너무 막연하기에 케찰코아틀루스라는 특정한 계통에 관해 말해주는 것이 거의 없다. 확실한 것은 익룡이 비행을 터득** 한 단 네 개뿐인 동물 집단 중 하나이자, 척추동물 중에서는 최초로 하늘을 난 집단이라는 것이다. 그들은 하늘을 난 최초의 새보다는 약 4,500만 년, 박쥐보다는 약 1억 5,000만 년 더 앞서 하늘을 날았다.

초기 익룡은 트라이아스기 하늘에서 곤충들을 배불리 잡아먹었다. 그들은 어류, 갑각류 등으로 먹이의 범위를 점점 늘렸고, 그러면서

케차코아틀루스의 점심 식사(상상도)

다양성과 형태도 증가했다. 수천만 년 동안 지빠귀만 한 것부터 소형 항공기만 한 것에 이르기까지, 총 100종이 넘는 익룡이 번성하고 쇠락해 갔다.

오랜 세월 수많은 익룡 종들이 지구에서 살다가 사라졌다. 그러니 사람들이 그들을 헷갈리곤 하는 것도 놀랄 일이 아니다. 영국에서 제작된 영화 〈공룡 백만 년〉의 한 장면을 예로 들어 보자. 로아나 역을 맡은 라켈 웰치는 목욕을 하던 중에 프테라노돈(*Pteranodon*, 머리

---

* 현재 중앙아메리카에 사는 새 케찰(Resplendent Quetzal)도 이 마야 신의 이름을 땄다. 중앙아메리카 원주민들은 무지갯빛으로 반짝이는 녹색 꼬리깃털을 지닌 이 새를 신과 빛의 상징이라고 여겨 숭배한다.

** 곤충은 익룡보다 더 앞서 하늘을 날았다. 석탄기와 페름기에 살았던 커다란 갈매기만 한 잠자리는 도롱뇽처럼 생긴 양서류를 비롯하여 온갖 동물들을 잡아먹었다. 익룡은 이 거대한 잠자리가 사라지고 한참 뒤인 트라이아스기 말에 출현했다.

케찰코아틀루스

뒤쪽이 뾰족하게 튀어나온 익룡)에게 납치된다. 잡혀가는 동안 그녀의 피가 바다로 뚝뚝 떨어진다. 도중에 프테라노돈은 뒤따라온 람포린쿠스 (*Rhamphorhynchus*, 끝이 마름모꼴인 긴 꼬리를 지닌 익룡)에게 공격당한다. 이 장면은 역사적 사실에 어긋난다. 람포린쿠스는 최초의 프테라노돈이 진화하기 약 5,000만 년 전에 이미 사라졌고, 물론 라켈 웰치도 그렇게 먼 옛날에 살지 않았다.

익룡의 진짜 이야기는 이런 식으로 전개된다. 최초로 등장한 익룡은 짧은 날개에 커다란 머리를 지닌 디모르포돈(*Dimorphodon*)과 개구리 같은 이상한 머리를 지니고 하늘을 날던 아누로그나투스(*Anurognathus*)였다. 이어서 주둥이가 긴 최초의 공룡인 유디모르포돈(*Eudimorphodon*)과 진정으로 뾰족한 부리를 지닌 람포린쿠스가 등장했다. 이어서 팔이 길고 꼬리가 짧은 프테로닥틸루스(*Pterodactyloids*)와, 알바트로스나 군함조와 비슷하게(하지만 날개폭이 7미터에 이르는 것들도 있을 정도로 더

날고 있는 케찰코아틀루스(상상도)

상상하기 어려운 존재에 관한 책

컸다) 활공을 한 오르니토케이루스(Ornithocheiroids)가 출현했다. 그 뒤에 얕은 물속을 거니는 긴 다리와 구부릴 수 있는 물을 걸러 먹이를 먹는 부리를 지닌 크테노카스마투스(Ctenochasmatoids, 적어도 프테로다우스트로[Pterodaustro] 한 종은 먹이 때문에 홍학처럼 분홍색을 띠었을 것이다)와 거대한 족집게처럼 생긴 단단한 부리로 껍데기를 깨서 파먹는 등가리프테루스(Dsungaripterus)가 진화했다. 마지막으로 우즈베크족(Uzbek) 신화에 나오는 용의 이름을 딴 이빨 없는 거대한 익룡 아즈다르코(Azhdarchoids)가 등장했다. 케찰코아틀루스도 아즈다르코의 한 종이다. 그 뒤로 익룡은 더 이상 출현하지 않았다. 익룡은 사라졌다.

특이한 점이 하나 더 있다. 오늘날 오리너구리와 바늘두더지가 다른 포유동물과 유독 다른 것처럼, 익룡도 다른 파충류 목들과 다른 유별난 특징을 지녔다. 각 날개를 지탱하는 네 번째 길다란 손가락을 보자. 익룡의 넷째 손가락은 우리의 것과 뼈의 개수가 같은 상동기관이니 당신의 넷째 손가락이 팔과 손을 더한 길이보다 더 길게 자라고, 날개막이 손가락 끝부터 어깨까지 뻗어 무릎까지 이어진다고 상상해 보라. 비행을 위해 날개를 짜서 몸에 붙인 셈이다. 이제 당신의 뼈가 '텅 비어' 있다고 상상하자. 그 자리에 골수가 들어 있다는 의미가 아니라, 스티로폼처럼 기포가 가득하고 벽은 신용카드처럼 얇다고 하자. 이제 각 날개의 손목에 앞쪽 플랩, 즉 '비막(飛膜)'을 지탱하는 작은 뼈인 '익형골(pteroid)'이 두 개씩 뻗어 나온다고 상상하자. 그리고 몸전체는 성인 남성의 아래팔과 매우 비슷한 털투성이 피부로 덮여 있다고 해 보자. 이 모든 것들을 상상하면 이 동물들이 정말로 기이해* 보이기 시작한다.

***

* 더욱 기이한 비행 방식은 다리와 팔에 따로 날개가 있는 '복엽비행기형' 파충류다. 실제로 아기 코끼리 덤보처럼 귀가 날개로 변한 동물은 없다. 긴귀날쥐라는 이름의 생쥐처럼 생긴 작은 동물이 좀 비슷하게 생기긴 했다.

케찰코아틀루스

익룡 하면 으레 떠올리는, 질긴 가죽질 날개로 활공하는 원시적인 동물이라는 진부한 이미지는 전적으로 잘못된 것이다. 우리는 이들이 공중에서 민첩하게 나는 모습을 봤다면 경악했을 것이다. 이 능력이 날개를 휘젓는 데 쓰는 강한 근육에만 의존하는 것은 아니다. 물론 그 근육도 중요하긴 하지만, 날개의 안에는 널빤지 같은 긴 섬유 수백 개가 뻗어서 넓게 얇은 막을 이루고 있다. 이 막은 날개 안의 줄무늬 근육(마음먹은 대로 조절할 수 있는 근육)을 통해 팽팽하게 하거나 느슨하게 만들 수 있었고, 이 근육에 있는 자기수용기라는 신경 말단은 날개의 모든 부위를 순간순간 파악하여 그 정보를 신체 자세를 담당하는 뇌의 편엽(floccular lobe)으로 전달했을 것이다. 익룡은 새를 비롯한 다른 모든 동물들보다 편엽 부위가 상대적으로 더 컸다.

익룡 연구의 손꼽히는 권위자인 데이비드 언윈(David Unwin)은 이렇게 말한다. "그런 체계를 갖춘 익룡은 비행 때 날개가 어떤 일을 하고 있는지를 정확히 지각할 수 있었을 것이다. 그리고 (날개) 막 안의 근육 섬유들을 국부적으로 수축하거나 이완시켜서 날개 모양을 바꿈으로써 (커다란) 물고기를 낚아채거나 난류 속으로 날아들 때처럼 닥쳐오는 변화에 극도로 빠르게 반응할 수 있었다." 첨단 군사 연구를 하는 이들이 그저 꿈만 꾸고 있는 정교한 기술이다.

하지만 익룡에게서는 아인슈타인이 나올 수 없었다. 그들의 몸집에 대한 뇌의 비율—대충이나마 지능의 지표로 유용하다—은 파충류와 조류의 중간 어딘가에 놓인다. 따라서 그들이 현생 까마귀나 앵무새에 근접하는 수준의 지능을 갖추었을 가능성은 적다. 하지만 주변 환경과 비교하여 자신의 신체 자세를 지각하게 되었을 때, 익룡은 태극권의 대가처럼 정교하고 예리하게 지각했을지 모른다.

이들은 공중에서만이 아니라 지상에서도 빠르고 민첩했다. 발자국 화석, 특히 연구자들이 루시엔(Lucien)과 에밀(Emile)이라고 별칭을 붙인 두 개체의 발자국은 그들이 네 발, 즉 두 다리와 날개 달린 두 팔로 대단히 수월하게 도마뱀이라기보다는 기린, 토끼, 극락조를 조합한 형태에 더 가깝게 걷고 날쌔게 움직일 수 있었음을 뚜렷이 보여준다. 데이비드 언원은 그들을 안장에 사타구니가 쓸려서 엉금엉금 걷는 카우보이에 비유한다. 날개의 앞쪽 가장자리까지 약 절반쯤 뻗어 있는 세 발톱은 앞발 역할을 하고, 넷째 손가락은 날개를 접어서 몸에 붙이고 수직으로 위를 향한 채, 이중 관절을 중심축으로 움직였다. 현생 생물 중 익룡처럼 움직이는 종은 없다. 오늘날 익룡을 보게 된다면, 어떤 움직임이 가능한가에 관한 인식 자체가 바뀔 것이 확실하다.

그리고 머리뼈의 형태가 기이하다는 점에서도 익룡을 능가하는 동물은 없다. 혹 같은 머리를 한 페름기의 할루키크라니아(Hallucicrania)나 크기가 작은 몇몇 현생 카멜레온은 좀 견줄 만하지만 말이다. 프테라노돈은 스페인의 참회하는 수도사나 미국의 KKK 단원이 쓰는 두건과 비슷하게 머리뼈에 아주 길고 뾰족한 볏이 나 있어서 금방 알아볼 수 있다. 하지만 가장 경이로운 머리 장식을 지닌 것은 브라질에서 화석이 발견된 몇몇 아즈다르코(케찰코아틀루스도 포함)다. 아마존의 투피족(Tupi) 언어로 '오래된 존재'를 뜻하는 타페자라(Tapejara)는 머리뼈 높이보다 다섯 배 더 긴 볏이 달려 있었고, 투푹수아라(Tupuxuara)는 재블린(javelin, 창던지기 경기에 쓰는 긴 창—역자 주)처럼 긴 부리에 거대한 돛 같은 볏을 지녔다. 아즈다르코 이외의 많은 익룡들도 화려한 색깔의 볏을 지니고 있었을 가능성이 높지만, 그처럼 볏이 큰 종은 없다. 이들은 아프리카의 가장 뛰어난 가면들처럼 우리를 홀리는 머리와 얼굴을 지닌 진정으로 화려한 동물들이었다.

과학을 통해 더 많은 것이 밝혀질수록, 익룡은 더욱더 기이하고 흥미로운 존재가 된다. 따라서 그들이 상상의 세계 속에서 한 자리를

---

* 진화생물학자 존 메이너드 스미스(John Maynard Smith)는 최근에 발견된 화석들을 마치 예견이라도 한 것처럼, 익룡이 공중에서 더 큰 기동성을 발휘할 수 있도록 시간의 흐름에 따라 공기역학적으로 더 불안정해지는 쪽으로 진화했다고 주장한 바 있다.

케찰코아틀루스

공ㅡ 고히 차지했다고 해도 놀랄 필요가 없다. 추세는 1856년,《일러스트레이티드 런던 뉴스》가 짓궂은 장난으로 프랑스 쿨몽에서 철도 터널 공사 현장에서 바위를 치우자 그 안에서 날개폭이 3미터나 되는 살아 있는 익룡이 나왔다는 기사를 실었을 때 시작되었을지 모른다. 사실 익룡에 열광하는 분위기는 아서 코난 도일의《잃어버린 세계》(1912)와 그 소설에 영감을 받아 제작된 영화들에서 시작되었는데, 거기에서 익룡들은 베네수엘라 남부의 거대한 테이블 마운틴(tepui) 위를 장엄하게 선회한다. 그 소설을 극화한 최초의 영화에는 스톱모션 특수효과가 사용되었다(이 특수효과 담당자는 훗날 킹콩을 만들게 된다). 이 영화는 1925년 핸들리페이지(Handley Page) 폭격기를 개조한 임페리얼 항공사의 런던발 파리행 비행기 안에서 상영됨으로써 최초의 기내 상영 영화가 되기도 했다. 그때부터 익룡은 오랫동안 화면과 책에서 사라진 적이 없었다. 1978년, 벨기에의 '신비동물학의 아버지' 베르나르 외벨망(Bernard Heuvelmans)은《아프리카 최후의 용(Les derniers dragons d'Afrique)》이라는 책 한 권을 마치 익룡과 흡사해 보이는, 용처럼 생긴 날아다니는 동물에 관한 이른바 믿을 만한 내용으로 가득 채웠다. 그 가운데 유명한 것은 '콩가마토(kongamato)'로, 공중에서 내리 덮쳐서 겁에 질린 사람들이 가득 탄 카누를 뒤집는 데 대가라고 한다. 물론 카메라가 없는 때만 골라서 덮쳤다. 마다가스카르, 나미비아, 뉴질랜드, 크레타, 브라질, 아르헨티나, 베트남 등에서도 살아 있는 익룡을 보았다는 목격담이 쏟아지곤 했다(보통 고대 익룡 화석이 발견되었다는 기사가 보도되고 나서 제보가 들어오곤 한다). 한 예로 텍사스에서 케찰코아틀루스 화석이 발굴된 직후에, 텍사스 주의 하늘에서 살아 있는 케찰코아틀루스를 보았다는 목격담이 몇 건 보고되었다.

더 최근에는 '로펜(ropen)'이라는 존재에게 관심이 집중되었다. 고대의 람포린쿠스를 닮은 목이 길고 꼬리가 긴 이 동물은 동굴에서 인간의 썩은 고기를 먹다가 이따금 나와서 빛을 내면서 파푸아뉴기니의 밤하늘을 날아다닌다고 한다. 실제 목격담은 간략하고 모호하며 대개 서너 사람을 거쳐서 전해지곤 한다. 그리고 실제로 사진을 찍은 사람도 없다. 하지만 텍사스의 글렌로즈에 있는 창조 증거 박물관(Creation Evidence Museum) 같은 기관들은 여전히 로펜의 존재를 굳게 믿고 있다.

일부 창조론자들은 익룡이 수천 년 전까지도 에덴의 하늘을 계속 날고 있었으며, 평화롭게 과일과 식물을 먹었다고 말한다. 하지만 아담과 이브가 타락하자 익룡은 어둠의 편으로 돌아섰다. "그 후손들 중 상당수는 육식을 하는 쪽으로 퇴화했고, 인간은 그들을 두려워하게 되었다. 노아의 방주에 남아 있던 사악해지지 않은 개체들 덕에 이 추세가 다소 완화되기는 했지만 돌이킬 수 없었다." '실증적 목회자회(Objective Ministries)*'라는 기관의 주장이다. 익룡 몇몇은 모세가 이집트에서 자기 민족을 이끌고 나올 때 방해하고 나섰다. 정상적인 상황이라면 유대인은 따오기를 이용하여 자신을 보호할 수 있었을 것이다. (알다시피) 따오기와 익룡은 서로 아웅다웅하기 때문이다. 하지만 믿음직한 따오기가 없었기에 이스라엘의 자손들은 황무지에서 40년 내내 익룡의 공격에 시달려야 했다. 다행히도 하나님이 모세에게 장대 끝에 익룡 허수아비를 매달아서 익룡을 겁을 주어 쫓아내라고 명한 뒤에야 상황을 바로잡을 수 있었다.

날개 달린 무시무시한 생물들은 다른 문화들의 이야기에도 등장한다. 스리랑카의 울라마(Ulama)처럼, 일종의 '악마의 새'로 비치기도 한다. 하지만 새, 박쥐, 다른 동물들의 특징을 조합한 모습을 띨 때도 있다. 오늘날에도 꿈틀거리며 형성되는 구름이나 커다란 제트기를 뒤쫓는 구름의 그림자에서 여전히 볼 수 있는 중국 용은 좋은 사례가 된다. 보르헤스는 중국의 역사서에 중국의 동쪽을 수호하는 용인 청룡

---

* 실증적 목회자회는 벨로키랍토르(Velociraptor)도 여전히 살아 있어서, 푸에르토리코에서 염소 키우는 이들을 겁주고 아라라트 산에서 방주의 잔해를 지킨다고 한다.

케찰코아틀루스

이 수사슴의 뿔, 낙타의 머리, 악마의 눈, 조개 같은 배꼽, 물고기의 비늘, 독수리의 발톱, 호랑이의 발자국, 황소의 귀를 지닌다고 적혀 있다고 말한다. 중국의 용은 모든 세계에 산다. 천상의 용도 있고, 산맥을 다스리는 용도 있고, 묘지 근처에 사는 용도 있으며, 용궁에 사는 용도 있다. 용은 길이가 5킬로미터쯤 된다. 용이 몸을 움직이면 산마저 흔들린다.

인간의 비행이라는 꿈으로 돌아가서, 그것을 실현시키고 싶어 할 몇몇 이들에게 변칙적이나마 호소력 있는 개념이 하나 있는데, 으레 생각하는 것보다 인간이 비행하는 동물과 실제로 더 가까운 관계에 있다는 주장이다. 이 주장의 한 형태는 '원항온동물(stem-haematotherm)', 즉 원시적인 다람쥐 같은 동물과 시조새(초기의 깃털이 달려 비행하는 도마뱀-새)의 잡종처럼 생긴 파충류가 있는 것이 아니라 조류와 포유류의 공통 조상이 있다는 것이다. '공룡(dinosaur)'이라는 단어를 창안한 19세기 영국의 자연사학자 리처드 오언이 초기에 강력히 지지했던 이 가설은 20세기 말까지도 진지한 학술적 논의의 변두리에서 여전히 존속되었다. 이 가설의 지지자들은 항온성이 두 번이나 진화할 수는 없었을 것이라고 주장하는데, 과연 그럴까? 답은 실제로 두 번이나 진화했다는 것이다.

새/인간 조상이 아니라면, 박쥐/인간 조상은 어떨까? 1980년대에 호주의 신경과학자 잭 페티그루(Jack Pettigrew)는 '큰박쥐류(megabat, 앞서 다룬 황금모자과일박쥐 등)'와 영장류 뇌의 시각 처리 방식이 비슷하며, 다른 포유류와는 다르다는 것을 발견했다. 페티그루는 '비행 영장류 이론(flying primate theory)'의 옹호자가 되었다. 즉 우리 조상들이 나뭇가지 사이를 뛰어다니기 **이전에** 날아다녔다는 이론이다. 이 개념은 어느 정도 호소력을 지녀서 한 과학 저술가가 "저것은 박쥐가 아니라, 내 형제다"라고 감탄을 터뜨리기도 했지만, 대다수의 과학자는 받아들이지 않고 있다.

하지만 박쥐보다 더 가까운 인간의 친척 중에 거의 날아다니는 집

상상하기 어려운 존재에 관한 책

단이 적어도 하나 있다. 동남아시아에 사는 콜루고(colugo)다. '날여우원숭이(flying lemurs)'라고도 하는데, 이는 잘못된 명칭이다(여우원숭이류가 아니기 때문이다. 하지만 한국어명은 날여우원숭이로 되어 있다—역자주). 영장류 이외의 현생 동물 중에서 우리와 가장 가까운 친척인 콜루고는 나무 사이를 150미터까지도 활공할 수 있다. 이들은 대개 몸무게가 1.2킬로그램으로 작은 고양이만 하며, 좀 불안해 보이는 퉁방울 같은 눈을 지닌다. 팔, 다리, 꼬리 사이에서 펼쳐지는 활공막 때문에, 공중에 뜨면 털이 수북한 욕실 깔개처럼 보인다. 손가락 사이에도 박쥐의 것보다 훨씬 짧긴 하지만 물갈퀴가 나 있다. 따라서 이들은 언뜻 볼 때 익룡이나 박쥐와 좀 비슷하지만 본질적으로 양쪽과 전혀 다른 동물이며, 수백만 년 동안 진화했지만 아직 진정한 비행에 이르지 못한 상태다.

현생 영장류 중 비행 학교를 졸업할 가능성이 가장 돋보이는 동물은 마다가스카르에 사는 꼬리가 긴 여우원숭이의 한 속인 시파카(sifaka)다. 다큐멘터리나 애니메이션 〈마다가스카르〉에서 이들을 본 독자도 있을 것이다. 영화에서 이들은 우스꽝스러우면서 경쾌한 모습으로, 두 다리로 숲 바닥을 뛰어 돌아다닌다. 그런데 이들의 팔에 비행기의 날개 뒷전과 비슷하게 공기 흐름을 형성하여 도약할 때 도움을 주는 털이 촘촘히 난 막이 달려 있다는 사실은 덜 알려져 있다. 시파카는 약 10미터—인간의 멀리뛰기 세계 신기록보다 좀 더 멀다—를 뛸 수 있다. 그들의 키가 60센티미터도 안 된다는 점을 고려할 때

---

* 마크 엘빈(Mark Elvin)은 그물무늬비단뱀이 용의 이미지에 영감을 주었을 수 있다고 말한다. 그물무늬비단뱀은 어느 정도는 수생이며, 10미터까지 자라기도 한다. 엘빈은 이렇게 썼다. "중세에 히말라야 동쪽 산자락인 얼하이(洱海)에 사는 중국인 이주자들의 후손들과 바이족(Bai)은 스스로를 여러 면에서 치명적으로 위험한 초자연 세계와 자연 세계의 중간지대에서 살고 있다고 상상했다. …… 때로 상징적이거나 과장된 방식으로 표현되곤 할지라도, 이 두려움이 다양한 생물들과 실제로 어렵고 때로 지독하게 맞서 싸워야 했던 현실에 토대를 두었을 가능성도 있는 듯하다."

케찰코아틀루스

괜찮은 실력이다. 하지만 비행이라고 하기에는 한참 부족하며, 적어도 한 동물학자는 시파카 팔의 막과 털이 조류 날개 진화의 초기 단계와 비슷하다고 주장한다. 이 말이 옳다면, 적절한 조건과 충분한 시간이 주어진다면 시파카의 후손에게서 '원시 날개'가 진화하는 것이 자연스러운 수순이 아닐까. 하지만 점점 늘어나는 굶주린 마다가스카르 주민들이 시파카의 서식지인 숲을 빠르게 파괴하고 있기에, 야생에서 시파카가 살아남을 가능성이 점점 줄어들고 있다.

이카로스를 비롯하여 하늘을 날고자 시도한 인류의 상상과 실제 역사는 심한 충돌과 추락의 이야기로 가득하다. 가장 오래된 기록은 안달루시아의 박식가 아바스 이븐 피르나스(Abbas Ibn Firnas)가 시도한 베이스 점프(base jump)인 듯하다. 그는 서기 852년에 날개처럼 만든 커다란 망토를 입고서 코르도바의 한 거대한 사원의 탑 꼭대기에서 뛰어내렸다. 그는 약 25미터 아래로 추락했지만 살아남았다. 심하게 다쳤음에도 그의 의지는 꺾이지 않았고, 그는 더 대담한 시도를 했다. 믿을 만한 근거가 빈약하긴 하지만, 그는 25년 뒤인 65세 때에 다시 시도를 하여 통제된 '비행'(사실은 활공)에 최초로 성공을 거두었다고 할 만한 성과를 올렸다. 그는 자신이 설계한 행글라이더로 코르도바 인근의 브라이드 산에서 이륙하여, 어느 정도의 거리를 날아갔다가 방향을 조종하여 이륙 지점으로 돌아와서 추락했다. 한 목격자는 이렇게 말했다. "우리는 이븐 피르나스가 확실히 미쳤다고 생각했고 …… 목숨을 잃을까 봐 걱정했다." 같은 시대의 시인 무민 이븐 사이드(Mu'min ibn Said)는 긍정적인 면을 강조하며 노래했다. "그는 독수리의 깃털로 만든 옷을 입고서 불사조보다 더 빨리 날았다."("하지만 달리는 말의 얼굴에 부딪히는 벌레처럼 땅에 추락했다"라는 말은 덧붙이지 않았다.) 그토록 자세히 관찰하고 연구를 했음에도, 이븐 피르나스는 새를 비롯한 하늘을 나는 동물들이 착륙하기 전에 속력을 늦추는 방법까지 흉내 내는 데에는 실패한 듯하다. 어쨌든 그는 살아남았다.

공기보다 무거운 물체의 동력 비행을 향한 개념적 돌파구는 1799년

상상하기 어려운 존재에 관한 책

조지 케일리(George Cayley)가 이루었지만, 지상에서 이륙하여 어느 정도 통제 비행을 하면서 공중에 머무르는 실제 장치는 1903년에야 라이트 형제가 개발했다. 그런 기계가 비록 비행시간은 짧다고 해도 열기구와 비행선보다 속도와 민첩성이 더 뛰어날 수 있다는 점은 처음부터 명백했다. 브라질의 매력적인 열기구 조종사인 아우베르투 산투스두몽(Alberto Santos-Dumont)만큼 그 점을 명백히 인식한 인물은 없을 것이다. 그는 1901년 자신이 설계한 작은 비행선을 몰고 에펠탑 주변을 난 뒤에 도로들을 죽 가로질러 멋진 카페 앞에 착륙하여 파리 사회를 경탄시킴으로써 당대의 X상(X Prize, 민간 우주 탐사선 개발에 성공하면 상금을 줌으로써 우주 개발 연구를 후원하는 재단이 내놓은 상—역자 주)에 해당하는 상을 수상했다. 산투스두몽이 개발한 첫 비행기인 14-bis는 동력으로 움직이는 상자 연(box kite) 같은 모습이었고, 1906년 그의 비행선에 실려 하늘에 올라가 공중에서 출발하여 자체 동력으로 난 첫 비행 때 최고 비행 거리 기록을 세웠다. 그로부터 얼마 지나지 않아서 산투스두몽은 라이트 형제가 만든 모든 비행기를 능가하는 단엽비행기인 드무아젤(Demoiselle, 프랑스어로 잠자리를 뜻함)을 만들었다.

산투스두몽과 라이트 형제는 마치 우화에서 곧바로 튀어나온 듯이 정반대의 견해를 지니고 있었다. 산투스두몽은 비행이 모든 인류가 번영과 평화를 누릴 새로운 시대를 열 것이고, 모두를 위해 봉사해야 한다고 생각했다. 오늘날의 오픈 소스(open source)에 해당하는 생각을 열렬히 지지한 그는 드무아젤의 설계도를 누구나 자유롭게 이용할 수 있도록 했다. 반면에 라이트 형제는 자신들의 특허를 지키고 그 기술을 숨기고자 애썼으며, 미국 정부에 자신들의 비행기를 전쟁용으로 팔기 위해 갖은 노력을 다했다.

진 쪽은 산투스두몽이었다. 부유한 커피 농장주의 아들로 태어난 그는 아버지의 드넓은 농장에서 오후 하늘에 구름들이 펼치는 장관을 보면서 비행의 꿈을 키웠고, 부친이 벌어놓은 돈을 쓰면서 평생을 보냈다. 하지만 1910년 심한 추락 사고를 겪은 뒤 그는 비행을 그만

케찰코아틀루스

두었고, 서서히 무력감과 우울증에 빠져들었다. 제1차 세계대전 때 비행기가 쓰이는 것을 보면서 그는 더욱 암울해졌다. 자식도 없이 홀로 지내던 그는 결국 목을 매 자살했다. 자신이 그토록 오랜 세월 거스르고자 애썼던 중력을 올가미를 이용해 실용적으로 사용해서 말이다.

역사는 산투스두몽이 지녔던 최악의 두려움뿐 아니라, 허버트 조지 웰스의 미래 전망도 실현시켰다. 웰스는 《공중전(War in the Air)》(1908)과 《해방된 세계(The World Set Free)》(1914)에서 미래의 전쟁*이 대규모 공중 폭격(후자에서는 원자폭탄)의 형태가 될 것이고, 인명이 엄청나게 피해를 입거나 그럴 위협이 매우 절박히 와 닿은 뒤라야 평화가 이루어질 것이라고 예측했다. 그리고 이 소설들이 함부르크, 드레스덴, 도쿄에 가해진 대규모 공중 폭격에서, 히로시마와 나가사키의 파괴에 이어서 냉전 시대의 상호 확증 파괴와 현재 핵무기를 놓고 도박을 벌이는 듯한 아시아의 상황에 이르기까지, 잇달아 벌어져 온 일들의 대부분을 예측한 책으로서 그리 나쁘지 않다고 주장할 사람도 있을 것이다.

물론 그런 한편으로 비행은 우리 조상들이 상상도 할 수 없었던 수준으로 빠르고 쉽게 사람들을 멀리까지 운송함으로써 이루 헤아릴 수 없는 혜택과 기쁨을 선사한다. 우리 대부분은 이것이 큰 이점이라고 생각한다. 설령 몇 시간 동안 공항에서 하릴없이 대기하곤 할지라도 말이다. 소설 《어린 왕자》로 유명한 프랑스의 비행사 앙투안 드 생텍쥐페리는 이렇게 썼다. "인류의 핵심 투쟁은 서로를 이해하는 것, 공공의 복지를 위해 서로 협력하는 것이었다. …… 그리고 비행기는 바로 그 부분에서 우리를 돕는다! 그 일은 (우리를 격려하는) 시간과 공간을 없애는 것에서 시작된다." 생텍쥐페리가 그 글을 쓴 시점은 스페인 내전으로 게르니카가 파괴된 직후이자 나치가 프랑스를 점령하기 얼마 전이었기에 항공기가 인류를 전멸시키는 데 쓰일 수 있음을 잘 알고 있었겠지만, 그는 비관주의에 빠지지 않았다.

최근 수십 년 사이에 항공 비용이 저렴해지면서 수많은 사람들이 주말에 아름다운 해변과 외국의 유흥지에 몰려들어 흥겹게 즐길 수 있게 되었다. 하지만 극도의 폭력이 자행될 가능성은 결코 사라지지 않고 있다. 유전과 해상 항로를 폭격하여 많은 원류를 누출시킬 장거리 군용 항공기, 미국과 러시아가 경고를 받은 지 몇 분 사이에 발사할 준비가 되어 있는 수천 기의 수소폭탄이 그렇다. 그리고 물론 비행기가 매일 내뿜는 배기가스는 수백만 년에 걸쳐 형성된 대기의 조성을 가장 빠르게 변화시키는 데 상당한 역할을 하고 있으며, 그 기여도도 급증하고 있다.

현재의 세계 질서는 매일 든든하게 째깍거리면서 움직이는 '방대한 액체 시계'라고 부를 만한 것에 의존한다. 우리는 수백만 년 동안 땅 속에 놓여 있던 석유를 매일 추출하여 정제한 뒤 대기하고 있는 자동차와 항공기에 넣는다. 예술가 집단인 플랫폼 런던(Platform London)은 북해의 포티스 유전에서 추출한 원유가 대서양을 건너는 747기의 제트 연료로 전환되기까지 그 '시계'가 10일 동안 째깍거려야 한다고 말한다. "즉 해저 2,400미터에 묻힌 석유가 지상 9,500미터 상공에 도달하는 데, 액체 암석이 녹아서 공기가 되는 데, 5,700만 년 전에 지층에 깔린 것이 연소되어 기체가 되는 데 열흘이 걸린다." 사실 우리는 자신이 그 시계에 얼마나 오래 의지해 왔는지, 앞으로 연착륙할지 혹은 충돌할지도 알지 못한다. 아마 녹색 기술—이를테면 제트기를 추진할 만큼 풍부하고 깨끗한 지속 가능한 원천의 바이오 연료—이 정말로 우리를 구해 줄 날이 올지도 모른다. 나는 그날이 언젠

---

* 서양 문학에서 공중전을 묘사한 최초의 작품은 아마 《걸리버 여행기》(1726) 일 것이다. 하늘 섬 왕국인 라퓨타가 반역한 도시들에 공중에서 돌을 투하하는 장면이 그렇다. 핵전쟁이 임박한 상황을 다룬 스탠리 큐브릭의 1964년작 〈닥터 스트레인지러브〉에서 콩 소령이 모는 B52의 주된 표적은 라퓨타에 있는 ICBM 기지다. 공중전을 묘사한 최초의 영화는 1909년 영국의 월터 부스(Walter R. Booth) 감독의 〈비행선 파괴자(The Airship Destroyer)〉다. 오늘날 관객에게 이 영화는 우스꽝스러우면서—너무나 엉성한 특수효과와 멜로드라마적 요소 때문에—동시에 오싹함을 안겨준다.

케찰코아틀루스

가 올 것이라고 믿는다.

1930년대에 생텍쥐페리는 항공기 설계자들과 기술자들이 이룬 성과에 놀랐다. 그들은 '단순함의 궁극적인 원리'를 따랐고, "인간의 유방이나 어깨의 곡선이 보여주는 근원적인 순수함을 취할 때까지 조금씩" 배의 용골이나 항공기 동체의 곡선을 다듬었다. 그는 이렇게 말했다. "완성은 덧붙일 것이 더 이상 없을 때 이루어지는 것이 아니라 더 이상 뺄 것이 없을 때, 몸이 완전히 벌거벗게 될 때에 마침내 이루어진다."

생텍쥐페리가 생각했던 것보다 이 문제를 더 깊이 탐구한다면, 아바스 이븐 피르나스의 유지를 현대에 받드는 무리에 끼게 될지도 모른다. 높은 곳에서 뛰어내려 윙슈트(wingsuit)의 도움을 받아 활공하는 이들 말이다. 윙슈트는 슈퍼맨의 망토와 비슷하지만 팔다리와 몸 사이에 막이 있는 옷이다.

절벽에서 뛰어내린다면, 당신은 경주하는 차보다 더 빨리 가속되어 9초 만에 시속 약 200킬로미터라는 종단속도에 이를 것이다. 그 전까지, 즉 뛰어내린 직후에는—공포를 극복할 수 있다고 할 때—당신은 가속도를 전혀 느끼지 못한다. 당신의 위장과 몸 전체가 같은 속도로 움직이고 있기 때문이다. 베이스 점프의 선구자인 스타인 에드바르센(Stein Edvardsen)은 자신이 처음 뛰어내렸을 때, "어머니 지구가 영원히 나를 끌어당기고 있는 양 느꼈다"라고 말한다. 하지만 약 6초 뒤에 당신은 공기 마찰을 느끼기 시작한다. 어떤 느낌인지 감을 잡고 싶다면, "시속 150킬로미터로 몰고 있는 자동차의 창밖으로 손을 내밀어보라".

노르웨이의 트롤벵엔(Trollveggen, 트롤의 벽) 같은 곳에서는 30초 넘게 공중제비를 넘거나 몸을 뒤집거나 하면서 떨어지다가 낙하산을 펼치고 부드럽게 땅에 안착할 수 있다. 하지만 '날고' 싶다면 약 6초 뒤에 날개를, 즉 윙슈트를 펼치면 된다. 그러면 수직 낙하 속도를 시속 약 95킬로미터로, 때로는 40킬로미터까지도 줄일 수 있다. 대신에 수평 속도는 그만큼 더 빨라질 것이다. 현대 윙슈트의 전형적인 활공비인 2.5 대 1로 날면, 1미터 낙하할 때마다 수평으로 2.5미터 거리를 날 수 있다. 그 공기역학적 성취는 인류가 지금까지 이룩한 가장 놀라운* 일에 속한 것이다.

최고의 점프 전문가도 사고를 당할 수 있다. 예를 들어 카리나 홀킴(Karina Hollekim)은 2006년 점프를 했을 때 낙하산 줄이 엉키는 바람에 시속 100킬로미터가 넘는 속도로 바위에 충돌했다. 그녀는 다리뼈 25군데가 부러졌고, 몸에 있는 피 전체의 4분의 3에 달하는 3.5리터의 피를 흘렸다. 그녀는 병원에서 4개월을 보내면서 15차례 수술을 받은 끝에 간신히 양다리를 잘라내지 않을 수 있었고, 재활 치료로 다시 9개월을 보냈다. 그녀는 《이코노미스트》와의 인터뷰에서 믿을 수 없을 만치 고통스러운 순간들이었다고 돌이켰다. 하지만 결코 후회하지 않는다. "점프를 하면 어쩔 수 없는 감정들을 느끼게 돼요. 극도의 공포, 이어서 안도감, 그리고 행복감이 밀려오지요. 일상생활에서는 그런 것들을 별로 느낄 수 없어요. 하지만 하늘을 날 때면 사랑에 빠진 듯한 기분을 느껴요."

생텍쥐페리는 사하라사막에 불시착한 뒤에 모래밭에 누워서 깜박 졸던 때를 이렇게 묘사한다.

눈을 떴을 때, 깊은 밤하늘만이 시야를 가득 채우고 있었다. 양팔을 펼친 채 누워서 그 별들의 부화장을 마주하고 있었기 때문이다. 아직 잠이 덜 깨서 그 하늘이 얼마나 깊은지를 알아차리지 못한 상태에서 …… 나는 현기증에 사로잡혔고 마치 잠수부처럼 앞으로 곤두박질쳐서 깊이 떨어지는 것처럼 느껴졌다.

---

* 젭 콜리스(Jeb Corliss)의 〈암벽 틈새 스치기(Grinding the Crack)〉와 에스펜 파네스(Espen Fadnes)의 〈비행 느낌(Sense of Flying)〉 같은 윙슈트 '비행' 동영상을 인터넷에서 볼 수 있다.

케찰코아틀루스

물론 그는 떨어지고 있지 않았다. "사랑만큼 강력한" 중력은 "차가 모퉁이를 돌 때 사람이 차 옆에 밀착되듯이" 그를 지구에 단단히 붙들어 놓았다. 하지만 더 거시적인 관점에서 볼 때 그는 계속 떨어지고 있으며, 우리 모두 마찬가지다. 지구는 태양을 기준으로 볼 때 초속 30킬로미터의 속도로 여행하고 있다. 다시 말해, 중력에 붙들려서 추락하고 있다. 또 태양은 초속 약 200킬로미터로 우리 은하의 중심 주위를 돌고 있다. 그리고 은하는 마이크로파 우주 배경 복사에 상대적으로 초속 수백 킬로미터의 속도로 움직이고 있다.

운이 좋다면 지구 상공의 대기로 짧게 조금만 여행하는 것만으로도, 우리가 땅에 있을 때에만 알 수 있는 깊이 사랑하는 특별한 것과 이별하지 않고서도, 생명 전체와 우리가 연결되어 있다는 느낌을 강화할 수도 있다. 생텍쥐페리도 《어린 왕자》라는 자신의 우화에서 이 점을 표현했다. 지구에 떨어진 주인공은 사막여우에게서 왕자가 자신의 것이라고 여긴 장미보다 세상에는 훨씬 더 많은 장미가 있으니 실망하지 말라고 배운다. 그리고 생텍쥐페리와 동시대인인 영화 제작자 장 르누아르도 〈거대한 환상〉에서 같은 말을 한다. 장 가뱅이 열연한 비행사 마레샬은 수백만 명이 죽어가고 있는 전쟁의 한가운데에서 자신이 이해할 수 없는 언어를 쓰는 적을 증오하는 마음을 넘어서 그 이상의 것을 보는 법을 배운다. 세계 영화사의 가장 단순하면서도 가장 장엄한 장면으로 손꼽힐 그 장면에서 마레샬은 자신이 사랑에 빠진 한 독일 여성의 딸을 꺼안고 자기 적의 언어로 말한다. "로테의 눈이 파란색이야(Lotte hat blaue augen)."

늘 즐거운 것만은 아닌 이 세계—군대가 살인 로봇에 활용하기 위해 모기와 알바트로스의 비행 패턴을 연구하는 세계—에서도 환경에 영향을 적게 미치는 비행 방식이 차츰 실현 가능해져서 상용화될 것이라고 기대할 수 있는 근거가 여럿 있다. 그중에는 아마 인체의 능력과 긴밀한 관련이 있지만, 극도의 용기나 무모함을 요구하지 않는 방법들도 있을 수 있다.

현재 쓰이는 윙슈트는 천을 펄럭이는 것과 별 다를 바 없다. 진정한 비행은 둘째 치고 우선 인간만 한 몸집이 능동적인 활상을 하려면, 적어도 현재로서는 거의 상상할 수 없는 훨씬 더 정교한 무언가가 필요하다. 인간의 노력으로 어떤 식으로든 조종할 수 있고 충분한 양력을 제공할 수 있는 대단히 가벼운 윙슈트가 그 목표에 더 가까이 다가갈 수 있게 해줄 것이다. 하지만 그런 슈트는 결국 기계일 것이다. 깊은 바다와 외계 공간 사이의 좁은 영역에서, 말초 감각을 자극하는 가상현실 속에서가 아니라 실제 우리 자신의 육체로 진정한 비행을 한다는 것은 오직 꿈으로 남아 있을 것이라고 거의 확신할 수 있다. 이 진리는 말 그대로 땅에 확고히 뿌리를 내리고 있다.

우리의 한계를 더 명확히 이해한다는 것이 결코 나쁜 일은 아니다. 그 점을 일단 이해하고 나면, 우리는 다른 동물들의 비행이 지닌 아름다움도 더 잘 이해할 수 있을 것이다. 불가능해 보일지 몰라도, 우리만큼 무거우면서도 하늘을 정복할 수 있었던 케찰코아틀루스 같은 동물이 실제로 있었다는 점을 떠올리면서 말이다.

케찰코아틀루스

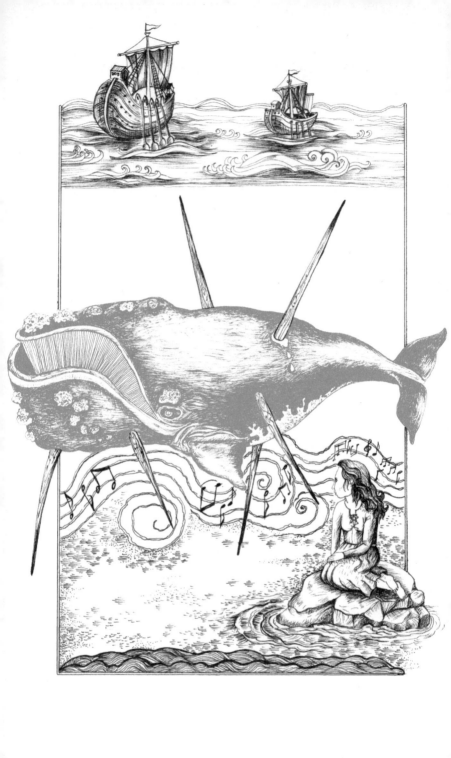

RIGHT WHALE
긴수염고래

Eubalaena glacialis(북대서양긴수염고래)
Eubalaena Japonica(남태평양긴수염고래)
Eubalaena Australis(남방긴수염고래)
Balaena mysticetus(북극고래)

문: 척삭동물

강: 포유류

목: 고래류

과: 참고래

보전 상태: 멸종 우려

2008년은 아마 1600년대 이래 처음으로 북대서양긴수염고래가
단 한 마리도 인간의 손에 죽지 않은 해일 것이다.
—《뉴욕 타임스》, 2009. 3. 16.

몇 년 전 나는 운 좋게도 작은 배를 타고 북극 지방의 스피츠베르
겐 섬을 포함한 스발바르 제도까지 항해할 기회를 얻었다. 그곳의 바
위, 빙하, 새를 비롯한 동물들은 이루 말할 수 없이 아름다웠고, 우리
눈에 영원해 보이는 것들이 급속한 지구온난화로 변화하고 있다는
사실을 새삼 떠올리니 더욱 마음이 아팠다. 하지만 나를 가장 감동시
킨 것들 중 일부는 우리가 눈으로 볼 수 없는 것들이었다. 어느 날 저
녁 배의 한 음악가가 물속의 소리를 듣기 위해 수중 마이크로폰을 물
에 넣었다. 그는 높게 시작하여 서서히 느려지면서 점점 낮은 음으로
진행되는 긴 일련의 휘파람 같은 소리를 녹음했다. 슬라이드휘슬이나
테레민의 소리와 비슷하면서도 더 풍부하고 감미로웠다. 물결과 얼음
저 아래, 아주 깊은 바닥에서 갑각류들이 딸깍거리고 바스락거리면서
내는 소리가 드넓은 공간에서 메아리치는 듯했다.

바다가 고요할 때면, 끊임없이 변하는 수면에서 빛이 반사되면서
황홀한 빛의 향연이 펼쳐지기도 한다. 수면 아래에서 들려오는 소리
는 또 다른 양상으로 우리를 매혹시킨다. 그 소리는 숲의 나뭇잎에 떨
어지는 빗방울 소리나 산비탈에 메아리치는 교회 종소리가 맹인에게

상상하기 어려운 존재에 관한 책

경관을 알려주는 것처럼, 보이지 않는 공간을 우리의 마음에 드러낸다. 작은 배 위에 타고 있던 우리는 그 휘파람 소리를 들으면서 서서히 마음의 눈으로 세상을 보기 시작했다. 우리는 단지 은회색으로 끝없이 출렁거리는 물결 위를 흔들거리면서 가르고 나아가고 있는 것이 아니었다. 우리는 깊숙이 숨겨진 세계 위를 떠가는 우주 탐사선에 타고 있었다.

그날 우리가 들은 단순하면서도 일정한 형식을 띠고 있던 소리는 물범이 낸 것이었다. 당시에는 그보다 매혹적인 소리는 없을 것 같았다. 존 뮤어(John Muir)는 모든 생물이 살면서 음악을 만든다고 했다. 나중에야 나는 그 순간을 특별하게 만든 것은 사실상 무언가의 있음이 아니라 **없음**이었다는 점을 깨달았다. 약 300년 전까지도 그 바다에는 고래 수천 마리가 살고 있었고, 물범이 내는 소리는 텅 빈 가운데 메아리치는 고독한 소리가 아니라, 고래들의 온갖 노래와 소리에 섞인 미약한 배경음에 불과했을 것이다.

1960년대에 생물학자 로저 페인(Roger Payne)은 미 해군에서 일하던 프랭크 와틀링턴(Frank Watlington)이 녹음한 고래의 노래를 처음 들었던 때를 떠올렸다. "마치 저 너머 깊은 어둠 속에서 잇달아 파도처럼 밀려오는 메아리를 들으면서 어두운 동굴 속으로 걸어 들어가는 듯했다. …… 고래가 하는 일이 바로 그렇다. 그들은 바다에 목소리를 제공한다." 고래의 노래에 매료된 페인과 그의 동료 스콧 맥베이(Scott McVay)는 그 노래를 분석했고 아무도 예상하지 못했던 사실을 발견했다. 혹등고래가 내는 소리는 개 짖는 소리같이 무작위로 반복되는 것이 아니라, 사실상 리듬 있게 일정한 순서에 따라 정확히 반복되는 요소를 지니고 있었다. 그 점에서 볼 때 진정한 '노래'라고 할 수 있었다.

페인은 맥베이를 비롯한 이들의 도움을 받아서, 고래의 노래를 담은 앨범을 제작했다. 1970년에 나온 〈혹등고래의 노래(Songs of the Humpback Whale)〉라는 제목의 이 앨범은 3,000만 장이 넘게 팔렸다.

긴수염고래

20세기에 나온 자연의 소리를 녹음한 앨범 중 최고 판매량을 차지했다. 우주에서 찍은 지구 사진을 처음으로 본 세대의 많은 이들은 〈혹등고래의 노래〉 앨범을 지구의 모든 생명이 소중하며 서로 의지하고 있다는 인식과 새로이 널리 퍼지고 있던 환경보호 개념을 뒷받침하는 것으로 받아들였다. 1977년 보이저호가 우주로 발사되었을 때, 그 안에 함께 실려간 디스크에는 인간의 환영 인사와 음악뿐 아니라 혹등고래의 노래도 담겨 있었다. 그 뒤로 고래가 특별하다는 인식은 결코 완전히 사라진 적이 없다. 해양과학자이자 저술가인 칼 사피나는 이렇게 묻는다. "왜 우리는 물고기보다 고래에게 특별한 느낌을 갖는가? 그들이 세상에서 가장 큰 뇌를 지니기 때문일까? 그렇지 않다. 고래의 노래가 우리 뇌의 노래 중추를 건드리기 때문이다. 즉 그들의 지능이 아니라 정신 때문이다."

스발바르 해역의 긴수염고래(Right whale)에 영어로 'right whale'이라는 이름이 붙은 이유가 있다. 사냥하기에 '알맞은 고래(right whale)'였기 때문이다. 이들은 해안 주변을 느릿느릿 헤엄치기 때문에 잡기가 쉽다. 다른 대다수의 고래 종과 달리 죽어도 가라앉지 않으므로, 포획하여 해안으로 끌고 오기도 쉽다. 이들의 몸에는 지방, 기름, 고기, 고래수염—입에 난 이빨 같은 긴 판—이 매우 풍부하며, 그것들은 모두 귀한 물품이었다. 그래서 이들은 인간에게 사냥당하여 멸종 위기에 이르렀다.

이 실용주의적인 영어 이름을 지닌 고래는 네 종이 있다. 북대서양긴수염고래, 남태평양긴수염고래, 남방긴수염고래, 북극고래(지금은 주로 Greenland right whale보다 Bowhead로 불린다)다. 이 네 종은 참고래과에 속한다. 북대서양긴수염고래, 남태평양긴수염고래, 남방긴수염고래는 북극고래보다 서로 유연관계가 더 가깝고, 적어도 500만~600만 년 전에 갈라졌음에도 서로 모습이 비슷하다. 짙은 색깔에 둥글고 등이 넓으며, 등지느러미가 없다. 가장 작은 성체도 몸길이가 약 11미터로 영국의 2층 버스보다도 길다. 17미터까지 자라는 개체도 많으며, 더 크게 자라는 것도 있다. 17미터인 긴수염고래는 몸무게가 65톤쯤 된다. 2층 버스의 아홉 배다.

긴수염고래의 입은 눈 바로 아래에서 시작되어 앞으로 가면서 위로 올라간다. 그래서 입을 닫으면 해적의 얼굴에 난 섬뜩한 칼자국처럼 보인다. 위턱은 거대한 그릇 모양의 아래쪽 입에 덮이는 휘어진 뚜껑*처럼 보인다. 위턱 안에는 사람의 키보다 큰 뻣뻣한 고래수염 수백 개가 이빨처럼 박혀서 체를 이루고 있다. 고래는 입을 크게 벌려서 물을 한가득 머금은 뒤, 얇은 틈새만 남긴 채 턱을 닫고 혀를 앞으로 위로 밀어서 물을 고래수염 사이로 내보낸다. 그렇게 걸러져서 입에 남은 요각류, 크릴 같은 동물들을 먹는다.

또 대서양, 태평양, 남방 긴수염고래는 특이하게도 입과 머리에 하얗게 부풀어 오른 곳들이 있다. 일종의 굳은살이다. 고래 '이(lice)'—실제로는 피부 찌꺼기를 먹고 사는 2센티미터 안팎의 작은 기생 갑각류 시아미드(cyamid)—에 감염되어 피부가 딱딱해진 것이다. 아마 고래 진화의 어느 시기에 먹잇감이 포식자의 빨아들이는 턱 바깥에 달라붙어서 오히려 그 포식자를 먹이로 삼는 방법을 발견한 듯하다.

인간과 때때로 새끼를 사냥하는 범고래가 없다면, 긴수염고래의 삶은 태평할 것이다. 먹이, 노래, 잠, 섹스를 끊임없이 반복하면서 말이다. 데이비드 허버트 로렌스가 〈고래〉라는 시에 썼듯이, "바다는 가장 뜨거운 피를 가진 동물을 담고 있다". 수컷들은 싸움이 아니라, 문란하게 자주 교미를 하면서 거대한 고환(성숙한 수컷의 고환은 한쪽의 무게가 500킬로그램에 이른다. 동물 중에서 가장 크다)으로 더 많은 양의 정자를 암컷에게 주입하려고 애씀으로써 경쟁한다. 암컷은 대개 수컷보다 크며, 3년마다 새끼를 낳는다. 1년 동안은 새끼를 배고, 1년 동안은 젖

---

* 몸길이의 3분의 1에 달하는 긴수염고래의 입을 시각화해 보자. 손목 등을 코에 대고 손가락 마디를 이마에 낸다. 이때 집게 모양을 이룬 엄지와 다른 손가락들이 바로 고래의 턱뼈 모양이 된다. 크기는 한참 작지만.

긴수염고래

을 먹이고, 1년 동안은 몸을 추스르는 식이다. 새끼는 태어날 때 길이가 약 5미터, 몸무게가 약 1톤이다. 새끼는 쑥쑥 자라서 젖을 뗄 무렵이면 몸길이가 두 배로 는다. 새끼는 몇 년 동안 어미 곁에서 머물며, 어미와 새끼 간의 유대는 아주 끈끈하다.

북극고래는 대개 참고래과의 다른 세 종보다 더 크고, 21미터까지 자란다. 흰긴수염고래보다도 큰, 지구에서 가장 큰 입을 지니며, 고래수염은 높이가 3~4.5미터이고, 혀는 길이가 5미터에 폭이 3미터다. 그들이 이 거대한 입으로 물에서 걸러 먹는 요각류를 비롯한 먹잇감들은 찻숟가락에 수백 마리가 들어갈 만큼 아주 작다. 북극고래 성체는 대개 매일 그 먹잇감들을 수백 킬로그램씩 먹는다. 북극고래의 머리뼈는 아주 단단해서, 머리로 두께 60센티미터의 얼음을 깨고 나갈 수 있다. 배리 로페즈는 《북극을 꿈꾸다》라는 고전이 된 책에서 북극고래의 피부를 이렇게 설명한다.

입자가 거친 종이처럼 건드리면 약간 눌리며, 회색이 섞여서 부드러운 느낌을 주는 벨벳처럼 검은색이다. 턱 밑과 배의 피부는 흰색이다. 눈은 짙은 갈색이며 황소만 하지만 거대한 머리에 눌려서 작아 보인다. 숨구멍은 화산 모양으로 뚜렷이 솟아 있어서, 해빙의 좁은 틈새로 내밀어서 숨을 쉴 수 있게 해준다.

북극고래의 지방은 고래 중에서 가장 두껍다. 비록 '진정한 얼음고래'라는 뜻의 에우발라이나 글라키알리스(*Eubalaena glacialis*)라는 학명이 북대서양긴수염고래에게 붙어 있긴 하지만, 그 묘사는 사실 북극고래*에게 더 적합할 것이다. 북극고래는 얼음 주변에 살면서 때로 얼음 밑으로 들어가서 먹이를 잡는다.

북극고래는 군집으로 서식하는 성향이 아주 강하다. 수컷은 한 소절은 올렸다가 다음 소절은 내리면서 열정적으로 노래를 한다. 철학자이자 음악가인 데이비드 로선버그(David Rothenberg)가 '**훕 에룹,**

훕 에룹(whoop eroop, whoop eroop)'이라고 표현한 바 있는 노래를 말이다. 비록 이 노래는 혹등고래의 노래처럼 복잡하지는 않지만, 문화의 일부라고 볼 만큼은 다양하다. 노래는 북극고래가 얼음과 어둠을 뚫고 돌아다닐 때 무리를 유지하고 서로에게 용기를 불어넣는 수단 중 하나다. 또 이들은 수명이 길다. 적어도 2006년까지 날루탈리크(Nalutaliq)라는 이름이 붙은 독특한 흰 머리를 지닌 북극고래가 100년 넘게 배핀 섬에서 정기적으로 목격된 바 있다. 1995년에 알래스카 웨인라이트의 이누피아트족 고래잡이 어부는 잡은 북극고래를 해체하다가 지방층에서 돌 작살촉 두 개를 발견했다. 돌촉은 북극권에서 100여 년 전에 상업용 포경선들이 금속 작살을 도입하면서 그것들을 원주민에게 넘긴 이래로 쓰인 적이 없다.

북극권의 원주민들은 지금도 북극고래, 귀신고래 같은 고래류를 제한된 수나마 사냥한다. 이들의 고래 사냥은 국제 협약하에 허용된 행위이며, 그들의 문화적 유산 중 일부이다. 그들은 때로 전통적이거나 부분적으로 전통적인 사냥법을 쓰기도 하지만, 일부는 고속 모터보트도 쓰며, 적어도 러시아에서는 비교적 최근까지도 폭약이 장착된 작살을 썼다.

가장 오래된 고래 사냥 그림은 기원전 6,000년에서 1,000년 사이에 그려진 한국의 반구대 암각화다. 작은 배에 탄 사람들이 작살과 밧줄로 고래에 묶은 공기가 채워진 방광을 써서 긴수염고래처럼 보이는 것을 뒤쫓는 광경이 묘사되어 있다. 거치적거리는 방광은 고래를 지치게 하고, 사냥꾼이 고래의 위치를 파악할 수 있게 해 주며, 고래가 지쳤을 때 잡아서 끌고 오는 데에도 도움을 준다. 20세기 초까지도 미국의 태평양 북서부에서는 같은 기술이 쓰였다.

---

* 북극고래는 크게 두 집단이 있다. 캐나다 북극권, 그린란드, 스발바르 같은 몇몇 해역에 사는 동부 집단과 베링해, 추크치해, 뷰포트해에 사는 서부 집단이 있다.

기원전 약 2,000년에 베링해협과 추크치해에서 고래잡이들이 사냥을 하고 있었고, 서기 약 800년 무렵에 북알래스카의 툴레족 (Thule)이 육지에서 멀리 떨어진 공해상에서 북극고래를 사냥했음을 보여 주는 고고학 증거가 있다. 툴레족은 사냥을 통해 많은 고기, 기름, 건축 재료까지 얻을 수 있었다. 그들은 고래의 갈비뼈와 턱뼈로 오두막의 뼈대를 삼았다. 그리고 북극고래를 찾아 멀리 동쪽의 그린란드까지 진출한 툴레족은 북아메리카 북극권의 주류 사회를 이루었다. 툴레족의 문화는 호전적이어서, 고래잡이와 전사의 시신을 고래의 턱뼈와 어깨뼈 사이에 묻는 풍습이 있었다.

유럽에서 고래잡이를 기술한 최초의 문헌 중 일부는 스칸디나비아와 영국의 '암흑기'에 쓰인 것이다. 하지만 생존보다 교역과 수익을 위해 고래를 잡는 행위는 서기 1,000년대에 들어설 무렵에 비스케이 (Biscay) 만에서 활발하게 시작된 것으로 보인다. 11세기나 12세기에는 고래 기름이나 고기를 원하면, 바스크인(Basques)과 거래를 하면 되었다. 바스크인은 연안 수역에서 풍부한 북대서양긴수염고래를 사냥하는 전문가였다. '작살(harpoon)'이라는 영어 단어는 이 초기 상업 포경이 끼친 영향을 시사하는 것으로 보인다. 이 단어는 인도유럽어가 아닌 언어에서 유래한 것으로, '빨리 잡다'라는 뜻의 바스크어 아르포이(arpoi)에서 유래한 듯하다.

그 사냥이 실제로 힘겨운 일이라는 현실과 별개로, 중세 동물우화집은 고래를 환상적인 동물로 묘사한다. 고래는 달콤하고 매혹적인 숨결을 지닌다고 적혀 있다. 이 생각은 향유고래가 소화 분비물인 용연향을 토해내는 것을 관찰한 데에서 유래했을 수 있다. 용연향은 마르면 기분 좋은 향기가 나며, 향기를 오랫동안 유지하는 보향제로 쓰인다. 그러나 동물우화집에서 달콤한 숨결은 죄인을 집어삼키려는 악마의 계략을 상징한다. 때로 고래는 떠다니는 거대한 섬처럼 보이곤 한다. 대서양 고위도를 지나가던 성자가 미사를 드리기 좋은 곳이라고 판단하여 머물거나, 선원들이 모닥불을 피우기 좋은 곳이라고 착

상상하기 어려운 존재에 관한 책

각해서 불을 피우는 바람에 고래가 놀라 잠수해 버려 모두가 죽고 마는 섬이다. 이러한 이야기는 몇 점의 매혹적인 그림에 영감을 주었으며, 15세기 말까지도 인기를 끌고 있었기에 윌리엄 캑스턴은 영국에서 인쇄된 책 중 최초로 삽화가 들어간 《세상의 거울(Myrrour of the World)》이라는 백과사전에 그 내용을 넣었다.

현실 세계에서 연안의 북대서양긴수염고래의 수가 계속 줄어들자, 바스크인 포경꾼들은 더 멀리까지 고래를 찾아 나섰다. 1530년 무렵에 그들은 지금의 캐나다 동쪽인 래브라도와 뉴펀들랜드까지 진출했고, 이후 80년에 걸쳐 그 해역에서 수만 마리의 고래를 잡았다(북극고래도 포함한 수치다). 바스크족의 인구가 급감하고 다른 유럽인들이 점점 더 경쟁적으로 고래잡이에 뛰어듦에 따라, 바스크의 포경업은 쇠락하여 18세기 중반에는 완전히 사라졌다.

17세기 초에 영국인 식민지 이주자들은 매사추세츠에 정착한 지 몇 년 지나지 않아 연안에 우글거리던 긴수염고래를 사냥하기 시작했다. 그로부터 100년 남짓한 기간에 그들은 5,000마리에서 1만 마리, 혹은 그 이상에 이르는 집단을 거의 전멸시켰고, 양키 고래잡이들은 더 멀리까지 다른 종들을 추적하기 시작했다. 500마리가 넘는 고래를 잡은 19세기 말의 포경선장 윌리엄 스코스비 시니어(William Scoresby Sr.)는 그렇게 많은 항해를 했어도 긴수염고래는 한 마리도 보지 못했다고 했다. 하지만 1951년까지도 홀로 떠돌다가 사냥 당해 죽은 개체들이 발견되었다고 전해진다. 현재 300~400마리의 북대서양긴수염고래 무리가 플로리다와 조지아 연안에서 겨울을 보내고, 봄에서 가을에 이르는 계절에는 뉴욕에서 노바스코샤에 이르는 해안에서 먹이를 먹으며 살아간다. 이 종은 위급종으로 분류된다.

처음에 바스크인에게 배우기도 한 네덜란드, 영국 등의 포경꾼들

---

* 오늘날 작살(미늘이 달린 창)이라고 하는 무기는 그 역사가 고래잡이보다 더 오래되었다. 작살은 4만여 년 전에 동아프리카에서 하마 사냥에, 2만 년 전 유럽에서 물범 사냥에 쓰였다.

긴수염고래

은 17세기 초에 이미 스발바르와 그린란드 주변 해역에서 북극고래를(북대서양긴수염고래도 함께) 사냥하고 있었다. 나중에 영국인은 북극권 캐나다의 동부 해역까지 사냥터를 넓혔다. 고래잡이가 시작되기 전만 해도 그 해역에는 적어도 수만 마리, 아마 수십만 마리의 북극고래가 있었을 것이다. 대다수는 살해당했지만, 20세기에 마침내 보호를 받으면서 어느 정도 회복될 수 있을 만큼의 개체 수는 살아남았다. 북극고래는 현재 '관심 필요' 등급으로 분류된다.

태평양긴수염고래와 남방긴수염고래의 사냥은 북대서양긴수염고래와 북극고래의 사냥보다 더 늦게 시작되었지만, 그에 못지않게 활발하게 이루어졌다. 일본에서는 포경꾼들이 1500년대에 이미 태평양긴수염고래를 사냥하고 있었지만, 포경업이 진정한 전성기에 이른 것은 1700년대에 유럽인, 러시아인, 유럽계 미국인이 도착하면서였다. 그로부터 100년 사이에 수십만 마리가 사라지고 그 집단은 극소수만 남았다. 1840년대에만 3만 마리에 달하는 고래가 살해당했다. 아직 살아 있는—기껏해야 수백 마리에 불과한—개체들의 미래는 불확실하다. 적어도 북대서양긴수염고래는 물론이고 다른 고래들도 아마 마찬가지일 것이다.

남방긴수염고래의 사냥은 18세기 말에 가장 활기를 띠기 시작했다. 그전에는 남극해에 7만에서 10만 마리의 남방긴수염고래가 대체로 네 집단으로 나뉘어서, 남반구의 여름에는 남극대륙 주변에서 먹이를 먹고, 겨울에는 주로 호주와 뉴질랜드, 남아프리카, 남아메리카 해역에서 번식을 하며 지냈다. 1920년 무렵에는 전 세계에 남아 있는 개체 수가 기껏해야 수백 마리에 불과했고—아마 번식에 참여할 암컷은 25마리밖에 안 되었을 것이다—고래잡이는 중단되었다. 집단의 99퍼센트 이상을 살육하고 나서야, 인류는 생존자들에게 공식 보호 조치를 취했다. 이 생존자들은 놀라운 회복력과 번식력을 지녀서 10년마다 개체 수가 약 두 배로 늘기 시작했다. (인구 수는 그에 비해 아무리 빨리 증가한다고 해도 두 배로 늘어나는 데 약 30년이 걸린다.) 아마 이 경이로운 성

상상하기 어려운 존재에 관한 책

새끼 남방긴수염고래

장률을 알아차리고서, 소련은 1960년대에 개체군의 절반에 해당하는 수천 마리를 잡기로 결정했던 듯하다. 남방긴수염고래의 사냥이 불법이었기에 국제기구에는 네 마리만 잡고 있다고 보고하고서 말이다. 다행히도 고래잡이는 몇 년 동안만 지속되었고, 사냥이 중단되자 개체 수는 다시 회복되었다. 현재 남방긴수염고래의 수는 1만 마리를 넘는다고 추정된다. 북극고래처럼, 하지만 남대서양긴수염고래와 태평양긴수염고래와 달리, 남방긴수염고래의 미래는 적어도 당분간은 꽤 안전해 보이며, 그들은 관심 필요 등급으로 분류된다.

이미 말했듯이 긴수염고래 네 종의 대량 학살은 고래잡이에 관한 더 방대한 이야기의 일부일 뿐이다. 향유고래와 흰긴수염고래 같은 다른 종의 고래들도 기름, 고기, 화장품 원료, 고양이 먹이, 자동차 브레이크유 등을 얻으려는 전적으로 일방적인 유혈 사태에 99퍼센트 이상이 희생되었고, 잔존한 개체가 거의 남지 않아 추적하는 일에 너무 많은 시간이 낭비될 무렵에야 겨우 끝났다*. 1770년에서 1900년 사이에 살육된 개체 수는 약 15만 마리였지만, 20세기에는 300만 마리 이상이 희생되었다. 저술가인 필립 호어(Philip Hoare)는 자신이 태어난 해인 1958년에 공모선(수산물 가공 설비를 갖춘 배—역자 주)들이 잡은 고래의 수가 우리가 《모비딕》과 연관 짓곤 하는 전설적인 양키 시대인 150년 동안에 잡은 수보다 더 많다고 추정했다.

돌이켜보면 우리 조상들과 동향민들(우리가 유럽인이나 미국인이라면)이 한 이 전면적인 살육은 이루 말할 수 없이 잔인해 보인다. 고래들이 얼마나 고통스러워하는지를 사냥꾼들이 알고 있었다는 사실을 알고 나면 더욱더 그렇다. 19세기 탐험가인 윌리엄 스코스비 주니어(William Scoresby Jr.)는 새끼를 두고 고래잡이들과 사투를 벌인 향유고래 어미를 묘사한다. 어미는 수면으로 올라와서 이리저리 빠르게 움직이면서 짧게 멈추었다가 갑자기 방향을 바꾸곤 했다. 물 위로 뛰어오르고 수면을 휘젓고 하면서 새끼 곁을 떠나지 않으려 했다. 작살을 겨냥한 배 세 척이 접근하고 있음에도 말이다.

상상하기 어려운 존재에 관한 책

어미는 자신의 안전은 도외시한 채 오로지 새끼만을 걱정했다. 어미는 적들의 한가운데로 돌진했다. 고래의 죽음에는 극도로 고통스러운 무언가가 있으며, 새끼를 애틋하게 감싸는 모습을 볼 때, 우월한 지성을 지닌 인간은 그들을 존경할 것이다. 하지만 모험의 대상, 전리품의 가치, 잡은 뱃사람의 기쁨은 정제된 연민의 감정을 곱씹으면서 희생할 수 있는 것이 아니다.

향유고래 암컷에게 얻는 전리품은 고급 기름 약 30~35배럴(커다란 수컷은 작은 수영장을 가득 채울 만한 90배럴까지 나온다)이었다. 전형적인 고래에서 얻는 기름으로 작은 등불은 거의 10년 동안, 등댓불은 1년까지도 켤 수 있었다. 그러니 기름을 얻기 위해 피를 볼 만했다. 다른 기록에 따르면, 어미 향유고래가 살육된 뒤 사체 주변의 바다는 그 몸에서 흘러나온 젖으로 온통 하얗게 변했다. 기록한 뱃사람조차도 보면서 마음이 불편했던 광경이었다.

오랜 싸움 끝에 지친 고래의 심장이나 대동맥이 꿰뚫려서 숨구멍을 통해 핏줄기가 뿜어질 때에도—그럴 때 뱃사람들은 "굴뚝에 불붙었다"라고 환호성을 질렀다—아직 끝난 것이 아니었다. 1839년 영국 의사 토머스 빌(Thomas Beale)은 향유고래가 죽기 직전의 모습을 묘사했다. "몇 초 동안 그 엄청난 체구는 남은 모든 힘을 그러모으고, 경련이 일어나면서 몸이 극도의 고통스러움을 표현하는 백 가지 형태로 뒤틀릴 때, 바다는 마구 난타당해 거품으로 들끓고, 배는 때로 선원들과 함께 산산이 부서진다."

배리 로페즈는 북극고래가 두꺼운 피부를 지녔음에도 촉감이 대

* 북대서양긴수염고래는 1930년에 보호를 받았지만, 흰긴수염고래, 향유고래 등의 사냥은 1960년대까지 계속되었다. 국제포경위원회는 1980년대에야 마침내 상업 포경을 전면 중단시키는 조치를 내렸다. 1994년 남극해는 고래보호구역으로 선포되었고, 2003년 국제포경위원회는 고래 보전이 주요 목표임을 선언했다.

긴수염고래

단히 민감할 수 있다고 말한다. 수면에서 자고 있던 북극고래는 새 한 마리가 등에 내려앉기만 해도 마구 몸을 움직이기 시작할 것이다. 고래잡이들은 작살에 찔리는 고통이 극심하다는 사실을 이해하고 있었을 것이 확실하다. 로페즈는 이렇게 썼다. "1856년에 트루러브호의 작살꾼은 작살에 찔린 고래가 너무나 흥분하여 3분 30초 사이에 줄을 끌고 무려 1,100미터나 잠수하여 해저에 충돌해서는, 등뼈가 부러지고 검푸른 진흙에 머리가 2.4미터나 묻혔다고 적었다."

오늘날 우리는 그런 공포의 이면을 기꺼이 살펴보며, 비교적 소규모라고 해도 계속 고래를 잡고 포경산업이 성장할 수 있도록 계속 지원하는 일본, 노르웨이 등 몇몇 국가를 비난하는 것이 정당하다고 느낀다. 하지만 남의 행동을 비난하고 그 행동을 중단하라고 요구하는 운동을 벌일 권리가 있든 없든 간에(1986년 포경 금지 조치 이후에 해마다 전 세계에서 죽는 고래의 수는 200마리 이하에서 1,000마리 이상으로 늘어났다), 우리는 고래에게 가해질 더 큰 위험들을 간과해서는 안 된다. 우리는 계속 책임을 져야 하며, 그러기 위해 할 수 있는 것들이 있다.

몇몇 일반적인 위협은 목적과 의지만 있다면 상대적으로 대처하기가 쉬울 수도 있다. 고래와 충돌할 확률이 줄어들도록 그들이 먹이를 찾고 번식을 하러 오는 계절에는 선박의 항로를 바꾸는 방법도 있다. 극소수만 남은 북대서양긴수염고래 집단에게는 이 방법이 통하는 것으로 보인다. 엔진과 선체의 소음을 줄이는 것도 도움이 된다. 소리는 공기보다 물속에서 더 빨리 더 멀리까지 나아가며, 오늘날 대양 곳곳에서 퍼져나가는 기계들의 핑음*이 고래의 의사소통과 안녕에 영향을 미치는 것은 분명하다. 현대 해운업이 바다를 그토록 시끄럽게 만들기 전, 고래는 1,000킬로미터 넘게 떨어진 곳에서도 다른 고래의 소리를 들을 수 있었을 것이다. 소리가 퍼지는 면적이 거리의 제곱에 비례하므로, 이제는 고래들이 서로 소통할 수 있는 공간이 1만 분의 1로 줄어들었다고 볼 수 있다.

인간이 끼치는 또 다른 대규모의 영향은 어쩌면 새로운 기회를 제

상상하기 어려운 존재에 관한 책

공할 수도 있다. 21세기의 급격한 온난화 때문에 빠르면 2030년대면 북극권의 여름 해빙이 모두 사라질 수도 있는데, 석유와 천연가스를 얻기 위한 채굴이 너무 파괴적이지 않고 인류가 크릴, 요각류, 어류를 깡그리 잡아먹지 않는 이상, 이 새로 열린 바다는 북극고래와 귀신고래뿐 아니라 북극곰처럼 서식지를 잃은 동물들에게 새로운 서식지를 제공할 수 있다.

지난 수백 년에 걸쳐 인류에게 대량 학살당하면서, 긴수염고래를 비롯한 고래류는 이미 멸종 가능성을 눈앞에 둔 대재앙을 맞이해 왔다. 그럼에도 그들은 그 고비를 헤쳐왔다. 앞으로 그들은 지난 5,000만 년 동안 겪어 보지 못했을 환경의 변화에 직면할지 모른다. 공통의 이해관계를 지닌 고래와 인간 모두가 이 위기를 극복하고 살아남는다면, 아마 서로를 더 깊이 이해하고 더 풍부한 의사소통이 이루어질 수도 있을 것이다. 한때 무자비하게 사냥당했던 귀신고래가 현재는 캘리포니아 만에서 이따금 사람들에게 다가온다고 하면서, 해양생물학자 토니 프로호프(Toni Frohoff)는 이렇게 말한다.

행동학과 생물학적 관점에서 볼 때, 어떤 중대한 일이 이곳에서 일어나고 있다. 이 고래들은 눈을 맞추고 촉감을 이용하는 상호작용을 통해서, 또 아마 우리가 아직 제대로 파악하지 못한 음향학적 방법을 통해서 인간에게 의사소통을 하자고 적극적으로 달려드는 것 같다. 혹여 그렇지 않다고 주장하는 이가 있다면 내 모든 경력을 걸고서 맞서련다. 현실이 고래를 다룬 과거의 모든 신화들보다 훨씬 더 매혹적이다.

필립 호어는 이렇게 썼다. "고래와 우리의 관계는 끝난 것이 아니

※ 부리고래류는 소음을 비롯한 요인들에 유달리 심하게 영향을 받는다. 그래서 좀처럼 모습을 드러내지 않는 이 심해 잠수종에 관해 더 많은 것을 알게 될 즈음에는 이미 너무 늦었을지도 모른다.

긴수염고래

다. 놀라운 점은 고래도 아직은 우리를 버리지 않았다는 것이다." 그리고 인간이 목격자로서 존재하든 말든 간에, 고래는 자신의 세계를 재건하고 현재 적막한 바다에 자신의 노래가 다시 울려 퍼지도록 할 수 있을지도 모른다. 데이비드 로선버그는 흰긴수염고래가 100헤르츠부터 피아노의 가장 낮은 음들까지를 듣는 데 쓰는 뉴런이 우리보다 10배는 더 많다고 말한다. 역사상 지구의 가장 큰 동물이 우리가 이제야 겨우 알아차리기 시작한 미묘한 변주곡으로 충만한 깊은 음악을 작곡하고 있다.

우리는 새 역사를 쓰겠다는 희망을 품기도 하지만, 한편으로는 역사의 그늘 아래 살아간다. 시베리아 추크치족 사이에 전해 오는 옛날 이야기는 우리의 이야기일지도 모른다. 옛날 옛적에 한 젊은 여성이 북극고래와 사랑에 빠졌다. 북극고래는 여자를 기쁘게 하기 위해 젊은 남자로 변신했다. 그들은 혼례를 올렸고, 여자는 자식들을 낳았는데, 인간도 있고 고래도 있었다. 아이들은 해안과 물웅덩이에서 함께 놀았다. 여자는 인간 쪽 아이들과 손자들에게 늘 말하곤 했다. "바다는 우리에게 식량도 주지만, 너희 형제자매인 고래들도 거기에 산다는 점을 명심하거라. 결코 고래를 사냥해서는 안 되고, 그들을 지키렴. 그들에게 노래도 불러주고." 마을은 오랫동안 번창했다. 그러다가 몹시 혹독한 겨울이 찾아왔고, 주민들은 굶주리기 시작했다. 고래와 혼인한 여자의 손자 중 한 명이 어느 날 이렇게 말했다. "고래를 잡아먹으면 왜 안 되지? 그들이 무슨 형제야? 그들은 바다에 살고, 사람의 말은 한마디도 못하잖아?" 그는 노를 저어 바다로 나갔고, 배를 보고 다가오던 맨 처음 고래를 창으로 찔러 손쉽게 잡았다. 해안으로 돌아온 그는 할머니에게 말했다. "내가 고래를 잡았어요! 우리 모두가 먹을 수 있을 만큼 고기와 지방이 가득해요!" 고래와 혼인한 여성은 자신의 손자가 저지른 일을 이미 알고 있었다. 그녀는 울부짖었다. "너는 그저 너와 생김새가 다르다는 이유로 형제를 죽인 거야!" 그런 뒤 그녀는 눈을 감고 죽었다. 추크치족의 옛 이야기에 따르면, 그 이후로

상상하기 어려운 존재에 관한 책

세상은 점점 더 나빠졌다고 한다. 지금은 사람이 다른 사람을 죽여도, 아무도 놀라지 않는 세상이다.

SEA BUTTERFLY
바다나비

문: 연체동물

강: 복족류

계통군: 유각익족

보전 상태: 많은 종이 평가 불가

닿기만 해도 무수한 천사들이 날아오른다.
　　　　　　　　　　　—크리스토퍼 스마트

바다나비(Sea butterfly)는 익족류(翼足類)다. 날개 모양으로 자라난 넓적한 '발'을 펄럭이면서 헤엄을 치는 고둥의 일종이다. 크기는 렌즈콩만 하다. 긴수염고래는 이들을 한 번에 수십만 마리나 삼킬 수 있다. 바다나비류 중에는 등에 껍데기가 달린 것도 있다. 껍데기는 원뿔, 공, 나선 등 다양한 모양이며 투명하다. 껍데기가 없는 종류도 있다. 이들은 모두 섬세하며 아름답다. 바다에서 수영을 하다가 운이 좋으면 드넓은 수역에 걸쳐서 이들이 햇빛을 받아 반짝이면서 작은 천사처럼 물결에 무수히 실려 떠다니는 광경을 볼 수도 있다.

21세기에 들어설 무렵, 북태평양을 항해하던 한 생물학자는 플라스틱 비커에 뜬 바닷물 속에서 바다의 미래를 엿보았다. 당시 빅토리아 패브리(Victoria Fabry)는 좁고 뾰족한 피라미드 모양의 껍데기를 지닌 바다나비인 마름모거북고둥(Clio pyramidata)을 실험하고 있었다. 그녀는 비커 몇 개에 바닷물을 담은 뒤 이 고둥을 몇 마리씩 넣은 뒤 비커를 밀봉하고, 각각 다른 시간 동안 놔두었다. 가장 오래 놔둔 비커를 열었을 때, 패브리는 뭔가 기이하다는 것을 알아차렸다. "마름모거북고둥은 별일 없다는 듯 여전히 헤엄치고 있었지만, 작은 껍데기가 눈에 띄게 녹고 있었다. 맨눈으로도 알아볼 수 있었다."

비커를 봉인함으로써 패브리는 바다나비가 내뿜는 이산화탄소가 빠져나가지 못하게 막은 셈이었다. 그러자 바닷물의 이산화탄소 농도가 증가했고 그에 따라 바닷물은 좀 더 산성을 띠었다. 여기까지는 놀랄 일이 전혀 없었다. 이산화탄소는 물에 녹으면 약산이 되는데, 패브리 연구진을 놀라게 **만든** 것은 산성이 그런 미약해 보이는 수준으로 증가하는 것만으로도 이 동물의 껍데기가 녹기 시작했다는 점이었다. 그들은 여기에 엄청난 의미가 함축되어 있음을 금방 알아차렸다. 바다나비가 비커라는 미소생태계에서 직접 보여준 상황이, 인류의 활동으로 대기와 대양의 이산화탄소 농도가 급격히 증가하고 있는 지금 세계 바다의 수많은 생물들에게도 일어날 위험이 있다는 것이다.

우리는 바다가 지구온난화를 피하게 해줄 탈출구라고, 아니 적어도 유예시키는 역할을 해줄 것이라고 믿어 왔다. 바다는 산업혁명이 시작된 이래로 인류가 대기로 뿜어낸 이산화탄소의 절반 이상을 흡수해 왔으며, 대기로 쏟아낸 열도 상당 부분 빨아들였다. 우리는 그 덕분에 위험한 기후 변화에 대처할 시간을 적어도 수십 년은 벌었다고 여겼다. 하지만 이 여분의 이산화탄소가 부피가 13억 세제곱킬로미터에 달하는 전 세계 바다의 화학적 성질을 변화시킬 뿐 아니라 그 안에 사는 생물의 상당수에도 영향을 미칠 것이며, 그것도 수 세기(예전에 가정했던 것처럼)가 아니라 수십 년이라는 짧은 기간에 이루어질 것이라는 생각은 많은 이에게 충격으로 와 닿았다. 하지만 패브리의 연구와 21세기 초의 10년 동안 쏟아진 연구 결과들은 그것이 사실임을 시사하고 있었다. 과학자들은 약 5,500만 년 전에 일어난 것과 비슷한 수준으로 대양의 산성도가 변화한 것이 지난 5억 년간 해양생물에 일어난 심각한 파괴 중 하나를 빚어냈음을 알았다. 그 변화로 말

---

* 실제로 바다전사(Sea angel)라는 이름을 지닌 익족류 집단이 있다. 이들도 날개처럼 생긴 부속지가 있으며 껍데기는 없다.

바다나비

미암아 익족류의 껍데기와 같은 성분인 탄산칼슘으로 뼈대를 만드는 돌산호는 수백만 년에 걸쳐 거의 사라졌다. 하지만 이번에는 그 변화가 적어도 열 배 더 빨리 일어나고 있다.

바다에서 무수히 많은 미세한 플랑크톤을 먹고 사는 바다나비류는 바다의 '감자칩'이라고 불려왔다. 대구, 연어, 고등어 같은 많은 어류 종에게 먹음직스러우며 (감자칩과 달리) 영양가도 높고 풍부한 먹이이기 때문이다. 해양생물학자 그레첸 호프만(Gretchen Hofmann)은 "이 생물들이 사라진다면, 먹이사슬에 재앙 수준의 충격이 닥칠 것이다"라고 말한다.

플랑크톤(plankton)은 플랭크터(plankter)의 복수형으로, 방랑자를 뜻하는 그리스어에서 유래했다. 주로 해류에 실려 운반되는 생물에게 붙여진 이름치고는 좀 모호하다. 반면에 능동적으로 헤엄을 치는 생물에게는 자주 쓰이지는 않지만 넥톤(nekton)이라는 이름이 붙어 있다. 해양 플랑크톤의 개체 수와 종류는 거의 상상도 못할 정도로 많지만, 그들이 살아가고 성장하는 데 필요한 에너지를 이끌어내는 곳에서 시작하는 것이 그들을 살펴보는 좋은 방법이 될 수 있다. 이 밑바닥에 식물성 플랑크톤—햇빛에서 에너지를 이끌어내는 생물—이 있고, 그 위에 다른 모든 생물들이 있다.

식물성 플랑크톤(phytoplankton, 식물을 뜻하는 그리스어 피톤[phyton]에서 유래)은 바다의 '일차 생산자', 즉 식물이 육지에서 하는 것과 똑같은 방식으로 빛을 써서 탄소를 고정하는 '햇빛을 먹는 자'다. 바다에 사는 다른 대부분의 생물은, 소가 풀을 뜯듯 식물을 먹음으로써, 혹은 사자가 소를 먹듯 식물을 먹은 동물을 먹음으로써, 또는 쥐나 독수리처럼 식물을 먹은 동물의 사체나 노폐물을 먹음으로써 식물성 플랑크톤을 섭취해 에너지를 얻는다. 또 식물성 플랑크톤은 우리같이 육지에 사는 생물들이 의존하는 대기 산소의 상당량을 공급하며, 지구 시스템 전체에서 탄소, 규소, 질소 등의 원소를 재순환하는 데 핵심적인 역할을 한다.

상상하기 어려운 존재에 관한 책

식물성 플랑크톤은 엄청나게 다양하며 저마다 형태와 진화 계통이 크게 다르다. 그들은 모두 유광층(euphotic zone, '별이 잘 든다'라는 뜻의 그리스어에서 유래)에 산다. 유광층은 광합성을 촉발할 만큼 햇빛이 투과[**]할 수 있는 수심 200미터 이내의 층이다. 대다수는 현미경으로만 보이는 미세한 종류지만, 그렇다고 해도 그들의 총 생물량은 다른 모든 해양동물(동물성 플랑크톤, 어류, 고래 등)을 더한 것보다도 많다.

그중 가장 흔한 것은 (남조류라고 잘못 불리기도 하는) 남세균이다. 때로 구슬 목걸이처럼 사슬을 이루기도 하는 이 기만적일 만치 단순해 보이는 존재는 지구에서 가장 오래된 광합성 생물로, 남세균을 책이라 한다면 나머지 생물들 상당수는 이 책의 각주에 불과하다. 최초의 남세균은 약 30억 년 전에 살았을 것이다. 그리고 그들은 20억여 년에 걸쳐 많은 종으로 진화했을 것이 확실하다. 남세균은 25억 년 전에서 5억 4,300만 년 전까지 원생대의 주된 일차 생산자였다. 그리고 오늘날 살아 있는 다양한 남세균 중 상당수는 그 시대 이래로 거의 변하지 않았으며, 남세균은 지금도 지구의 모든 광합성 중 4분의 1을 담당하고 있다. 자유 생활을 하는 남세균은 햇빛이 드는 축축한 환경에서 번성하며, 특히 해양 플랑크톤으로서 널리 퍼져 있다. 남세균은 영양분이 가득해서 스피룰리나(Spirulina) 같은 제품을 선호하는 건강식품 애호가들을 포함한 다양한 생물들에게 먹힌다. 프로클로로코커스(Prochlorococcus)는 바닷물 한 방울에 100만 마리가 들어 있을 만치 작은 전형적인 종이다. 세계의 대양 전체에서 프로클로로코커스 같은 종들은 인간을 비롯한 모든 동물이 들이마시는 산소의 약 5분의 1을 공급할 정도로 엄청나게 많이 존재한다. 닥터 수스(Dr. Seuss, 미

---

[*] 식물성 플랑크톤은 광합성을 하지만 식물은 아니다. 그들은 크로미스타계의 일원이다.
[**] 그보다 깊은 곳, 햇빛이 투과하지 못하는 95퍼센트에 해당하는 곳에 사는 생물 중 상당수는 '바다의 눈'을 먹고 산다. 위쪽의 유광층에서 하얀 눈처럼 천천히 내려오는 죽은 물질들의 알갱이를 말한다. 그리고 그 '눈'을 먹는 생물을 먹는 동물들이 또 있다.

국의 작가이자 만화가로, 어린이들을 위한 동화책을 주로 그렸다—역자 주)가 책에서 자주 써먹는 수인 옥틸리언(octillion)*만큼 말이다. 이들은 지구에 가장 풍부한 광합성 생물일 수 있겠지만, 1986년에야 발견되었다.

또 하나의 주요 식물성 플랑크톤 집단은 규조류라는 단세포 조류다. 민물에도 흔하지만 바다에 엄청나게 많은 이 집단은 아마 남세균 다음으로 해양의 일차 생산에 기여할 것이다. 규조류는 대개 옛날 도시락처럼 끝이 겹치는 아래 껍데기와 위 껍데기라는 규산으로 된 두 개의 세포벽으로 덮여 있다는 점이 특징이다. 극소수는 2밀리미터까지 자라기도 하지만, 대부분은 2~200마이크로미터(100만 분의 1미터) 정도의 '나노' 크기다. 하지만 이는 위대한 음악이 음으로 이루어져 있다는 말만큼이나 말해주는 것이 거의 없다. 현생 규조류 약 10만 종의 형태적 다양성을 살펴보고 판별하는 데에만 몇 달, 아니 몇 년이 걸릴 수 있기 때문이다. 형태에서 영감을 받은 이름들을 살펴보면 짐작할 수 있을 것이다.

부푼 새 부리(Swollen Epitheme), 개미 같은 멋진 등(Ant-like Best-back), 목걸이 사다리 받침(Necklaced Ladderwedge), 왕머리 사람(Fathead Congregant), 복슬복슬한 탁자(Tufty Table), 나선형 굽은 원반(Spiral Curvydisc), 뾰족 신발 꽃 옆구리(Sharpsandal Floretflank), 짧은 발 거품 꽃(Shortfooted Foamflower), 배불뚝이 국자 그릇(Pot-bellied Gravyboat), 숭고한 깃털 비행기(Noble Featherjet), 좀 더 큰 작은 배(Greater Coracle), 비둘프의 귀염둥이(Bidulph's Cutie), 사방이 보이는 주름 원반(All-seeing Furrowdisc), 중요한 휴대용 나침반(Crucial Pocket Compass), 별 모양으로 불룩한 발 고리(Star-bellied Footcord), 둥근 줄기 무법 새벽 요정(Globlestalked Lawless Dawn-nymph).

이탈로 칼비노는 《우주만화》에서 규조류로 덮인 여성을 바다에서

　　　　　　　　　상상하기 어려운 존재에 관한 책

마다가스카르의 해양 규조류

구하는 장면을 상상한다.

우리는 그녀를 끌어내어 구조하기 위해 빨리 노를 저었다. 그녀의 몸은 자기화한 상태로 남아 있었고, 우리는 그녀의 몸을 뒤덮은 온갖 것들을 긁어내기 위해 갖은 애를 써야 했다. 부드러운 산호는 그녀의 머리를 휘감고 있어서, 우리가 머리를 빗질할 때마다 바닷가재와 정어리가 우수수 쏟아졌다. 그녀의 눈은 빨판으로 눈꺼풀 위에 달라붙어 있는 삿갓조개들 때문에 꽉 닫혀 있었다. 팔과 목은 오징어의 촉수로 감겨 있었고, 이제 바닷말과 해면만이 옷처럼 빈약하게 몸을 뒤덮고 있었다. 그것은 떼어내기가 정말 힘들었지만, 그 뒤로도 몇 주 동안 그녀의 몸에서는 계속 지느러미와 껍데기가 자라났고, 피부에 점점이 박힌 작은 규조류들은 평생 그 상태로 남아서, 그녀를 유심히 살펴보지 않은 이에게는 마치 주근깨가 희미하게 나 있는 듯이 보였다.

---

* 옥틸리언은 10^{48} 즉 10억의 10억 배의 10억 배(1,000,000,000,000,000,000,000,000,000,000)다. 닥터 수스보다는 칼 세이건에게 더 어울리는 단어 같다.

바다나비

유전적 증거로 볼 때, 규조류는 약 2억 5,140만 년 전의 페름기-트라이아스기 대격변 이후에 시작된 현생이언의 두 번째 단계인 중생대에 바다에서 진화했거나, 적어도 확연히 눈에 띌 만큼 늘어난 듯하다. 하지만 최초의 규조류 화석은 공룡이 육지를 지배한 지 꽤 된 쥐라기에 나온다. 그 뒤로 규조류는 수가 불어나면서, 바다에서 다른 식물성 플랑크톤들을 대체한 듯하다. 그들은 탄소를 고정하고 바다와 대기로 산소를 방출하는 한편으로, 지구 시스템에서 규소를 순환시키는 데에도 주된 역할을 한다.

식물성 플랑크톤의 또 하나의 주요 문은 쌍편모충류로서, 이들은 식물 같은 존재가 동물 같은 존재와 다르며 별개라는 우리의 상식을 파괴하는 생물들을 포함하고 있다. 쌍편모충류는 단세포 조류지만, 헤엄치는 데 쓰는 채찍 같은 꼬리를 한 쌍 지니고 있으며, 많은 종은 다른 플랑크톤을 잡아먹는다. 진짜 수정체를 갖춘 작은 눈을 지닌 종류도 있다(7장 〈가시갯가재〉의 에리트롭시디움 참조). 규조류와 마찬가지로 쌍편모충류도 아마 현생이언의 하반기에 출현한 생물일 것이다. 확인된 최초의 화석이 페름기 대멸종 이후에 나타나기 때문이다. 한 속인 황록공생조류는 열대 산호 및 조개, 해파리, 갯민숭달팽이 같은 동물들과 공생하며, 안전한 집을 제공한 대가로 공생하는 동물에게 필요한 영양분의 90퍼센트까지 보상을 하는 사례도 있다. 그들이 없다면 산호초—살아 있는 생물이 만든 가장 큰 구조물—도 존재하지 못했을 것이다. 적어도 지금의 모습으로는 말이다. 그리고 다른 해양 생물들도 훨씬 더 적었을 것이다. 쌍편모충 중에는 악명이 높고 독성이 아주 강한 '적조'를 형성하는 것도 있다. 또 그보다는 온화하게 생물발광 능력을 보이는 종류도 있다. 돌고래가 밤에 물을 가르고 나아갈 때 물에서 빛이 나는 것은 그들 때문이다.

식물성 플랑크톤의 또 한 문인 인편모조류는 코콜리스(coccolith)라는 독특한 판을 지니고 있어서 그런 이름이 붙었다. 이들은 바닷물에서 추출한 칼슘과 탄소로 코콜리스를 만들어서 몸을 둘러싼다. 무수한 이 단세포 조류의 몸에 빛이 반사되어 열대 바다는 청록색으로 물들고, 북쪽 해역의 물은—우주에서 보았을 때—봄에 이들이 엄청나게 불어날 때 하얀색으로 소용돌이치는 모습이 된다. 도버의 하얀 절벽 같은 백악층은 주로 수십억 년에 걸쳐 계절에 따라 불어났다가 죽어서 해저*에 가라앉곤 한 무수한 인편모조류의 껍데기로 이루어져 있다(나중에 지각 운동을 통해 지상으로 올라온 것이다).

다양한 광합성 플랑크톤에 의지해 살아가는 동물성 플랑크톤과 세균 플랑크톤은 총 부피로 따지면 식물성 플랑크톤보다 적을지 모르지만, 크기는 더 다양하다. 플랑크톤 식당의 차림표에는 소형, 중간, 대형(micro, meso, macro)뿐 아니라 극도로 작은 초미세와 미소(pico, nano) 플랑크톤과 거대(mega) 플랑크톤도 나와 있다. 예를 들어 병이 들거나 죽은 생물과 잔해를 먹는 흔한 해양 세균들은 초미세플랑크톤(picoplankton)으로서, 대개 지름이 0.2~2마이크로미터이다. 세균을 비롯한 동물들을 먹는 해양 바이러스인 '펨토플랑크톤(femtoplankton)'은 이보다 더 작다(9장 〈이리도고르기아〉 참조).

세균보다 크지만 그래도 지름이 1밀리미터에 한참 못 미치는 단세포 플랑크톤(아메바성 원생생물)도 있는데, 그들 중 가장 잘 알려진 것은 방산충과 유공충**이다. 방산충은 남세균만큼 오래되지는 않았지만, 역사를 가늠할 수 있는 동물성 플랑크톤 중에서는 가장 오래된 축에 속한다. 현생이언이 시작될 무렵, 즉 약 5억 4,200만 년 전부터 그 화석이 발견된다. 방산충은 규산을 이용하여 대단히 아름다운 온갖 형

---

* 백악층의 인편모조류 퇴적은 '생물학적 펌프', 즉 아주 장기간에 걸쳐 수많은 종류의 플랑크톤과 그들을 먹는 생물들이 죽어 바다 밑에 가라앉았다가 암석과 오늘날 우리가 화석연료라고 부르는 것의 전구물질을 형성하는 자연적인 과정의 일부다. 현재 뽑아 쓰는 석유와 천연가스 매장량의 약 절반은 지구 역사상 그 어느 때보다 식물성 플랑크톤이 더 많이 우글거렸던 시대인 쥐라기와 백악기에 쌓인 것이다.
** 방산충과 유공충은 동물이 아니라, 리자리아계(Rhizaria)에 속한다. 그렇긴 해도 이들은 식물성 플랑크톤을 먹는 종속영양생물이다.

바다나비

태의 섬세하고 독특한 겉 뼈대를 만든다. 이미 9장(《이리도고르기아》)에서 일부 묘사한 바 있다. 지금까지 존재했던 방산충 종의 90퍼센트 이상은 멸종하고 없지만, 현생 종들은 바다에서 우글거리고 있다.

유공충은 방산충과 유연관계가 있으며, 아마 마찬가지로 오래된 생물일 것이다. 실트가 깔린 해저에 사는 종류도 있지만, 플랑크톤이면서 방산충처럼 다른 플랑크톤들을 먹는 종류도 많다. 몇몇 유공충은 열대 산호와 유사하게 자기 몸의 표면에 단세포 조류가 붙어도 놔둔다. 조류를 먹어서 그 엽록체—작은 녹색 '발전소'—가 자신을 위해 직접 광합성을 하도록 만드는 종류도 극소수 있다. 미세한 껍데기를 지닌 종류도 많다. 언뜻 보면 맨눈에 반짝이는 모래알처럼 보일 수 있지만, 자세히 들여다보면 아름다운 나선과 소용돌이 모양이 드러난다. 다시 웬트워스 톰프슨은《성장과 형태에 관하여》에서 어릴 적 기억을 회상했다.

에른스트 헤켈의 유공충 삽화. 각 껍데기(test)는 모래알만 하다.

상상하기 어려운 존재에 관한 책

어릴 때 나는 코네마라 만의 작은 해변에서 노도사리아(*Nodosaria*)보다는 덜 단순하고 로틸리아(*Rotilia*)보다는 더 복잡한 단순한 라게나(*Lagena*)인 유공충의 껍데기가 수없이 널려 있는 광경을 지켜보곤 했다. 모두 파도와 잔잔한 물결에 실려 자신의 요람인 바다에서 모래밭 무덤으로 밀려올라 온 것들이었다. 탈색되고 죽은 채로 말이다. 더 섬세한 것도 있고 그렇지 않은 것도 있었지만, 모두 (혹은 대다수가) 깨지지 않고 온전한 상태였다.

놀랍게도 일부 유공충은 가장 밝은 색의 모래 알갱이를 골라서 몸에 붙이는 듯하다. 린 마굴리스는 이 생물들을 묘사할 때 미생물학계의 윌리엄 블레이크가 된다. 그녀는 유공충이 형태와 색깔을 신중하게 고른다고 주장한다. "특정한 형태를 인지하는 능력은 적어도 5억 5,000만 년 동안 자연적으로 선택되어 왔다."

바다나비는 지름이 약 2밀리미터로서 크릴─엄지손톱만 한 갑각류로 고래가 즐겨먹는 먹이이고, 동물성 플랑크톤 하면 으레 떠오르는 동물일 것이다─의 약 10분의 1이다. 그렇긴 해도 플랑크톤 크기 범주에서는 중형에서 대형에 속한다. 바다나비는 공룡이 사라진 뒤의 첫 지질 시대인 팔레오세에 진화했으며, 대체로 수동적인 섭식자지만 때로 폭이 5센티미터에 이르기도 하는 점액질 그물로 자신보다 작은 플랑크톤을 사냥한다. 방해라도 받게 되면 그 그물을 버리고 천천히 날개를 펄럭이면서 떠난다. 밤에는 수면으로 올라와서 사냥을 하고, 아침에 더 깊은 곳으로 돌아간다.

플랑크톤성 생물 중 가장 큰 것─해파리, 빗해파리, 살파 등과 기타 자력으로 약하게 나아가거나 아주 이따금만 물을 헤치는 종들─은 지름이 1미터를 넘을 수도 있다. 몇몇 관해파리(해파리의 먼 친척)는 그보다 훨씬 더 큰 군체를 형성한다. 프라야 두비아(*Praya dubia*)라는 동물은 길이가 40미터를 넘는다. 이 모든 생물들은 떠다니면서 더 작은 먹이를 잡아먹는다. 능동적으로 헤엄치는 아주 커다란 생물들 중에서도 플랑크톤을 직접 먹는 것들이 있다. 지름이 7.5미터까지 자라는 쥐가오리, 고래상어가 그렇고, 물론 수염고래도 그렇다.

해양 플랑크톤은 지구 역사에서 대멸종이 일어날 때마다 조성이 급격히 변해 왔다. 그리고 현재 우리 인간이 핵심적인 역할을 하는 대양 산성도의 급격한 변화 때문에 다시 한 번 그 방향으로 나아가는 듯이 보인다. 우리는 마치 대조군 없이 대규모 실험을 수행하는 듯하다. 하지만 우리가 몇 가지 변수를 동시에 다루고 있기 때문이라고 말하면 우리 행동이 훨씬 더 분별력 있어 보일까. 산성화는 지구온난화, 남획, 유독물질 오염, 농업 유출수와 오수를 통한 과잉 영양염류 유입 등 바다와 나머지 생물권에 급격한 변화를 일으키는 여러 가지 요인 중 하나일 뿐이다. 그리고 2011년 국제 해양 현황 프로그램(International Programme on the State of the Ocean)의 보고서에 따르면, 이 요인들이 조합되어 상승 효과를 발휘함으로써 각각 미치는 것보다 해양 생물에 더 큰 위협을 가한다.

앞으로 전반적으로 생물 다양성이 크게 줄어들 것이라고 보는 편이 더 합리적일 것이다. 산호초 같은 예전의 풍부한 생태계는 점액질을 내뿜는 극소수의 조류 종에 뒤덮여 질식될 가능성이 높다. 콜리지의 늙은 수부가 꾼 최악의 악몽이 실현되는 것이다. 어류 대신에 해파리가, 예전에 주류였던 플랑크톤 대신에 유독성 쌍편모충 같은 종들이 새롭게 번성하는 것은 육지에서 쥐, 바퀴벌레, 병원체가 들끓게 되는 것에 해당할 수 있다.

이미 12장(〈장수거북〉)에서 언급한 바 있는 특히 심란한 징후는 전 세계에서 식물성 플랑크톤의 일차 생산성이 뚜렷이 지속적으로 감소하고 있음을 가리키는 증거다. 1년에 약 1퍼센트씩 서서히 감소한다고 하면 별것 아닌 양 들리겠지만, 이 감소가 실제로 일어나고 있는 현상이며 연구 결과들이 시사하듯 이미 50년 동안 진행되어 왔다면, 이미 40퍼센트가 줄어든 셈이다.

그 사이에 인류는 수많은 플랑크톤을 플라스틱으로 대체하고 있다. 현재 북태평양에서 텍사스의 두 배에 달하는 면적이 떠다니는 플라스틱들로 완전히 뒤덮여 있으며, 전 세계의 바다에는 그런 곳이 한

상상하기 어려운 존재에 관한 책

두 군데가 아니다. 심지어 가장 오지의 섬에도 바람이 불어오는 해변마다 플라스틱 조각들이 널려 있다. 그 결과들 중 하나는 인류세의 삶과 죽음을 암시하는 상징이 되었다. 바로 죽은 알바트로스의 플라스틱으로 가득한 부풀어 오른 위장이다. 하기만 인류가 버린 플라스틱의 상당수는 눈에 보이지 않을 만큼 아주 작은 입자로 분해되며, 이 미세한 입자들은 바다에서 떠다니다가 다양한 생물들에게 먹히곤 하며, 그들에게 독성을 일으킬 수도 있다. 이 글을 쓰고 있는 현재, 미국 기업들은 세계의 바다로 유입되는 플라스틱의 양을 줄일 조치들이 시행되는 것을 막기 위해 많은 자원을 쏟아붓고 있다.

우리가 바다나비와 더 작은 생물들에 이르기까지 해양 생물의 역사, 다양성과 복잡함을 이해하기 시작한 것은 겨우 수십 년 전부터였다. (안타깝게도) 지금은 진부하기 짝이 없는 문구라고 여겨질 수도 있겠지만, 억지 재담을 하나 해보자. 싸울 가치가 있는 것들이 모두 그렇듯이, 이 대의를 위해 싸우고자 한다면 우리 본성의 착한 천사 쪽을 기억하도록 하자. 우리가 실패한다고 해도, 바다는 수억 년에 걸쳐 다시 자신의 아름다움, 다양성, 생산성을 회복할 수 있겠지만, 인류는 그들의 재생을 볼 때까지 살아남을 가능성이 적을 것이다.

---

* 고래의 배설물은 식물에게 이상적인 양분이다. 20세기에 고래의 수가 급감함으로써 식물성 플랑크톤의 생산성도 줄어들었을지 모른다.

바다나비

THORNY DEVIL
가시도마뱀

Moloch horridus

강: 파충류
목: 유린목
과: 아가마
보전 상태: 평가 불가

되돌아갈 수는 없다.
지난 수십만 킬로미터 동안 내가 본 생물이라고는 최면에 걸린 토끼들뿐이었고,
그들 대부분은 지금 자동차 바퀴에 납작해졌지.
―뮤지컬 〈프리실라〉

여덟 살 때 나는 내 방의 벽에 커다란 호주 지도를 붙였다. 나는 어른이 되면 호주 오지로 가서 영국의 절반만 한 목장에서 살겠다고 마음먹었다. 그 뒤로 수십 년이 흘렀지만, 나는 아직도 그 대륙에 한 번도 가보지 못했다. 내 눈으로 본 모든 증거들에도 불구하고, 호주는 에식스, 캘리포니아 남부, 뉴기니의 경관들을 짜깁기하여 만든 영화 촬영장 속의 정교한 허구일 수도 있다. 하지만 동물들이 있지 않은가? 동물우화집이나 동화에 나오는 것들보다 더 환상적인 동물들이 말이다. 목도리도마뱀이나 나뭇잎해룡은 말할 것도 없고, 오리너구리나 캥거루를 상상이라도 한 사람이 과연 있었을까?

더욱 놀라운 점은 그런 다양하고 기이한 형태들이 토끼같이 어디에서나 살 수 있는 종들조차도 때로 살아가기가 힘든, 지구에서 가장 황량하고 가장 외진 곳 중 한 곳에서 진화했다는 사실이다. 가시도마뱀이 좋은 사례다. 이 뾰족뾰족한 도마뱀은 호주의 가장 놀라운 고유종 중 하나다. 비록 수입된 학명인 '몰로크 호리두스(*Moloch horridus*)'가 시사하는 것과는 다를지라도 말이다(몰로크는 존 밀턴이 인간 제물의 피로 칠갑을 했다고 묘사한 가나안의 신을 가리킨다). 가시도마뱀은 대개 다

상상하기 어려운 존재에 관한 책

자라도 사람 어른의 손바닥 안에 들어갈 정도로 작으며, 빽빽하게 난 가시도 사실 장미 가시 정도밖에 안 된다. 비록 유달리 날카로운 장미 가시겠지만 말이다. 이 동물에게는 피카유네 프리클리우스(Picayune pricklius)라는 학명이 더 어울렸을 것이다. 존 밀턴이 에드 우드(Ed Wood, 괴기물로 유명한 미국의 영화감독이자 작가—역자 주)를 만났다기보다는 마크 트웨인이 몬티 파이튼(Monty Python, 영국의 초현실주의 희극인 집단—역자 주)을 만났다고 할 수 있다.

하지만 가시도마뱀은 파리조차 해치지 않을 것이다. 이들은 호주의 상당 면적을 뒤덮은 거친 풀, 덤불, 모래사막에서 살기에, 거기에 있는 것으로 때워야 한다. 바로 개미다. 이 도마뱀은 개미를 가장 좋아한다. 영화를 보는 관객이 팝콘을 계속 우물거리듯이, 개미를 꾸준히 우물거리며 먹는다. (이곳을 돌아다니면서 개미의 경이로움을 찬미하는 것도 좋다. 개미는 지구에서 가장 다양하고 혹독한 환경에까지 적응한 곤충 집단이니 말이다. 하지만 나는 그 유혹에 넘어가지 않으련다. 개미에 관한 지식 중 내가 가장 좋아하는 내용만 하나만 말하고 넘어가자면, 아주 작은 개미도 있는 반면 아주 큰 개미도 있는데, 작은 개미가 큰 개미의 머리 속을 걸어 다닐 수 있을 정도다.)

개미가 맛있을지는 모르지만 먹기 전에 좀 씻을 필요가 있는데, 이를 위해서인지 가시도마뱀은 물을 가두는 멋진 비법을 간직하고 있다. 이 도마뱀의 피부에서 가시 사이의 홈은 '흡습성(hygroscopic, 습기를 끌어들이는 성질)'을 띠는데, 기어다닐 때 풀줄기에 맺혔던 이슬이(아주 드물게 비도) 흘러들거나 몸에 떨어져서는 모세관 작용을 통해 이 홈으로 모인다. 가시도마뱀은 턱을 꾸준히 움직여서 그렇게 고인 물이 입으로 흘러오도록 유도하여 모인 이슬을 마신다. 다른 건조한 지대에서도 유사한 방식들이 진화했다. 다른 식물들이 거의 살지 못하는 네게브 사막에는 비슷한 방식으로 번성하는 대황의 일종이 있고, 나미브사막의 딱정벌레는 뒷다리로 허공을 휘저어서 작은 물방울들을 포획한다. 현실 세계의 적응형질은 모노포드(Monopod) 같은 상상의 존재들이 보여주는 특징들보다 더 독창적이다. 모노포드는 중세 세계지도에 실릴 법한 발이 하나밖에 없는 전설 속의 난쟁이로서, 햇빛이 강할 때 거대한 발을 들어서 그늘을 만든다고 한다.

가시도마뱀은 이 뜨거운 땅에서 살아가는, 이따금 나타나는 뱀, 큰 도마뱀, 말똥가리, 인간 등 극소수의 더 큰 동물들에게 유혹적인 먹이다. 물론 가시도마뱀은 자신을 방어하기 위해 가시를 지니며, 머리를 숙여서 다리 사이에 감추기도 한다. 그러면 목 뒤쪽에 있는 가짜 머리가 포식자의 눈앞으로 불룩 튀어나온다(여기에서 영감을 얻었는지, 1989년 영화 〈앞장서 광고하는 법(How to Get Ahead in Advertising)〉의 주인공 데니스 딤블비 배글리의 몸에서도 도마뱀처럼 제2의 머리가 튀어나온다). 이 가짜 머리는 물어뜯겨도 큰 피해가 없으며, 다시 자라기도 한다. 또 가시도마뱀은 공기를 들이마시고 가슴을 부풀려서 삼키기 더 어렵게 만들 수 있다. 사막의 복어라 할 수 있다. 하지만 애초에 포식자의 눈에 띄지 않는 편이 가장 좋기에, 가시도마뱀은 갈색과 노란색으로 얼룩덜룩하게 위장을 한 채로 카멜레온이나 '무궁화 꽃이 피었습니다' 놀이를 하는 아이처럼 가다 멈추다 하면서 느리게 걷는다.

가시도마뱀이 더 붐비는 땅에 살던 시대도 있었다. 수만 년 전만 해도 호주에는 18세기에 유럽인들을 놀라게 했던 동물들보다 더 기이한 대형 동물들이 우글거렸다. 수백만 년 동안 다른 대륙들과 격리된 상태에서 이곳의 동물들은 나름의 방식으로 진화했다. 유대류는 다른 지역에서는 대형 태반류 포유동물들이 차지한 생태 지위들을 채웠다. 웜뱃 한 종은 하마만큼 컸다. 말만 한 크기의 맥처럼 생긴 동물도 있었고, 키가 3미터나 되는 캥거루도 있었다. 몇몇 단공류(알을 낳는 포유류)도 번성했다. 래브라도 리트리버만큼 큰 오리너구리와 양만 한 가시두더지도 있었다. 그리고 크기와 힘이 엄청난 도마뱀들도 있었다. 메갈라니아(*Megalania*)는 몸길이가 최소한 3.5미터였고, 아마 그보다 두 배까지도 자랐을 것이다. 먹이를 뒤쫓아 경쾌하게 달릴 수 있는 긴 다리와 갈고리와 스테이크 칼의 특성을 결합하여 고기

상상하기 어려운 존재에 관한 책

가시도마뱀

를 찢어발길 수 있는 이빨 수백 개를 가진 5미터짜리 악어 쿠인카나(Quinkana)도 있었다. 아마 지금까지 지구에 존재했던 뱀 중 가장 길었을, 모든 동물을 닥치는 대로 먹어치웠을 길이 10미터의 비단뱀도 있었다. 하지만 이 뱀도 자동차만큼 크고 뿔이 두 개 달린 육지거북은 먹지 못했을 것이다. 날지 못하는 거대한 새들도 육지를 걸어 다녔다. 마치 1950년대 B급 영화에 나올 법한, 방사선 때문에 거대하게 변한 동물들에 맞먹는 실제 동물들이었다. 키가 3미터이고 몸무게가 약 500킬로그램인 스털튼천둥새(Stirton's Thunder Bird)는 아마 역사상 가장 큰 새였을 것이다. 불로코르니스(Bullockornis)는 겨우 키가 2.5미터에 몸무게 250킬로그램에 불과했지만 탐욕스러운 육식동물이었으며, 파멸의 악마 오리(Demon Duck of Doom)라는 별명이 붙어 있다.

이 동물들과 더불어 약 50여 종의 거대한 유대류를 비롯한 동물들은 호주 대륙에서 번성하다가 약 5만 년에서 2만 년 전 사이에 약 95퍼센트가 멸종했다. 이 일이 정확히 왜 일어났는지에는 논란의 여지가 있다. 더 건조해지는 자연적인 기후 변화를 포함하여 몇 가지 요인이 동시에 작용했을 수도 있다. 하지만 바로 그 무렵에 호주로 건너가서 퍼진 인류가 결정적인 역할을 했으며, 그들이 큰 불을 일으킴으로써 그렇게 되었다는 결론을 피하기가 어렵다. 강인한 작은 가시도마뱀은 살아남은 5퍼센트에 속했다.

우리는 불의 파괴력을 잘 알고 있지만, 원초적이고 창조적인 힘으로서의 불에도 익숙하다. 태양은 불처럼 보이며, 고대부터 신화와 종교에서 생명의 원인이자 기원으로 여겨져 왔다. 예를 들어 호주 원주민의 신화에서 태양의 여신인 이히(Yhi)는 처음에 침묵의 세계에서 식물과 동물을 깨웠다. 그리고 물론 그런 이야기들은 현실과 어느 정도 관련을 맺고 있다. 모든 생물은 외부로부터 끊임없이 공급되는 에너지 흐름에 의존하며, 지구에서 그 흐름은 압도적으로 태양에서 유래한다(훨씬 더 적은 비율이긴 하지만 화산 활동도 기여한다). 또 고대부터 인류는 지구의 불과 생명 사이에 친족 관계가 있다고 여겨왔다. 과학 시대의 여명기인 1650년대에 활동했던 토머스 브라운은 이 세 가지를 연결 지었다. "생명은 순수한 불꽃이며, 우리는 우리 안의 보이지 않는 태양에 의지하여 살아간다." 그 다음 세기에 걸쳐 이루어진 연구들은 불과 생명이 오늘날 화학반응이라고 말하는 수준에서는 실제로 동등함을 보여 주었다. 1780년대에 앙투안 라부아지에가 이렇게 말할 정도였다. "불은 적어도 호흡을 하는 동물에게 일어나는 자연의 활동을 충실하게 묘사한 그림이다. 그래서 옛 사람들이 생명의 햇불*이 아기가 첫 숨을 들이쉴 때 켜지고 죽을 때에야 꺼진다고 한 모양이다." 당시의 과학 저술가인 올리버 모튼(Oliver Morton)은 20세기에 이루어질 인식의 발전 중 일부를 요약한 바 있다. "생명은 기억을 지닌 불꽃이다."

비유적인 불이 아니라 지구의 실제 불에 관한 놀라운 진실 중 하나는 그것이 생명의 산물이라는 것이다. 생명이 불의 산물이 아니라 말이다. 5장(〈뱀장어―그리고 다른 괴물들〉)에서 말했듯이, 우리가 아는 한 야생의 불은 지구에 생명이 존속한 기간의 약 10분의 9가 지날 때까지, 즉 약 4억 2,000만 년 전 실루리아기에 연소에 필요한 만큼 대기 산소 농도가 풍부한 상태에서 육지에 식물체가 적당히 존재할 때까지는 일어나지 않았다. 흔히 말하듯이 불이 동물과 비슷하다면, 그것은 동물처럼 생명(특히 식물체)을 먹고 살기 때문이다. 야생의 불은 처음 출현한 이래로 수억 년에 걸쳐 연달아서 다양한 생태계들에 통

---

* 산소를 분리한 최초의 과학자라고 할 수 있는 라부아지에는 우리가 오늘날 호흡이라고 하는 것―동물(그리고 식물)이 산소를 흡수하여 '연료'(먹이와 양분)와 결합하여 세포 안에서 에너지를 생산하는 과정―과 연료(대개 탄소 화합물)를 산소와 빠르게 결합시키는 과정인 연소가 동일하다고 지적했다. 살아 있는 세포에서는 ATP라는 분자가 화학적 형태로 에너지를 포획하여 세포에서 쓰이는('태우는') 부위로 운반한다. 세포는 계속 새 ATP를 만들어낸다. 한 시점에 인체에 있는 ATP는 약 10그램에 불과하지만, 우리는 하루에 자신의 몸무게만큼 ATP를 만들고 '태운다'.

가시도마뱀

합되어 왔다. 석탄기(3억 5,900~2억 9,900만 년 전)에 육지의 상당 부분을 뒤덮었던 거대한 석송류와 나무고사리의 숲은 거대한 불길에 휩싸이곤 했지만 불에 타지 않은 식물체가 수백만 년에 걸쳐 엄청난 양으로 퇴적되는 것을 막지는 못했고, 그 식물체의 상당 부분은 석탄이 되었다. 더 뒤의 시대에는 크고 작은 나무들이, 약 800만 년 전쯤부터는 풀이 출현했고, 이 식물들은 대체로 약한 불에 자주 타면서 방출되는 양분을 이용하는 방향으로 진화했다. 생물학자 스티븐 파인(Stephen Pyne)은 《불, 그 간략한 역사(Fire: A Brief History)》에서 인류 이전의 역사에서 일어났던 이 장엄한 불길을 "첫 번째 불(first fire)"이라고 말한다.

인류가 정확히 언제부터 불을 다루기 시작했는지는 결코 알 수 없을지도 모른다. 우리 조상들이 적어도 180만 년 전부터 음식을 요리하고 야행성 포식자를 쫓기 위해 불을 쓰기 시작했다고 보는 가설이 있긴 하다. 하지만 불을 피웠다는 확실한 증거는 겨우 수십만 년 전부터 나올 뿐이다. 인류가 언제 불을 피우기 시작했든 간에, 그 불은 우리를 지배하는 동물로 변모시켰다. 인류가 '요리하는 유인원'이라면, 우리가 요리하는 것이 음식만은 아니다. 어느 시점에, 아마 불과 동반자 관계를 맺은 초기였겠지만, 우리 조상들은 동물을 내몰고 즙이 많은 새싹을 돋게 하기 위해 불을 놓고 끄는 법을 배웠을 것이다. 그럼으로써 그들은 지구 경관 전체의 생태를 바꾸기 시작했다. 파인은 이렇게 썼다. "사실상 인류는 지구를 요리하기 시작했다. 그들은 자신의 생태적 용광로에서 경관을 재가공했다." 나중에 그들은 불을 다스려서 새로운 종류의 도구를 만들기 시작했다. 불로 제련한 창촉에서 금속가공품**에 이르기까지, 연소 엔진에서 마이크로칩에 이르기까지 걸린 시간은 얼마 되지 않았다. 불은 이렇게 새로운 용도로 쓰이면서 처음에 출현했을 때 못지않게 심오하게 지구의 생명에 변화를 일으키기 시작했다. 이것이 바로 "두 번째 불(second fire)"이다.

오늘날 우리가 각 대륙의 원주민이라고 여기는 사람들의 조상은 대부분 약 6만 년 전에 아프리카를 떠나 이주를 시작했을 것이다. 그들은 "두 번째 불"로 무장하고 있었고, 그 후손들이 대대로 새 지역으로 진출하면서 넓은 면적의 식생을 불태웠을 것이라고 가정해도 무리가 없을 것이다. 약 4만 년 전—약 800~1,000세대가 흐른 뒤—인류는 호주 내륙 깊숙한 곳까지 진출해 있었다. 이 초기 호주인들은 인류가 앞서 정착했거나 훗날 정착할 지역들에서 으레 그랬듯이 덤불을 열심히 마구 불태웠겠지만, 이전까지 격리되어 있었고 유달리 건조했던 이 대륙에서는 다른 어느 곳보다도 불이 더 강하고 넓게 번졌을 것이다. 그 결과 대형 초식동물의 먹이가 급격히 사라졌고, 그 동물들도 대부분 멸종의 길을 걸었다. 초기 호주인들이 대형 초식동물을 사냥한 것이 먼저였을 가능성도 있다. 식물을 뜯는 초식동물이 줄어들자 식생이 무성해져서 식물이 원래 적응했던 것보다 더 크고 강렬한 불이 일어났을 수도 있다. 정확한 원인이 무엇이든 간에, 그 결과 생태계의 생산성은 급감했다. 영양염류의 가장 효율적인 재순환자 중 상당수가 사라짐으로써 10~100배쯤 감소했을 것이다. 그래도 가시도마뱀을 없애기에는 부족했던 모양이다.

호주 대륙의 대형 동물이 대부분 사라진 뒤에, 원주민들은 이른바 '불쏘시개 농법(fire-stick farming)'을 개발했다. 비교적 적은 면적의 덤불에 약한 불을 놓은 뒤 뛰쳐나오는 캥거루 같은 사냥감을 잡는 방식이다. 또 불에 탄 식물로부터 영양염류가 방출됨으로써 먹을 수 있

* 리처드 랭엄은 호모 에렉투스가 180만 년 전에 음식을 요리했다고 주장한다 (2009). 요리를 하면 흡수할 수 있는 에너지와 영양분이 늘어나며, 기생생물과 병원성 세균이 죽는다. 그럼으로써 점점 더 커지는 뇌와 수렵채집인 생활양식을 뒷받침할 수 있을 만큼 열량을 흡수할 수 있게 되었고, 또 밤에는 통제할 수 있을 만큼 작은 모닥불을 피워서 포식자를 물리쳤을 것이라고 말한다. 하지만 그 시대부터 불을 썼다는 직접적인 고고학적 증거는 아직 없다.
** 도구를 제작하는 용도의 불은 금속을 가공하는 용도보다 훨씬 더 앞서 있다. 약 8만 년 전 네안데르탈인은 혐기성 조건에서 자작나무 진을 가열하여 만든 집착제로 창대에 돌촉을 붙였다.

가시도마뱀

는 새 식물 종들이 자라고 동물도 새로 더 많이 몰려들기에 일석이조였다. 유럽인들이 들어올 무렵에 불쏘시개 농법이 대륙 전체에 널리 퍼져 있었던 것은 분명하다. 19세기 탐험가 어니스트 자일스(Ernest Giles)는 이렇게 썼다. "원주민들은 여기저기서 태우고, 태우고, 계속 태우는 듯했다. 그들을 물 대신에 불을 먹고 사는 전설 속의 불도마뱀 종족이라고 생각할 법도 하다." 물론 호주 원주민들도 북아메리카 원주민들처럼, 적에게 맞서기 위해 더 큰불을 놓기도 했다.

호주에서 가시도마뱀이 사는 지역은 강한 열기와 가뭄이 지속되다가 어쩌다 폭우가 내리는, 지구에서 가장 극단적인 기후를 보이는 곳이다. 인류가 지금처럼 화석 연료를 계속 태운다면, 2070년 무렵에는 기온이 섭씨 4도 이상 오를 가능성이 높다. 그러면 지금의 그 지역만큼 뜨겁고 건조한 곳들이 세계 곳곳에 생길지도 모른다. 반면에 지금보다 더 더워지면서 동시에 더 습해지기까지 하는 곳도 나타날 것이다. 22~23세기가 되면 지금 인구 밀도가 높은 열대 지역 상당 부분에서 현재 우리가 누리는 것과 같은 생활을 하기가 불가능해질 수도 있다. 호주 대륙은 거의 감당하기 힘든 도전 과제에 직면할 것이다. 이런 상황에서 우리는 가시도마뱀—그 지역의 가장 소중한 자원인 물을 관리하는 탁월한 능력을 갖추고 놀라울 만치 강인하면서 적응 능력이 뛰어난—으로부터 한두 가지 교훈을 배울 수 있을지도 모른다.

호주인 두 명이 작은 배를 타고 망망대해에서 표류하는 상황을 묘사한 오래된 농담이 있다. 마실 물도 떨어지고 태양은 뜨겁게 내리쬐고 있다. 그때 한 명이 상자에서 마법 램프를 발견한다. 그가 램프를 문지르자 지니가 뿅 나타나서 소원을 말하라고 한다. 호주인은 생각할 겨를도 없이 말한다. "바닷물을 맥주로 바꿔줘요." 말이 끝나자마자 바닷물은 거품이 이는 차가운 맥주로 바뀐다. 지니는 뿅 사라진다. 두 사람은 멍한 표정으로 서로를 바라본다. 이윽고 두 번째 사람이 내뱉는다. "잘 했어, 친구. 이제 오줌은 배 안에다 눠야겠네." 우리 인류는 임시 땜질이 아니라 그 너머를 내다보는 법을 배워야 한다. 우리가 빚어낸 혼란의 무게에 짓눌려 침몰하지 않도록 자원과 환경을 슬기롭게 관리하는 법을 말이다. 배 안에 쥐를 해야 할 상황을 만들지 말자.

가시도마뱀

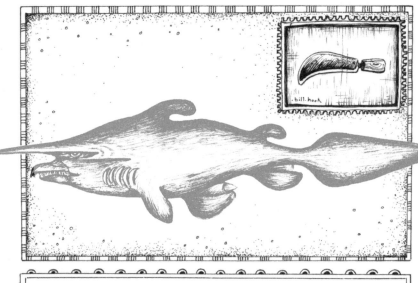

bill hook

UNICORN
유니콘을 찾아서
—마귀상어

Mitsukurina owstoni

문: 척삭동물

강: 연골어류

아강: 판새류

보전 상태: 평가 불가

세계의 역사는 한 줌의 은유들에 주어진 상이한 억양들의 역사일 것이다.
—호르헤 루이스 보르헤스

이 시대에 유니콘이란 분홍색 플라스틱 장난감과 어린이용 만화, 어설픈 뉴에이지, 불가능함과 망상을 가리키는 제유법에 쓰이는 소재다. 하지만 중세 동물우화집에서 유니콘은 더욱 기이한 무언가를 가리켰다. 아니, 몇 가지 대상을 가리켰다고 하는 편이 더 낫겠다. 이를테면 유니콘은 코끼리의 사나운 적으로서, 뿔로 코끼리의 배를 꿰뚫는다. 또 유니콘은 숫처녀의 도움을 받아야만 사로잡거나 죽일 수 있는, 좀처럼 잡을 수 없는 사냥감이기도 하다. 숫처녀가 무릎에 누이고 젖을 빨려서 잠을 재울 때까지 기다렸다가 잡아야 한다. 또 아버지와 아들이 하나임을 상징하는 하나의 뿔을 지닌 '영적인 유니콘', 즉 예수도 있다. 그리고 유니콘의 뿔은 독을 검출하는 데에도 쓸 수 있고, 이 뿔을 빻은 가루는 해독제이자 정력제로 쓰인다.

회의적인 현대 독자에게는 이런 고대와 중세의 이야기들이 실제 동물과 상상 동물의 이런저런 신체 부위와 특징이 조합되면서 꿈에서나 볼 법한 괴상하게 뒤범벅된 동물이 되는 플립북(flip book, 장마다 조금씩 다른 그림을 그린 뒤 귀퉁이를 잡고 주르륵 넘기면 움직이는 모습이 나타나도록 한 책—역자 주)의 낱장들처럼 여겨질 듯하다. 하지만 꿈이나 환각이

상상하기 어려운 존재에 관한 책

그렇듯이, 이런 이야기도 분석을 하면 어느 정도 이해할 수 있는 부분이 있다. 예를 들어 중세 작가들(아니 적어도 그들의 원천)은 사나운 모노케로스(monoceros, 코끼리의 발을 지니기는 했지만, 이름만 들으면 코뿔소처럼 생긴 동물일 것 같다)와 진정한 유니콘(염소, 혹은 가젤, 아니면 말 등등의 몸을 지닌다)을 구별한다. 그리고 근대 초기부터 해석가들은 이런 이야기들을 토대로 삼아 이 상상의 동물, 혹은 실존하는 동물들을 해체하여[*] 각 부위의 기원을 추적하고 그것들이 지닌 의미를 설명하려고 애써왔다.

물론 분석이 아무리 체계적이고 완벽하다고 할지라도, 설명이 안 되는 부분이 있다는 느낌을 받기 마련이다. 사람들은 **왜** 신화적인 동물들에 그토록 많은 열정을 쏟았던 것일까? 이 의미의 과잉은 **무엇을 위한** 것일까? 이 중 첫 번째 질문에는 불완전하지만 그래도 수긍할 만한 답을, 엉성하긴 해도 간단히 내릴 수 있다. 발기한 듯이 보이는 것은 남성을 발기하게 만들 수 있기 때문이라고 말이다. 가루로 빻은 유니콘의 뿔은 당시의 비아그라였다. 물론 환상적일 만큼 귀하므로 가격마저 환상적일 만큼 비쌌다. 1533년 교황 클레멘스 7세가 프랑스 왕세자에게 혼인 선물로 준 유니콘 뿔(사실 일각고래의 엄니)은 시스티나 대성당의 천장 벽화를 그린 대가로 미켈란젤로가 받은 액수보다 거의 여섯 배나 비싼 것이었다. 한 세기 뒤에는 그런 뿔을 꽤 의심스러운 시선으로 보게 되어서, 토머스 브라운은 1646년에 출간한 《전염성유견》이라는 당대의 미신과 속설을 비판한 책에서 유니콘의 뿔을 짧게 다루기도 했다. 시대가 시대였던지라, 브라운은 이중 맹검(盲檢) 대조군 실험보다는 수사학에 더 의지했고(어쨌거나 말코손바닥사슴의 발굽을 빻은 가루가 간질 치료제라고 널리 믿던 시대였다) 그의 주된 수사학적 무기 중 하나

---

[*] 크리스 래버스(Chris Lavers)의 《유니콘의 자연사(The Natural History of Unicorns》(2010)참조. 안타깝게도 이 탁월한 책은 유니콘이 5만 년 전, 아니 아마 더 최근까지 아시아 스텝 지역에 살았던 거대한 뿔을 하나 지닌 키가 3미터에 이르는 거대한 코뿔소인 엘라스모테리움(Elasmotherium)에 대한 인류의 잔존 기억에서 유래했다는 열정적인 신비동물학자들이 선호하는 개념을 전혀 지지하지 않는다.

유니콘을 찾아서 — 마커상어

는 뒤집기였다. 유니콘은 희귀하지 않고 어디에나 있다는 식이었다.

네발 동물 중에서 적어도 다섯 종류는 될 것이다. 인도소, 인도당나귀, 코뿔소, 오릭스, 모노케로스라고 더 널리 알려진 유니코르니스(Unicornis)가 그렇다. 어류 중에도 있고 …… 곤충 중에도 유니콘이 있다고 할 수 있다.

브라운은 실수도 저질렀지만, 시대를 감안할 때 그의 목록은 탁월한 수준이며, 그 뒤로 350년에 걸쳐 이뤄진 현장 연구에 비추어 볼 때 이 목록은 오히려 빈약하다고까지 볼 수 있다. 우리는 당혹스러울 만치 많은 유니콘*들과 살아간다.

땅에서는 장수풍뎅이가 존 콜트레인(John Coltrane, 미국의 재즈 색소폰 연주자—역자 주)의 음악처럼 현란한 단일한 뿔의 변주곡을 펼치지만, 몸길이가 몇 센티미터를 넘는 동물을 찾으려면 바다로 가야 한다. 브라운의 어류 목록을 갱신한 목록에는 머리 꼭대기에 움츠릴 수 있는 가느다란 가시가 하나 있는 쥐치류 100여 종에, 유니콘과 코끼리의 잡종처럼 보이는 바늘코은상어(Smallspine spookfish)는 말할 것도 없고, 황새치, 적어도 세 종류의 톱상어, 긴꼬리비늘치(Unicorn Grenadier)에다가, 영어로 말얼굴(Horseface), 매끄러운(Sleek), 혹등(Humpback), '우아한(Elegant)'이라는 수식어가 붙은 나소속(Naso, unicorn fish)의 어류 17종이 포함될 수 있다.

현대 동물우화집에 실을 실제 유니콘을 하나 고르고자 한다면, 후보가 너무 많아서 쉽지가 않다. 많은 이들은 일각돌고래를 꼽을 것이다. 일각돌고래는 거의 신화 속 유니콘만큼 비현실적으로 보이며, 길게 뻗은 하나의 엄니는 정말로 놀라운 특성을 지닌다. 일각돌고래의 엄니는 사실 위 왼쪽의 앞니 하나가 나선형으로 감기며 엄청나게 길어진 것으로서, 동물학자들이 예전에 가정한 식으로 수컷들이 마상창 시합을 하듯이 서로 겨루는 용도의 이차성징도 아니고, 더 빨리 헤엄치도록 돕는 적응형질도 아니다. 실제로 그런 기능을 하기는 하지만, 단지 그 기능만을 하는 것도 아니다. 일각돌고래의 엄니는 무엇보다 자연에 알려진 그 어떤 동물도 따라오지 못할 방식으로 염도, 수온, 압력, 입자 농도의 변화를 검출할 수 있는 수력학적 감지기다. 더군다나 일각돌고래가 앞으로 맞이할 가능성이 높은 숙명을 고려하면 그들은 유니콘의 후보자로 더더욱 적합하다. 북극권의 급격한 기후 변화 등의 교란으로 그들은 곧 신화 속 동물들이 속한 곳으로 사라져 버릴지도 모르기 때문이다.

하지만 나는 마귀상어를 꼽고 싶다. 물론 그것이 확대 해석이라는 것도 알지만 말이다. 마귀상어는 햇빛이 닿지 않는 수심 수백 미터의 컴컴하고 차가운 바다 속에 사는 원시적인 모습의 동물이다. 마귀상어의 '뿔'은 얇은 송곳니 같은 이빨들이 줄줄이 박힌 늘어나는 턱 위에 튀어나온 칼날 같은 주둥이다. 이 상어의 영어 이름(goblin shark)은 일본 전설에 나오는 악귀인 마귀(goblin)를 닮았다고 해서 붙여진 것이다. 일본 해역에서 처음 발견되었기 때문이다. 마귀상어는 등지느러미가 둥글며, 꼬리는 옛날 원예용 낫과 비슷한 모양이다. 이 상어는 3미터 넘게 자라며, 빛으로 채워지는 유광층보다 깊은 물에 사는 가장 큰 포유동물에 속한다. 마귀상어는 혈관이 들여다보이는 반투명한 피부 때문에, 소화 불량에 걸린 북유럽인처럼 상어 중 유일하게 분홍색을 띤다. 이 상어는 몹시 못생겨서, 처음 딱 봤을 때 심지어 제 어미라도 과연 사랑할 수 있을까 하는 의구심이 일어날 법도 하다. (과학자들은 이 상어가 알이 아니라 새끼를 낳는다고 본다.) 하지만 더 자세히 살펴보면, 예전에 한 친구가 연인을 구한다는 광고를 내면서 자신을 소개했던 것과 똑같은 특징이 드러난다. 환하게 빛나는 내면의 아름다움 말이다.

---

* 엘라스모테리움보다 오래 전에 멸종한 육지동물 중에서도 '유니콘'이 있었다. 공룡 중에는 길이가 1미터에 이르는 뿔을 하나 지닌 켄트로사우루스(*Centrosaurus*)와 병따개 모양으로 구부러진 뿔을 하나 지닌 에이니오사우루스(*Einiosaurus*)가 있었다. 아르시노이테리움(*Arsinoitherium*)은 코뿔소와 아주 흡사하지만, 거대한 뿔이 하나가 아니라 좌우로 둘이 나 있는 포유동물이었다.

마귀상어(*Mitsukurina owstoni*), 1921년.

신화 속의 많은 동물들처럼, 살아 있는 것이든 죽은 것이든 마귀상어는 사람의 눈에 띈 적이 거의 없다. 1897년 처음 과학계에 보고된 이래, 마귀상어임이 공식적으로 입증된 개체는 50마리도 채 안 된다. 그렇긴 해도 세계 곳곳에 서식하고 있는 듯하다. 일본, 포르투갈, 호주, 뉴질랜드, 멕시코 등의 해안에서 우연히 잡히곤 했기 때문이다. 게다가 비록 모양과 기능이 전혀 다를지라도, 마귀상어의 '뿔'은 일각돌고래의 뿔만큼 놀랍다. 이 뿔은 먹잇감(대개 오징어, 게, 다양한 심해어)이 일으키는 물의 미세한 전기장 변화를 감지할 수 있는 전자 감지기(electrosensitive beak)다. 먹이를 감지하면, 마귀상어는 늘어나는 혀처럼 턱을 앞으로 쑥 내밀어서 꽉 움켜쥐는 동시에 인두로 빨아들임으로써 잡는다. 워글리 엄프(Wuggly Ump, 미국 작가 에드워드 고리의 그림책에 나오는 괴물—역자 주)처럼 다른 습성들은 알려져 있지 않다. 이 상어와 그 뿔-주둥이가 우리 눈에 기이하고 좀 불편해 보이긴 해도 진화의 멋진 작품이라는 점을 빼고 나면, 거의 이야기할 것이 없다. 그리고 바로 여기에 이 동물의 내면의 아름다움이라는 비밀이 담겨 있다. 이 영원한 암흑세계에 탁월하게 적응한 마귀상어는 판새류—상어, 가오리, 홍어를 포함한 대단히 다양한 동물 집단—의 적응력과 자연선택이 때로 이루는 형태들의 영속성을 입증하는 사례다.

마귀상어가 진화한 것은 약 4,000만 년 전이었다. 우리에게 익숙한 얕은 물에 사는 상어들과 아주 비슷하게 생긴 종들은 티라노사우루스 렉스가 지상을 '지배하기' 오래 전인 1억여 년 전에 처음 바다를 헤엄쳤다. 하지만 이 상어목—경골어류와 구별되는 연골로 된 뼈대와 계속 새로 나는 몇 벌의 이빨을 갖추고, 부레가 없으며, 적어도 한

상상하기 어려운 존재에 관한 책

계통에서는 새끼를 낳는 등의 특징들을 갖춘 집단—의 최초 구성원은 훨씬 더 오래되었다. 이 최초의 종들 중 몇 종류는 정말로 기묘했다. 약 3억 6,000만 년 전에 살았던 스테타칸투스(*Stethacanthus*)는 겉보기에 현대의 흉상어와 비슷하지만, 등에 방패비늘(이빨 같은 비늘)로 뒤덮인 모루 모양의 커다란 혹이 튀어나와 있었다. 이 혹이 어떤 일을 했는지는 잘 모른다. 다른 상어들은 솔직히 무시무시했다. 약 2,800만 년 전부터 150만 년 전까지 살았던 거대한 이빨을 가진 상어 메갈로돈(*Megalodon*)은 현대의 고래상어(온순한 여과섭식자)보다 무려 3미터가 더 긴 16미터 이상까지 자랐다. 메갈로돈은 몸무게가 50톤이 넘었을지 모르며, 사람의 손만 한 아주 날카로운 이빨이 가득한 지름 2미터에 달하는 턱으로 아마 고래를 잡아먹었을 것이다.

오늘날 400종이 넘는 상어들이 다양성, 생활 방식, 서식지 면에서 어류 및 고래와 경쟁하고 있다. 하지만 실제 상어는 다양성이 대단히 풍부한 반면, 대다수의 사람들이 상어를 바라보는 관점은 놀라울 만치 편협하다. 최근 들어서 동물학자들과 환경보호론자들이 시각을 바꾸기 위해 갖은 노력을 다해왔음에도, 서구 사회에서 대중의 상상을 지배하는 상어는 여전히 백상아리와 뱀상어 같은 유명한 살인귀들이다. 백상아리의 물범 사냥 전략을 인간 연쇄 살인범의 정교하게 계획된 행동과 비교한 연구는 상어에 관한 다른 그 어떤 연구보다 주목을 받는다. 하지만 우리 대다수는 그린란드상어(북극해의 얼음 밑을 느리게 움직이는 거대한 상어), 우베공(Wobbegong) 같은 수염상어류(덥수룩한 '턱수염'과 멋진 얼룩무늬로 유명한 큰 규모의 상어 집단), 강남상어(유달리 큰 눈으로 밤에 사냥한다), 가능한 한 최상의 양안시를 제공하도록 진화한—2010년에야 밝혀진 사실이다—대단히 기이한 머리를 지닌 귀상

---

* 서로 전혀 다른 종류임에도 탁한 물에서 사냥을 하면서 비슷한 장치를 갖추는 쪽으로 수렴 진화한 동물이 적어도 둘 있다. 오리너구리와 거대한 민물 주걱철갑상어다. 둘 다 멸종 위험에 처해 있다.

유니콘을 찾아서 — 마귀상어

어 아홉 종 등 많은 상어들에 관해 여전히 거의 알지 못하며, 아예 관심조차 보이지 않는다. 심해저에는 심해의 포식자 어류들처럼 거대한 입과 날카로운 이빨을 지닌 뱀장어같이 생긴 주름상어가 산다. 대륙붕에는 가오리나 전기가오리와 비슷한 마름모꼴의 납작한 몸을 지닌 굼뜬 전자리상어와 튀어나온 이빨들이 숲처럼 달려 있는 기괴한 주둥이를 지닌 '진짜' 황새치와 거의 구분하기 어려운 톱상어가 산다.

이 경이로운 존재들 중 상당수에 무관심한 태도가 만연해 있음에도, 사람들의 태도가 변하고 있다는 징후들이 있다. 무엇보다도 우리가 어리석게 행동할 때에만 상어가 우리를 위협한다는 사실을 서구 국가를 중심으로 점점 더 많은 사람들이 인식하기 시작했다. 우리는 전 세계적으로 상어에게 죽는 사람의 수가 1년에 열두 명도 안 된다는 통계를 기억할 필요가 있다. 떨어지는 코코넛에 맞아 죽는 사람이 훨씬 더 많다. 반면에 인류는 해마다 수천만 마리의 상어를 죽인다. 단 몇 년 사이에 많은 종을 멸종 지경에 이르게 할 만큼 급격한 감소율이다.

희소식은 상어의 멸종으로 나아가는 궤도를 멈추는 것이 가능할 수도 있다는 점이다. 상어 고기, 특히 지느러미에 대한 수요가 엄청나게 증가함으로써 상어가 대량 학살당하고 있는 것은 최근에 일어난 현상이다. 물론 이 현상은 유니콘의 뿔처럼 상어의 지느러미가 정력에 좋다는 동아시아의 오래된, 하지만 전혀 잘못된 믿음에서 유래한 것이다. 하지만 그 수요가 최근에 급증한 것은 중국 같은 새롭게 번영을 거듭하는 국가들에서 소비자를 상대로 과장 광고를 거듭한 결과이기에 비슷한 방법으로 그들이 속고 있으며 상어 지느러미를 먹어도 별 효능이 없다는 사실을 알리는 것도 얼마든지 가능하다. 그 과정에서 많은 좌절을 겪겠지만, 죽은 흉상어보다 살아 있는 흉상어가 훨씬 더 가치 있을 만한 분야들이 있음을 인류는 이미 찾아냈다. 최근에 팔라우에서 이루어진 한 연구에 따르면, 상어 보호 구역에 있는 상어 한 마리가 평생에 걸쳐 잠수 요금을 비롯한 관광 수입 전체를 통해 경제에 기여하는 액수가 거의 200만 달러로 추정된다고 한다. 고기로

상상하기 어려운 존재에 관한 책

팔릴 때보다 거의 200배 더 많다.

로버트 새폴스키는 인류가 "어쩔 수 없는 은유론자(obligate metaphorist)"라고 말한다. 우리는 어떤 대상에 상징적 의미를 부여하지 않고서는 배기지 못한다. 하지만 우리에게는 안고 살아갈(혹은 안고 죽을) 은유를 선택할 여지가 있다. 그리고 상어의 생물학과 그들이 속한 생태계의 특성을 더 많이 알수록, 우리는 그들을 더 긍정적인 관점에서 보게 될 것이다. 우리의 은유와 의미는 시간이 흐르면서 자연계의 실상과 더 잘 들어맞을 수 있다. 하와이보다 훨씬 남쪽에 있는 라인 제도의 킹맨과 팔미라같이 훼손이 덜 된 열대 산호초에는 흉상어와 대왕바리 같은 최상위 포식자들의 개체수가 엄청나게 많다. 크고 사나운 동물이 드문 육상 생태계와 정반대라는 점이 놀랍다. 그토록 많은 상어들이 있다는 것은 상대적으로 건강한 산호초가 얼마나 생산적일 수 있는지를 말해준다. 작은 물고기를 비롯한 먹잇감들은 산호초에서 아주 빠르고 왕성하게 번식을 하기 때문에, 종으로서의 존속 가능성에 지장 없이 심한 포식을 견뎌낼 수 있다. 그렇다고 상어가 무임 승차자인 것은 아니다. 이 거대한 포식자는 미생물, 산호, 식물, 작은 어류, 기타 생물들이 경쟁하고 협력하는 산호초라는 '생태학적 기계(ecological machine)'의 중요한 부품이다. 상어가 집중 사냥당하면서 현재 사라지고 없는 산호초들을 보면, 생태계 자체가 근원적으로 허약해지고 해체되는 경향을 보인다.

전 세계의 중간 깊이 해역이나 심해에 형성된 생태계에서 마귀상어가 어떤 역할을 하는지는 아직 잘 모른다. 하지만 이 동물(그리고 아직 거의 알지 못하거나 아예 알려지지 않은 다른 동물들)이 자기 세계에서 중요한 역할을 계속 맡도록 하게 하자. 그들이 생태계에서 또 인간의 상상에서 어떤 역할을 맡고 있는지는 아직 제대로 파악되지 않았을지 몰라도, 옛 이야기 속의 신비한 유니콘과 마찬가지로 마귀상어도 미묘하면서 놀랍고—그리고 기이하게—아름다운 존재라고 할 수 있을 것이다.

유니콘을 찾아서 — 마귀상어

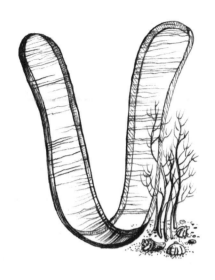

VENUS'S GIRDLE
띠빗해파리

cestum veneris

문: 유즐동물
보전 상태: 평가 불가

자연철학자에게 중요하지 않거나 하찮은 자연물이란 없다.
…… 비누거품…… 사과…… 조약돌……
그는 경이로운 것들의 사이로 걷는다.
—존 허설(John Herschel)

사랑 때문에 괴로워하는 어느 뱃사람이나 장난기 많은 어느 생물학자가 가장 기이하면서 가장 아름다운 실제 생물에 붙였을 이 이름을 접하면, 아프로디테(로마 신화에서는 베누스[Venus]다—역자 주) 이야기—바다에서 태어나 하늘로 나아가는 동안 풍족하면서도 갈등을 일으킬 요소가 다분한 성생활 이야기—가 절로 떠오른다. 바로 영어로 비너스의 허리띠(Venus's Girdle)라는 이름을 가진 띠빗해파리다. 햇빛을 받을 때마다 물에서 반짝이면서 여러 가지 색깔로 물결치는 투명한 띠처럼 생긴 존재다.

띠빗해파리는 빗해파리, 즉 유즐동물의 일종이다. 빗해파리는 해파리처럼 생겼지만 해파리는 아니며, 약 5억 4,000만 년 전 캄브리아기 때부터 거의 변하지 않았다. 이들의 계통은 불분명하지만, 실제로는 해파리나 다른 자포동물보다 우리와 유연관계가 더 가까울 수도 있다. 빗해파리라는 이름은 몸의 양쪽 가장자리를 따라 산뜻하게 줄지어 늘어선 털 같은 섬모들이 마치 파도타기를 하듯이 물결치며, 그럴 때마다 햇빛이 반사되고 회절하면서 온갖 색깔로 반짝이기 때문에 붙여졌다. 이런 식으로 움직이는 다세포생물은 이들밖에 없으며,

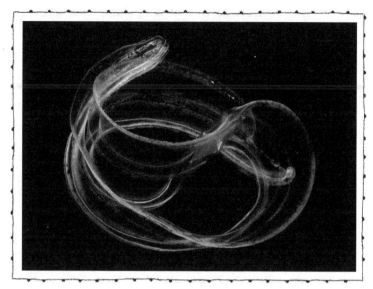

띠빗해파리

이 움직임은 고대의 미생물이 움직이는 방식에 가깝다. 하지만 더 제대로 표현하자면 이럴 것이다. 오르가슴을 불러일으킬 듯한 무지갯빛 광채를 흩뿌리면서 플랑크톤 우주를 떠다니는 투명한 우주 탐사선이라고 말이다. 꽉 쥐면 그대로 짓눌리지만, 호주의 동화책《보터스니크와 검블(Bottersnikes and Gumbles)》에 등장하는 허구의 동물 검블처럼 원래의 모습으로 다시 돌아온다.

많은 빗해파리 종은 양쪽 가장자리를 따라 여러 가지 색깔의 솔기가 난 둥근 방울 모양이다. 이들은 풍선해파리류로서, 측빗해파리가가장 잘 알려져 있다. 제임스 카메론의 영화 〈아바타〉에 나오는 우드스프라이트(woodsprite, 영화 속 영혼의 나무에서 나오는 날아다니는 씨앗—

---

* 전부는 아니지만, 대부분의 유즐동물은 생물발광 능력이 있다. 하지만 이 빛(대개 파란색이나 초록색)은 어둠 속에서만 보일 뿐이다.

띠빗해파리

역자 주)는 이 측빗해파리에서 영감을 얻은 듯하다. (현실 세계의 측빗해파리는 우드스프라이트보다 훨씬 작아서 지름이 2센티미터에 불과하다.) 하지만 빗해파리가 모두 이런 형태는 아니다. 투구해파리류는 컵 모양의 빗판을 한 쌍 지니며, 오이빗해파리류는 큰 입이 달린 주머니 모양이다. 납작하고 갯민숭달팽이처럼 바닥을 미끄러지듯 다니는 넓적빗해파리류도 있다. 띠빗해파리도 커다란 리본처럼 납작하지만, 섬모를 움직이는 동시에 몸 전체를 굽이치듯이 움직여서 물속을 자유롭게 헤엄친다. 1미터까지 자랄 수 있으며, 알려진 빗해파리 중에서 가장 크다.

해파리 특유의 가장 인상적인 '기술'이 빗해파리에게는 없다. 즉 세포 수준에서 볼 때 자연에서 가장 빠른 움직임이자 가장 치명적인 무기에 속하는 작살 기구인 자포가 없다. 대신에 이들은 점착세포라는 끈적거리는 세포로 뒤덮인 작은 촉수로 먹이를 잡는다. 먹이는 대개 플랑크톤이며 크릴만 한 것까지도 잡을 수 있다. 하지만 빗해파리는 결코 원시적인 동물이 아니다. 일부 종은 먹이가 움직이면서 일으키는 물의 아주 미묘한 압력 차이를 검출하고, 미묘한 움직임을 통해 주변의 물을 흘려보냄으로써 스텔스 잠수함처럼 수력학적으로 '소리 없이' 먹이(마찬가지로 물의 움직임에 예민할지도 모를)에게 다가갈 수 있다. 이들 중 상당수는 평형석, 즉 사람의 속귀에 있는 이석과 마찬가지로 균형을 잡게 해주는 기관을 지닌다(띠빗해파리는 평형석을 갖고 있지 않다).

빗해파리는 탐식가이며, 억제되지 않으면 그 수가 급속도로 불어나서 생태계 전체를 뒤덮을 수 있다. 1980년대 초에 추억빗해파리(Warty comb jelly 또는 Sea walnut)가 흑해로 유입되었는데(아마 북아메리카에서 온 선박의 평형수에 들어 있었을 것이다), 흑해에는 빗해파리의 포식자가 전혀 없었다. 1989년 여름 무렵 이 빗해파리가 엄청나게 불어나서 흑해의 플랑크톤을 닥치는 대로 잡아먹는 바람에, 플랑크톤에 의존하던 어업이 몰락하고 말았다. 1990년대에는 이 추억빗해파리가

운하를 통해 카스피해로 유입되었고, 마찬가지로 지독한 결과가 빚어졌다. 그리고 1990년대 말에는 흑해와 카스피해로 또 다른 외래 빗해파리 종이 유입되었다. 이 빗해파리는 앞서 들어왔던 빗해파리를 잡아먹으면서 엄청나게 불어났다. 21세기 초에 이르자, 두 종 사이의 개체군 밀도는 균형에 이르렀지만, 다른 동물들의 개체군은 회복되지 못했다.

이는 취약한 환경에 인간이 부주의하게 외래종을 도입함으로써 빚어진 황폐한 결과다. 하지만 본래의 환경에서, 즉 그들이 진화했던 생태계에서는 포식자들이 빗해파리의 증식을 억제하므로 더 큰 규모에서 볼 때 해를 끼치지 않는다. 나는 그들이 역동적인 전체 시스템의 유달리 아름다운 부분이라고 생각한다. 게다가 그들을 있는 그대로 단순히 받아들일 수도 있지만, 나는 무지갯빛으로 반짝이는 이들의 몸을 전체 자연에서 오르가슴을 일으킬 듯한 아름다움의 상징으로 삼고 싶다.

많은 위대한 예술 작품(그리고 그리 위대하지 않은 많은 예술 작품과 예술이 아닌 많은 것들)은 거리낌 없이 오르가슴을 찬미한다. 예를 들어, 존 다울런드(John Dowland)의 노래 〈다시 돌아와주오(Come Again)〉는 400년 전인 당시나 지금이나 마찬가지로 재치가 넘치고 경쾌한 느낌을 준다. 쇼팽의 〈에튀드 C장조 작품번호 10 제1번(Etude in C Major, no. 1, opus 10)〉은 모든 수단을 써서 인간의 두 손으로 만들어낼 수 있는, 폭포처럼 쏟아지는 듯한 가장 위대한 음악을 빚어낸다. 월트 휘트먼의 〈나는 전율을 느끼면서 노래하네(I Sing the Body Electric)〉는 하나가 되어 절정에 이르고자 하는 의지를 역력히 노래한다("신성한 것이 있다면, 인간의 몸이야 말로 신성하지"). 예술뿐 아니라 생물학에 접근 방식에서도 이와 비슷하게 오르가슴을 찬미하는 태도를 더 자주 볼 수 있다면 좋지 않을까?

우리가 아는 한, 대다수의 종은 섹스를 즐긴다. 연구에 사용되는 장비를 이용하면 대구 떼가 대서양 깊은 곳에서 산란을 할 때 내는

띠빗해파리

약 105데시벨의 요란한 소리를 들을 수 있으며, 물론 새들이 봄에 부르는 사랑의 노래도 들을 수 있다. 동물학자 노먼 J. 베릴(Norman J. Berrill)은 이렇게 표현한다. "새가 된다는 것은 인간을 포함한 다른 그어떤 생물보다 더 열정적으로 산다는 의미다. 새는 더 뜨거운 피, 더 선명한 색깔, 더 강한 감정을 지닌다. …… 그들은 늘 현재인 세계를, 그것도 주로 기쁨으로 가득한 세계를 산다."

상자해파리같이 뇌가 없이 단순해 보이는 동물조차도 교미를 할 때 고도로 복잡하고 정교한 '춤'을 춘다. 하지만 진지해 보이기를 원하는 많은 과학자들은 될 수 있으면 동물의 쾌락을 언급하지 않으려는 경향을 보인다. 한 예로 올리비아 저드슨은 재미있고도 교육적인 책《모든 동물은 섹스를 한다》에서 동물 수백 종의 성적 행동을 묘사하면서도 오르가슴은 단 두 차례만 언급한다. 마찬가지로 조녀선 밸컴은 종종 평생 해로를 하는 새들의 부부 관계를 다룬 두꺼운 책에서, 공격성은 30차례 언급하지만, 애정에 대해서는 단 한 번도 말하지 않는다.

로마의 유물론자 시인 루크레티우스는《사물의 본성에 관하여》의 첫머리에서 사랑과 풍요, 재생의 여신인 베누스에게 생명의 이야기를 말할 수 있도록 도와달라고 요청한다. 루크레티우스는 전쟁의 신인 마르스까지도 그녀의 아름다움 앞에서 온화해지고, 그들의 딸인 콘코르디아는 모든 사람을 하나가 되게 하는 사랑의 여신이라고 말한다. 항구적인 평화란 착각일까? 아마 루크레티우스는 옛 이야기 속의 사기꾼처럼, 단지 기분 좋은 "무지개 빛깔과 파도의 흩뿌리는 물방울을 꾸며내는" 것인지도 모른다. 하지만 설령 그렇다고 할지라도, 사물의 춤과 그것이 빚어내는 띠빗해파리 같은 생명체는 숭고하다. 루크레티우스는 죽음이 기존 원자들의 배열을 해체함으로써 새로운 결합이 이루어질 수 있도록 한다고 썼다.

그럼으로써 만물이

형태와 색깔을 바꾸고 느낌을 받도록 하며,
그 즉시 그것은 다시 죽음에 굴복한다.

WATERBEAR
곰벌레

Eutardigrada sp.(진완보류)

문: 완보동물
보전 상태: 평가 불가

추자가 바다곰과 즐겁게 놀도록 하자. 바다곰은 총명함과 장난기가 가득하다.
—크리스토퍼 스마트

우주는 공간이다.
—선 라(Sun Ra)

외계 공간은 인류에게 편안한 곳이 아니다. 그 공간에 직접 노출되면 몇 분 사이에 사망할 것이다. 비록 많은 이들이 생각하는 방식은 아니겠지만 말이다. 눈알이 튀어나오지도 않으며, 노출 시간이 30~90초를 넘지 않으면 완전히 회복될 가능성도 꽤 있다. 하지만 우주복이나 우주 탐사선의 보호를 받고 있을 때에도, 몸은 큰 피해를 입힐 만큼 강한 태양 복사에 노출되는 등의 스트레스를 받는다. 이 점과 유인 우주 탐사선이 낼 수 있을 만한 속도로 우주의 아주 먼 곳까지 여행하는 데에 걸릴 엄청난 시간을 고려할 때, 가까운 미래에 인류가 화성이나 목성의 달보다 훨씬 더 멀리까지 단번에 갈 수 있을 것 같지는 않다. 태양계 바깥으로의 여행은 무인 로봇 우주 탐사선*이 대신할 가능성이 높다.

인류가 우주의 더 넓은 공간에서 더 항구적으로 자리를 잡을 수 있다면, 그리고 실제로 그런 날이 온다면, 그것은 곰벌레(Waterbear), 즉 완보동물 덕분일지도 모른다. 2007년에 '우주의 완보동물(Tardig-rades in Space)'이라는 누구나 쉽게 알 수 있는 제목의 실험이 이루어졌다. 아무런 보호 장치 없이 지구 상공의 궤도에 이 작은 동물들

　　　　　　　　상상하기 어려운 존재에 관한 책

을 열흘 동안 놔두는 실험이었다. 그들은 섭씨 −272.8도(절대영도에 아주 가깝다)에서 섭씨 151도까지 오르내리는 온도와, 거의 완전한 진공 상태에서 살아남았다. 인간의 생명을 해칠 수준보다 1,000배 더 강한 우주선(cosmic ray)도 별 것 아니라는 듯이 견뎌냈다. 우주선에 덧붙여 태양 복사선에 직접 노출되었을 때 상당한 비율로 개체들이 죽었지만(거의 진공 상태인 우주 공간에 있는 상황이었다), 그래도 많은 개체는 살아남았다. 이들 외에 이런 능력을 조금이라도 지닌 다세포동물은 없다. 아마 우리 인류…… 혹은 우리의 후계자는 결국에는 이들의 이런 놀라운 특징을 이용하게 될 것이다.

전형적인 곰벌레는 몸집이 이 문장의 마침표만 하다. 현미경으로 보면 통통한 곰 인형과 좀 비슷한 모습이다. 곰 인형이 발톱과 붉은 눈과 두 쌍의 다리를 추가로 더 지녔다고 보면 된다. 곰벌레가 속한 완보동물문은 적어도 백악기부터, 아니 아마 캄브리아기부터 거의 변하지 않았으며, 다른 동물 문들보다 발톱벌레 및 절지동물과 유연관계가 더 깊다. (겉모습을 볼 때 곰벌레는 발톱벌레를 더 닮았지만, 흔하다는 점에서는 절지동물과 더 비슷하다.)

현재 지구에는 약 750종의 곰벌레가 있고, 이들은 빙하에서 온천에 이르기까지, 열대에서 극지방에 이르기까지, 해발 6,000미터를 넘는 히말라야산맥에서 수심 4,000미터를 넘는 심연의 퇴적물에 이르기까지, 상상할 수 있는 거의 모든 곳에서 산다. 실험실에서 가장 깊은 바다 밑바닥에서 느낄 압력보다 여섯 배 더 강한 압력을 가할

---

* 이 시나리오에 따르면, 깊은 우주를 탐사할 개척자는 비생물학적 또는 '생물 이후 (post-biological)'의 존재일 것이다. 스스로 에너지를 모으고 수리를 하고 더 나아가 스스로를 복제할 능력을 갖춘 로봇 우주 탐사선이 그것이다. 광속의 1퍼센트에 해당하는 속도로 여행하는 자기 복제 우주 탐사선, 즉 폰 노이만 기계(von Neumann machine)는 약 2,000만 년이면 우리 은하 전체로 퍼질 수 있을 것이다. 또 적절한 환경에 도착하면 흔한 원소들을 이용하여 생명체를 합성하도록 그 우주 탐사선에 프로그램을 짜놓을 수도 있다. 우리가 그럴 만한 지식을 갖추었다고 가정할 때 말이다.

곰벌레

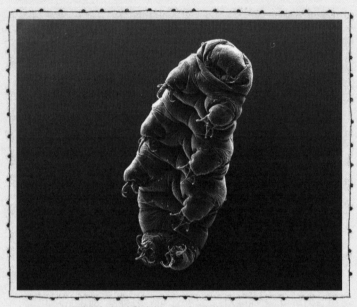

곰벌레의 일종인 힙시비우스 두야르디니(*Hypsibius dujardini*)

때에도 견뎌낸다. 이 동물은 여러 극한 환경에서 행복하게 살아가는 다중극한생물(polyextremophile)이다.

하지만 자신의 고향 행성에서 극단주의자로 보이긴 해도, 곰벌레는 골디락스(Goldilocks, 동화《골디락스와 곰 세 마리》의 주인공—역주)처럼 습지, 모래언덕, 해변, 민물, 얕은 물의 퇴적물처럼 너무 뜨겁지도 너무 차갑지도 않고, 너무 딱딱하지도 너무 부드럽지도 않은 중간 지대에서도 살아간다. 뜨뜻미지근한 영국 제도에는 약 70종이 살며, 보호되고 있는 늪지대부터 도시의 평범한 집의 배수구에 낀 이끼에 이르기까지 다양한 서식지에 산다. 이끼를 좋아하기 때문에 이들은 이끼돼지(moss pig)라고도 불린다.

가장 나쁜 시기를 휴면 상태(tun)로 견디는 능력도 이 동물이 성공을 거둔 한 요인이다. 곰벌레는 휴면 상태에 들어갈 때에는 몸의 물을 거의 다 배출한 뒤 트레할로오스라는 비환원당으로 세포막을 단단하게 만든다. 지구에서는 이 상태로 120년을 버틸 수 있다. 다시 상황이 좋아지면 마치 압축된 종이 뭉치를 물컵에 담그면 펼쳐져서 종이꽃이 되는 것처럼, 낮잠에서 깨어나서—극도로 작은 몸집의 수중 불사조라고 할 수 있겠다—전에 하던 일을 계속한다. 아마 먹이인 조류나 작은 무척추동물을 찾아다니거나, 짝지을 다른 곰벌레를 찾아 나설 가능성이 가장 높다. 잘 발달한 신경절, 등쪽의 신경삭, 두 개의 단순한 눈, 전신에 나 있는 긴 감각털로 볼 때, 곰벌레는 결코 둔감한 동물이 아니다. 짝짓기를 하고 2주일이 지나면 수정란에서 신체 부위들을 다 갖춘 새끼가 부화한다. 이 새끼는 성체가 되어도 세포 수가 똑같다. 중세와 르네상스 시대에 언급되던 호문쿨루스처럼 말이다. 새끼가 할 일은 그저 몸을 부풀리는 것뿐이다.

우주 실험에서 살아남는 데 성공한 덕분에, 곰벌레는 2011년 11월 행성 간 비행 생활 실험(Living Interplanetary Flight Experiment, LIFE)이라는 임무를 띤 우주 탐사선에 탑승할 영광을 얻었다. 곰벌레를 비롯한 생물들이 화성의 달인 포보스까지 왕복하는 3년이 넘는 기간을 견딜 수 있는지 알아보는 계획이었다. LIFE에 합류하려면, 〈스타워즈〉의 술집 장면에 나오는 취객처럼 강하면서도 훨씬 더 작아야 하는데, 동물계에서는 곰벌레 말고는 그 수준에 올라선 동물이 없다. 그래서 곰벌레는 고세균, 세균, 식물, 균류의 대표자들과 함께 탐사선을 타고 용감하게 떠났다. 탐사 목적은 여러 가지였지만, 무엇보다도 생명의 '씨앗'이 한 행성에서 다른 행성으로 운반되어 살아남을 수 있을지 알아보는 실험을 하는 것이었다. 불행히도 LIFE를 실은 러시아 우주선은 지구 궤도를 벗어나지 못했고, 지구로 재진입하다가 불타버리고 말았다. 자연히 실험도 실패했다.

따라서 지금으로서는 우주에서 얼마나 멀리까지 살아서 갈 수 있느냐는 검증되지 않은 추측으로 남아 있다. 이미 우주 저 너머에 생명이 살고 있다면? 인류는 빈 공간을 환영으로 채우는 잘 정립되고 아마도 불가항력적일 성향을 지니고 있다. 그리고 우주 비행이 가능해 보이기 시작한 때부터, 한때 숲에서 요정들을 비롯한 온갖 환상적인 존재들을 보았던 것처럼, 우주 공간에서도 그런 환영들을 보아왔다. 하지만 과학은 태양계 어딘가에 생명이 있다면 우리가 상상 속에서 떠올릴 수 있는 것보다 훨씬 덜 환상적인 형태일 것이고, 지구의 가장 혹독한 환경에서 사는, 눈에 잘 안 띄면서 때로 놀라움을 안겨주는 미생물과 더 비슷할 것이 거의 틀림없다고 말한다. 연구자 디르크 슐츠마쿠흐(Dirk Schulze-Makuch)는 목성의 달인 유로파의 바다에 생명이 있다면, 최상위 포식자는 아마 몸무게가 1그램인 무시무시한 동물일 것이라고 말한다. 토성의 달인 타이탄의 표면 호수에 탄수화물을 먹는 미생물이 산다면, 그들은 바위만 할 수도 있을 것이다. 크기만 보면 더 인상적일 수 있겠지만, 그들도 역시 단순한 생물일 것이다.

그런 생물이 실제로 발견된다면, 우리는 어떻게 받아들일까? 아마 경멸하기가 쉬울 것이다. 어쨌든 그들은 우리가 대화를 나눌 수 있는 형태의 생물이 아닐 것이다. 하지만 나는 이 문제를 다른 방식으로 접

상상하기 어려운 존재에 관한 책

근할 수 있다고 본다. 비교적 단순한 생명체도 제대로 이해하면, 경이로운 복잡성을 지닌다는 것이 드러난다. 내 말이 의심스럽다면, 짬을 내어 인터넷에서 세포 안의 분자생물학을 다룬 애니메이션들을 한번 보기 바란다.

그렇다면 태양계 너머에 있는 지적 생명체는 어떨까? 우리 은하에는 1,000억~4,000억 개의 별이 있고, 별과 행성의 형성에 관해 우리가 아는 지식을 토대로 할 때, 이 별들 중에서 생명이 살 만한 궤도를 도는 행성을 지닌 것들이 상당한 비율을 차지할 것이 거의 확실하다. 게다가 우리 은하의 나이(최소 132억 년)와 크기(지름 10만 광년짜리 원반에 수천억 개의 별이 흩어져 있다)를 고려할 때, 우리보다 수백만 년 앞서 더 발전된 지적 생명체와 문명이 진화했을 시간과 공간이 충분했다. 그렇다면 이런 결론이 따라 나와야 할 듯하다. 그들이 전자기 신호를 전송했거나(수만 년이면 은하수를 가로지를 것이다) 2,000만 년 이내에 은하수 곳곳으로 로봇 우주선을 보낼 수 있었을 것이기에, 우리가 그들의 증거를 볼 수 있어야 한다고 말이다. 인류는 이미 수십 년 전부터 깊은 우주로 의도적으로 신호를 보내왔으며, 수십 년, 늦어도 수백 년 안에는 성간 여행을 하는 로봇도 보낼 수 있을 것이다. 일부에서는 적어도 우리 문명만큼 기술적으로 발달한 문명이라면 은하수 전체에서 두드러질 것이 분명하다고 주장한다. 더 나아가 가시 우주*의 수천억 개 은하를 고려하면 더욱더 그래야 한다. 하지만 지금까지 우리는 우주의 다른 어딘가에 지적 문명이 있다는 신호나 증거를 전혀 보지 못하고 있다.

우주의 어딘가에 지적 생명체가 존재할 가능성이 극도로 높다는 개념과 그것을 뒷받침할 증거가 없다는 점 사이의 이 모순(1950년에 "그들은 대체 어디에 있는가?"라는 제목으로 이 문제를 처음 논의한 물리학자 엔

---

* 우주 전체를 6분 만에 여행하고 싶다면, 온라인에서 미국 자연사 박물관의 〈알려진 우주(The Known Universe)〉라는 동영상을 찾아보라.

곰벌레

리코 페르미[Enrico Fermi]의 이름을 따서 페르미 역설이라고 한다)은 몇 가지로 설명이 가능하다. 아마 다른 지적 생명체들은 현명하게도 우리를 그냥 내버려두고 자신들의 세계 내에서 만족한 채 살아가는 것일 수도 있다. 혹은 자신들의 동료로 받아들일 수 있을 만큼 우리가 현명해질 때까지, 말없이 기다리면서 지켜보고 있을지도 모른다. (그렇다면 이유만 충분하다면 망설이지 않고 우리를 파멸시킬 수도 있다.) 이런 설명들도 현재 수준에서는 배제할 수가 없긴 하지만, 그보다는 지능을 진화시키고 유지한다는 것이 전에 생각했던 것보다 훨씬 더 일어나기 힘든 일이라고 보는 편이 더 나을 수도 있다.

우리 은하와 그 너머에서도 우리 이외의 다른 지적 생명체가 없는 듯하다는 것은 거의 모든 곳에서 아주 단순한 생물 이외의 생물이 진화하는 것을 막는 '거대한 여과지' 또는 '불가능성 장벽(improbability barrier)'이 있음을 시사한다. 이 논리로 보면, 지구는 드문 예외 사례다. 우리는 이미 이런 장벽 중 하나 이상을 통과했다(진핵세포와 다세포 생물의 진화, **그리고** 그 뒤에 지적 생명체가 진화할 때까지 지구에 모든 생명을 파괴할 정도의 충격이 일어나지 않았다는 것 등). 하지만 심란한 점은 우리가 가장 큰 장벽에 아직 도달하지 않았다는 것이다. 철학자 닉 보스트럼(Nick Bostrom)이 말한, 모든 고도 문명은 거의 예외 없이 자멸하는 경향을 보인다는 것 말이다.

거대한 여과지는 우주에 우리만이 홀로 있는 듯이 보이는 현상을 가장 잘 설명해 줄지 모르지만, 흔히 말하듯 '지적' 생명체의 존재 확률에 관한 결론을 이끌어내려면, 우리가 지닌 계량적 자료가 단 하나에 불과하다는 점을 잊지 말아야 한다. 우리가 확실하게 말할 수 있는 것은 오로지 **우리 자신이** 존재한다는 것과, 우리 자신이 지적인 존재라는 것이다. 아니 적어도 스스로 그렇다고 믿을 만한 타당한 근거가 있을 때 그렇다고 할 수 있다. 우리가 어느 거대한 기계 속의 시뮬레이션에 불과할 가능성도 완전히 배제할 수 없기 때문이다.

우주론자 스티븐 호킹은 반쯤 농담으로 인간을 '화학적 더껑이

상상하기 어려운 존재에 관한 책

(chemical scum)'라고 했다. 광대한 우주 속에서는 너무나 작고 하찮은 존재라는 것이다. 물리학자 폴 데이비스(Paul Davies)는 이에 동의하지 않는다. "우리가 지구를 난장판으로 만들었고 어리석은 짓을 하기 때문에 인간을 경멸하기가 아주 쉽지만   우리는 우리를 그토록 특별한 존재로 만드는, 자연의 본성을 해독할 능력과 얼마간의 합리성을 지닌다." 물리학자 데이비드 도이치(David Deutsch)도 이와 비슷한 견해를 보인다. "우리는 좀 다른 화학적 더껑이다." 특히 과학을 통해 우주가 실제로 어떠한지를 이해하고 설명할 능력을 지니기 때문이다.

인류로서 살아온 내내 우리는 별을 경이로운 마음으로 바라보았다. 하지만 거의 그 세월 내내 우리는 별이 실제로 무엇인지 전혀 알지 못했다. 20세기 초에 방사성이 발견된 뒤에야 과학자들은 실제로 별을 빛나게 하는 것이 무엇인지를 이해하기 시작했고, 별의 생성, 유지, 죽음을 설명할 확고한 이론을 구축하는 일에 나섰다. 오늘날 우리는 알려진 우주 중 가장 멀리서 일어나는 가장 강력한 현상인 퀘이사*까지 이해하고 있다. 하지만 도이치는 퀘이사보다 더욱 놀라운 것이 있다고 말한다.

한 물리계인 퀘이사의 정확한 작업 모형을 담은 또 다른 물리계인 (인간) 뇌의 능력이 바로 그것이다. 그리고 뇌는 퀘이사의 피상적인 이미지만이 아니라—물론 그것도 포함하고 있지만—동일한 수학적 관계와 동일한 인과 구조를 구현한 설명 모형도 담고 있다. 그것이 바로 지식이다! 또 그것만으로도 충분치 않다는 듯이, 뇌에 담긴 구조는 시간이 흐를수록 다른 구조를 더욱 충실하게 닮아간다. 그것이 바로 지식의 증가다.

---

* 은하가 형성될 때, 중심에 있는 초질량 블랙홀은 태양 1조 개에 해당하는 에너지를 뿜어낸다. 그것이 바로 퀘이사다.

곰벌레

우주의 대부분이 어둡고 추운 반면, 우리는 정보와 에너지로 가득한 곳에 산다. 우리가 아는 그 어느 생물도 할 수 없는 방식으로 이성과 상상을 이용하여 우주의 어느 곳에든 이미 가 '있는' 능력을 지닌 우리 같은 생물이 출현할 수 있었던 것은 그런 환경 덕분이었다. 우주를 이해할 우리 능력—지적인 삶을 계속 살아가는 한 더 커질 가능성이 높다—은 우주적 규모의 사건에도 영향을 미칠 잠재력까지 지닌다.

그런 원대한 주장과 우주적인 꿈은 혼잡하고 굶주리고 빠르게 변하는 세계를 살아가는 우리의 일상적인 관심사와 동떨어져 보일 수도 있다. 하지만 도이치는 그것들이 대단히 중요하다고 주장한다. 예를 들어, 우리는 태양계에서 생명에 적합한 조건이 더 오래 유지될 수 있도록 태양 같은 주계열성(내부의 핵융합 반응으로 빛을 내는, 온도가 높을수록 더 밝아지는 별—역자 주)의 일생에 개입할 수 있을지도 모른다. 이것은 "인류가 무엇을 하느냐에 달려 있다. 어떤 결정을 내리고, 어떤 문제를 해결하고, 아이들에게 어떻게 대하는지 등에 말이다."

플라톤에서 스피노자와 헤겔에 이르기까지 철학자들은 이성을 통해 밝혀낸 것을 토대로 자유롭게 행동하는 이들이 남들을 사랑하게 될 것이라고 주장했다. 역사는 때로 철학보다 더 가혹한 주인이다. 정치와 종교는 종종 과학과 이성을 대단히 파괴적인 목적에 전용하곤 했다. 방사성의 발견은 별의 본질에 관한 통찰뿐 아니라 핵무기* 개발로도 이어졌다.

작은 곰벌레는 거의 믿어지지 않을 만치 혹독한 조건을 견딘 뒤 마치 아무 일도 없었다는 듯이 다시 원래 생활로 돌아갈 수 있다. 우리의 앞길에 놓인 도전 과제들에 맞서 인간의 신체적 회복력을 강화할 방법을 찾는 이들에게는 곰벌레의 놀라운 능력을 연구하여 특별히 배우는 것도 하나의 방법일지도 모른다. 우리는 21세기에 우리의 활동이 붕괴나 대재앙을 일으킬지, 아니면 대체로 훨씬 더 긍정적인 무언가를 빚어낼지 여부를 알지 못한다. 하지만 아마 우리는 이 작은 곰을 부적으로 삼을 수 있지 않을까? 영속성, 재생, 희망을 나타내는 고대 이집트 풍뎅이의 미세한 현실 세계 판본에 해당하는 것으로 말이다.

---

* "합리성은 우리를 구하지 못할 것이다. ……인간의 오류 가능성과 핵무기의 막연한 조합이 국가들을 파괴할 것이다."

　—로버트 맥나마라(미국 국방장관), 1961. 8.

곰벌레

XENOGLAUX
긴수염올빼미

Xenoglaux loweryi

문: 척삭동물
강: 조류
목: 올빼미류
보전 상태: 평가 불가

이 새 가지를 뻗는 시기가 아니면 휴식은 없네.

　　　　　　　　　　—잘랄 우딘 루미(Jalal ud-din Rumi)

　　긴수염올빼미(Xenoglaux, long-whiskered owlet)는 특별히 아름답
지도 슬기롭지도 않다. 기막히게 먹이를 잘 잡는 것도 아니고, 약 3초
마다 한 번씩 거의 음절의 구별 없이 단일하게 우 하고 내뿜는 쉰 듯
한 깊은 소리는 음악적으로 그다지 감흥도 없다. 칙칙한 갈색의 깃털
과 부리 주변의 수염 또한 그다지 색다르지 않다. 뛰어난 시력, 소리
없이 나는 데 알맞게 진화한 깃털, 대지족(對指足, 발가락들이 앞쪽과 뒤쪽
으로 마주 뻗어서 강한 쇠처럼 쥘 수 있는 발. 나도 이런 발을 갖고 싶다) 등 이
새를 놀라운 존재로 만드는 특징들은 다른 올빼미들도 대부분 지니
고 있는 것들이다. 이 종은 올빼미치고는 유달리 작지만—긴 꼬리깃
털까지 쳐도 길이가 어른의 손보다 짧다—가장 작은 종도 아니다. 북
아메리카의 요정올빼미(Elf Owl)가 그 명성을 가졌으니.

　　그렇다고 긴수염올빼미가 매력이 없다는 말은 아니다. 커다란 황
갈색의 눈과 황백색의 눈썹을 지닌 이 작은 동물은 올빼미보다는 안
경원숭이와 굴뚝새의 잡종을 더 떠올리게 한다. 이 작은 몸집은 이들
이 사는 색다른 서식지에 탁월하게 적응한 형질이다. 바로 페루 고산
지대의 운무림이다. 이곳의 산비탈은 거의 언제나 안개에 잠겨 있으

며, 식생은 맨 아래쪽(해발 약 1,800미터)의 키 큰 나무에서 맨 위쪽(약 2,300미터)의 작은 나무, 즉 '꼬마 요정(elfin)'에 이르기까지 다양하다. 기후가 습해서 숲 바닥에서는 식물이 무성하게 자라며, 나무는 착생 식물로 뒤덮여 있다. 어디로 가든 무성한 식물 사이에서 길을 잃고 만다. 긴수염올빼미는 숲의 하층과 중간층에 꼼짝 않고 숨어서, 끈기 있게 기다리다가 좁은 틈새를 펄쩍 뛰거나 덮쳐서 곤충, 설치류, 기타 작은 먹이를 놀라게 한다.

또 긴수염올빼미는 좀처럼 눈에 안 띄고 희귀한 것으로도 유명하다. 이 올빼미는 1976년에 발견되었고, 2010년에야 처음으로 사진기에 포착되었다. 아마 개체 수가 많았던 적이 결코 없기야 하겠지만, 오늘날 살아 있는 개체는 약 250마리에 불과할 것으로 보이며, 그나마 남아 있는 서식지도 목재, 농경, 토지 소유권 확보를 위해 개간되고 있기 때문에 이들은 멸종 위험에 처해 있다. 그 결과 이 종은 '전형적인' 멸종 위기 조류가 되었다. 긴수염올빼미에서 청솔새에 이르기까지, 서식지 상실이나 파괴는 멸종 위기 조류의 약 4분의 3에게 가해지는 주된 위협 요인이다.

열대 운무림과 그 아래쪽의 저지대 우림에는 지구의 그 어떤 곳보다도 더 다양한 생물들이 산다. 페루(또는 콩고나 보르네오)의 산지나 저지대 1차 우림에는 대개 면적 1제곱킬로미터에, 북반구에서 열대를 제외한 모든 땅을 더한 400만 배 더 넓은 면적에서보다도 더 많은 나무 종이 살고 있을 수도 있다. 이 비율은 동물도 비슷하다. 따라서 열대의 삼림 파괴는 생물의 놀라운 다양성과 그들 중 많은 종들의 희소성이 가치가 있음을 믿는다면, 엄청나게 중요한 문제가 된다. 열대림을 보호해야 할 더 실용적인 이유도 있다. 운무림은 비로 내리는 것보다 더 많은 물을 공기에서 추출하며, 그 결과 유별난 운무림의 동식물상을 지탱하는 동시에 하류의 생태계와 사람들에게 상당히 많은 물을 제공할 수 있다. 안개 응축 강수(occult precipitation)는 공중에서 이 추가 수분을 추출하도록 적응된 식생이 만들어낸다. 그리고 저지대 우림은 주변 지역의 기온과 물 이용도에도 영향을 미친다. 물론 우림은 탄소의 엄청난 저장고이며, 그곳을 벌목하고 물을 빼는 행위는 화석 연료 연소 다음으로 온실가스를 추가로 공급하는 데 영향을 끼치는 인간 활동이다. 아마존 유역에서 이루어지는 삼림 파괴*는 지구 전체의 총 온실가스 배출량 중 2퍼센트, 심하면 5퍼센트까지도 차지할 수 있다.

2008년에 페루 정부는 2020년까지 전국에서 원시림의 벌목을 전면 중단하는 한편으로 페루 국민의 경제 발전 욕구도 충족시킬 것이라고 선포했다. 보전에 쓸 수 있는 자원이 한정되어 있고 보전을 방해하는 세력이 있음을 고려할 때, 매우 야심찬 목표다. 하지만 그 목표를 이룬다면 전 세계의 동식물 다양성을 보호하는 데 상당한 기여를 하게 될 것이다. 브라질, 콩고민주공화국, 인도네시아 다음으로 면적이 넓은 열대 우림인 페루의 6,000만 헥타르의 숲에는 지구의 모든 조류 종 가운데 10퍼센트 이상이 살며, 다른 육상동물들과 식물들도 그 정도의 비율로 들어 있다.

설령 페루를 비롯한 열대 국가들이 숲 보전에 반대하는 세력들을 굴복시킨다고 할지라도, 우리는 기후 변화의 충격에 맞서 싸워야 한다. 이런 일들이 어떻게 진행될지는 극도로 불확실하다. 이 글을 쓰는 현재 희소식이라면, 현재 예상하듯이 지구 평균 기온이 이번 세기에 4도 이상 오른다고 할지라도 아마존 우림의 대부분 또는 전부가 황폐해져서 탁 트인 숲, 관목림, 사바나, 심지어 사막으로 대체되는 '티핑 포인트(tipping point)'를 피할 기회가 여전히 있으리라는 것이다. 백악기 이후로 계속 지구 시스템 기능의 중요한 부분을 이루고 있는 이 우림은 아직은 운명을 맞이한 것이 아니다. 하지만 우리는 큰 판돈을 걸고 도박을 하는 중이다.

21세기에 들어서서 일부 기후과학자들과 생태학자들은 말콤 글래드웰이 2000년작 베스트셀러(《티핑 포인트》—역자 주)에서 운동화의 유행에서 10대의 자살률에 이르기까지 모든 것에 적용함으로써 유명해진 티핑 포인트라는 개념을 채택했다. 지구 시스템 과학자 팀 렌턴을 비롯한 이들은 주요 생태계 여섯 곳에서 일어나는 변화가 특정한 문턱을 넘어서면 지구가 홀로세(농경과 산업혁명의 등장으로 이어진 상대적으로 안정한 시기)에 접하지 못한 기후 체제로 옮겨갈 수도 있다고 보았다. 아마존의 파괴와 더불어, 이산화탄소를 대규모로 방출함으로써 온난화를 더 일으키는 드넓은 북반구 삼림의 죽음, 태양 복사열을 우주로 반사하지 못하고 흡수하여 온난화가 가속되면서 극지 해빙과 그린란드 및 남극대륙 빙상이 상당 부분 녹아 해수면이 상승하는 현상, 인도와 서아프리카 몬순의 심각한 교란, 북극해 근처에서 대서양 심층수(열염분 순환의 한 요소)의 형성 교란, 극지방의 메탄을 방출하고 '내포화합물 총 효과(clathrate gun effect, 영구동토층과 해저에서 대량의 메탄이 갑자기 방출되는 현상)'를 일으켜서 온난화를 더 부추기는 영구동토층 상실이 그렇다.

이 분석이 얼마나 잘된 것인지는 두고 봐야 할 것이다. 앞서 말했듯이, 아마존 유역 숲의 급속한 파괴는 사실 실현 가능성이 적은 시나리오에 속할 수도 있다. 하지만 이런 극적이면서 눈에 잘 띄는 단계적인 변화들이 없다고 해도 우리는 제6의 멸종에 깊숙이 관여하고 있는 듯하다. 신종이 진화할 수 있는 시간보다 수천 배 빠르게 생명 다양성을 파괴하는** '완벽한 폭풍(perfect storm)'을 일으키고 있다.

개별 종들이 중요할까? 희귀하고 눈에 잘 안 띄는 생물들을 보면서 색다른 기쁨을 얻는 이들조차도 언제나 명확하게 답할 수 있는 것은 아니다. 스콧 위든솔(Scott Weidensaul)은 《떨어대는 날개를 지닌 유령(The Ghost with Trembling Wings)》에서 자신이 왜 그토록 회색부

---

* 지구의 삼림 파괴를 멈추면 연간 30억 톤까지도 탄소 배출량을 줄일 수 있다. 화석 연료 연소로부터 배출되는 양의 3분의 1을 넘는다.
** 이 '폭풍'은 많은 종을 소멸시키고, 전멸되지 않은 종들은 수가 급감한다. 40년 전보다 야생동물의 수는 3분의 1로 줄어들었다.

긴수염올빼미

리풍금조(Cone-billed Tanager)에 푹 빠져 있는지 궁금해한다. 회색부리풍금조는 그가 마지막으로 본 이후로 60년 넘게 아무도 본 적이 없는 새였다(그가 그 책을 쓴 지 2년 뒤에야 마침내 다시 목격되었다).

회색부리풍금조가 특별한 이유는 수수께끼 같은 동물이기 때문이다. 사실 다시 모습을 드러낸다고 해도, 이 새는 멸종 위기에 처한 수많은 생물들이 넘쳐나는 세계 속에서 희귀한 또 하나의 새가 될 뿐이다. 아무래도 우리는 현실보다 신념과 열망의 상징, 돈키호테 같은 위대한 탐구의 대상이 필요한 것인지도 모르겠다.

어쩌면 이것이 가장 나쁜 형태의 합리주의적 낙관론일지도 모른다. 그 풍금조가 발견된다면, 나는 지연된 꿈 대신에 실현된 꿈의 기쁨에 관해 마찬가지로 열정적으로 찬미하는 글을 쓸 것이 분명하다.

철학자 토머스 네이글은 불합리성을 다룬 글에서, 영원한 시간이라는 관점에서 보면 우리가 지금 하는 일은 다 시덥잖은 일들로, 세상에 중요한 일이란 없으니 그다지 걱정할 필요가 없으며 영웅적 행위나 절망 대신에 아이러니를 품고서 자신의 삶에 접근할 수 있다고 결론짓는다. 이 말은 옳은 듯하다. 우리가 아이러니를 **자신에게** 중요한 일은 아무것도 없다는 의미로 받아들이지 않는 한 말이다. 아무리 예측 불가능하고 이치에 맞지 않는다고 할지라도, 가치를 부여하고 지지하고 사랑할 수밖에 없는(혹은 그러다가 실패를 겪는) 때가 온다. 우리는 자신이 가치를 부여하거나 지지하거나 사랑하는 것을 필연적으로 잃게 된다는 점을 인식할 수도 있다. 즉 불교에서 말하듯이, 우리가 이전에 온전하고 완벽하다고 본 깨지기 쉬운 그릇은 더 넓은 관점에서 보면 이미 깨져 있는 것이다. 그렇다고 해서 우리의 상황에 기쁨도 약간의 희극도 없다는 의미는 아니다.

페루의 운무림에서 환경보호론자들은 벌목 위협에 맞서 알토 마요 지역의 18만 헥타르를 보호하고, 코르디예라 데 콜란(Cordillera de

Colán)에 새 보전 구역을 만듦으로써 긴수염올빼미를 비롯한 고유종을 보호하는 일을 하고 있다. 이런 보전 구역들은 야생생물을 보호하는 데 충분할 수도 있고 그렇지 않을 수도 있다. 기후가 변하면[*] 현재 낮은 고도에서 번성하고 있지만 더 서늘한 곳을 찾고 있는 동시문에게 일어나는 변화 때문에 추가적인 압력이 가해질 가능성이 높다. 이것은 적어도 보전 구역에서 동식물들이 새로이 뒤섞이게 될 것이라는 의미다. 긴수염올빼미가 살아남을지 여부도 불분명하다.

　나는 말레이시아 보르네오 섬 사라와크 주의 우림 깊숙한 곳에서 '내' 올빼미를 본 적이 있다. 자연광이라고는 전혀 없고 에어컨을 온종일 틀어대는 도심의 한 회의장에서 악몽 같은 시간을 보낸 뒤, 나는 보르네오에 남아 있는 중요한 숲을 보호하고 더 확장시킨다는 계획을 홍보하기 위해 마련된 기자 견학단에 참석했다. 우리는 오전 내내 가파른 고개를 기어오르면서 오랑우탄이 밤마다 나무에 짓는다는 보금자리를 찾았지만, 눈에 띄지 않았다. 나는 물살이 빠른 하천 옆에 앉아 잠시 쉬다가, 햇빛이 비치는 넓적한 바위 표면 위로 물이 흐르는 광경에 흠뻑 빠져들었다. 그러다가 문득 별 다른 까닭도 없이 위를 올려다보았는데, 한 높은 나뭇가지에 긴수염올빼미보다 훨씬 크고 사나워 보이는 멋진 올빼미 한 마리가 앉아서 나를 빤히 쳐다보고 있었다. 어떤 종인지는 알아볼 수 없었고—나는 조류 관찰자가 아니니까—주변에 있던 이들도 마찬가지였지만, 그 점은 별로 중요하지 않았다. 나에게 중요한 것은 따로 있었다. 바로 내가 무언가 엄청난 메시지를 전하는 숲의 정령과 만나고 있다는 느낌을 받았다는 사실

---

[*] 기후 변화는 전 세계에서 산에 사는 일부 종의 멸종이나 그 위기를 가져온 주범으로 밝혀졌다. 코스타리카 운무림의 고유종인 황금두꺼비가 첫 번째 희생자였다. 호주 북부 퀸즐랜드의 고지대에 사는 반지꼬리주머니쥐, 아메리카 로키산맥의 털북숭이 토끼류인 우는토끼, 케냐 고지대의 참새류인 샤프긴발톱할미새와 애버데이개개비사촌도 그 뒤를 따를 가능성이 높다.

긴수염올빼미

이었다. 물론 지금 돌이켜볼 때면 그 만남을 이성적으로 고찰할 수도 있다. 그 위압적인 몸뚱이와 영리해 보이는 사나운 눈이 그저 사냥을 위해 적응한 형질이라고 말이다. 그 눈 뒤에 특별한 지능 따위는 숨어 있지 않다. 사실 올빼미는 조류 중에서 가장 영리한 축에 끼지 못한다. 하지만 현실에서 실제로 만났던 그 순간과 그때의 기억 속에서 그 올빼미가 웅장하게 전면에 부각될 때면 그런 생각들은 부차적인 것이 되고 만다. 그 동물은 생명 자체가 숲에서 이룰 수 있는 힘과 생명력의 상징이 된다.

인류가 오래 전부터 올빼미에게 매료되어 왔다는 사실은 역사 기록이 시작될 때부터 드러난다. 하지만 그들에게 부여하는 의미는 시대마다 문화마다 크게 달랐다. 유럽, 중국 등 여러 지역에서는 그들을 종종 악의 전령이라고 여기곤 했다. 프란시스코 고야의 연작 판화집 《로스 카프리초스(Los Caprichos)》에 실려 있는 〈이성의 잠은 괴물을 낳는다〉는 이러한 전통을 보여주는 유럽 미술 작품 중 가장 인상적인 것에 속한다. 자고 있는 사람(아마도 화가 자신)을 무시무시한 눈을 한 올빼미와 박쥐가 덮치는 그림이다. 한편 올빼미를 이로운 동물이라고 여긴 때도 있었다. 중국 상나라 시대의 청동기 중에는 죽은 영혼을 사후 세계로 인도하는 부엉이의 모습을 흉내낸 정교한 술병들이 있다. 고대 그리스인은 올빼미를 지혜의 여신인 아테나(로마 신화의 미네르바)와 연관 지었다. (헤겔은 "미네르바의 올빼미는 어둠이 깔릴 때에야 날개를 펴고 난다"라고, 즉 지혜가 만일 찾아온다고 해도 느지막하게야 찾아온다고 했다.) 또 올빼미가 선과 악의 속성을 함께 지닌다고 여긴 문화들도 있었다. 페루 북부의 모치카(Mochica) 문화는 올빼미에게 치유력과 지혜가 있다고 여기며 그들을 묘사한 화려한 금 세공품과 도자기도 만들었지만, 한편으로는 그들을 죽은 자의 목을 치는 의례를 맡은 전사와 연관 짓기도 했다.

아마 우리 시대의 주된 상징으로 삼을 이미지는 가장 오래된 것이어야 하지 않을까? 프랑스 쇼베 동굴 벽화에 묘사된 수리부엉이*가

상상하기 어려운 존재에 관한 책

프란시스코 고야의 판화집 《로스 카프리초스》에 실린 〈이성의 잠은 괴물을 낳는다〉(1799)

바로 그렇다. 순록, 동굴 사자, 표범, 털코뿔소, 야생마 등 벽화에 그려진 다른 여러 동물들과 달리, 수리부엉이는 지역적으로든 세계적으로든 멸종하지 않았다. 벽화에 묘사된 다른 동물들과 마찬가지로, 우리는 벽화를 그린 이들이 수리부엉이를 어떤 이유로 그렸는지 추측만 할 수 있을 뿐이지만, 그 종의 향후 생존이 우리의 손에 달려 있음을

• "수리부엉이는 가장 어슴푸레한 밤에도 …… 우리가 환한 한낮에 보는 것보다도 더 뚜렷이 사물을 구별할 수 있는 놀라운 시력을 지닌다."
　─레오나르도 다빈치

　　　　　　　　　　　　　　　　긴수염올빼미

안다.

스카이 섬(Isle of Skye)의 정원이라고도 불리는 스코틀랜드의 슬릿 반도는 주로 늪과 황무지로 이루어져 있다. 이 땅은 제4기, 즉 지난 260만 년이라는 세월의 대부분에 걸쳐 높이 수백 미터의 얼음에 뒤덮여 있었고, 생물이라곤 거의 없었다. 하지만 최근 1만 1,000년 동안은 대체로 얼음이 없는 상태였고, 수천 년 동안은 꽤 넓은 면적에 걸쳐 개암나무, 자작나무, 물푸레나무, 참나무 등의 종이 울창한 숲을 이루고 있었다. 그러다가 약 5,000년 전부터, 기후가 더 춥고 습해지면서 이주민들의 목재 수요가 늘어남에 따라 그들이 가차 없이 숲을 없애가는 바람에 지금은 비교적 접근할 수 없는 몇 군데에만 작은 숲이 남았을 뿐, 거의 아무것도 남지 않은 황무지가 되었다. 도로 따위는 전혀 나 있지 않은 북부의 한 호숫가에 자리한 작은 숲도 그렇게 남은 곳이다. 잔잔한 호수 옆으로 굵은 나무줄기들이 빽빽하게 들어서 있고, 그 뒤쪽의 산비탈로 건강한 다양한 나무들이 기어오르고 있는 이곳은 의도적으로 그렇게 했거나 혹은 방치한 결과로 형성된 신성한 숲이다. 고요한 낮에 이곳에 서 있으면, 새의 노래 소리와 호수 반대편 연안의 작은 골짜기에서 흘러내리는 폭포의 물소리만 들릴 뿐이다. 스카이 섬에 사는 헛간올빼미, 올빼미, 칡부엉이, 쇠부엉이뿐 아니라 이따금 들르는 흰올빼미도 이곳에서 사냥을 한다.

21세기에 영국제도에는 다른 세계 여러 지역에서보다 기후 변화가 덜 극적으로 나타날 가능성이 높다. 따라서 유럽 본토의 본래 서식지에서 살아가기가 힘들어질 몇몇 야생종들에게 '방주'가 될 수도 있다. 물론 비싼 땅값 때문에라도 실제로 영국제도를 그런 방주로 조성한다는 것은 엄청난 도전 과제일 것이다. 하지만 긴수염올빼미의 생존을 확보해 줄지 불확실한 페루의 얼마 안 남은 운무림처럼, 영국제도의 남은 숲들도 스라소니와 독수리를 비롯한 많은 멸종 위기 종들에게 피신처가 될 수 있다. 내기를 해도 좋다. 나는 인류가 아름답고

상상하기 어려운 존재에 관한 책

신비한 생물들을 보호하고 복원할 수 있으며, 그들이 미래에 번성할
수 있을 여지를 새롭게 마련할 수 있다는 쪽에 걸겠다.

---

* "숲의 그늘진 곳에는 소리와 침묵이 가장 역설적으로 혼재해 있다.
  ─찰스 다윈

긴수염올빼미

XENOPHYOPHORE
제노피오포어

Syringammina fragilissima

계: 리자리아
문: 유공충
강: 제노피오포어
보전 상태: 평가 불가

자연의 침묵은 곧 말이다.
—애니 딜러드

스펀지케이크처럼 허약하지만 광물질로 된 외피를 꾸준히 덧붙여서 늘리는, 사람의 머리만 한 아메바가 우글거리는 세계를 상상해 보자. 실제로 그런 생물이 존재한다고 하면, 아마 우주의 저편 어딘가, 아마 토성의 달 타이탄의 바다나 더글러스 애덤스의 소설에 나올 만한 어디쯤에 살고 있을 것이라고, 이 지구에는 결코 없다고 생각할지 모르겠다. 하지만 그 생각은 틀렸다. 프라길리시마(*Fragilissima*)가 있기 때문이다. 이 생물은 대양 깊숙한 곳에서 지표면의 절반 이상을 차지하고 있는 심해저 평원의 넓은 영역을 빽빽하게 뒤덮고 있는 40여 종의 제노피오포어(Xenophyophore) 중 하나다.

제노피오포어는 유공충문에 속하며 형태가 다양하다. 납작한 원반 모양도 있고, 모난 것도 있으며, 술이 달렸거나 공 모양인 것도 있다. 프라길리시마는 구멍이 송송 난 지저분한 스펀지나 뒤엉킨 스파게티 더미, 썩은 상추처럼 보인다. 제노피오포어는 크기도 다양하다. 그중에 가장 큰 프라길리시마가 지름이 약 20센티미터다. 다른 종들은 대부분 골프공만 하다. 그래도 대다수의 유공충보다, 아니 더 나아가 전체적으로 단세포생물들과 비교하면 거대하다고 할 수 있다. 단세포생물은 지름이 1밀리미터에 이르는 것조차 거의 없으니 말이다.

프라길리시마와 그 제노피오포어 사촌들은 생김새가 기이할 뿐 아니라, 알려진 사항도 거의 없다. 또 채집하는 과정에서 매번 표본이 손상되기 때문에, 처음 발견된 지 130년이 흘렀음에도(해양학자 존 머레이[John Murray]가 스코틀랜드 북서 해안을 탐사하다가 발견했다. 그는 그보다 2년 전에 챌린저호 탐사를 통해 유명해진 인물이다), 이들이 어떻게 사는지 지금도 거의 알려진 바가 없다. 우리는 프라길리시마가 어떻게 먹이를 먹는지 알지 못한다. 몸속으로 물을 순환시켜서 작은 먹이 알갱이를 걸러 먹는 '부유물 섭식자(suspension feeder)'인지, 아니면 해저로 위족(僞足)을 뻗어서 먹이를 잡아먹는 존재인지 알 수 없다. 게다가 유성생식을 하는지 무성생식을 하는지, 다른 유공충처럼 양쪽을 오가는지 여부도 알지 못한다.

제노피오포어에 관해 우리가 아는 내용의 상당수는 그 이름에 담겨 있다. 제노피오포어는 '낯선 몸을 지닌 자'라는 뜻의 그리스어다. 제노피오포어는 규조류의 껍데기든 해면동물의 골편이든, 깨진 조개껍데기든 간에 다른 생물들의 죽은 부위와 퇴적된 알갱이 및 배설물을 섞어 단단한 얇은 시멘트 층을, 즉 자신의 껍데기(test)를 만든다. 그 안에는 많은 세포핵이 흩어져 있는 부드러운 세포질 덩어리가 있다. 전체적으로 보면 건포도가 흩어져 있는 죽과 비슷하다. 이들은 추운 진흙 바닥 위를 느릿느릿 미끄러져 가면서 달팽이처럼 끈적거리는 점액질 흔적을 남긴다. 그들이 많이 있는 곳(100제곱미터 면적에 2,000마리까지 있기도 한다)에서는 해저 전체가 이 점액으로 뒤덮여 있을 수도 있다. 요약하자면, 프라길리시마는 똥과 죽은 생물의 잔해를 자기 몸에 붙이고 끈적거리는 흔적을 뒤에 남기면서 돌아다니는, 뇌가 없는 놀라울 만치 커다란 단세포 동물이다.

그들이 사는 곳도 그들 존재만큼이나 우리에게 이질적이다. 바다 밑에는 안데스산맥보다 더 긴 산맥과 히말라야의 봉우리들에 맞먹는 높이의 봉우리들이 있지만, 이런 곳들과 대륙붕을 제외한 해저의 약

4분의 3은 대체로 편평하다(점점이 흩어진 해산들은 빼고 말이다). 대체로 수심 4,000~6,000미터에 놓여 있는 이 심해저 평원은 그 위의 물에서 살다가 죽은 작은 플랑크톤과 동물의 쌓인 뼈대로 뒤덮여 있다. 몇몇 생물발광 동물을 빼면 이 저층수*는 칠흑같이 어둡고 아주 차갑다. 수온은 섭씨 −1도와 섭씨 4도 사이다. 수압은 대기압보다 수백 배 더 크며, 해류는 미약하다. 우리는 직관적으로 이곳이 죽음의 장소라고 여길 것이고, 1872~1976년의 챌린저호 탐사 때 처음 심해 바닥을 훑은 뒤로 75년이 넘는 세월 동안, 과학자들은 그곳에서 생물을 거의 발견하지 못했다. 하지만 20세기 후반부터 더 정교한 채집 방법이 갖춰지고 원격 조종 탐사선과 때로 유인 잠수정을 이용한 탐사가 이루어지면서, 발견되는 생물의 수가 급격히 증가했다.

현재 우리는 심해저**의 지저분한 실트가 사실 지구에서 생물 다양성이 가장 높은 곳에 속한다는 것을 안다. 심해저 평원에는 나무, 풀, 관목이 없을지도 모르지만, 사바나처럼 뜯어먹는 동물들은 많이 있다. 성게와 해삼은 우글거리면서 진흙과 퇴적물을 걸러 먹는다. 게다가 사람의 팔만큼 긴 다리를 가진 바다거미류와 작은 개만 한 단각류(쥐며느리처럼 생긴 동물)도 있다. 진흙 자체에는 작은 벌레, 조개, 거미불가사리, 갑각류 등이 살고 있다. 섬세한 육방해면류와 바다나리류는 위쪽 고요한 물로 삐죽 튀어나와 있다. 작은 물고기들은 바닥에 삼각다리 모양의 지느러미를 대고 쉬고 있다. 마치 달리의 그림에 나오는 장면 같다.

이 모든 동물들은 궁극적으로 실트에 사는 세균에 의존한다. 그리고 제노피오포어는 해저의 표면에 사는 생물들과 그 속에 사는 생물들 사이의 경계면에서 중요한 역할을 하는 듯하다. 이들이 대량으로 있는 곳—100제곱미터에 2,000마리가 넘게 살 수도 있다—은 없는 곳보다 갑각류, 극피동물, 연체동물이 서너 배 더 많다. 아마 제노피오포어는 실트를 갈아엎는 '꾸준히 일하는 정원사'일 것이다. (또 그들은 등각류, 다모류, 선충류, 요각류, 그리고 한 종류의 거미불가사리를 포함한 다양한

상상하기 어려운 존재에 관한 책

생물들의 피신처 또는 토대이기도 하다.)

　프라길리시마의 제노피오포어 사촌들은 또 하나의 수수께끼를 감추고 있을지도 모른다. 대서양의 몇몇 장소에 있는 해저 암석에서는 기이한 대칭적인 패턴이 발견되곤 한다. 이 패턴은 단면이 벌집처럼 육각형으로 배열된 작은 구멍들의 집합으로 이루어진다. 암석 표면 아래에서 이 구멍들은 곧은 터널들로 연결되어 망을 이루고 있다. 이 점도 벌집과 비슷하다. 패턴 하나에는 구멍이 200~300개까지 있을 수 있으며, 전체 집합은 크기가 당신의 손바닥 정도다. 흑백 사진 속에서 이 패턴은 달의 표면에 버즈 올드린이 남긴 신발 자국처럼 해저에서 놀라울 만치 색다르게 보인다.

　해양학자 피터 로나(Peter Rona)는 원격 조종 잠수정이 1970년대에 찍은 이 사진 속의 육각형 패턴을 처음 보았을 때 짓궂은 장난이라고 생각했다. 하지만 이 패턴은 진짜였다. 그렇긴 해도 그를 비롯한 과학자들은 오랜 세월 당혹감을 떨칠 수 없었다. 1985년에서 2003년에 걸쳐 잠수정을 잇달아 내려 보내 발견된 패턴들을 살펴본 뒤에야, 로나 연구진은 마침내 답을 찾았다고 믿었다. 그 패턴은 전에 화석 기록으로만 알려져 있었고, 약 5,000만 년 전에 멸종했다고 여겨진 수수께끼의 생물 팔레오딕티온 노도숨(*Paleodictyon nodosum*)이 사실은 계속 존속해 왔다는 증거일 수 있다는 것이었다. 로나와 동료 연구자들은 이 패턴이 살아 있는 팔레오딕티온이 섭식 전략의 일부로 만든 터널망이라고 가설을 세웠다. 하지만 다른 제노피오포어가 암석에 판 작은 동굴망이라는 답도 그에 못지않게 설득력이 있었다.

---

* 심해대에는 두 개의 수괴(water mass)밖에 없다. 웨델해 주변에서 남반구의 겨울에 형성되는 남극 저층수와 그린란드-노르웨이 해역에서 생성되는 대서양 저층수가 그렇다. 이 두 수괴가 전 세계 대양으로 퍼진다. 그 결과 전 세계의 심해저 평원은 물리적 조건이 거의 동일하다.

** 2010년에 산소가 없는 퇴적물 깊숙한 곳에 사는 동갑동물이 발견되었다. 그전까지는 다세포 생물이 아예 살 수 없다고 여겨지던 곳이었다. 세균은 수심 1,600미터가 넘는 해저에서도 산다.

제노피오포어

팔레오딕티온 노도숨의 흔적

1969년 7월 20일에 달에 찍힌 이 발자국은 수백만 년을 갈 것이다.

최근의 또 다른 발견은 제노피오포어와 비슷한 생물들이 정말로 아주 오랜 기간 존속해 왔음을 시사한다. 오래 전부터 고생물학자들은 약 18억 년 전의 흔적화석들이 좌우대칭(왼쪽과 오른쪽이 있는) 동물이 남긴 것이 아닐까 생각해 왔다. 이것이 수수께끼였던 이유는 화석의 연대를 완전히 잘못 파악했기 때문이다. 우리가 지금 알고 있는 좌우대칭동물이 진화하려면 그로부터 10억 년은 더 흘러야 했다.

　　　　　　　　　　　　　　상상하기 어려운 존재에 관한 책

약 6억 3,000만 년 전에서 5억 4,200만 년 전까지 살았던 에디아카리아 동물들 중 일부가 최초의 좌우대칭동물이었고, 약 5억 4,300만 년 전에 시작된 캄브리아기 대폭발로 출현한 동물들도 그러했다. 그런데 일부 생물학자들이 아라비아해와 바하마 제도 인근의 해저에서 새로운 흔적을 발견했다. 그 흔적들은 화석으로 남은 흔적과 거의 똑같았다. 이 흔적은 포도알만 한 공 모양의 아메바인 그로미아 스파이리카(Gromia sphaerica)가 남긴 것임이 드러났다. 제노피오포어와 마찬가지로, 이 종도 거대한 원생생물이다. 연구자 미하일 마츠(Mikhail Matz)는 이렇게 말했다. "우리는 눈을 지니고 (밝은) 색깔을 띠고 어둠 속에서 빛을 내는 멋진 동물을 보고 있다고 생각했다. 하지만 이윽고 우리는 그것이 앞도 못 보고 뇌도 없고 진흙으로 완전히 뒤덮인 생물임을 알아차렸다."

프라길리시마가 돌과 공생하고 팔레오딕티온은 돌 안에 산다고 한다면, 그로미아(Gromia, 혹은 그것과 아주 흡사한 무엇)는 고대의 돌에 흔적을 남겼다고 할 수 있다. 이들은 우리가 예전에 생물이 가장 살기 힘든 곳이라고 생각했던 바로 그런 곳에서 번성하고 있으며, 그것도 가장 단단한 물질과 긴밀하게 상호작용을 하면서 살아간다. 바로 암석이나 암석이 될 잔해와 말이다. 그들은 우리가 알지 못하는 삶을 산다. 삶이라고 할 때 우리가 으레 떠올리는 대부분의 것보다 앞선 존재 방식을 취한다.

육지에서 우리는 암석을 죽은 것으로 보는 경향이 있다. 적어도 프리모 레비는 그렇게 생각한 듯하다. 제2차 세계대전 초반에, 화학을 전공했던 덕분에 그는 이탈리아 북부에서 암석에서 니켈을 추출하는 불가능해 보이는 모험을 하면서 일시적으로 안식처를 얻었다.

녹초가 될 때마다 나는 알프스산맥 자락의 낮은 산들 한가운데에서 나를 에워싸고 있는 암석이 어느 모로 보나 현실적이고 적대적이고 유달리 견고하다고 느꼈다. 그에 비해 골짜기의 나무들은 …… 우리, 즉 말하지 않

지만 열기와 서리, 즐거움과 괴로움을 느끼고, 태어나고 죽고 …… 태양의
궤적을 모호하게 따르는 우리 사람들과 같았다. 암석은 다르다. 암석은 어
떤 에너지도 지니지 않으며, 태초부터 지극히 적대적인 수동적인 상태로
침묵했다.

맥락을 고려하면—그는 그 뒤에 이어진 이루 말할 수 없는 공포의
시기를 넘어 그 이전을 회상하고 있다—레비가 암석에 느끼는 감정
도 이해가 간다. 하지만 현실에서 비존재의 대리인은 암석이 아니라
인간, 즉 파시스트들과 그들의 범죄를 수동적으로 묵인한 이들이었
다. 레비 자신도 상황이 달랐다면 인식했겠지만, 더 넓은 관점에서 보
면 암석은 생명의 반대가 아니라 핵심 동반자다.

이 역설적으로 보이는 진리를 제대로 이해하는 데에는 오랜 시간
이 걸렸다. 그것은 수만 년 전 사람들이 동굴 벽과 암석에 그린 이미
지를 다른 세계로 가는 관문°으로 해석한 주술적 사고 속에 비유적인
형태로 예시되어 있었다. 하지만 그 진리는 수백 년 전 자연철학자들
이 화석의 기원과 본질을 설명하려 애쓰기 시작할 때에야 비로소 주
목을 받기 시작했다. 화석과 다른 돌들을 체계적으로 분류하려고 애
쓴 초기의 시도 중에는 이런 범주들을 설정한 것도 있었다.

하늘에 있는 것에서 이름을 딴 것들, 어떤 인공물을 닮은 것들, 나무 또는
나무의 일부를 닮은 것들, 사람이나 네발 짐승을 닮은 것들, 새의 이름을
딴 것들, 바다에 사는 생물을 닮은 것들.

스위스 자연사학자 콘라트 게스너가 1565년에 제시한 이 기재법
과 구별법은 오늘날에는 잘못되고 엉성하고 별나게 보이지만, 그렇긴
해도 우리는 그의 연구가 가용 지식의 한계 내에서 합리적이고 설명
할 수 있는 체계를 구축하려는 시도였다고 인정할 수 있다.

그 뒤로 300년이 넘는 세월 동안 지질학자들을 비롯한 수많은 학

자들은 새로운 증거에 비추어 수정을 거듭하면서 그런 연구를 계속해 왔다. 그렇게 우리가 아는 동식물들이 출현한 이후의 지질시대를 기술하는 데 널리 쓰이는 기본 얼개가 구축되어 현재까지 이어진다(2장 〈힘이고헤면〉과 14장 〈생무그게〉 참조). 이 체계에는 빈틈과 맹점이 여전히 많았다. 20세기에 들어선 지 한참이 되었어도(그리고 아마 지금도 많은 여덟 살 아이들의 마음속에) 대개 화석은 죽은 암석에 박힌 과거에 살았던 생물(특히 공룡)의 잔해(대개 뼈)일 뿐이었다. 그리고 1950년 대까지도 생명 자체의 나이가 10억 년이 안 된다는 견해가 주류였다. 하지만 지금은 적어도 개괄적인 수준에서나마 전체 그림이 어렴풋이 우리 눈에 드러나기 시작했다. 우리는 지구에 생명이 30여억 년 전에 출현했고, 출현할 때부터 암석과 생명은 서로의 일부였음을 안다. 사실 지구의 광물 4,400종 가운데 절반 이상은 생명에서 비롯되었다.

암석과 생명의 협력 관계는 다양한 수준에서 다양한 규모의 시간에서 일어난다. 예를 들어 수백만 년에서 수억 년이라는 아주 장기간에 걸쳐, 식물이 규산암**을 풍화하는 과정은 대기와 바다와 육지의 온도에 상당한 영향을 미치며, 10억 년 동안 생물권을 유지할 수도 있다. 1675년에 아이작 뉴턴이 한 말은 전반적으로 옳다. "자연은 고체에서 액체를 만들고 액체에서 고체를 만들며, 휘발성 물질에서 응고물을 만들고 응고물에서 휘발성 물질을 만들고, 둔탁한 것에서 미

---

* "동굴의 벽, 천장, 바닥은 (구석기 시대 화가들에게) 지하의 활동 공간과 암석 뒤의 신비적인 정령 세계를 나누는 장막이었다. 동물의 이미지를 그 매개하는 표면에 직접 그린다는 것은 그 이미지를 그리는 자와 정령 세계 사이에 관계를 맺는다는 의미였을 것이다."
—데이비드 루이스-윌리엄스(David Lewis-Williams)(2010)

** 지각은 주로 두 가지 광물로 이루어진다. 탄산염과 규산염이다. 규산염 광물은 아주 오랜 세월에 걸쳐 풍화하면서 엄청난 양의 탄소를 암석에 가두며, 그 결과 지구는 그렇지 않았을 때보다 더 추워진다. 다른 조건이 같다고 할 때 식물은 풍화 속도를 크게 증가시킴으로써, 장기적으로 대기 탄소량을 줄인다. 식물이 없다면 대기에 이산화탄소가 더 많아짐으로써 지구의 평균 기온은 섭씨 1~45도가 더 높아질 것이다.

제노피오포어

묘한 것을 만들고 미묘한 것에서 둔탁한 것을 만드는, 영구 순환을 일으키는 노동자다."

암석을 대하는 프리모 레비의 태도를 마찬가지로 제2차 세계대전 때 구사일생으로 살아남은 임레 프리드만(Imre Friedmann)의 태도와 비교할 수도 있다. 프리드만은 그 뒤에 암석속생물(endolith)—암석 속에 사는 세균, 원생생물, 지의류 등—을 연구하는 미생물 생태학자가 되었다. 그가 연구하는 생물 중 상당수는 아주 건조하고 뜨겁거나 추운 곳의 암석 속에 숨어 사는 것들로, 프리드만은 그들에게 유달리 연민을 느꼈다. "그들은 이 회색 지대에서 늘 굶주리고, 늘 추위에 떤다. ……인도에서 대대로 가장 비참한 생활을 하는 천민에 비교할 수 있을 것이다."

모든 암석속생물이 프리드만을 매료시킨 종류들처럼 혹독한 조건에서 사는 것은 아니다. 그중에는 남세균을 비롯한 생물들로 만들어진 스트로마톨라이트(stromatolite)도 있다. 스트로마톨라이트는 선캄브리아대에 풍부했으며(당시의 스트로마톨라이트 화석도 남아 있는데, 중국에서는 그 아름다운 무늬에 착안하여 '화석(花石)'이라고도 한다) 지금도 몇몇 외진 지역에서 번성하는 거대한 베개 모양의 돌기둥이다. 그리고 '사막칠(desert varnish)'을 형성하는 수수께끼의 생물도 있다. 사막칠은 암석이 칠해진 듯이 검은색이나 오렌지색의 광택이 나는 것으로, 북아메리카 원주민들은 조각하는 데 사용하곤 했다.

북아메리카 세네카족(Seneca)에게는 어느 경이로운 돌에서 모든 이야기가 기원했다는 전설이 전해진다. 때로 암석으로 가득한 경관을 보고 있으면, 마치 돌들이 살아 있고 활기가 넘치며 말을 하고 있는 듯하며, 우리들이 그들의 말을 이해할 수 없거나 너무 산만해서 듣지를 못하고 있다는 느낌을 받곤 한다. 우리가 적절히 주의를 기울일 수만 있다면 이 암석들은 형성된 이래로 늘 당연한 듯 **그 자리에** 있어 왔음을 알아차릴 수 있다. 그에 비하면 우리를 스쳐 지나가는 경험들, 더 나아가 우리의 가장 소중한 희망과 꿈과 기억도 일시적이고 덧없는 것이다. 돌은 침묵하고 있는 게 아니라, 우리와 다른 리듬으로 움직이고 있다.

호르헤 루이스 보르헤스는 현재가 무한히 이어지며, 미래는 현재의 희망에 불과할 뿐 실체가 없는 것이고, 과거는 현재의 기억이나 다를 바 없다고 하면서 시간의 존재를 부정하는 철학학파가 있다고 상상했다. 물리학자 줄리언 바버(Julian Barbour)는 뉴턴의 주장과 상식에 맞서서 시간이 강물처럼 흐르는 것이 아니라고 주장하기에 이르렀다. 이런 직관이 현실을 반영한 것이든 아니든 간에, 우리는 조약돌이나 커다란 돌, 혹은 바위를 쥐거나 잡을 때면(혹은 새뮤얼 존슨이 권했을 법하게 발로 그 돌을 걷어찰 때면) 무언가가 실제로 있음을 실감한다.

최근 들어서 의식의 수수께끼에 경탄하는 것이 마치 유행이 되었지만, 아마 의식은 세상에서 가장 덜 수수께끼 같은 것이고 물질 자체야말로 진정으로 경이로운 것인지도 모른다. 우주에서 가장 흔한 수소 원자는 양전하를 띤 양성자와 그 주위의 궤도를 도는 전자 하나로 이루어져 있다. 양성자의 반지름은 전자가 도는 궤도 반지름의 1만분의 1이다. 전자는 양성자와 비교해 크기가 1,000분의 1도 안 된다. 따라서 수소 원자는 99.9999999999999퍼센트 이상이 텅 빈 공간으로 이루어져 있는 셈이다. 다른 원자들도 비슷하다. 조약돌에도 우리가 알아낼 수 있는 것보다 더 많은 것이 담겨 있다. 그리고 이 점을 받아들이는 것이야말로 리처드 파인만이 "자연의 상상할 수 없는 본성"이라고 정확히 표현한 것을 이해하는 첫걸음이다.

알베르트 아인슈타인은 이렇게 말했다. "현실에 비추어 볼 때 우리의 과학은 원시적이고 유치한 수준이다. 하지만 그것은 우리가 지닌 가장 고귀한 것이다." 그리고 특히 제노피오포어가 돌아다니는 심해저와 암석과 함께 살아가는 생물들을 통해, 적어도 생명을 보는 우리의 관점은 더 확장되어 왔다.

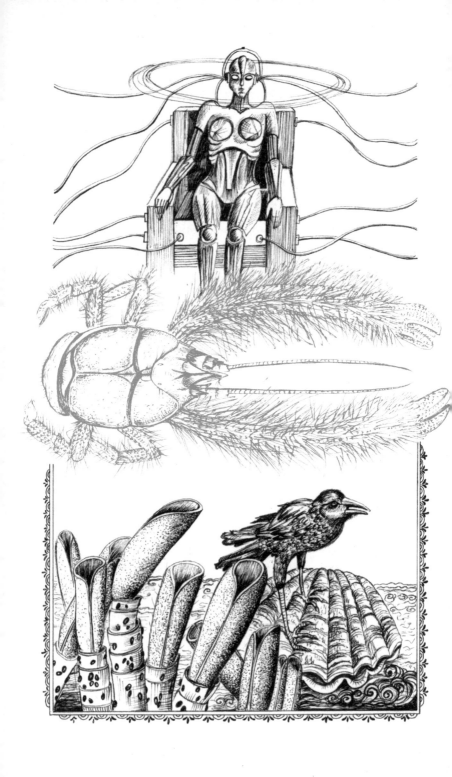

YETI CRAB
예티게

Kiwa hirsuta

문: 절지동물
아문: 갑각류
강: 연갑류
보전 상태: 관심 필요

나는 고요한 바다 밑을 쪼르르 달려가는
한 쌍의 울퉁불퉁한 집게발이어야 했다
—T. S. 엘리엇, 《J. 앨프레드 프루프록의 연가》

예티게(Yeti crab)라는 이름을 붙인 이들은 특징들의 기묘한 조합을 묘사할 방법을 고심하다가 이 이름을 떠올리고 즐거워했을 것이 분명하다. 유달리 큰 '앞다리'(엄밀히 말하면 가슴다리)는 거대한 유인원인 기간토피테쿠스의 팔과 좀 비슷해 보인다. 기간토피테쿠스는 지금은 멸종했지만, 일부 신비동물학자들은 그들이 아직 살아 있으며 티베트의 설인(雪人)이 바로 그들이라고 본다. 물론 예티게의 몸은 분명히 갑각류의 것이다. 이 동물의 학명은 마오리족의 바다 창조신의 이름과 '털투성이'라는 라틴어를 조합한 것인데, 이 이름도 예티게를 정확히 묘사하고 있기에 수긍이 간다. 하지만 이 게에게 이름을 붙여온 이들은 한 가지 특징을 놓쳤다. 이 게는 과거와 미래를 동시에 응시하는 문턱의 신인 야누스와 비슷한 점이 있다는 것이다.

예티게는 2005년 지구에서 인간이 접근할 수는 있지만 살 수는 없는 곳에서 발견되었다. 이스터 섬에서 남쪽으로 약 1,500킬로미터 떨어진 태평양-남극 해령의 수심 약 2,200미터에 있는 '검은 연기 기둥(black smoker)'의 옆구리에서였다. 검은 연기 기둥은 해저에 있는 굴뚝처럼 생긴 '열수 분출구'로서, 지구 내부로부터 섭씨 300~400도로

상상하기 어려운 존재에 관한 책

과열된 물과 광물질이 대개 섭씨 약 2도인 바닷물로 뿜어지는 곳이다. 이 '연기'는 사실 과열된 유체로서, 이 컴컴한 바닷물 속을 탐사하는 잠수정에서 비추는 빛의 대부분을 흡수하는 광물 입자들이 함유되어 있어서 검게 보인다. 이 입자 중에는 황화물도 있어서, 이곳에서 냄새를 맡을 수 있다면 중세의 지옥처럼 유황 냄새가 날 것이다.

이런 종류의 분출구가 처음 발견된 것은 1977년[*] 동태평양 해팽에서였다. 인류가 달에 첫 발을 내딛은 지 8년이 지난 때였다(엘비스 프레슬리가 사망하고, 록 밴드 더 클래쉬가 첫 앨범을 발표하고, 비지스의 〈How Deep is Your Love〉가 음반 차트에서 1위를 차지한 해이기도 하다). 해양학자와 생물학자는 그 발견에 경악했다. 어느 누구도 예상하지 못한 곳에 풍부하고 다양한 생물들이 살고 있었을 뿐 아니라, 그 생물들은 어느 누구도 상상하지 못한 형태를 지니고 있었다. 이들은 태양이 아니라 지구 내부의 열을 이용한 화학 합성을 통해 에너지를 얻었다. 화학 합성은 미생물이 수소나 황화수소를 산화하여 탄소와 영양분을 유기물로 전환하는 과정이다. 이 미생물들은 끝에 피처럼 붉은 잎 같은 것이 달려서 2.4미터까지 자라는 거대관벌레에 이르기까지 다양한 생물들을 부양한다. 거대관벌레는 입도 위장도 소화계도 없지만 몸 안에 든 세균들과 공생을 통해 살아가는데, 이 세균들은 많을 때면 관벌레의 몸무게 중 절반을 차지한다. 거대관벌레보다 좀 작긴 하지만 더 뜨거운 곳에서 사는 폼페이벌레도 있다. 화산 폭발로 매몰된 고대 로마의 도시 폼페이의 이름을 땄다. 이 동물은 뜨거운 분출구 가까이, 수온이 80도까지 올라가는 곳에 몸을 고정시킨 채, 분출구에서 좀 더 멀어서 수온이 약 22도까지 식은 곳을 향해 관 밖으로 깃털처럼 생긴 머리를 삐죽 내밀고 있다. 등 쪽은 세균들이 양털처럼 뒤덮고 있다. 공생하고

---

[*] 1977년에 이루어진 또 하나의 선구적인 사건은 세균과 별도의 고세균 영역을 설정한 칼 워즈의 분류 체계가 발표된 것이었다.

예티게

있는 이 세균들은 아마 폼페이벌레가 가장 극단적인 온도를 접하지 않도록 단열하는 듯하다.

검은 연기 기둥이 처음 발견된 뒤로 수십 년이 흐르는 동안, 테니스공의 솔기처럼 전 세계 대양의 해저로 뻗어 있는 6만 4,000킬로미터에 이르는 중앙해령을 따라 약 50곳에서 더 많은 열수 분출구들이 발견되었다. 하지만 모든 해령과 열수 분출구가 있을 법한 해역 중에서 탐사가 된 곳은 극히 일부에 불과하다. 거듭되는 조사를 통해 적어도 거대관벌레와 예티게만큼 기이한 생물들이 더 많이 발견될 수도 있다. 예를 들어, 열수 분출구에서 얼마간 떨어진 물에 떠다니는 세균이 분출구에서 아주 흐릿하게 뿜어 나오는 적외선을 받아서 광합성을 한다는 사실이 최근에 밝혀졌다.

예티게는 몇 가지 의미에서 문턱에 서 있는 동물이다. 무엇보다도 검은 연기 기둥에 의지하므로, 이들은 뜨거운 마그마와 차가운 물이라는 양쪽 세계의 경계에 산다. 처음에는 긴 털로 뒤덮인 부속지가 정확히 어떤 기능을 하는지를 잘 몰랐기에, 이 동물이 분출구의 극도의 고온 및 유해 기체와 그 주변의 아주 차가운 물 사이의 경계에 걸쳐 있을지 모른다고 생각했다. 이 털—실제로는 나방이나 호박벌에게 있는 것과 같은 센털—은 폼페이벌레의 세균처럼 예티게가 먹이를 뒤쫓다가 뜨거운 물로 들어갈 때 단열재 역할을 할지도 모르는 일이었다. 아니면 털을 뒤덮고 있는 사상균이 분출구에서 나오는 기체를 중화하거나 직접 먹이가 될 수도 있었다. 코스타리카 인근 심해저의 냉용수(바닥에서 솟구치는 차가운 물—역자 주) 지역에서 발견된 또 한 종의 예티게는 이 마지막 가설을 지지하는 듯했다. 이 키와 푸라비다(*Kiwa puravida*)는 집게발의 센털에 붙어 자라는 세균 군체를 빗 같은 입으로 긁어 먹는다. 대강 비유하자면 우리가 머리털에서 냉이 씨앗을 싹틔워서 뜯어 먹는 셈이다. 키와 히르수타(*Kiwa hirsuta*)보다 털이 좀 적은 이 동물의 종명은 행복한 삶이라는 뜻의 코스타리카 말에서 유래했다. 키와 푸라비다는 발견자들이 색다르면서 우스꽝스러운 춤

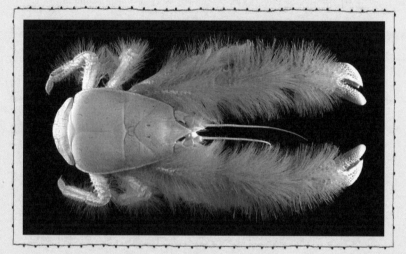

예티게

이라고 묘사한, 집게발로 물을 휘젓는 행동을 하면서 많은 시간을 보내는 듯하기 때문이다. 아마 냉용수 분출구에서 스며 나오는 영양가 있는 기체를 세균이 더 많이 접하도록 하기 위해서일 것이다.

많은 이들에게 적어도 식탁에서 친숙한 동물들인 새우, 바닷가재, 게처럼, 예티게도 10개의 부속지를 가진 갑각류, 즉 십각류다. 예티게가 속한 강인 연갑류의 구성원들도 마찬가지다. 캄브리아기 때부터 있었던 이 강에 속한 약 5,000종은 섬세한 광대새우(Harlequin shrimp), 바늘이마새우붙이(Google-eye fairy crab), 보라암초가재(Violet-spotted reef lobster)에서 심해의 무시무시한 거대한 등각류와 그것의 자그마한 육지 사촌인 쥐며느리에 이르기까지(7장에서 말한 가시갯가재는 말할 것도 없이) 16개 목으로 다양해지면서 갑각류 체형의 거의 무한한 변이 형태들을 만들어왔다. 연갑류의 일종인 키다리게는 폭이 3.8미터까지 자라는 가장 큰 해양 갑각류다. 그리고 야자집게는 육지에서 가장 큰 절지동물이다. 폭이 거의 1미터에 달하는 이 게는 나무를 기어올라가서 거대한 집게발로 야자 열매를 으깬다. 아주 작은 크릴도 연갑류다.

서양 문화에서는 갑각류가 못생기고 이질적이라는 인식이 아직 남아 있다. 이는 그들이 절지동물, 대강 말해 아주 커다란 딱정벌레나 다름없고, 따라서 많은 문화에서 더러움 및 질병과 연관 짓는 동물들의 일종이라는 사실에서 비롯된 것일 수도 있다. 장 폴 사르트르는 그런 동물들을 볼 때 불편하게 뒤섞인 혐오감와 혈연 감정을 떠올렸다. 사르트르의 소설 《구토》의 화자는 모든 존재, 특히 자기 자신과 다른 사람들을 불쾌하게 느끼기 시작하면서 사람들을 게로 보기 시작한다. 바깥은 끈적거리고 딱딱한 반면, 안은 부드럽고 형태가 없는 존재로 말이다. (재담을 대단히 중시한 사르트르는 라틴어 homarus에서 유래한, 바닷가재를 뜻하는 프랑스어 오마르[homard]가 '인간'에 경멸을 의미하는 접사가 붙어서 '별 볼 일 없는 역겨운 인간', '같잖은 녀석'을 뜻하는 단어인 오마르[homme-ard]와 동음이의어라고 했다.) 사르트르의 태도는 유별나고 또 심지어는 극단적이라고 할 수도 있지만, 어쨌든 서양 문화에 아직 존재하는 태도의 연장선상에 있다.

최근 수십 년 동안 찍은 해양 사진들은 사르트르를 비롯한 갑각류 공포증 환자들이 결코 알지 못한 것을 보여주었다. 갑각류가 아름다운 생물일 수 있다는 것 말이다. 게붙이(Porcelain crab)는 흰색 바탕에 자주색 물방울무늬, 붉은 바탕에 흰색 물방울무늬 등 십여 가지 조합으로 치장하고 있다. 소라게는 마치 중세의 별난 모자를 쓰고 있는 것처럼 껍데기에 말미잘을 붙이고 다니기도 한다. 또 현재 우리는 많은 갑각류 종이 등딱지 위로 삐져나온 수십만 개의 작은 털로 정확히 느낌이라고 할 수는 없다고 해도 적어도 절묘한 촉감을 얻는다는 것을 알고 있다. 소설가 데이비드 포스터 월리스는 바닷가재를 고찰하면서 표준 어업 지침서의 한 대목을 인용한다. "비록 단단하고 뚫을 수 없는 갑옷처럼 보이는 것에 감싸여 있을지라도, 바닷가재는 부드럽고 섬세한 피부를 지닌 양 수월하게 외부로부터 자극과 느낌을 수용할 수 있다."

그럼에도 그들은 여전히 우리에게 매우 이질적인 존재로 남아 있다. 씰룩거리면서 먹이 알갱이를 안으로 밀어 넣는 게의 입을 지켜보고 있자면, 나는 아무리 불합리하게 여겨질지라도 음란하게 탐식하는

인도양의 산호초 해산에 사는 등각류인 심해 아르크투리드(arcturid)의 일종.
심해에는 예티게보다 더 기이한 동물들도 숨어 있다.

예티게

기계를 보고 있다는 기분을 떨쳐낼 수가 없다. 따라서 이것이 예티게가 많은 연갑류 사촌들과 더불어 문턱의 생물임을 말해주는 두 번째 방식이다. 그들은 우리가 으레 구분하는 생물과 무생물 사이에 다리를 놓는다. 나는 이것이 로봇과 로봇을 보는 우리의 태도와 비슷하다고 생각한다.

1921년 카렐 차페크가 로봇을 상상한 이래로 90년이 흐르는 동안, 대개 현실 세계의 로봇은 엉성하거나 협소하고 특수한 과제밖에 해내지 못했다. 하지만 최근 약 10년 사이에 우리는 기계판 캄브리아기 대폭발의 시작처럼 보이는 시대에 들어섰다. 즉 여태까지 인간과 다른 동물들만이 지녔던 능력, 즉 민첩성, 자각, 적응성을 지닌 기계가 늘어나고 있는 것이다. 한 예로 심장까지 기어 들어가서 수술을 할 수 있는 '뱀봇(snake-bot)'이 나와 있다. 그 어떤 우주비행사보다 국제우주정거장의 예민한 장치를 더 잘 조작할 수 있는 로봇도 있다. 모충처럼 나무를 기어오를 수 있는 로봇, 일본 전통 춤을 추는 로봇, 우리보다 빨리 달릴 수 있는 로봇도 있고, 언젠가는 축구 경기에서 우리를 이길 로봇도 나올 것이다. 비록 아직 로봇이 여러 면에서 매우 한계가 있다고 할지라도, 그들 중 일부는 다양한 물리적 과제 및 정보 처리 과제에서 우리를 능가한다. 스퀴시봇(squishybot, 두족류의 팔을 닮은 부드럽고 휘어지는 형태)에서 지능형 시스템과 망으로 연결된 작은 곤충형 드론(drone)에 이르기까지, 로봇의 형태와 용도는 진화하기 시작했으며, 우리는 그것이 어디로 나아갈지 거의 감조차 잡지 못하고 있다.

이것이 우리가 세계를 지각하고 세계에 존재하는 새로운 방식으로 나아가는 문턱을 건너고 있다는 의미일까? 과학과 기술의 사회학자인 셰리 터클은 로봇의 돌보는 능력, 즉 인간의 욕구를 보듬는 능력이 킬러앱(killer app)이 될 것이라고 우려한다. 터클은 인간이 새로운 것에 애착을 갖기 쉽기에, 우리를 돌보는 로봇이나 애완용, 반려 로봇처럼 우리가 돌봐야 하는 기계들에게 감정적으로 빠질 위험이 있다고 지적한다. 이런 기계들은 우리와 대화를 나누는 척하겠지만, 실제로는 우리가 말하는 것을 이해하지 못할 것이다. 사교적인 로봇에 푹 빠짐으로써 우리는 전에 없이 새로운 친밀감을 경험할 수 있겠지만, 터클은 이 접촉이 다른 인간과 이루어지는 것이 아니기 때문에 인구수가 줄어들지 않을까까지 우려한다. (프리츠 랑이 1927년과 연화 〈메트로폴리스〉는 인간이 기계에 성적으로 의지하는 미래를 극단적으로 묘사한다. 영화에서 아름다운 여성의 모습을 한 기계 인간들은 남자들을 굴종하는 짐승으로 만든다.)

피터 싱어(Peter Singer, 호주 철학자가 아니라 군사적인 소재를 다루는 미국 저술가)는 로봇을 위한 킬러앱이 말 그대로 '살인자 앱'이라고 본다. 싱어는 로봇들이 전쟁을 수행하는 비중이 높아질 것이고, 인류의 전쟁과 정치에 우리가 이제야 겨우 알아차리기 시작한 새로운 차원과 동역학을 추가하고 있다고 말한다. 정반대로 기술 평론가인 로드니 브룩스는 사실상 걱정할 일이 전혀 없다고 말한다. 고도의 능력을 갖춘 지각 있는 로봇(sentient robot)은 아무런 문제도 안 될 것이고, 우리는 그저 그것이 우리의 특별함을 덜어내는 한 가지 방법이라는 생각에 익숙해지기만 하면 된다고 본다.

예티게가 문턱의 동물이 되는 세 번째 방법은 이 장의 첫머리에 언급한 내용과 관련이 있다. 이 게가 두 개의 다른 세계의 경계에 있다는 것 말이다. 비록 검은 연기 기둥이 수십억 년 전의 바다와 화학적 특성이 전혀 다른 현대 대양의 한 특징이고 검은 연기 기둥들 각각의 나이가 그다지 많지 않다고 할지라도(목재로 지은 일본 신사처럼 끊임없이 무너지고 새로 만들어지기 때문이다), 그것들은 훨씬 더 오래된 무언가의 증거가 될 수 있다. 그런 곳에서 생명이 무생물에서 출현했을지도 모른다는 것 말이다.

인류가 창안한 창세 신화들은 놀라울 만치 다양하다. 상당수는 복잡하고 폭력적이지만, 상대적으로 단순하고 온건한 것도 있다. 일본 아이누인의 신화에서는 창조신이 할미새를 내려보낸다. 할미새는 바다 위에서 날개를 파득거리며 물을 튀기면서 작은 공간의 물을 옆으로 밀어내어 그 아래 진흙을 드러내고는, 진흙을 발로 짓밟고 꼬리로 두드려서 단단히 다진다. 그렇게 하여 아이누인이 살 섬이 만들어졌다. 반면에 중국 신화는 최초의 존재인 거인신 반고(盤古)가 하늘과 땅을 떼어내는 일을 한 뒤에 지쳐 쓰러지자, 그의 신체 부위들이 산, 강, 나무, 풀로 변했다고 말한다. 말리의 만데족(Mandé) 신화에서 창조신은 유달리 단단하고 가시투성이인 아카시아의 씨로 생명을 창조하려 하다가 실패한 뒤, 쌍쌍이 대조적인 특성을 지닌 풀씨 네 쌍을 써서 다시 시도를 했다. 서아프리카판 음양 이론인 셈이다. 아메리카의 태평양 북서부 원주민들의 신화에서는 장난꾸러기 큰까마귀가 대왕조개와 짝짓기를 한다. 9개월 뒤 큰까마귀가 대왕조개 안에서 들려오는 목소리를 듣고서 껍데기를 열었더니 그 안에 작은 남자들이 들어 있었다. 큰까마귀는 나중에 딱지조개 안에서 남자들의 짝이 될 여자들을 찾아냈고, 남녀가 함께 지내는 모습을 보고 무척 기뻐했다.

생명의 기원에 관한 과학적 가설은 창세 신화들만큼 많거나 다양하지는 않지만, 더 흥미롭다고 주장할 수 있다. 실제 세계에서 일어나는 과정들을 관찰한 자료에 토대를 두고 이론상 검증이 가능하기 때문이다(설령 그런 검증이 현재 능력 밖의 일이라고 할지라도 말이다). 최초의 가설 중 하나—생명이(혹은 어쨌거나 벌레와 구더기같이 '원시적인' 형태들은) 진흙과 오물에서 자연적으로 발생한다는 아리스토텔레스의 개념—는 일찍이 1688년에 이탈리아 의사 프란체스코 레디(Francesco Redi)가 죽은 고기에 파리가 앉지 못하게 하면 구더기도 생기지 않는다는 것을 보여줌으로써 의심을 받기 시작했고, 1861년 루이 파스퇴르가 양분이 풍부한 배양액이라고 해도 멸균한 뒤 밀봉하여 외부 세계와의 접촉을 차단하면 세균과 곰팡이가 전혀 자라지 못한다는 것을 보여 주었을 때 거의 완전히 폐기되었다.

하지만 찰스 다윈이 1871년에 개괄한 개념, 즉 생명이 "암모니아와 인산염, 빛, 열, 전기 등의 각종 요소가 갖추어진 따뜻한 작은 연못"에서 시작되었을 수 있다는 개념은 더 생산적이라는 것이 입증되었

상상하기 어려운 존재에 관한 책

다. 이 개념은 1920년대에 알렉산드르 오파린(Alexander Oparin)과 J. B. S. 홀데인(John Burdon Sanderson Haldane)이 내놓은 '원시 수프' 가설의 지적 조상이라고 할 수 있었다. 원시 수프 가설은 단량체(즉 단백질의 기본 구성단위인 아미노산), 지질, 당과 염기(RNA와 DNA의 기본 구성단위)라는 상대적으로 단순한 유기 분자들이 초기 지구에서 번개가 칠 때 더 단순한 화학물질들 간의 반응을 통해 자연적으로 생성되었다고 본다. 1952년 스탠리 밀러와 해럴드 유리(Harold Urey)가 지구 초기의 대기에 존재했다고 추정되는 화학물질들의 혼합물에 전기 '충격'을 가해서 많은 아미노산을 만들어낸 실험은 이 가설을 뒷받침하는 듯했다. 하지만 당연히 생명을 구성하는 단량체를 만들어내는 것만으로는 충분하지 않았다. 그 수프에 전기 충격을 계속 가할 수도 있지만, 어느 시점을 넘어서면 끈적거리는 혼합물이 될 뿐이다. 아무리 오래 끓인다고 해도 닭고기 수프에서 닭이 나오지는 않는다.

이 문제가 해결 불가능해 보이자 일부 과학자들은 지구의 생명이 외계 공간에서 운석에 실려 온 미생물에 '접종'되었을 수 있다고 주장하기에 이르렀다. 이른바 '범종설(汎種說, 판스페르미아[Panspermia] 가설, 포자설이라고도 한다—역자 주)'이라는 이 개념은 1974년의 코믹 포르노 영화 〈플래시 고든(Flesh Gordon)〉(포르노 행성의 황제가 지구로 섹스 광선을 쏘아서 지구인들을 섹스광으로 만든다는 내용—역자 주)에 등장하는 먼 행성의 이름처럼 들릴지 모르지만, 지극히 진지한 과학적 개념이다. 하지만 범종설의 문제는 생명이 어떻게 기원했는지를 설명하지 못하고 그 수수께끼를 다른 행성으로 떠넘길 뿐이라는 것이다. 우리가 근거를 갖고 확실히 말할 수 있는 것은 생명의 기본 구성단위 중 많은 것이 우주에 이미 존재하고 있어서, 생명에 필수적인 일부 원소와 화합물의 상당량이 우주에서 젊은 지구로 왔다는 것이다. 예를 들어, 모든 유기 화합물의 뼈대인 탄소는 실제로 지구에 아주 드물며—지구에서 15번째로 흔한 원소이며, 지구 지각의 0.046퍼센트를 차지한다—주로 지구로 쏟아져 들어온 외계 입자들에서 유래했을지도 모른다. 물이 없으면 우리가 아는 생명도 존재할 수 없는데, 우리 행성의 물 중 상당량은 처음에 지구에 충돌한 운석을 비롯한 천체들에 실려 온 것일 수도 있다. 39억 년 전의 후기 운석 대충돌기(late heavy bombardment)에도 많은 물이 들어왔을 수 있다. 일부 운석은 적어도 생명이 만드는 여섯 가지 단백질을 포함하여 수십 종류의 아미노산을 지니고 있다는 것이 밝혀졌다. 또 살아 있는 세포에 흔한 당과 지방을 지닌 것도 있다.

따라서 외계 공간을 연구하면 수프의 성분이 보이지만, 여전히(혹은 아직은) 닭은 찾을 수 없다. 그러나 생명과 그 기원의 수수께끼를 더 밝혀줄 만한 또 다른 접근 방법이 있다. 생명이 **무엇인가**보다는 생명이 **무슨 일을 하는지**를 생각하는 것이다. 생명은 성분에 의존하는 것 못지않게 과정에도 의존하기 때문이다. 그리고 그 과정의 토대를 이루는 것은 1940년대에 에르빈 슈뢰딩거가 간파했듯이, 생명이 '흐름이나 질서'를 자신에게 농축시키는 능력이다. 즉 외부의 에너지 흐름을 다스림으로써 무작위와 혼돈으로 나아가려는 만물의 보편적인 경향을 저지하는 능력이다. 이 깨달음은 다른 요소들과 더불어, 생명이 흐름에서 에너지를 포획하는 물레방아가 아니라 복잡하지만 아직 발달하지 않은 계가 포획할 수 있는 꾸준한 에너지의 흐름*—기울기—이 있는 곳에서 기원했을 가능성이 높다는 개념으로 이어진다.

물론 지구에서 가장 크고 가장 두드러진 에너지의 흐름은 태양에서 기원한다. 많은 문화에서 태양을 신이자 생명의 아버지(또는 어머니)라고 여기는 것은 이를 반영하는 것이다. 하지만 1970년대에 태양을 볼 수 없는 컴컴한 곳에 숨어 있으면서, 기이하면서도 원시적인 생명체들로 뒤덮여 있는 검은 연기 기둥이 발견되자 과학자들은 화학물질 농도 기울기가 의지할 수 있을 만큼 유지되고 열의 흐름이 꾸준히 이어지는 그런 조건에서 최초의 생명이 출현한 것이 아닐까 하는 생각을 품게 되었다. 이 개념은 옳을 가능성이 있어 보였다. 20세기의 마지막 수십 년에 걸쳐 내가 (조금씩이나마) 성장할 무렵에 이 개념

상상하기 어려운 존재에 관한 책

이 널리 논의되고 있던 것으로 기억한다. 하지만 처음의 흥분이 가라앉은 뒤에 이루어진 실험 결과들은 이 설명에 의구심을 품게 만들었다. 초기 세포의 형성과 복제에 관여했을 가능성이 높다고 여겼던 핵산은 검은 연기 기둥이 혹독한 환경에서 파괴되었은 것이다.

그러다가 2000년에 검은 연기가 아예 없는 전혀 다른 유형의 심해 열수 분출구가 발견되었다. 이 분출구는 바닷물 및 암석과 반응하는 메탄과 수소를 대량으로 뿜어냄으로써, 높이 솟은 하얀 첨탑을 만든다. 첫 연구 대상지는 대서양 중앙의 해저에서 솟아오른 곳이었는데, 좀 예상할 수도 있었겠지만 사라진 도시(Lost City)라는 이름이 붙었다. 비록 형성된 것들은 종종 비교되고 있는 성당의 뾰족탑보다는 닥터 수스 만화 속의 기괴한 경관이나 칭기(tsingy, 마다가스카르의 침식되어 뾰족한 모양을 한 석회암)를 더 닮았지만 말이다. 생명이 풍부하지 않다고 할지라도, 일부 과학자들은 이 구조가 원시 생명이 출현할 이상적인 조건을 형성한다고 본다. 이 첨탑 구조에는 분출구 안의 이상적인 반응 용기로부터 부글거리며 솟아오르는, 생명 친화적인 화합물이 농축된 작은 방이 가득하다. 게다가 분출구에서 새어나오는 화학물질들과 주변 물에 있는 화학물질들의 차이로 전위차가 형성되어, 첨탑 안에서 화학 반응이 추진될 에너지도 제공될 수 있었을 것이다. 일부 과학자들은 이런 곳이 생명이 출현할 이상적인 환경이라고 확신에 차서 말했다. 미생물학자 닉 레인(Nick Lane)은 주장한다. "모든 생물의 마지막 공통 조상은 결코 독립생활을 하는 세포가 아니라, 원

---

* 올리버 모튼은 2007년에 이렇게 표현했다. "생명은 단순히 사물에서 형성되는 것이 아니다. 생명은 과정들로부터 형성된다." 오늘날 실험실에서 자율적으로 진화할 수 있는 화학계를 구축하고자 애쓰는 과학자들은 그런 계가 세 가지 기본 특징을 지녀야 한다고 말한다. 첫째, 다음 세대로 전달될 수 있는 암호화한 정보를 구조 속에 담은 연관 분자들의 '집합(library)'이 있어야 한다. 둘째, 이 분자들은 대사, 즉 유용한 에너지를 생산하는 화학 반응의 집합을 지원해야 한다. 셋째, 분자들은 이 대사가 교란되지 않고 진행될 수 있는 에워싸인 공간을 형성할 수 있어야 한다.

예티게

시적인 생화학 반응을 촉매하는 거품 같은 황화철 막으로 뒤덮인 다공성 암석이었다." 그는 수소와 양성자의 농도 기울기로 추진되는 이 천연 흐름 반응 용기가 유기 화학물질로 채워져서 원시 생명을 출현시켰으며, 그 원시 생명이 이윽고 최초의 살아 있는 세포가 되었다고 주장한다. 그것도 한 차례가 아니라 두 차례에 걸쳐서 세균과 고세균을 낳았다는 것이다.

이 '염기성 분출구(alkaline vent)' 가설을 모든 이들이 받아들이는 것은 아니다. 많은 연구자들은 생명이 지구의 표면과 유입되는 태양 에너지 사이의 경계면에 훨씬 더 가까운 곳에서 기원했을 것이라고 주장하면서 여전히 다른 가설들을 뒷받침할 사례를 찾고 있다. 예를 들어, 열대 화산섬의 얕은 민물 초호는 최초의 '껍데기(carapace)', 즉 지질막에서 만들어진 원시적인 세포벽 안에서 원시 생명계가 구성될 조건을 제공할 수 있었다. 아마 따뜻한 연못을 생명의 기원 장소라고 내다본 다윈의 견해가 진리에 더 가깝다고 드러날지도 모른다.

나는 예티게 같은 심해 분출구의 생물들이 전혀 알려지지 않은 존재였다가 생명 자체가 기원했을 수 있는 장소의 시민으로 여겨지는 변화과정을 직접 지켜보았다. 발견된 뒤로 그들은 생명 세계에 관해 차츰 늘어나고 있는 우리 지식의 일부가 되어왔다. 2011년에 인도양 남서부의 '용 분출구(Dragon Vent)'라는 열수 분출구에서 세 번째 예티게 종이 발견되었다. 아직 미분류 상태인 이 종은 동태평양의 사촌들보다 집게발이 더 짧고 배 쪽이 온통 센털로 덮여 있지만 친척일 가능성이 아주 높다. 2005년에도 한 차례 놀라운 일회성 발견이 이루어졌는데, 나중에 또 다른 발견을 통해 우리가 전에 전혀 모르고 있던 동물들의 세계적인 분포 범위를 정확히 말해주는 것임이 입증될지도 모른다.

한 옛 책에서 야훼는 욥에게 묻는다. "바다의 샘으로 들어가보았느냐? 깊은 바다 밑을 걸어보았느냐? 죽음의 문이 네 앞에 나타났느냐?" 대답할 기회가 주어졌다면, 물론 욥은 아니요, 라는 말밖에 할 수

상상하기 어려운 존재에 관한 책

없었을 것이다. 욥의 이야기가 적힌 지 약 25세기 뒤에 우리는 예, 라는 쪽으로 다가가고 있다. 우리는 바다 밑까지 여행할 수 있고, 아직은 내놓지 못했지만 생명의 기원에 관한 검증 가능한 가설을 곧 내놓을 수 있을 것이다. 그리고 우리는 지금으로부터 약 11억 년 뒤 태양이 더 뜨거워져서 대양이 증발할 때 지구의 생명은 더 이상 버틸 수 없으리라는 것—어떤 지적 행위자의 개입이 없는 한—을 안다. 하지만 그보다 한참 전에 생명은 현재의 우리가 상상조차 할 수 없는 방식으로 변화할지도 모른다. 우리 이후에 출현할 존재에게는 우리가 원시적으로 보일지도 모른다. 지금의 우리 눈에 어둠 속을 쪼르르 달려가는 심해의 게가 그렇게 보이듯 말이다.

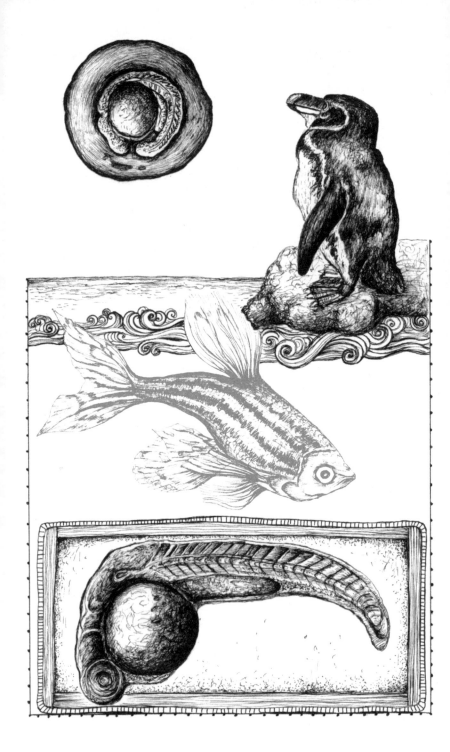

ZEBRAFISH
제브라피시

Danio rerio

문: 척삭동물

강: 조기어

과: 잉어

보전 상태: 관심 필요

보카와 즐겁게 지낸다. 보카는 말할 수 있는 물고기다.
— 크리스토퍼 스마트

볼테르는 영국인을 칭찬했지만, 그의 칭찬에는 가시가 돋아 있었다. "그들과 함께 있을 때에는 어떻게 그토록 귀여운 아이를 낳을 수 있는지 놀랍다는 표정을 짓지 말도록." 볼테르가 21세기의 생물학자였다면, 아마 갠지스 강의 작은 물고기인 제브라피시(Zebrafish)를 놓고 비슷한 말을 하지 않았을까? 제브라피시 성체는 푸르스름한 색과 흰색의 세로 줄무늬가 있는 귀엽고 아주 작은 물고기지만, 특별한 점은 전혀 없다. 이들은 길러서 번식시키기도 쉽고, 수족관에서 으레 키우는 동물이 된 지 한 세기가 넘었다. 사실 제브라피시는 좀 평범한 민물고기다. 하지만 새끼는 다르다. 이 어류의 새끼는 특별한 아름다움을 지니고 있다.

이 아름다움은 배아가 발달할 때의 변화 과정 속에 담겨 있다. 컴퓨터 화면으로 이 배아 발달 과정을 찍은 고속 영상으로도 어떤지 감을 잡을 수 있겠지만, 그 과정을 진정으로 감상하고 싶다면 실시간으로 직접 지켜보기를 권한다. 나 역시 운 좋게도 그럴 기회가 있었다. 현미경은 초입체적인 시야를 만들어 낸다. 현기증이 이는 높이에서 내려다보는 동시에 극도로 가까이에서 볼 수 있으니까. 당신은 **사실**

상상하기 어려운 존재에 관한 책

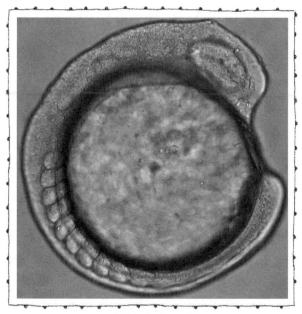

14시간 된 제브라피시 배아

상 그곳에 가 있다고도 말할 수 있다. 아주 작고 투명한 방울이나 속이 비치는 달 같은 수정란 안에는 형태를 갖추기 시작한 새끼 물고기가 몸을 구부린 채 들어 있다. 이 새끼는 처음에 알의 가장자리에 난검은 줄이었다가, 고동치면서 변형되어 간다. 등뼈, 심장, 눈을 만들어감에 따라, 이제 완전히 투명해진 배아 안에서 꿈틀거리는 온전한 물고기 형태를 알아볼 수 있다. 이 변신에는 약 이틀이 걸린다.

많은 연구자들이 하나의 세포 안에서 일어나는 미묘한 메커니즘을 연구하거나 컴퓨터로 유전체 서열을 분석하고 이론 모형을 구축하는 데 매진하는 이 시대에도, 육안으로 직접 제브라피시의 배아 발달을 관찰하는 일에는 매혹적인 무언가가 있다. 세포들이 발달하고모이고 갈라지면서 주요 기관들과 각종 구조들을 형성하는 과정을지켜보고 있자면, 마치 생물학의 맨 밑바닥에 와 있는 듯한 느낌을 받는다. 흔히 말하듯이, 우리는 지켜보는 것만으로도 많은 것을 알 수있다.

제브라피시

나 같은 초보자에게 깊은 인상을 안겨준 그 광경을, 제브라피시를 대상으로 뇌의 비정상적인 발달에서 심장의 재생에 이르기까지 다양한 연구를 하고 있는 수천 명의 연구자들은 매일같이 지켜볼 것이다. 이들은 형광 단백질이 만들어져서 마치 외계 생물처럼 신체 기관을 빛나게 하게끔 유전체에 변형을 가하는 등 배아의 발달 과정에 수정을 가하기도 한다. 하지만 내가 아는 한, 대다수의 과학자들은 자신이 그토록 지켜보고 또 지켜보았던 그 발달 과정에 여전히 경이로움을 느끼며, 거의 모두 이 물고기와 아홀로틀, 초파리를 비롯한 몇몇 동물들로부터 배울 수 있는 것을 떠올리면서 흥분한다. 이 동물들은 인간의 질병을 완화하고 수명을 연장하는 데 필요한 지식을 조금씩 그러나 차근차근 쌓아가는 데 도움을 줄 수 있다. 인공조명과 화학물질 냄새로 가득한, 몹시 나쁜 환경의 실험실에서 그런 아름다움을 볼 수 있다니 얼마나 기이하면서도 경이로운가. 과학 발전이 경이를 불러 일으킨다면, 그것은 거인의 어깨뿐 아니라 제브라피시의 포배(배아 발달의 한 단계—역자 주)도 딛고 서 있는 것이다.

작가 앨러스데어 그레이는 "더 좋은 나라의 건국 초기에 살고 있는 것처럼 일하라"라고 조언한다. 나는 그 말에 경의를 표하며, 좋은 과학과 신중한 생각이 온정적으로 사용될 때 어떤 일을 이룰 수 있는지를 생각할 때면 거의 낙관주의자가 될 수 있다. 하지만 생명을 조작하는 이 점점 거대해지는 능력은 우리를 어디로 이끌까? 마틴 브레이저는 냉철한 고생물학자임에도, 우리가 싫든 좋든 간에 다세포 생물들이 엄청나게 다양하고 새로우며 놀라운 형태들로 급격히 진화한 캄브리아기 대폭발 이래로 가장 대규모의 변화가 일어나는 초창기를 살고 있을지 모른다는 말까지 한다. 물리학자 프리먼 다이슨은 과학이 "다윈주의 간주곡(Darwinian interlude)", 즉 각 종이 독자적인 정체성을 지녀온 수억 년에 걸친 간주곡을 끝낼 것이라고 주장해 왔다. 그리고 이 생각이 옳다고 혹은 옳을 가능성이 높다고 본다면, 설령 섬뜩함까진 아닐지라도 적어도 현기증이 일어난다. 이 주장들의 결함을

상상하기 어려운 존재에 관한 책

알아차린 이들조차도 (다이슨의 과장된 표현이 시사하는 것보다 생물학이 언제나 더 큰 규모의 오픈 소스였다는 증거를 지적하면서) 현재 이루어지고 있는 발전이 근본적으로 새로운 상황과 선택지를 만들어 낼 가능성이 높다는 데 동의하곤 한다.

뉴스에 나오곤 하는 발전 성과 중에는 그 자체로 놀랍긴 하지만, 실제로는 연구자가 주장하는 수준에 못 미치는 것들도 있다. 예를 들어 2010년에 해밀턴 스미스(Hamilton Smith)와 크레이그 벤터가 이끄는 연구진이 무(無)에서 생명을 창조했다고 발표했지만, 그 주장을 온전히 받아들이기는 어렵다. 그들이 실제로 한 일은 기존 미생물의 유전체를 잘라서 복제한 뒤 다른 미생물의 세포벽 안에 집어넣은 것이었다. 반면에 아직까지 주목을 덜 받고 있지만 그에 못지않게 또는 좀 더 중요하다고 판명될 발전도 있을 것이다. 예를 들어, '생명의 암호를 재프로그래밍'하여 고세균 이래로 생명이 쓴 적이 없는 아미노산을 이용하는 새로운 체계―일부에서는 라이프 1.0(Life 1.0)이라고 한다―를 만들기 직전에 와 있는 연구자들도 있을지 모른다. 연구자 제이슨 친(Jason Chin)은 그것이 모든 생물이 지금까지 써온 20개의 아미노산을 넘어서 "세포 내에 최초로 진정 독자적인 별도의 유전 암호"를 구축하는 것이라고 설명한다. 여태껏 세포에 없던 중합체를 생합성할 새로운 유전 암호 해독 체계를 말이다.

과대평가되었든 과소평가되었든 간에, 이런 혁신들은 합성생물학의 시대, 즉 (《네이처》의 사설에 실린 표현대로) "조상이 아니라 착상(idea)"으로부터 전혀 새로운 생물이 출현하는 시대로 나아가는 첫걸음임이 드러날 수도 있다. 앞으로 어떻게 될지는 인류 혹은 인류의 후계자들, 즉 지적이지만 반드시 현명하다고 장담할 수는 없는 설계자들의 손에 전적으로 좌우될 가능성이 높다.

현재 볼 때 변화의 몇몇 전조들은 사소하고 그저 흥밋거리로 비치기도 한다. 예를 들어, 2003년에 미국의 한 회사는 싱가포르의 한 연구 성과를 토대로 만든 글로피시(GloFish©)―유전공학적으로 형광을

제브라피시

띠게 만든 제브라피시로 스타파이어 레드(Starfire Red®), 일렉트릭 그린(Electric Green®), 선버스트 오렌지(Sunburst Orange®)가 있다—를 애완용으로 판매하기 시작했다. 하지만 이런 발전 중에는 비록 새로운 농담거리를 제공하는 데 큰 기여를 하고 있긴 해도 (내 생각에) 왠지 불길한 기운을 풍기는 것들도 있다. 2008년 여름에 세계 최초로 한국의 한 회사가 상업적 목적으로 강아지를 복제했다. 한국의 손꼽히는 과학자가 인간 배아 복제와 줄기 세포 연구의 증거를 조작했다고 폭로된 지 3년밖에 안 된 시점에 발표가 나왔기에 의구심이 제기되는 것은 당연했다. 하지만 강아지들은 진짜였다. 핏불테리어인 부거(Booger, '허깨비', '유령'이라는 뜻도 있다—역자 주)에게 육신이자 자식(이 단어를 써도 된다면)을 만들어 주었다. 부거의 주인인 조이스 매키니라는 미국인은 새로 얻은 이 보배들에 자신과 그 강아지들의 처녀 수태를 도운 과학자들의 이름을 따서 부거 매키니, 부거 리, 부거 나, 부거 홍, 부거 박이라는 이름을 붙였다. 말이 난 김에 덧붙이자면, 매키니는 젊은 시절 큰 추문을 일으켰는데, 에롤 모리스의 영화 〈타블로이드〉가 그 이야기를 토대로 한 것이다.

하지만 2008년에 한국 연구진이 썼던 방법은 이미 낡은 것이 되어 있다. 연구자들은 전혀 새로운 능력을 갖춘 동물을 만드는 일에 나서고 있다. 극도의 운동 능력을 발휘할 수 있는 슈퍼마우스(supermouse)가 이미 나와 있다. 이 생쥐의 능력은 사람으로 치면 높은 산까지 한 번도 쉬지 않고 달려 올라갈 수 있는 수준이다. 아직 이유는 잘 모르지만, 이 슈퍼마우스는 보통의 생쥐보다 수명이 더 길고, 교미도 더 자주하며, 매우 공격적이다.

미래의 생명 설계자들과 그들에게 비용을 지불하는 이들 중에는 현명하고 온정적인 이들도 있을지 모른다. 하지만 국가, 군대, 기업, 범죄자, 혹은 그 복합체를 위해 일하는 이들도 많을 것이다. 그러니 다양한 결과가 나올 것이라고 쉽게 상상할 수 있다. 마가렛 애트우드가 최근 소설들에서 묘사한 것처럼, 혹은 신*이 자신이 걸어온 궤적을 메리 셸리가 정확히 이해했음을 깨달았을 때 어떻게 행동하는가를 묘사한 데이비드 이글먼의 말처럼, 매우 불쾌한 결과들도 나올 것이다. 1970~1980년대에 소련의 비밀 계획을 통해 이루어진 것처럼 생명 체계를 무기화하고자 했던 초기의 시도들은 이미 비밀리에 진행 중이거나 곧 시작될 계획들에 비하면 아무것도 아닐지 모른다.

그리고 물론 생물학에서 이루어지는 혁신은 앞으로 발달할 과학 기술 전체의 일부에 불과할 것이다. 대단히 명석한 발명가이자 공학자 레이 커즈와일은 2040년대 무렵이면—그가 그때까지 살아 있어야 할 텐데—인공지능과 나노기술이 놀라운 수준으로 발전하여 뇌의 내용을 새로운 매체로 옮길 수 있을 것이라고 믿는다. 슈퍼컴퓨터나, 실제 또는 가상의 개인 맞춤 육체나 나노봇(nanobot) 군체로 말이다. "우리 존재의 비생물학적 부분(컴퓨터 기반 지능 같은)은 생물학적 부분을 완전히 모형화하고 모사할 만큼 강해질 것이다. 그것은 하나의 연속체, 패턴의 연속성이 될 것이다."

커즈와일의 이 말은 거의 한 세기 전에 막심 고리키가 소련 과학에 대한 자신의 희망을 피력할 때 한 말과 비슷하게 들린다. 고리키는 이렇게 썼다. "모든 것은 인류의 정신 전체를 구현하는 순수한 사상으로 변형되어, 결국에는 그 순수 사상만이 남을 것이다." 설령 커즈와일이 논거로 삼는 기술이 실현 가능한 것으로 드러난다고 할지라도, 인류의 불멸이라는 그의 꿈의 핵심에는 여전히 한 가지 환상, 아니 적어도 역설이 남아 있다. 철학자 존 그레이가 지적하듯이, "영

• "(신은) 지금 자신의 방에 틀어박혀 있다가, 밤에 《프랑켄슈타인》 책을 들고 남몰래 지붕으로 올라와서, 빅터 프랑켄슈타인 박사가 북극의 빙하 위를 건너던 냉혹한 자신의 괴물에게 조롱당하는 장면을 읽고 또 읽는다. 그리고 신은 모든 창조는 필연적으로 그렇게 궁지를 빚어낸다고 생각하면서 스스로를 위로한다. 창조자들은 자신이 만들어낸 것들로부터 무기력하게 달아날 수밖에 없다고 말이다."

제브라피시

생을 믿는 이들의 시나리오에서 인류는 스스로의 멸종을 꾀한다"라는 것이다.

커즈와일 같은 이들이 상상하는 특이점(singularity), 즉 다양한 기술들이 하나로 융합되어 독자적인 초지능을 갖추고 '인류 1.0 (Humans 1.0)'이 저 뒤에 남겨져서 먼지가 되어 스러질 만큼 대단히 빨리 발전하기 시작하는 시점은 환상에 불과할 수도 있다. 또 앞으로 수십 년 안에 가능한 핵심 기술을 논의한 부분에서 커즈와일이 틀렸을* 가능성도 아주 높다. 하지만 과학 저술가 올리버 모튼이 말하듯이, 큰 '변화'가 닥쳐오고 있다는 것은 분명하다. 앞으로 합성생물학을 비롯해 급속히 발전하는 기술들 중에서 혁신적인 것들이 나올 가능성은 높다. 혁신 중 일부는 '인류에게 힘을 주는 도구'일 것이다. 연구자들은 연료로 쉽게 전환될 수 있는 조류와 유독성 폐기물을 정화하는 세균을 만들어낼 지도 모른다. 또 인간의 수명을 대폭 연장하고, 기후 변화에 더 잘 적응할 수 있는 동식물을 개발하고, 가치 있는 멸종한 생물을 재창조할 수도 있다. 흥미를 좀 더 자극하자면, 역설계(riverse-engineer)를 통해 닭의 DNA에서 공룡을 만들어내는 것도 가능할지 모른다.

어찌되었든 혁신을 슬기롭게 인도하는 것**이 절실히 필요하며, 그런 상황에서의 지혜란 한계를 인정하는 것과 깊은 관련이 있다. 제브라피시의 발생은 엄청나게 복잡한 과정이지만 그 성장과 활동의 한계를 정한 잘 정의된 생물학적, 화학적, 물리적 법칙들을 따른다. 생물로서의 인류도 잘 정의된 한계 내에서 살아간다. 하지만 우리의 기술, 경제, 문화는 이 한계를 뛰어넘어 다른 세계로 우리를 이끌어왔다. 우리의 소비 속도와 방식은 이 행성이 지탱할 수 있는 한계를 넘어서고 있다.

철학자 닉 보스트럼은 인류의 미래 시나리오를 멸종, 되풀이되는 붕괴, 안정, 인류 이후(post-humanity)라는 네 가지로 나누었다. 우리가 어떤 종류의 미래를 **원하는지**를 고민하는 한, 그가 개괄한 각

시나리오에 함축된 의미들은 고려할 가치가 있다. 동물학자 에드워드 O. 윌슨(Edward Osborne Wilson)이 경고한 것처럼, 인류세(인류가 지구 생태계와 지질에 엄청난 영향을 미치는 시대)가 고립기(Eremozoic, 인류 활동의 결과로 지구의 생물이 크게 줄어든 '고독한 시대')가 되고 있다면, **어떤** 바람직한 방향을 상상할 수 있을까? 예를 들면, 신학자이자 생태학자인 토머스 베리(Thomas Berry)가 인류가 서로를 향상토록 독려하는 방식으로 지구에 계속 존속할 수 있는 시기라고 정의한 생태대(Ecozoic)를 상상해 보면 어떨까? 정신세(Nöocene), 즉 인류가 기술의 도움으로 더 현명해지지만 기술에 예속되지 않는 시대를 이루는, 아니 '지속적으로 증진되는 지각(continuously augmented awareness)****'을 이루는 것은 어떨까? 어쩌면 우리의 문제는 전반적으로 영리하지 못하다는 것이 아니라 어리석음이 너무 강해 통제할 수 없다는 것이며, 그 어떤 기계 또는 마음도 그것을 바로잡을 수 있을 만큼 발전할 수 없다고 말하는 회의주의자들이 옳을지도 모른다.

　우리는 미래의 자신, 인류와 우리 뒤에 올 다른 존재를 어떻게 상

---

* "커즈와일의 시나리오에 언급되어 있지 않지만 중요한 한 가지 토대는 2020년대의 어느 시점에 기적이 일어날 것을 요구한다. …… 커즈와일은 생물학적 자료들을 생물학적 통찰과 뒤섞으며 …… 뇌 구조를 근본적으로 잘못 알고 있음을 드러낸다."
　─데이비드 J. 린든(David J. Linden)(2011)

** 훨씬 더 효율적인 에너지 이용은 기술적인 과제─한 예로, 컬런(Cullen) 등은 현재의 기술로 73퍼센트까지 효율을 높일 수 있다고 말한다─일 뿐 아니라, 정치적, 경제적, 제도적인 과제이기도 하다. 우메어 하크(Umair Haque)가 주장하듯이, 세계 경제는 대규모의 기능 이상을 보이고 있으며, 그 문제의 근원에는 "지속적인 부의 창조보다는 대체로 부의 이전, 즉 가난한 자에게서 부자로, 젊은이에게서 노인으로, 내일에서 오늘로, 개인에게서 법인으로 부의 이전을 반영하는 어리석은 성장이 있다". 팀 잭슨(Tim Jackson, 2009) 참조.

*** 자메이 카시오(Jamais Cascio)는 2030년이 되면 인류가 "주의 산만과 주의 집중을 둘 다 더 잘 다루고 양쪽으로 수월하게 전환할 수 있는 더 나은 능력"을 갖출 것이라고 말한다. 마찬가지로 체스 챔피언 게리 카스파로프도 기계는 인류를 '뛰어넘는' 것이 아니라 그저 인류의 더 나은 도구가 될 뿐이라고 주장한다.

　　　　　　　　　　　　　제브라피시

상해야 할까? 데이비드 흄은 인간의 어리석음과 사악함에 관한 비관론을 뒷받침할 근거가 더 많긴 하지만, 인간 본성을 관대하게 보는 견해가 궁극적으로는 더 현명하다고 주장했다. 또 인간을 다른 동물이나 가상의 더 고등한 존재와 성급하고 경솔하게 비교하는 것은 위험한 일이라고 경고했다. 이 두 견해는 지금도 타당하지만, 흄이 사망한 이래로 약 250년 동안 동물과 인간의 본성을 더 연구한 결과 우리가 다른 동물들과 무엇을 공유하며 어떻게 다른지를 더 깊이 평가할 수 있다는 것도 사실이다.

'자연의 돌연변이(sport of nature)', 적어도 한 가지 핵심적인 면에서 우리와 비슷한 별난 동물을 생각해 보자. 바로 갈라파고스펭귄이다. 이 도저히 있을 법하지 않은 새는 적도에 걸쳐 있는 뜨겁고 황량한 제도의 해안에 산다. 갈라파고스펭귄의 조상들은 추운 남극대륙에서 물고기를 뒤쫓다가 얄궂은 운명의 장난으로 훔볼트해류의 차가운 물에 실려서 이곳으로 왔다. 그리고 이곳에서 그들은 번성했다. 적어도 인류가 대규모로 들어와서 그들을 멸종 직전에 이르게 하기 전까지 말이다. 물속에 있는 이 펭귄을 지켜보면—지금도 얼마든지 가능하다—이들이 바위 해안의 얕은 물로 뛰어들어 질주하는 행동을 할 때 가장 즐거워한다는 점이 아주 명확해진다. 이들은 더 나은 어부가 되기 위해서뿐 아니라 즐기기 위해서도 헤엄을 친다. 그렇다고 인정하는 것은 의인화의 어리석음을 저지르는 것이 아니라, 현실을 인정하는 것이다.

바로 여기에 우리의 공통점이 있다. 놀이는 별난 펭귄과 인간 모두에게 행복의 토대라는 것이다. 그리고 이 펭귄과 인간에게 '놀이=기쁨+학습'이라는 동일한 방정식을 적용할 수 있다. (인류에게 놀이는 아리스토텔레스가 덕의 토대라고 한 실천적 지혜로 나아가는 첫걸음이다.) 물론 제브라피시의 배아는 너무 어려서 놀 수 없으며, 인간은커녕 펭귄보다도 훨씬 지적 능력이 떨어진다. 하지만 우리는 가장 심오한 의미에서 놀이를 즐기는 태도로 그들을 지켜보고 연구할 수 있다. 바로 우리의 공통점(유전학적 및 발생학적 수준에서, 그들은 아주 많은 측면에서 우리와 비슷하다)과 차이점을 즐겁게 살펴보고 탐구하는 것이다.

세포의 수수께끼를 연구하는 많은 과학자들은 자신이 발견한 것을 흥분해서 남과 공유하고 싶어 안달한다. 유전학과 세포학 분야의 업적으로 노벨상을 받은 폴 너스는 세포의 능력과 과정을 이야기할 때면 열광한다. "지름이 몇 마이크로미터에 불과한 세포 하나 안에서 수천 가지 화학반응이 동시에 진행된다. 정말로 굉장하고 놀랍다." 또 다른 노벨상 수상자인 귄터 블로벨도 동의한다. "(세포에 관해) 우리가 알지 **못하는** 것이 엄청나게 많다." 더 알면 알수록, 칼 세이건이 우주에 관해 한 말이 세포에도 더욱더 들어맞는 듯하다. "우리 조상들이 상상도 못했던 장엄함, 복잡하고 우아한 질서"를 지닌다고 말이다.

너스가 말한 과정들은 세포학 지식을 어느 정도 갖추지 않으면 이해하기가 어렵다. 하지만 이 영역에서도 변화가 시작되고 있다. 분자 애니메이션* 같은 여러 가지 새로운 시각화 기술들이 이런 경이로운 것들을 비전문가들도 쉽게 이해할 수 있도록 돕고 있다. 그렇긴 해도 애니메이션은 단지 '지도'일 뿐이다. 이 글을 쓰는 시점을 기준으로 보면, 우리는 아직 세포 안에서 일어나는 활동을 **실제로** 볼 수 없다. 너무 크기가 작기 때문이다. 그와 대조적으로 제브라피시 배아를 형성하는 많은 세포들의 복잡한 춤을 지켜보는 일은 얼마든지 직접 할 **수 있다**.

루이스 토머스(Lewis Thomas)는 1974년에 발표한《세포의 삶(The Lives of a Cell)》에 이렇게 썼다. "우리의 비존재(non-existence)를 뒷받침할 좋은 사례가 하나 있다. 우리는 공유되고 빌려주고 점유된다." 우리 자신은 독립적으로 존재하는 개체가 아니라, 그때그때 형성되는 연결망과 더 폭넓은 패턴의 일부다. 하지만 우리가 실제로 존재한

---

* 한 예로, molecularmovies.com를 보라.

다면, 제브라피시—인지 단계 표에서 우리보다 훨씬 아랫단에 있을지 모를—는 지구에 얽매인 우리의 가여운 동료이자 벗 삼기 좋은 형태다. 필연적이고 확실하게 펼쳐지는 배아 발생의 완벽하고 맹목적인 오케스트라를 지켜보고 있으면, 눈앞에 보이는 경이를 깊이 사색하는 한편으로 앞으로 어떤 일이 벌어질지를 생각할 기회도 얻을 수 있다. 제브라피시와 마찬가지로 우리도 중간 어딘가에 있다. 작은 세포(그리고 그 구성 요소)와 전체 세계 사이, 생명의 시작과 미래의 생물 사이에 말이다.

루이스 토머스는 지구의 생태에 인간이 비슷한 역할을 한다고 주장했다.

지금이 지구의 형태 형성 과정에서 특수한 단계임이 드러날지도 모른다. 어쨌거나 당분간 우리 같은 존재가 필요한 시기일 수 있다. 에너지를 가져오고, 운반하고, 새로운 공생 관계를 찾고, 미래의 어떤 시기를 위해 정보를 저장하고, 어느 정도 치장을 하고, 태양계를 위해 씨앗을 운반할 수도 있는 존재가 말이다. 그런 일들을 하는 자, 바로 지구를 위한 잡역부다. 나로서는 우리가 추구하는 듯한 본질적으로 초현실적인 존재보다, 이 쓸모 있는 역할 쪽이 훨씬 더 마음에 든다. 그것은 우리가 진정 스스로를 자연의 필수불가결한 요소라고 생각한다면, 우리가 서로를 대하는 태도에 어떤 근본적인 변화가 있어야 한다는 의미일 것이다.

마찬가지로 칼 위즈는 우리가 자연을 이해하는 능력이 커질수록, 자연을 가공하는 것이 아니라 자연의 조화에 귀를 기울이는 것이 우선순위에 놓여야 한다고 권고한다. 볼테르가 《캉디드》에서 결론짓듯이, 우리는 우리의 정원을 가꾸어야 한다. 우리 자신과 주변에 있는 존재들의 본성과 앞으로 계속 드러나는 사실들에 세심하게 주의를 기울인다면 우리는 덜 속는 이들을 위한 일종의 기도문을 찾을 수도 있을 것이다.

상상하기 어려운 존재에 관한 책

이 책은 존재의 이유를 더 잘 이해하고 상상하려는 시도를 담은 것이다. 내가 그 일에 어느 정도 성과를 거두었다면, 그것은 남들의 안목과 사고를 통해 밝혀져 있던 것들 덕분일 것이다. 특히 리처드 파인만이 우리가 아는 한 자신을 속이지 않도록 막아 줄 최상의 방법이라고 정의한 과학적 방법을 통해 드러난 것들 덕분이다. 하지만 이런 통찰과 그 방법이 아무리 강력하다고 할지라도, 우리가 모으고 있는 세계에 관한 지식은 여전히 빈약한 수준이다. 몇 가지 면에서 우리의 미래 전망과 예측은 가장 나은 것이라고 할지라도 중세의 〈마파 문디(mappa mundi, 세계지도)〉와 정확도 면에서 별 다를 바 없다고 판명될 가능성이 높다.

앞 장에서 《캉디드》의 유명한 문장을 인용한 바 있다. "우리는 우리의 정원을 가꾸어야 한다." 그런데 인류세에 우리가 가꾸고 있는 것은 어떤 정원이며, 그 안에서는 어떤 생물들이 번성하고 있을까? 앞으로 어떤 일이 일어날까? 언제 그것을 알게 될까? 진정한 정원사는 미래를 내다볼 수 있기를 원한다. 카렐 차페크가 농담조로 말했듯이, "자신의 것을 검사하고, 아는 법을 배우고, 제대로 이해하기 위해

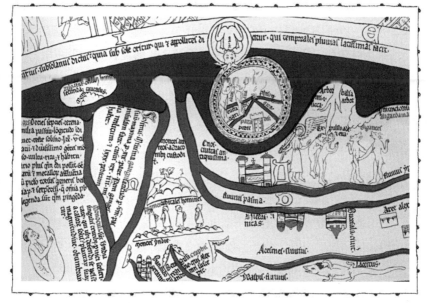

헤리퍼드 대성당의 〈마파 문디〉 중 일부. 1300년경

1,100년"쯤은 말이다.

꽤 확실해 보이는 것이 몇 가지 있다. 인류는 지구 시스템에 계속 엄청난 영향을 미칠 것이다. 우리가 대기에 추가해 온 온실가스는 그 것이 없었다면 아마 앞으로 4만 8,000년 안에 일어날지도 모를 빙하 기를 막을 것이고, 이 배출 추세가 계속된다면 앞으로 50만 년 안에 일어날지도 모를 모든 빙하기를 막을 가능성이 높다. 하지만 더 가까 운 미래, 즉 다음 한두 세기에 걸쳐, 자원과 오염을 관리하고 위험과 갈등을 예견하고 처리하는 훨씬 더 나은 체계를 개발하지 않는다면 우리의 앞날은 순탄하지 않을 것이다. 그렇긴 해도 인간의 창의성과 혁신은 거의 무한해 보인다.

하지만 일이 어떻게 될지를 정확히 예측하려고 할 때면, 이 모 든 요소들뿐 아니라 다른 요소들도 로르샤흐 잉크 얼룩(스위스의 정신 과 의사 헤르만 로르샤흐는 무작위적인 잉크 얼룩에서 어떤 이미지를 보느냐에

결론. 어떤 결론도 내릴 수 없다

따라 심리를 분석했다—역자 주)과 같아진다. 즉 우리는 원하는 것은 무엇이든 간에 거의 다(하지만 전부는 아닌) 얼룩 속에서 찾아내어 읽을 수 있다. 지구-인간 시스템의 복잡성이 아무리 애써도 알아낼 수 없는 것이 반드시 많이 남아 있을 수밖에 없다는 의미라면, 초인간주의(transhumanism)의 두 비판자가 말하듯 우리는 '겸손함을 회복해야' 한다. 그런 뒤에야 듣고 싶어 하는 목소리뿐 아니라 듣기 어려운 목소리에도 귀를 기울일 수 있다. 오이디푸스 이야기에서처럼, 비극은 우리가 들으려 하지 않을 때 일어난다.

내가 이 책을 쓰기 시작한 지 어느덧 4년이 넘는 시간이 흘렀다. 이 과정은 거대한 힌두교 신상을 옮기기 위해 사원 운반대를 설계하고 만들어서 끌고 가려고 애쓰는 것과 비슷했다고 말할 수 있겠다. 나는 바퀴 위에 거대한 목탑을 세우고 여러 겹의 지붕, 장식, 그림, 깃발, 향 등 온갖 것들로 치장을 했다. 때로는 세운 것 전체가 무너져서 땅에 곤두박질칠 위험도 겪기도 했다. 또 많은 시간과 노력을 쏟아서 겨우 조금 진척을 이루었나 싶었는데, 엉뚱한 방향으로 나아가고 있을 때도 있었다.

작업을 하면 할수록, 나는 이 계획을 결코 끝맺지 못할 수도 있음을 점점 더 여실히 깨닫게 되었다. 너무나 새롭고 경이로운 발견들이 수많이 계속해서 이루어지고 있다. (천체물리학자 마틴 리스는 이렇게 간파한다. "생물은 원자나 별보다 그들을 훨씬 더 불가사의하게 만드는 복잡한 구조를 지니고 있다.") 하지만 내게는 전보다 더 명확하게 보이는 진실이 하나 있다. 우리는 우리 이외의 생명을 중요하게 여기며 행동할 때에만 온전한 인간이라는 것이다.

이 책이 실제로 출간될 무렵이면 내가 〈들어가는 말〉에 썼던 소풍을 간 지 5년이 지난 뒤일 것이다. 고개도 못 들던 아기였던 우리 딸은 그 사이에 활발하고 잘 웃는 어린 소녀가 되었다. 2011년 '월가를 점령하라(Occupy Wall Street)' 시위가 벌어질 때 한 팻말에는 이렇게 적혀 있었다. "시작이 가까이 있다." 나는 그 문구가 마음에 든다. 내

상상하기 어려운 존재에 관한 책

딸의 세계, 그리고 독자 여러분의 세계는 이제 막 시작되고 있다.

부록 I 생물 분류

각 장의 제목이 된 생물들에는 대부분 적어도 두 가지 이름이 실려 있다. 일반적으로 부르는 이름과 라틴어로 된 학명이다. 또 어느 과, 목, 강, 문에 속하는지도 적어놓았다. 이 모든 명칭은 종이 다른 종들의 유연관계가 얼마나 가까운지 혹은 먼지를 알려주는 분류 체계의 일부다. 그런데 이 명칭들은 대체 어떤 의미이며, 어떻게 서로 끼워 맞추어질까? 속이란 무엇이고, 강과 문은 또 무엇일까?

현대 생물 분류는 칼 린네(1707~1778)로부터 시작되었다. 그는 공통된 신체적 특징에 따라 종들을 집단으로 묶었다. 그 뒤에 집단을 묶는 방식은 공통 조상이라는 다윈주의 원리에 따라 수정되었고, 최근 수십 년 사이에는 DNA 서열을 자료로 이용히는 분자 계통학이 도입되어 더 갱신이 이루어졌다. 분류 체계는 계속 갱신된다.

가장 큰 범주에서 시작하자. 이 책에 실린 생물은 모두 동물, 즉 동물계의 구성원이다. 계는 살아 있는 모든 것을 나누는 범주 중 하나다. 동물계 외에 식물계, 균계, 크로미스타계, 원생생물계가 있다.

(사실 계보다 더 넓은 범주가 있다. 예를 들어, 위에 말한 계들은 모두 진핵생물 영역에 속해 있다. 세포에 DNA를 따로 저장하고 있는 진정한 세포핵을 지닌 세포

들로 이루어진 생물들을 뜻하는 것이며, 그 외에 세균 영역과 고세균 영역이 있다.)

동물(animal)이라는 영어 단어는 '숨을 쉬다'라는 뜻의 라틴어에서 유래했다. 동물은 '종속영양생물', 즉 생명에 필수적인 탄소를 스스로 고정할 수 없고, 그 일을 할 수 있는 다른 생물, 주로 식물에 의존해야 하는 생물이다. 반면에 탄소를 고정할 수 있는 생물은 '독립영양생물'이라고 한다. (다른 동물만을 먹는 동물도 여전히 식물에 의존한다. 자신이 먹는 바로 그 동물이 식물을 먹거나, 그 동물도 식물을 먹는 동물을 먹기 때문이다.)

동물계에 속한 동물들은 문으로 세분된다. 동물 문은 약 36개다. (말이 난 김에 덧붙이자면, 거의 모든 문들은 바다에 살며, 약 16개 문만이 육지에서 생물 다양성이 가장 큰 환경인 열대우림에 산다.) 동물은 핵심 특징들, 특히 기본 체제(body plan)를 공유하는 다른 종들과 같은 문에 소속된다. 따라서 척삭동물문의 동물들은 모두 몸의 등을 따라 뻗어 있는 척삭을 지닌다. (대부분의 척삭동물은 척추동물이기도 하다. 척추동물은 뼈로 된 척추를 지닌다는 뜻이며, 상어와 가오리는 이 뼈가 연골이다.)

문 내의 동물들은 대개 아문으로 나뉘는데, 그 아문에 속한 종들과만 공유하는 특징에 따라 분류된다. 척삭동물문 안에는 주머니처럼 생긴 여과 섭식자들이 속한 피낭동물아문과, 척추동물아문이 있다. 아문마다 종의 수가 크게 다를 수도 있어서 피낭동물은 약 3,000종인 반면, 척추동물은 약 5만 6,000종이다.

한 아문에 속한 동물들은 다시 강으로 나뉜다. 각 강이 무엇이라고 정확히 정의할 수는 없지만, 분류학자들은 대부분의 사례에서 어떤 동물이 어떤 강에 속할지 일치된 견해를 보인다. 척추동물아문에는 먹장어같이 턱이 없는 어류인 무악강, 경골을 지닌 어류인 경골어강, 껍데기로 감싼 알을 낳는 공기 호흡을 하는 변온동물인 파충강, 깃털과 날개가 있고 두 발로 걸으며 알을 낳는 항온동물인 조강, 털이 있고 새끼에게 젖을 먹이는 포유강이 있다. (강들을 상강으로 묶기도 한다. 한 예로 양서강, 파충강, 조강, 포유강은 사지상강[tetrapoda, '네 개의 부속지'를 뜻하는 그리스어에서 유래]으로 묶인다.)

한 강에 속한 동물들은 아강으로 나뉘기도 한다. 포유강은 오리너구리와 바늘두더지처럼 알을 낳는 단공류인 원수아강과 나머지 동물들로 이루어진 수아강으로 나뉜다. 일부 문에서는 아강을 하강으로 더 세분하기도 한다. 포유동물은 수아강 밑에 유대하강과 태반하강을 둔다('-강', '-아강', '-목' 등의 명칭 대신에 '-류', '-동물'을 붙여서 무악류, 사지류, 태반동물이라고 부르기도 한다—역자 주).

한 강에 속한 동물들은 목으로 나뉜다. 한 목의 구성원들은 해부학적 특징을 통해 다른 목의 동물들과 구분된다. 포유류 중에서 영장목은 다른 동물들보다 뇌가 더 크고 후각보다는 입체시에 더 의존한다는 특징이 있고, 설치목은 위턱과 아래턱에 평생 계속 자라고 무언가를 쏠아대야만 깎여 나가는 두 개의 앞니가 있다는 점이 특징이다. 목도 아목과 하목으로 더 나뉠 수 있다. 영장류는 안경원숭이를 제외한 여우원숭이와 로리스원숭이 같은 '코가 축축한' 동물들로 이루어진 원원아목과 '코가 말라 있는' 안경원숭이, 원숭이, 유인원으로 이루어진 직비원아목으로 나뉜다.

목 밑에는 과가 있다. 과를 정의하는 정확한 기준은 없지만, 영장류는 구대륙 원숭이들이 속한 긴꼬리원숭이과, 신대륙 원숭이 5개과, 대형 유인원인 사람과로 나뉘며, 과 위에 상과를 설정하여 묶기도 한다.

한 과에 속한 동물들은 다시 아과와 속으로 나뉜다. 사람과 중에서 사람아과에는 세 개 속, 즉 고릴라속, 침팬지속, 사람속이 있으며, 오랑우탄은 따로 오랑우탄아과(성성이아과)에 속한다. 같은 속의 동물들은 종으로 나뉘는데, 서로 유연관계가 아주 가깝기 때문에 상호 교배가 가능한 사례도 많다. 사람속은 약 200만 년 전에 처음 진화했고, 지금까지 약 12종이 있었다. 우리 종인 호모 사피엔스는 사람속의 다른 종들과도 짝짓기를 했고, 약 6만 년 전에 고향인 아프리카를 떠나 전 세계로 퍼지기 시작했다. 당신이 유럽인이나 아시아인, 뉴기니인이라면, 당신의 DNA 중 약 2.5퍼센트는 네안데르탈인의 것이다. 멜라네시아인이라면, DNA의 약 5퍼센트는 데니소바인에게서 받은 것이다. 데니소바인은 유럽에 네안데르탈인이 살던 시기에 러시아에 살던 인류다.

지금까지 말한 분류 체계를 사람을 예로 들어 요약하면 다음과 같다.

영역	진핵생물
계	동물
문	척삭동물
강	포유류
목	영장류
과	대형 유인원(사람)
속	사람
종	현생 인류(사람)

한 종의 보전 상태는 멸종 위험에 처해 있거나 보전 조치를 취하지 않는다면 가까운 미래에 멸종할 가능성이 더 커질 가능성을 평가한 국제적으로 인정한 척도를 말한다. 보전 상태에는 다음과 같은 범주들이 있다.

멸종
 멸종
 야생에서 멸종

멸종 위험
 위급
 위기
 취약

낮은 위기

보전 필요(평가 범주는 몇 차례 수정을 거쳤으며, 이 범주는 더 이상 쓰이지
않는다 — 역자 주)

준위협

관심 필요

이 책에 실린 동물들은 대부분 멸종 위험 종 목록에 속해 있지 않
다. 대체로 현재 위험이 무시할 수 있는 수준이라고 생각하고 있기 때
문이다. 대서양긴수염고래 같은 몇몇 동물은 멸종될 위험이 최근에
좀 줄어들었다는 평가를 받는다. 하지만 앞일은 아무도 알 수 없다.
인류세는 급격하고 예측 불가능한 변화의 시대이기 때문이다.

부록 II 깊은 시간

지구의 역사는 약 45억 4,000만 년이다. 지질 시대는 층서학(層序學), 즉 지층이 시간이 흐르며 어떻게 쌓였는지를 연구하는 학문이 밝혀낸 성과를 토대로 이 긴 역사를 나누는 방식이다. '누대(이언)'를 달이라고 한다면, '대'는 날, '기'는 시간, '세'는 분(그리고 가장 최근의 인류세는 1초도 안 된다)에 해당한다.

다음의 표는 지구가 탄생한 이래로 경과한 시간과 지질 시대를 나타낸 것이다. 초창기의 연대 표시는 수백만 년 단위까지만 대략적으로 나타냈다. 한 시대가 언제 시작되었고 언제 끝났는지가 아직 불확실한 시기도 있다. 오르도비스기는 추정 연대가 약 150만 년까지 오락가락한다.

각 시대는 지질학적 사건이나 대량 멸종 같은 고생물학적 사건, 또는 양쪽의 조합을 기준으로 삼아 정한 것이다. 멸종 사건은 동식물 같이 눈에 띄는 생물들의 수와 다양성이 급감한 것을 말한다. (미생물은 거의 영향을 받지 않을 수도 있다.) 가장 잘 알려진 것이 약 6,560만 년 전에 일어난 백악기-제3기 대멸종 사건이다. 이 사건으로 공룡, 익룡, 많은 해양 동물들이 멸종했다. 현생누대에는 해양동물의 95퍼센트 이상과 육상 척추동물의 70퍼센트를 전멸시킨 약 2억 5,230만 년 전의 페름기-트라이아스기 대멸종 사건을 비롯하여 다섯 차례의 대멸종 사건이 있었다. 많은 생물학자들은 현재 인류가 이전의 대멸종 사건들 사이의 긴 기간 동안 정상적으로 일어나는 '배경' 멸종 속도보다 수백 배 더 빠른 속도로 종들을 없애고 있다고 믿는다. 그 결과 규모와 심각성 면에서 '여섯번째 멸종'에 해당하는 사건이 일어날지도 모른다.

누대(이언)	대	기	세	시작(100만 년 전)
현생누대 ('거시 생물')	신생대 ('최근 생물') (포유류의 시대)		인류세	0.0002
			홀로세	0.01
		제4기	플라이스토세	2.6
			플리오세	5.3
			미오세	23
			올리고세	34
			에오세	56
		제3기	팔레오세	65.5
	중생대 '중간 생물'	백악기		144
	파충류의 시대	쥐라기		208
		트라이아스기		251
	고생대 '고대 생물'	페름기		299
		석탄기		359
		데본기		416
		실루리아기		444
		오르도비스기		488
		캄브리아기		542
원생대 ('초기 생물')				2,500
시생대				3900
하데스대				4,540

상상하기 어려운 존재에 관한 책

이 표만 보고서는 각 누대, 대, 기가 얼마나 길고 짧은지 감을 잡기가 어렵다. 그 점에서는 다음의 그래프가 훨씬 더 나을 것이다. 이 그래프에는 생명의 역사에 일어난 주요 사건들도 표시되어 있다.

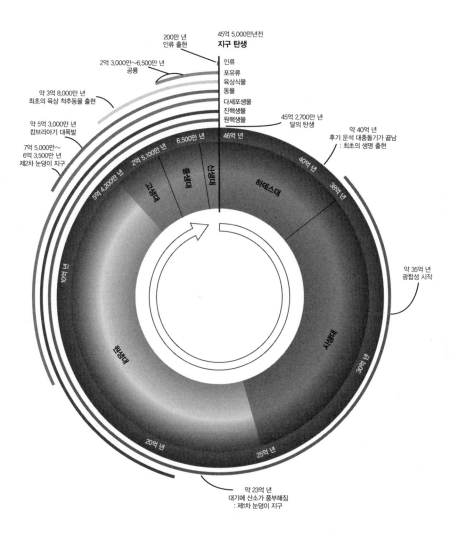

참고문헌

다음은 내가 이 책을 저술하는 데 있어 참조하고 또 많은 도움을
받은 책, 신문 기사, 논문 등의 목록이다. 더 자세한 사항에 대해서는
www.barelyimaginedbeings.com을 방문하시라.

들어가는 말

Archer, David, 2008, *The Long Thaw: How Humans Are Changing the Next
    100,000 Years of Earth's Climate*, Princeton University Press.

Barber, Richard, 1993, *Bestiary: Being an English Version of the Bodleian Library,
    Oxford M.S. Bodley 764*, Boydell Press.

Bierce, Ambrose, 1911, *The Devil's Dictionary*, Neale Publishing Co.

Borges, Jorge Luis, 1942, 'An Essay on the Analytical Language of John
    Wilkins', (originally published in Spanish) in *Selected Non-Fictions*,
    Penguin Books (1999).

Borges, Jorge Luis, 1967, *The Book of Imaginary Beings*, Vintage Classics

Bryson, Bill, 2003, *A Short History of Nearly Everything*, Black Swan Books.

Calvino, Italo, 1980, *The Literature Machine*, Vintage Classics.

Crutzen, Paul J., 2000, 'The Anthropocene', *IGBP Newsletter 41*, May 2000.

Dason, Larraine and Park, Katherine, 1998, *Wonders and the Order of Nature*,
    Zone Books.

Geuss, Raymond, 2008, *Philosophy and Real Politics*, Princeton University Press.

Harrison, Robert Pogue, 1993, *Forests: The Shadow of Civilization*, Chicago University Press.

Henderson, Caspar, 2003, 'Cape Farewell: An Arctic Diary', http://www.opendemocracy.net, accessed 1 January 2012.

Hofstadter, Douglas, 2007, *I Am a Strange Loop*, Basic Books.

McEwan, Ian, 2005, 'Save the boot room, save the Earth!', *The Guardian*, 19 March 2005.

McEwan, Ian, 2010, *Solar*, Jonathan Cape.

Montaigne, Michel de, 1567, 'An Apology for Raymond Sebond's Natural Theology, or The Book of Creatures', (first published in French) in *The Complete Essays*, Penguin (2003).

Rees, Martin, 2003, *Our Final Century: Will Civilisation Survive the 21st Century?*, William Heinemann.

Roberts, Callum, 2012, *Ocean of Life: The Fate of Man and the Sea*, Allen Lane.

Tattersall, Ian, 1998, *Becoming Human: Evolution and Human Uniqueness*, Houghton Mifflin Harcourt.

Thurman, Judith, 2008, 'First Impressions: What Does the World's Oldest Art Say about Us?' *The New Yorker*, 23 June 2008.

Voytek, Bradley, 2011, 'We are all inattentive superheroes', *Oscillatory Thoughts*, 5 September 2011, http://blog.ketyov.com, accessed 31 December 2011.

AXOLOTL: 아홀로틀

Anderson, Jason S. *et al.*, 2008, 'A stem batrachian from the early Permian of Texas and the origin of frogs and salamanders', *Nature*, 453, 515–18.

Aristotle, c 350 BC, *The History of Animals*, translated by D'Arcy Wentworth Thompson, http://classics.mit.edu/Aristotle/history_anim.html, accessed 30 November 2011.

Browne, Thomas, 1646, 1672, *Pseudodoxia Epidemica, or Enquiries into very many received tenets and commonly presumed truth*, online edition at http://penelope.uchicago.edu/pseudodoxia/pseudodoxia.shtml, accessed 1 January 2012.

Browne, Thomas, 1658, *The Garden of Cyrus*, online edition at http://

penelope.uchicago.edu/hgc.html, accessed 1 January 2012.

Bryant, S.V. *et al.*, 2002, 'Vertebrate limb regeneration and the origin of limb stem cells,' *Int. J. Dev. Biol.*, 46: 887-96.

Cabeza de Vaca, Álvar Núñez, 1542, *La Relación*, translated and edited by Cyclone Covey, (1986) as *Adventures in the Unknown Interior of America*, University of New Mexico Press.

Cellini, Benvenuto, c 1558, *The Autobiography*, Penguin (2010).

Clack, Jennifer, 2002, *Gaining Ground: The Origin and Early Evolution of Tetrapods*, Indiana University Press.

Cortázar, Julio, 1952, *Axolotl*, Buenos Aires Literaria.

Daeschler, Edward B. *et al.*, 2006, 'Devonian tetrapod-like fish and the evolution of the tetrapod body plan,' *Nature*, 440, 757-63.

Dawkins, Richard, 2004, *The Ancestor's Tale: A Pilgrimage to the Dawn of Life*, Houghton Mifflin.

Diamond, Jared, 1997, *Guns Germs and Steel: The Fate of Human Societies*, W.W. Norton.

Díaz del Castillo, Bernal, c 1568, *The Truthful History of the Conquest of New Spain*, translated by J.M. Cohen, Penguin, 1963.

Eiseley, Loren, 1957, *The Immense Journey*, Random House.

Franklin, Benjamin *et al.*, 1784, 'Rapport des commissaires chargés par le Roi de l'examen du magnetisme animal', Imprimé par ordre du Roi; Sur la Copie imprimeé au Louvre; Paris.

Gould, Stephen Jay, 2003, 'Freud's Evolutionary Fantasy' in *I Have Landed: Splashes and Reflections in Natural History*, Vintage.

IUCN/SSC Amphibian Specialist Group, http://www.amphibians.org, accessed 30 November 2011.

Jones, Frederic Wood, 1919, *Man's Place Among the Mammals*, Edward Arnold.

Kumar, A. *et al.*, 2007, 'Molecular Basis for Nerve Dependence on Limb Regeneration in an Adult Vertebrate', *Science*, 318, 5851: 772.

Lewin, Roger, 2004, *Human Evolution: An Illustrated Introduction*, 5th edn, Wiley-Blackwell.

Mullen, L.M. *et al.*, 1996, 'Nerve dependency of regeneration: the role of Distal-less and FGF signaling in amphibian limb regeneration', *Development*, November 1996, 12211: 3487-97.

Muneoka, Ken *et al.*, 2008, 'Regrowing Limbs: Can People Regenerate Body

Parts?', *Scientific American*, 17 March 2008.

Naish, Darren, 2008, 'Aquatic proto-people and the hypothesis of initial bipedalism', *Tetrapod Zoology*, 17 March 2008, http://scienceblogs.com/tetrapodzoology, accessed 1 January 2012.

Patterson, N. *et al.*, 2006, 'Genetic evidence for complex speciation of humans and chimpanzees', *Nature*, 441, 1103-8.

Pliny the Elder, ad 77-79, *The Natural History*, translated into English by Philemon Holland, 1601, http://penelope.uchicago.edu/holland/index.html, accessed 30 November 2011.

Sebald, W. G., 1995, *The Rings of Saturn*, Harvill Press.

Shepard, Charles, 1982, 'Nature and Madness', in T. Roszak *et al.* (eds), *Ecopsychology*, 1995, Sierra Club Books.

Shubin, Neil H., 2008, *Your Inner Fish*, Pantheon.

Smart, Christopher, 'Jubilate Agno', 1759-63, *Selected Poems*, Carcanet 1972.

Steingass, Francis Joseph, 1992, *A Comprehensive Persian-English Dictionary: Script and Roman*, Asian Educational Services.

Stuart, Simon N. *et al.*, 2004, 'Status and Trends of Amphibian Declines and Extinctions Worldwide', *Science*, 306 (5702), 1783-6.

Zimmer, Carl, 1999, *At the Water's Edge: Fish with Fingers, Whales with Legs*, Simon & Schuster.

BARREL SPONGE: 항아리해면

Attenborough, David and Matt Kaplan, 2010, *First Life*, Collins.

Brasier, Martin, 2009, *Darwin's Lost World*, Oxford University Press.

Bergquist, P.R., 2001, 'Porifera Sponges', *Encyclopedia of Life Sciences*, John Wiley.

Brümmer, F. *et al.*, 2008, 'Light inside sponges', *Journal of Experimental Marine Biology and Ecology*, 367(2): 61-4.

Fortey, Richard, 1997, *Life: The Unauthorised Biography*, Flamingo.

Hickman, C.P. Jr. *et al.*, *Integrated Principles of Zoology*, 11th edn, McGraw-Hill.

Hooke, Robert, 1665, *Micrographia*, National Library of Medicine, http://archive.nlm.nih.gov/proj/ttp/books.htm, accessed 12 January 2012.

Hutton, James, 1795, *Theory of the Earth*, Creech.

Ingraham, John L., 2010, *March of the Microbes*, Harvard University Press.

Knoll, Andrew H., 2003, *Life on a Young Planet: The First Three Billion Years of*

Evolution on Earth, Princeton University Press.

Love, Gordon D. *et al.*, 2009, 'Fossil steroids record the appearance of
  Demospongiae during the Cryogenian period', *Nature*, 457, 718-21.

Margulis, Lynn and Dorion Sagan, 1987, *Microcosmos: Four Billion Years of
  Evolution from Our Microbial Ancestors*, HarperCollins.

McPhee, John, 1981, *Basin and Range*, Farrar, Straus and Giroux.

Mukherjee, Siddhartha, 2010, *The Emperor of All Malodies*, Fourth Eatate.

Scamardella, Joseph M., 1999, 'Not plants or animals: a brief history of
  Protista-Proctista-Protozoa', *Int. Microbiol*, December 1999, 2(4): 207-
  16.

Zelnio, Kevin, 2011, 'Evolution's Temperament, Movement 1: Adagio',
  Scientific American, 15 August 2011, http://blogs.scientificamerican.com/
  evo-eco-lab/, accessed 2 December 2011.

CROWN OF THORNS STARFISH: 넓적다리불가사리

Alroy, J., 2010, 'The Shifting Balance of Diversity Among Major Marine
  Animal Groups', *Science*, 329, 5996, 1191-4.

Atran, Scott, 1990, *Cognitive Foundations of Natural History: Towards an
  Anthropology of Science*, Cambridge University Press.

Betts, Richard A. *et al.*, 2011, 'When could global warming reach 4-C?',
  Philosophical Transactions of the Royal Society A, 369, 1934, 67-84.

Bowden, David A. *et al.*, 2011, 'A lost world? Archaic crinoid-dominated
  assemblages on an Antarctic seamount,' *Deep Sea Research, Part II:
  Oceanography*, vol. 58, issues 1-2.

Burroughs, William, 1959, *Naked Lunch*, Olympia Press/Grove Press.

Census of Antarctic Marine Life, 2010, 'Diversity and Change in the Southern
  Ocean Ecosystems'.

Cote, Isabelle M. and John D. Reynolds (eds), 2006, *Coral Reef Conservation*,
  Cambridge University Press.

Davidson, Osha Gray, 1998, *The Enchanted Braid*, Wiley.

Darwin, Charles, 1842, *On the Structure and Distribution of Coral Reefs*.

Drew, J. A., 2005, 'Use of Traditional Ecological Knowledge in Marine
  Conservation', *Conservation Biology*, 19: 1286-93.

Donner, S.D., 2009, 'Coping with Commitment: Projected Thermal Stress on
  Coral Reefs under Different Future Scenarios', *PLoS ONE*, 46: e5712.

Diaz-Pulido, G. et al., 2009, 'Doom and Boom on a Resilient Reef: Climate Change, Algal Overgrowth and Coral Recovery', PLoS ONE, 44: e5239.

Eiseley, Loren, 1978, The Star Thrower, Wildwood House.

Gawande, Atul, 2010, 'Letting Go: What should medicine do when it can't save your life?', The New Yorker, 2 August 2010.

Gooding, Rebecca et al., 2009, 'Elevated water temperature and carbon dioxide concentration increase the growth of a keystone echinoderm', Proceedings of the National Academies of Sciences, 106, 23: 9316-21.

Goreau, Thomas, 2010, 'Coral Reef and Fisheries Habitat Restoration in the Coral Triangle', Proceedings of the the Coral Reef Management Symposium on the Coral Triangle Area, accessed 1 December 2011.

Gould, Stephen Jay, 1983, 'Worm for a Century and All Seasons', first published in Hen's Teeth and Horse's Toes: Further Reflections on Natural History, Random House.

Hoegh-Guldberg, O. et al., 2007, 'Coral Reefs Under Rapid Climate Change and Ocean Acidification', Science, 318, 5857, 1737-42.

Isaacson, Andy, 2011, 'A New Species Bonanza in the Philippines', http://www.smithsonianmag.com, 9 August, 2011, accessed 1 December 2011.

Jones, Steve, 2007, Coral, Little, Brown.

Marshall, Charles R., 2010, 'Marine Biodiversity Dynamics over Deep Time', Science, 329, 5996, 1156-7.

Pandolfi, J.M. et al., 2003, 'Global Trajectories of the Long-Term Decline of Coral Reef Ecosystems', Science, 301, 5635, 955-8.

Rumphius, Georgius Everhardus, 1705, The Ambonese Curiosity Cabinet, Yale University Press (1999).

Sapp, Jann, 1999, What is Natural? Coral Reefs in Crisis, Oxford University Press.

Veron, J.E.N., 2008, A Reef in Time: The Great Barrier Reef from Beginning to End, Belknap Harvard.

Vogler, Catherine et al., 2008, 'A threat to coral reefs multiplied? Four species of rown-ofthorns starfish,' Biol., Lett. 23 December 2008, vol. 4, no. 6, 696-9.

Wallace, Alfred Russel, 1869, The Malay Archipelago: The Land of the Orang-utan and the Bird of Paradise, Macmillan & Co.

Worsley, Peter, 1997, Knowledges: What Different People Make of the World, Profile.

DOLPHIN: 돌고래

Bell, Julian, 2010, *Mirror of the World: A New History of Art*, Thames and Hudson.

Darwin, Charles, 1870, *Descent of Man: Selection in Relation to Sex*, Penguin Classics (2004).

Dudzinski, Kathleen M. and Toni Frohoff, 2010, *Dolphin Mysteries*, Yale University Press.

Everett, Daniel, 2007, *Don't Sleep, There Are Snakes*, Profile

Favareau, Donald, 2006, *Introduction to Biosemiotics*, Springer, Berlin. Marcello Barbieri(ed.)

Hume, David, 1739-40, *A Treatise of Human Nature*, http://www.earlymoderntexts.com/f_hume.html, accessed 12 January 2012.

Hurford, James R., 2007, *The Origins of Meaning: Language in the Light of Evolution*, Oxford University Press

Joelving, Frederik, 2009, 'Whistles with Dolphins', *Scientific American*, 26 January 2009.

Lilly, John, C., http://www.johnclilly.com, accessed 1 December 2011.

Linden, Eugene, 2002, *The Octopus and the Orangutan*, Dutton.

MacIntyre, Alasdair, 2001, *Dependent Rational Animals*, Open Court Publishing Co.

Marino, Lori *et al.*, 2007, 'Cetaceans Have Complex Brains for Complex Cognition', *PLoS Biol.*, 55: e139.

Psihoyos, Louie (director), 2009, *The Cove*, Lionsgate Roadside Attractions, ttp://savejapandolphins.com, accessed 1 December 2011.

Rachels, James, 1990, *Created From Animals: The Moral Implications of Darwinism*, Oxford University Press

Reiss, Diana and Lori Marino, 2001, 'Mirror self-recognition in the bottlenose dolphin: A case of cognitive convergence', *PNAS*, vol. 98, no. 10, 5937-42.

Rendell, Luke and Hal Whitehead, 2001, 'Culture in whales and dolphins', *Behavioural and Brain Sciences*, 24: 309-24.

Pryor, K. *et al.*, 1990, 'A dolphin-human fishing cooperative in Brazil', *Marine Mammal Science*, 6: 77-82.

Turvey, Sam, 2008, *Witness to Extinction: How We Failed to Save the Yangtze River Dolphin*, Oxford University Press.

White, Thomas I., 2007, *In Defense of Dolphins: The New Moral Frontier*, Blackwell Publishing.

EEL: 뱀장어

Asma, Stephen T., 2009, *On Monsters: An Unnatural History of our Worst Fears*, Oxford University Press.

Carel, Havi, 2007, 'A phenomenology of tragedy: illness and body betrayal in The Fly,' *SCAN Journal of Media Arts Culture*, Media Department, Macquarie University.

Coleridge, Samuel Taylor, 1798, 'The Rime of the Ancient Mariner', in *Selected Poetry*, Oxford World's Classics (2009).

Freud, Sigmund, 1919, 'The Uncanny', first published in *Imago*, reprinted in *Sammlung, Fünfte Folge*, translation at: http://web.mit.edu/allanmc/www/freud1.pdf, accessed 12 January 2012.

Jefferies, Richard, 1883, *The Story of My Heart*, Project Gutenberg online text.

Jefferies, Richard, 1885, *After London*, Project Gutenberg online text.

Jensch, Ernst, 1906, 'On the Psychology of the Uncanny' ('Zur Psychologie des Unheimlichen'), *Psychiatrisch-Neurologische Wochenschrift* 8.22 and 8.23, translation at: http://art3idea.psu.edu/locus/Jentsch_uncanny.pdf, accessed 12 January 2012.

Kearns, Ian, 2011, 'Beyond the UK: Trends in Other Nuclear Armed States', British American Security Information Council, 30 October 2011.

Lawrence, D. H., 1923, *Studies in Classic American Literature*, Penguin Classics 1990.

Melville, Herman, 1851, *Moby-Dick*, Oxford World's Classics (1988).

Miller, Michael J., 2009, 'Ecology of Anguilliform Leptocephali: Remarkable Transparent Fish Larvae of the Ocean Surface Layer', *Aqua-BioSci. Monogr*, vol. 2, no. 4, 1-94.

Norton-Tayor, Richard, 2011, 'Nuclear powers plan weapons spending spree, report finds', *The Guardian*, 30 October 2011.

Prager, Ellen, 2011, *Sex, Drugs and Sea Slime*, Chicago University Press.

Quammen, David, 2003, *Monster of God: The Man-Eating Predator in the Jungles of History and the Mind*, W.W. Norton.

Rhodes, Richard, 2007, *Arsenals of Folly: The Making of the Nuclear Arms Race*, Knopf.

Schell, Jonathan, 1982, *The Fate of the Earth*, Knopf.

Schweid, Richard, 2009, *Eel*, Reaktion.

Snyder, Timothy, 2009, 'Holocaust: The Ignored Reality', *New York Review of Books*, 16 July 2009.

Tributsch, H., 1984, *How Life Learned to Live*, MIT Press.

Woese, Carl, 2004, 'A New Biology for a New Century', *Microbiology and Molecular Biology Reviews*, June 2004, vol. 68, no. 2, 173–86.

FLATWORM: 편형동물

Atran, Scott, 2002, *In Gods We Trust*, Oxford University Press.

Bakewell, Sarah, 2010, *How To Live, or A Life of Montaigne*, Chatto & Windus.

Becker, Ernest, 1973, *The Denial of Death*, Simon & Schuster.

Bloom, Paul, 2009, *Pleasure*, W.W. Norton.

Čapek, Karel, 1929, *The Gardener's Year*, Modern Library (2002).

Carel, Havi, 2007, 'My 10-year death sentence', *The Independent*, 19 March 2007.

Carson, Rachel, 1951, *The Sea Around Us*, Oxford University Press, 2003

Chen, Jun-Yuan *et al.*, 2004, 'Response to Comment on Small Bilaterian Fossils from 40 to 55 Million Years Before the Cambrian', *Science*, 306, 5700, 1291.

Critchley, Simon, 2008, *The Book of Dead Philosophers*, Granta.

Darwin, Charles, 1881, *The Formation of Vegetable Mould through the Action of Worms, with Observations on their Habits*, complete works online at http://darwin-online.org.uk.

Fortey, Richard, 2011, *Survivors: The Animals and Plants that Time has Left Behind*, Harper Press.

Fox, Douglas and Michael Le Page, 2009, 'Dawn of the animals: Solving Darwin's dilemma', *New Scientist*, 14 July 2009.

Hamilton, W.D., 1996, 'Between Shoreham and Downe: Seeking the Key to Natural Beauty', and 'My Intended Burial and Why', reprinted in *Narrow Roads of Gene Land*, vol. 3: *Last Words*, Oxford University Press

Harrison, Robert Pogue, 2008, *Gardens: An Essay on the Human Condition*, University of Chicago Press.

Harris, Eileen, 2007, 'The discreet charm of nematode worms', *New Scientist*, 25 December 2007.

Irvine, William B., 2009, *A Guide to the Good Life: The Ancient Art of Stoic Joy*, Oxford University Press.

Jones, Steve, 2000, *Darwin's Ghost: The Origin of Species Updated*, Random House.

Lane, Nick, 2009, *Life Ascending*, Profile.

Maxman, Amy, 2011, 'Evolution: A can of worms', *Nature* 470, 161-2.

Perin, Rodrigo *et al.*, 2011, 'A synaptic organizing principle for cortical neuronal groups', *PNAS*, vol. 108, 5419-24.

Raffles, Hugh, 2010, *Insectopedia*, Vintage.

Russell, Bertrand, 1903, 'The Free Man's Worship', vol. 12, *The Collected Papers of Bertrand Russell*, Routledge.

Sapolsky, Robert, 2009, 'Toxo–A Conversation with Robert Sapolsky', http://edge.org, accessed 1 January 2012.

Schneider, Eric D. and Dorion Sagan, 2005, *Into the Cool: Energy Flow, Thermodynamics and Life*, University of Chicago Press.

Schrödinger, Erwin, 1944, *What is Life?*, Cambridge University Press.

Vedral, Vlatko, 2010, *Decoding Reality: The World as Quantum Information*, Oxford University Press.

Volk, Tyler, 2002, *What is Death?*, John Wiley.

Wagner, Daniel E. *et al.*, 2011, 'Clonogenic Neoblasts Are Pluripotent Adult Stem Cells That Underlie Planarian Regeneration', *Science*, 332, 6031, 811 –16.

Zimmer, Carl, 2000, *Parasite Rex*, Simon & Schuster.

Zimmer, Carl, 2008, 'The Most Popular Lifestyle on Earth', *Conservation Magazine*, October-December 2008, vol. 9, no.4.

GONODACTYLUS: 가시껫가재

Albert, D. J., 2011, 'What's on the mind of a jellyfish?', *Neuroscience and Behavioural Reviews*, January 2011, 353:474-82.

Bickman, Joanna, 2008, 'The Whites of their Eyes: Evolution of the Distinctive Sclera in Humans', *Lambda Alpha Journal*, vol. 38.

Cronin, Thomas W. and Megan L. Porter, 2008, 'Exceptional Variation on a Common Theme: The Evolution of Crustacean Compound Eyes', *Evolution: Education and Outreach*, vol. 1, no. 4, 463-75.

Darwin, Charles, 1859, *The Origin of Species*, complete works online at http://

darwinonline.org.uk.

Dillard, Annie, 1975, *Pilgrim at Tinker Creek*, Harper's Magazine Press.

Frith, Chris D., 2007, *Making Up the Mind: How the Brain Creates Our Mental World*, Blackwell

Gaidos, Susan, 2009, 'From green leaves to bird brains, biological systems may exploit quantum phenomena', *Science News*, May 9th, 2009

Gislén, Anna *et al.*, 2003, 'Superior Underwater Vision in a Human Population of Sea Gypsies', *Current Biology*, Vol 13, 833-836,

Hartline, H. Keffer, 1967, Nobel Prize Lecture, http://www.nobelprize.org.

Ings, Simon, 2007, *The Eye: A Natural History*, Bloomsbury.

Kozmik, Z. *et al.*, 2003, 'Role of Pax genes in eye evolution: a cnidarian PaxB gene uniting Pax2 and Pax6 functions.', *Developmental Cell*, November 2003, 55:773-85.

Land, Michael F. and Dan-Eric Nilsson, 2002, *Animal Eyes*, Oxford University Press.

Leslie, Mitch, 2009, On the 'Origin of Photosynthesis', *Science*, 323, 5919, 1286-7 DOI.

Lévi-Strauss, Claude, 1978, *Myth and Meaning*, Routledge (2009).

Melcher, David and Carol L. Colby, 2008, 'Trans-saccadic perception', *Trends in Cognitive Sciences*, vol. 12, issue 12, December 2008.

Myers, P. Z., 2006, 'The eye as a contingent, diverse, complex product of evolutionary processes', http://scienceblogs.com/pharyngula, 15 November 2006.

Nabokov, Vladimir, 1957, *Pnin*, Penguin Classics (2000).

Nilsson, Dan-E. and Susanne Pelger, 1994, 'A Pessimistic Estimate of the Time Required for an Eye to Evolve', *Proc. R. Soc. Lond. B*, vol. 256, no. 1345, 53-8.

Patek, S.N. *et al.*, 2004, 'Mantis shrimp strike at high speeds with a saddle-shaped spring', *Nature*, 428, 819-20.

Patek, S. N., and R. L. Caldwell, 2005, 'Extreme impact and cavitation forces of a biological hammer: strike forces of the peacock mantis shrimp, Odontodactylus scyllarus', *Journal of Experimental Biology*, 208(19), 3655-64.

Roberts, N.W. *et al.*, 2009, 'A biological quarter-wave retarder with excellent achromaticity in the visible wavelength region', *Nature Photonics*, 3, 641-4.

Sacks, Oliver, 1995, *An Anthropologist on Mars: Seven Paradoxical Tales*, Knopf.

Sacks, Oliver, 2008, 'Patterns', *The New York Times*, 13 February, 2008.

상상하기 어려운 존재에 관한 책

Schopenhauer, Arthur, 1851, 'On the Suffering of the World,' *Parerga and Paralipomena*, Clarendon Press (2000).

Schwab, I. R., 2004, 'You are what you eat', *British Journal of Ophthalmology*, 889: 1113.

Tomasello, Michael *et al.*, 2007, 'Reliance on head versus eyes in the gaze following of great apes and human infants: the cooperative eye hypothesis', *Journal of Human Evolution*, 523: 314-20.

von Feuerbach, Anselm, 1832, *Kaspar Hauser, ein Beispiel eines Verbrechens am Seelenleben*.

Zack, T. I. *et al.*, 2009, 'Elastic energy storage in the mantis shrimp's fast predatory strike', *Journal of Experimental Biology*, 212: 4002-9.

Zimmer, Carl, 2008, 'The Evolution of Extraordinary Eyes: The Cases of Flatfishes and Stalk-eyed Flies', *Evolution Education and Outreach*, 1: 487.

Yong, Ed, 2009, 'Mantis shrimp eyes outclass DVD players, inspire new technology', *Not Exactly Rocket Science*, http://blogs.discovermagazine.com/notrocketscience/.

HUMAN: 인간

Ball, Philip, 2010a, *The Music Instinct*, Oxford University Press.

Ball, Philip, 2010b, 'The Hunt for Harmonious Minds', *New Scientist*, 10 May 2010.

Blumenfeld, Larry (producer), 1995, *Echoes of the Forest: Music of the Central African Pygmies*, Ellipsis arts. A compilation of recordings by Colin Turnbull and Louis Sarno.

Brody, Hugh, 2000, *Maps and Dreams*, Faber.

Browne, Thomas, 1658, *Hydriotaphia*, online at: http://penelope.uchicago.edu/hgc.html.

Chen, Ingfei, 2006, 'Born to Run', *Discover.com*, 28 May, 2006.

Christian, Brian, 2010, *The Most Human Human*, Viking Penguin.

Critchley, Simon, 2009, 'Why Heidegger Matters', *The Guardian*, 8 June 2009.

Cross, I. and I. Morley, 2008, 'The evolution of music: theories, definitions and the nature of the evidence', in Stephen Malloch and Colwyn Trevarthen (eds), *Communicative Musicality*, pp. 61-82, Oxford University Press.

Diamond, Jared, 1991, *The Rise and the Fall of the Third Chimpanzee*,

Hutchinson Radius.

The Economist, 2008, 'Why Music?', 18 December 2008.

Ehrenreich, Barbara, 2007, *Dancing in the Streets: A History of Collective Joy*, Granta.

Filkins, Dexter, 2008, *The Forever War*, Knopf.

Heinrich, Bernd, 2002, *Why We Run: A Natural History*, HarperPerennial.

Humphrey, Nicholas *et al.*, 2005, 'Human Hand-Walkers: Five Siblings Who Never Stood Up', CPNSS Discussion Paper Series 77/05, London School of Economics.

Humphrey, Nicholas, 2007, 'Society of Selves', *Phil. Trans. R. Soc. B*, 362, 745-54.

Humphrey, Nicholas, 2011, *Soul Dust: the Magic of Consciousness*, Quercus. Also, reviews by Galen Strawson in *The Observer*, 9 January 2011 and Mary Midgely in *The Guardian*, 5 February 2011.

Kingdon, Jonathan, 1993, *Self-Made Man: Human Evolution From Eden to Extinction*, Simon & Schuster.

Kingdon, Jonathan, 2003, *Lowly Origin: Where, When, and Why our Ancestors First Stood Up*, Princeton University Press.

Lewis, Jerome, 2012, 'A Cross-Cultural Perspective on the Significance of Music and Dance on Culture and Society, with Insight from BaYaka Pygmies', in Michael Arbib (ed.), *Language, Music and the Brain: A Mysterious Relationship*, MIT Press.

Liebenberg, L.W., 1990, *The Art of Tracking: The Origin of Science*, David Philip, Publishers.

Liebenberg, L.W., 2006, 'Persistence hunting by modern hunter-gatherers', *Current Anthropology*, 47, 1017-25.

McDermott, Josh, 2008, 'The Evolution of Music', *Nature*, 453, 287-8.

Mithen, Steven, 2005, *The Singing Neanderthals*, Phoenix.

Morley, Iain, 2003, 'The Evolutionary Origins and Archaeology of Music', Darwin College Research Report, Cambridge, www.dar.cam.ac.uk/dcrr/dcrr002.pdf, accessed 2 December 2011.

Patel, Aniruddh, 2008, *Music, Language and the Brain*, Oxford University Press.

Pinker, Stephen, 1997, *How the Mind Works*, new edn, Penguin (2003).

Provine, Robert R., 2000, 'The Laughing Species', *Natural History*, December 2000.

Richmond, Brian G. and William L. Jungers, 2008, 'Orrorin tugenensis

상상하기 어려운 존재에 관한 책

Femoral Morphology and the Evolution of Hominin Bipedalism',
    Science, 319, 5870, 1662-5.

Sacks, Oliver, 2007, Musicophilia, Knopf.

Sahlins, Marshall, 1968, 'Notes on the Original Affluent Society', in R.B. Lee
    and I. DeVore (eds), Man the Hunter, Aldine Publishing Company.

Sebald, W.G., 2001, Austerlitz, Random House.

Thomas, Keith, 1983, Man and the Natural World: Changing Attitudes in England
    1500-1800, Penguin.

Wrangham, Richard, 2009, Catching Fire: How Cooking Made Us Human,
    Profile.

Young, Emily, 2007, Time in the Stone, Tacit Hill Editions.

IRIDOGORGIA: 이리도고르기아

Ball, Philip 2009, Nature's Patterns: A Tapestry in Three Parts, Oxford University
    Press.

Bloch, William Goldbloom, 2008, The Unimaginable Mathematics of Borges'
    Library of Babel, Oxford University Press.

Cairns, Stephen D. et al, 2008, 'From offshore to onshore: multiple origins
    of shallowwater corals from deep-sea ancestors', PLoS ONE, 3(6):
    1-6.

Cairns, Stephen D. et al.., 2009, Cold-Water Corals: The Biology and Geology of
    Deep-Sea Coral Habitats, Cambridge University Press.

Carey, Nessa, 2011, The Epigenetics Revolution: How Modern Biology is Rewriting
    Our Understanding of Genetics, Disease and Inheritance, Icon Books

Census of Marine Life, 2010, http://www.coml.org.

Crick, Francis, 1994, The Astonishing Hypothesis: The Scientific Search for the
    Soul, Scribner.

Dawkins, Richard, 1976, The Selfish Gene, Oxford University Press.

Gould, Stephen Jay, 1992, Introduction to On Growth and Form by D'Arcy
    Wentworth Thompson. Cambridge.

Garrett, Laurie, 2011, 'The Bioterrorist Next Door', Foreign Policy, 15
    December 2011.

Gibson, Daniel G. et al., 'Creation of a Bacterial Cell Controlled by a
    Chemically Synthesized Genome', Science, 329, 5987, 52-6.

Haeckel, Ernst, 1904, Art Forms of Nature, Dover Publications (2004).

Hume, David, 1757, 'Of the Standard of Taste', http://www.davidhume.org.

Humphrey, Nicholas, 2010, 'The Nature of Beauty', *Prospect*, September 2010.

Joyce, James, 1914-15, *Portrait of the Artist as a Young Man*, Oxford World's Classics (2010).

Kaku, Michio, 2005, 'Unifying the universe', *New Scientist*, 15 April 2005.

Kelly, Kevin, 2009, 'Ordained Becoming', The Technium, http://www.kk.org/thetechnium.

Kemp, Martin, 2006, 'Natural intuitions of science and art', *New Scientist*, 9 September 2006.

Kling, Stanley A. and Demetrio Boltovskoy, 2002, 'What are Radiolarians?', http://radiolaria.org.

Koslow, Tony, 2007, *The Silent Deep: The Discovery, Ecology and Conservation of the Deep Sea*, University of Chicago Press.

Krystal, Arthur, 2010, 'What We Talk About When We Talk About Beauty', *Harper's Magazine*, September 2010.

Lane, Nick, 2009, *Life Ascending*, Profile.

Noble, Denis, 2006, *The Music of Life: Biology Beyond the Genome*, Oxford University Press.

Nobrega, M.A. *et al.*, 2004, 'Megabase deletions of gene deserts result in viable mice', *Nature*, 431, 7011, 988-93.

Nouvian, Claire, 2007, *The Deep: The Extraordinary Creatures of the Abyss*, University of Chicago Press.

Pennisi, Elizabeth, 2011, 'Going Viral: Exploring the Role of Viruses in Our Bodies', *Science*, 331, 6024, 1513.

Rees, Martin, 1999, *Just Six Numbers*, Phoenix.

Ryan, Frank P., 2009, *Virolution*, Collins.

Scarry, Elaine, 1999, *On Beauty and Being Just*, Princeton University Press.

Showalter, Mark R., 2005, 'Saturn's Strangest Ring Becomes Curiouser and Curiouser', *Science*, 310, 5752, 1287-8.

Szostak, Jack, 2010, 'Recreate life to understand how life began', *New Scientist*, 9 August 2010.

Thompson, D'Arcy Wentworth, 1917, *On Growth and Form*, Cambridge University Press.

Wald, George, 1970, 'The Origin of Death', http://www.elijahwald.com/origin.html, accessed 2 December 2011.

Zimmer, Carl, 2011, *A Planet of Viruses*, University of Chicago Press.

Zimmer, Carl, 2011, 'The Human Lake', http://blogs.discovermagazine.com/loom, 31 March, 2011, accessed 12 January 2012.

JAPANESE MACAQUE; 일본원숭이

Ardrey, Robert, 1969, preface to Eugene Marais, *The Soul of the Ape* (1919), Penguin (1973).

Balcombe, Jonathan, 2010, *Second Nature*, Palgrave Macmillan.

Baumard, Nicolas, 2011, 'Adam Smith on mirror neurons and empathy', 23 June 2011, http://www.cognitionandculture.net, accessed 2 December 2012.

Berger, John 1990, 'Ape Theatre', first published in *Keeping a Rendezvous* (1992), republished in *Why Look at Animals?*, Penguin 2009.

Bulgakov, Mikhail, 1938, *The Master and Margarita*, English translation, Harvill Press (1967).

Cheney, Dorothy L. and Robert M. Seyfarth, 2007, *Baboon Metaphysics: The Evolution of a Social Mind*, University of Chicago Press.

Corbey, Raymond, 2005, *The Metaphysics of Apes: Negotiating the Animal-Human Boundary*, Cambridge University Press.

Curtis, Adam, 2007, 'The Trap: What Happened to Our Dream of Freedom', BBC2 television, 11 March 2007.

de Waal, Frans, 1982, *Chimpanzee Politics*, Harper & Row.

de Waal, Frans, 2005, *Our Inner Ape: The Best and Worst of Human Nature*, Granta.

de Waal, Frans et al., 2006, *Primates and Philosophers: How Morality Evolved*, Princeton University Press.

de Waal, Frans, 2009, *The Age of Empathy: Nature's Lessons for a Kinder Society*, Souvenir Press.

Dunbar, Robin, 2010, *How Many Friends Does One Person Need? Dunbar's Number And Other Evolutionary Quirks*, Faber and Faber.

Freud, Sigmund, 1913, 'Totem and Taboo', a translation of 'Totem und Tabu: Einige Übereinstimmungen im Seelenleben der Wilden und der Neurotiker', *Imago* (1912-13), http://en.wikisource.org/wiki/Totem_and_Taboo.

Freud, Sigmund, 1930, *Civilisation and its Discontents*, a translation of *Das Unbehagen in der Kultur*, http://www.archive.org/details/

489   참고문헌

CivilizationAndItsDiscontents.

Glover, Jonathan, 1999, *Humanity: A Moral History of the Twentieth Century*, Yale University Press.

Harlow, H. F. *et al.*, 'Total Social Isolation in Monkeys', *PNAS*, 54 (1): 90.

Harlow, Harry F. and Stephen J. Suomi, 1970, 'Induced Psychopathology in Monkeys', *Engineering and Science*, 33(6), 8–14.

Hinton, David, 2008, *Classical Chinese Poetry: An Anthology*, Farrar, Straus and Giroux.

Huxley, Thomas Henry, 1863, *Man's Place in Nature*, Williams & Norgate.

Kropotkin, Peter, 1902, *Mutual Aid: A Factor in Evolution*, Dover Edition (2006).

Lenton, Tim and Andrew Watson, 2011, *Revolutions That Made the Earth*, Oxford University Press.

Machiavelli, Niccolò, 1513, *The Prince*, Penguin (2003).

Machiavelli, Niccolò, c 1517, *Discourses on Livy*, Prentice Hall (2000).

Maestripieri, Dario, 2007, *Machiavellian Intelligence: How Rhesus Macaques and Humans Have Conquered the World*, University of Chicago Press.

McCarthy, Cormac, 1985, *Blood Meridian, or the Evening Redness in the West*, Random House.

Milgram, Stanley, 1974, *Obedience to Authority; An Experimental View*, Harper & Row.

Morris, Errol, 2003, *The Fog of War: Eleven Lessons from the Life of Robert S. McNamara* (film), Sony Picture Classics.

Nowak, Peter and Roger Highfield, 2011, *Supercooperators*, Canongate.

Orwell, George, 1948, *1984*, Penguin (2011).

Parfit, Derek, 1984, *Reasons and Persons*, Oxford University Press.

Parfit, Derek, 2011, *On What Matters*, Oxford University Press.

Pinker, Steven, 2002, *The Blank Slate: The Modern Denial of Human Nature*, Penguin.

Pinker, Steven, 2011, *The Better Angels of Our Nature: The Decline of Violence in History and Its Causes*, Viking.

Reed, Carol, Graham Greene and Orson Wells, 1949, *The Third Man*, British Lion Films.

Sahlins, Marshall, 2008, *The Western Illusion of Human Nature*, Prickly Paradigm Press.

Singer, Peter, 1975, *Animal Liberation*, Harper Perennial 2009.

Snyder, Timothy, 2012, 'War No More: Why the World Has Become
    More Peaceful', *Foreign Affairs*, January/February 2012, http://www.
    foreignaffairs.com/, accessed 28 December 2011.

Smith, Adam, 1759, *The Theory of Moral Sentiments*, http://www.econlib.org/
    library/Smith/smMS.html.

Sorenson, John, 2009, *Ape*, Reaktion.

Wynne, Clive D.L., 2005, 'Kissing Cousins', *The New York Times*, 12 December
    2005.

KÌRÌP^{H}Á-KÒ, THE HONEY BADGER: 벌꿀오소리와 꿀잡이새

Abram, David, 2007, *The Spell of the Sensuous: Perception and Language in a
    More-than-Human World*, New York: Vintage.

Corbin, Jane, 2007, 'Basra: The Legacy', *Panorama*, BBC, 17 December 2007.

Favareau, D., 2010, 'Essential Readings in Biosemiotics, *Biosemiotics 3*,
    Springer Science+Business Media.

Finkel, David, 2009, 'The Hadza', *National Geographic*, December 2009.

Fitch, W. Tecumseh, 2010, *The Evolution of Language*, Cambridge University
    Press.

Flannery, Tim, 2002, *The Future Eaters: An Ecological History of the Australasian
    Lands and People*, Grove Press.

Gibson, Graeme, 2005, *The Bedside Book of Birds*, Bloomsbury.

Hrdy, Sarah Blaffer, 2009, *Mothers and Others: The Evolutionary Origins of
    Mutual Understanding*, Cambridge University.

Ikhwan al-Safa, c.1110, *The Animals' Lawsuit Against Humanity*, Fons Vitae.

Isack, H.A. *et al.*, 1989, 'Honeyguides and Honey Gatherers: Interspecific
    Communication in a Symbiotic Relationship', *Science*, 243 (4896): 1343-6.

Judson, Olivia, 2010, 'Divide and Diminish', *The New York Times*, 16 March
    2010.

Kingdon, Jonathan, 1988, *East African Mammals: An Atlas of Evolution in
    Africa*, vol 3, part 1, University of Chicago Press.

Marlowe, Frank, 2002, 'Why the Hadza are Still Hunter-Gatherers', in Sue
    Kent (ed.) *Ethnicity, Hunter-Gatherers, and the 'Other': Association or
    Assimilation in Africa*, Smithsonian Institution Press, pp. 247-75.

Thoreau, Henry David, 2009, *The Journal 1837-1861*, New York Review
    Books.

Tomasello, Michael, 2008, *Origins of Human Communication*, MIT Press.

Woodburn, James, 1970, *The Material Culture of the Nomadic Hadza*, British Museum Press.

Workman, James, 2009, *Heart of Dryness: How the Last Bushmen Can Help Us Endure the Coming Age of Permanent Drought*, Walker & Co.

Yong, Ed, 2009, 'Revisiting FOXP$_2$ and the origins of language', *Not Exactly Rocket Science*, 11 November 2009, http://blogs.discovermagazine.com/notrocketscience, accessed 12 January 2012.

LEATHERBACK: 장수거북

Adler, Robert, 2011, 'The Many Faces of the Multiverse', *New Scientist*, 26 November 2011.

Appenzeller, Tim, 2009, 'Ancient Mariner', *National Geographic*, May 2009.

Bjorndal, Karen A. and Alan B. Bolten, 2003, 'From Ghosts to Key Species: Restoring Sea Turtle Populations to Fulfill their Ecological Roles', *Marine Turtle Newsletter*, 100:16-21.

Boyce, Daniel G. *et al.*, 2010, 'Global phytoplankton decline over the past century', *Nature*, 466, 591-6.

Camus, Albert, 1942, *The Myth of Sisyphus*, Penguin (2005).

Draaisma, Douwe, 2004, *Why Life Speeds Up as You Get Older*, Cambridge University Press.

Dutton, Peter, 2006, 'Building Our Knowledge of Leatherback Stock Structure' in *The State of the World's Sea Turtles*, vol. 1, http://seaturtles.org, accessed 21 January 2012.

Frith, Chris, 2007, *Making up the Mind: How the Brain Creates our Mental World*, Blackwell.

Gefter, Amanda, 2009, 'Multiplying Universes: How Many is the Multiverse?', *New Scientist*, 29 October 2009.

Herzog, Werner, 1999, 'The Minnesota declaration: truth and fact in documentary cinema', http://www.wernerherzog.com/52.html, accessed 12 January 2012.

Papworth, S. K. *et al.*, 2008, 'Evidence for shifting baseline syndrome in conservation', *Conservation Letters*, 22: 93-100.

Pauly, Daniel, 1995, 'Anecdotes and the shifting baseline syndrome of fisheries', *Trends in Ecology and Evolution*, 1010: 430.

Roberts, Callum, 2007, *The Unnatural History of the Sea*, Island Press.

Safina, Carl, 2006, *Voyage of the Turtle: In Pursuit of the Earth's Last Dinosaur*, Henry Holt.

Spotila, James R. *et al.*, 2000, 'Pacific leatherback turtles face extinction', *Nature*, 405, 529-30. Walcott, Derek, 2010, *White Egrets*, Faber and Faber.

Wallace, David Rains, 2007, *Neptune's Ark: from Ichthyosaurs to Orcas*, University of California Press.

Young, Peter, 2003, *Tortoise*, Reaktion.

MYSTACEUS: 미스타케우스

BBC News online, 1999, 'Message from Allah found "in tomato"', 9 September 1999.

Borges, Jorge Luis, 1944, 'Funes, His Memory', in *Fictions*, Penguin (2000).

Casselman, Anne, 2011, 'Jumping Spiders in Love', Lastwordonnothing.com, 25 July 2011.

Cech, T.R., 2011, 'The RNA World in Context. Department of Chemistry and Biochemistry', *Cold Spring Harbor Perspectives in Biology*, February 16 2011.

Chown, Marcus, 2007, *The Never-Ending Days of Being Dead*, Faber and Faber.

Collingwood, R. G., 1924, *Speculum Mentis, or The Map of Knowledge*, Oxford University Press.

Foster, Jonathan K., 2008, *Memory: A Very Short Introduction*, Oxford University Press.

Hume, David, 1739, *A Treatise on Human Nature*, http://www.davidhume.org.

James, William, 1890, *The Principles of Psychology*, Dover Publications.

Judson, Olivia 2009, 'Memories in Nature', *The New York Times*, 29 December 2009.

Kafka, Franz, 1917-1923, 'A Little Fable', published in *Beim Bau der Chinesischen Mauer*, 1931.

Lem, Stanisław, 1961 (English translation 1971), *Solaris*, chapter 8: 'Monsters', Faber and Faber (2003).

Nietzsche, Friedrich, 1886, *Beyond Good and Evil: Prelude to a Philosophy of the Future*, Penguin (2003).

Wood, Harriet Harvey, A. S. Byatt *et al.*, *Memory: An Anthology*, Chatto & Windus.

NAUTILUS: 앵무조개

Barthes, Roland, 1980 (1982), *Camera Lucida*, Jonathan Cape.

Benjamin, Walter, 1999, 'Little History of Photography,' in *Selected Writings*, edited by Michael W. Jennings, 2:507-30, Harvard Belknap.

Calvino, Italo, 1965, *Cosmicomics*, Penguin (2010).

Dutlinger, Carolin, 2008, 'Imaginary Encounters: Walter Benjamin and the Aura of Photography', *Poetics Today*, 29:1 (Spring 2008).

Eyden, Phil, 2003, 'Nautiloids: The First Cephalopods', *The Octopus News Magazine*, available online at http://www.tonmo.com, accessed 21 January 2012.

Eyden, Phil, 2003, 'Ammonites: A General Overview', *The Octopus News Magazine*.

Eyden, Phil, 2004, 'Nipponites - The Ultimate Weird Ammonite?', *The Octopus News Magazine*.

Glacken, Clarence J., 1976, *Traces on the Rhodian Shore*, University of California Press.

Henderson, Caspar, 2009, 'Hypnogogia', *Archipelago 5*, Clutag Press, and at http://barrierisland.blogspot.com.

Paterson, Don, 2010, *Rain*, Faber and Faber.

Rudwick, M.J.S., 1985, *The Meaning of Fossils: Episodes in the History of Paleontology*, University of Chicago Press.

Rudwick, M.J.S., 2005, *Bursting the Limits of Time: The Reconstruction of Geohistory in the Age of Revolution*, University of Chicago Press.

Sontag, Susan, 1977, *On Photography*, Farrar, Straus and Giroux.

Stevenson, Sara, 2002, *Facing the Light: The Photography of Hill and Adamson*, National Galleries of Scotland.

Stewart, Matthew, 2003, *Monturiol's Dream: The Extraordinary Story of the Submarine Inventor Who Wanted to Save the World*, Profile.

Ward, Peter, 1988, *In Search of Nautilus*, Simon & Schuster.

OCTOPUS: 문어

Aldrovandi, Ulisse 1606, *De reliquis animalibus exanguibus libri quatuor*, http://amshistorica.cib.unibo.it/18.

Caillois, Roger, 1973, *La Pieuvre-essai sur la logique de l'imaginaire*, La Table

Ronde.

Chatham, Chris, 2007, 'Platform-Independent Intelligence: Octopus Consciousness', http://scienceblogs.com/developingintelligence, 5 April, 2007, accessed 12 January 2012.

Gesner, Conrad, 1551-8, *Historae Animalium*.

Grasso, Frank and Wells, Martin, 2010, 'Tactile Sensing in the Octopus', http://www.scholarpedia.org.

Judd, Alan, 2000, 'Swallowing Ships', *New Scientist*, 29 November 2000.

Kaplan, Eugene H., 2006, *Sensuous Seas*, Princeton University Press.

Kuba, M. J. *et al.*, 2006, 'Why do Octopuses Play?', *Journal of Comparative Psychology*, vol. 120(3), 184-90.

Lanier, Jaron, 2010, *You Are Not a Gadget*, Knopf.

Mather, Jennifer A., 2008, 'Cephalopod consciousness: Behavioural evidence', *Consciousness and Cognition*, vol. 17, issue 1.

Montaigne, Michel de, 1567, 'Apology for Raymond Sebond', op. cit.

Myers, P.Z., 2006, *Octopus Brains*, Pharyngula, 30 June 2006, http://scienceblogs.com/pharyngula, accessed 21 January 2012.

Norman, Mark, 2000, *Cephalopods: A World Guide*, ConchBooks.

Pliny Philemon Holland, translator: 1601 http://penelope.uchicago.edu/holland/pliny9.html

Rossby H.T. and P. Miller, 2004, 'Ocean Eddies in the 1539 Carta Marina', *Oceanography*, vol. 16, 77.

Vecchione, M. *et al.*, 2001, 'Worldwide Observations of Remarkable Deep-Sea Squids', *Science*, 294, 5551, 2505.

PUFFERFISH: 복어

Delpeuch, Francis *et al.*, 2009, *Globesity: A Planet Out of Control?*, Earthscan.

Jackson, Jeremy, 2010, 'The Future of Oceans Past', *Phil. Trans. R. Soc. B*, vol. 365, no. 1558, 3765-78.

James, Oliver, 2007, *Affluenza*, Vermillion.

Marshall, Michael, 2010, 'The most kick-ass fish in the sea', Zoologger, *New Scientist*, 5 May 2010.

Phillips, Adam, 2011, *On Balance*, Penguin.

Pollan, Michael, 2006, *The Omnivore's Dilemma*, Penguin.

Thoreau, Henry David, 1854, *Walden: or, Life in the Woods*, Oxford World's

Classics (2008).

QUETZALCOATLUS: 케찰코아틀루스

Amenábar, Alejandro, 2004, *Mar Adentro* (film), released as *The Sea Inside* (UK) or *Out to Sea* (US), Fine Line Features.

Anon, 2007, 'Falling off High Places: Human Lemmings', *The Economist*, 19 December 2007.

Dawkins, Richard, 1996, *Climbing Mount Improbable*, W. W. Norton.

de Becker, R., 1968, *Dreams, or Machinations of the Night*, Allen & Unwin.

de Saint-Exupéry, Antoine, 1939, *Wind, Sand and Stars*, Penguin (2011).

de Saint-Exupéry, Antoine, 1943, *The Little Prince*, Egmont (1991).

Elvin, Mark, 2007, 'The spectrum from myth to reality: the folk psychology of dangerous animals and natural disasters in western Yúnnán province, China, in mediaeval times', personal communication.

Empson, Jacob, 2002, *Sleep and Dreaming*, Palgrave Macmillan.

Naish, David, 2006-2011, http://scienceblogs.com/tetrapodzoology.

Pettigrew, J.D., 1986, 'Flying primates? Megabats have the advanced pathway from eye to midbrain', *Science*, 231, 1304-6.

Platform London, 2007, 'Burning Capital, a documentary on BP's fourth quarter and full year results', http://www.platformlondon.org.

Shuker, Karl P.N., 1997, *From Flying Toads to Snakes with Wings: In Search of Mysterious Beasts*, Bounty Books.

Unwin, David, 2006, *The Pterosaurs*, Pi Press.

RIGHT WHALE: 긴수염고래

Beale, Thomas, 1839, *The Natural History of the Sperm Whale*, Holland Press.

Caxton, William, 1481, *Myrrour of the Worlde*

Crane, J. and R. Scott, 2002, 'Eubalaena glacialis', Animal Diversity Web, accessed 17 March 2011.

Dean, Cornelia, 2009, 'Fall and Rise of the Right Whale', *The New York Times*, 17 March 2009.

Hoare, Philip, 2008, *Leviathan, or The Whale*, Fourth Estate.

Hoare, Philip, 2010, 'Whales: we owe them an apology', *Slate*, 5 March 2010.

Lee, S.-M. and D. Robineau, 2004, 'The cetaceans of the Neolithic rock carvings of Bangu-dae, South Korea and the beginning of whaling in the North-West Pacific', *L'anthropologie*, 108.

Lopez, Barry, 1986, *Arctic Dreams: Imagination and Desire in a Northern Landscape*, Bantam Books.

Payne, Roger S. and Scott McVay, 1971, 'Songs of Humpback Whales', *Science*, 173, 3997, 585-97.

Prochnik, George, 2010, *In Pursuit of Silence: Listening for Meaning in a World of Noise*, Doubleday.

Reilly, S. B. *et al.*, 2008, Eubalaena glacialis, in IUCN Red List of Threatened Species, version 2010.4, www.iucnredlist.org.

Roman, Joe, 2006, *Whale*, Reaktion.

Rothenberg, David, 2008, *Thousand Mile Song: Whale Music in a Sea of Sound*, Basic Books.

Siebert, Charles, 2009, 'Watching Whales Watching Us', *The New York Times*, 12 July 2009.

SEA BUTTERFLY: 바다나비

Barnett and Holloway, 2007, 'Small Worlds: The Art of the Invisible' at the Oxford Museum of the History of Science in 2007-8. http://www.mhs.ox.ac.uk/smallworlds/exhibition.

Boyce *et al.*, 2010, 'Global phytoplankton', op. cit.

Caldeira, K. and M. E. Wickett, 2005, 'Ocean model predictions of chemistry changes from carbon dioxide emissions to the atmosphere and ocean', *J. Geophys. Res.*, 110, C09S04.

Collini, Elisabetta *et al.*, 2010, 'Coherently wired light-harvesting in photosynthetic marine algae at ambient temperature', *Nature*, 463, 644-7.

Fabry, Victoria J. *et al.*, 2008, 'Impacts of ocean acidification on marine fauna and ecosystem processes', *ICES J. Mar. Sci.*, 65 (3): 414-32.

Hayes, Nick, 2011, *The Rime of the Modern Mariner*, Jonathan Cape.

Huxley, Thomas, 1868, 'On a Piece of Chalk', *Collected Essays*, Macmillan & Co. (1894).

IPSO, 2011, International Earth system expert workshop on ocean stresses and impacts, http://www.stateoftheocean.org/, accessed 2 December 2011.

Lynas, Mark, 2011, chapter on ocean acidification in *The God Species*, Fourth

Estate.

Margulis, Lynn, 2009, essay contribution to 'Does Evolution Explain Human Nature?', Templeton Foundation.

Orr, James C. *et al.*, 2005, 'Introduction to special section: The Ocean in a High-CO_2 World', *J. Geophys. Res.*, 110, C09S01.

Orr, James C. *et al.*, 2005, 'Anthropogenic ocean acidification over the twenty-first century and its impact on calcifying organisms', *Nature*, 437, 681-6.

Southwood, T.R.E., 2003, *The Story of Life*, Oxford University Press.

Tréguer, Paul *et al.*, 1995, 'The Silica Balance in the World Ocean: A Re-estimate', *Science*, 268, 5209, 375-9.

UK Ocean Acidification Research Programme, 2010, 'Briefing note on Matt Ridley's article, "Who's Afraid of Acid in the Ocean? Not Me"' http://www.oceanacidification.org.uk.

THORNY DEVIL: 가시도마뱀

Bowman, M. J. S. *et al.*, 2010, 'Fire in the Earth System', *Science*, 324 5926, 481-4.

Flannery, Tim, 1994, *The Future Eaters*, Grove Press (2002).

Flannery, Tim, 2011, *Here on Earth: A New Beginning*, Allen Lane.

Johnson, Christopher N., 2008, 'The Remaking of Australia's Ecology', *Science*, 309, 5732, 255-6.

Jones, Rhys Maengwyn, 1969, 'Fire-stick farming', *Australian Natural History*, 16:224-8.

Miller, Gifford H. *et al.*, 2005, 'Ecosystem Collapse in Pleistocene Australia and a Human Role in Megafaunal Extinction', *Science*, 309, 5732, 287-90.

Moffett, Mark M., 2010, *Adventures Among Ants: A Global Safari with a Cast of Trillions*, University of California Press.

Morton, Oliver, 2007, *Eating the Sun*, Fourth Estate.

Pianka, Eric R., 'Australia's Thorny Devil', http://uts.cc.utexas.edu/~varanus/moloch.html.

Pyne, Stephen J., 1998, 'Forged in fire: History, land, and anthro pogenic fire' in W. Balée (ed.), *Advances in Historical Ecology*, Columbia University Press, pp. 64-103.

Pyne, Stephen J., 2001, Fire: A *Brief History*, British Museum Press.

Reed, A.W., 1999, *Aboriginal Myths, Legends and Fables*, Reed Natural History, Australia.

Wilson, E.O. and Bert Hölldobler, 1994, *Journey to the Ants*, Harvard University Press.

UNICORN: 유니콘을 찾아서―마귀상어

Borges, Jorge Luis, 1962, 'The Fearful Sphere of Pascal' in *Labyrinths*, New Directions Publishing Corporation and Penguin Classics (2000).

Crawford, Dean, 2008, *Shark*, Reaktion Books.

Knowlton, N. and Jackson, J. B. C., 2008, 'Shifting Baselines, Local Impacts, and Global Change on Coral Reefs', *PLoS Biology*, 62: e54.

Laidre, Kristin L. *et al.*, 2008, 'Quantifying the Sensitivity of Arctic Marine Mammals to Climate-Induced Habitat Change', *Ecological Applications*, 18: S97–S125.

Lavers, Chris, 2009, *The Natural History of Unicorns*, Granta.

Martin, R. Aidan, 2001, 'Biology of Sharks and Rays', www.elasmo-research.org.

Meeuwissen, Tony, 1997, *Remarkable Animals: 1000 Amazing Amalgamations*, Frances Lincoln.

Nweeia, Martin, 2005, 'Marine Biology Mystery Solved: Function of Unicorn Whale's 8-foot Tooth Discovered', Harvard Medical School press release, 13 December 2005.

Sapolsky, Robert, 2010, 'This Is Your Brain on Metaphors', *The New York Times*, 14 November 2010.

Saez Castan, Javier and Miguel Murugarren, 2003, *Animalario Universal del Profesor Revillod Fondo* de Cultura Económica, Mexico.

Wilson, E.O., 1996, *In Search of Nature*, Island Press.

VENUS'S GIRDLE: 비너스의 허리띠

Amos, William H., 2004, 'Venus's Girdle', http://www.microscopy-uk.org.uk, accessed 2 December 2011.

Balcombe, Jonathan, 2006, *Pleasurable Kingdom*, Macmillan.

Boero, Peter *et al.*, 2007, 'Cnidarian milestones in metazoan evolution', *Int. Comp. Bio.*, 47:5.

Colin, Sean P. *et al.*, 2010, 'Stealth predation and the predatory success of the invasive ctenophore Mnemiopsis leidyi', *PNAS*, 20 September 2010.

Etnoyer, Peter, 2008, 'The Nematocyst: apex of organelle specialization', *Deep Sea News*, 1 May 2008, http://scienceblogs.com/deepseanews/, accessed 2 December 2011.

Judson, Olivia, 2002, *Dr Tatiana's Sex Guide to All Creation*, Vintage.

Kideys, Ahmet E., 2002, 'Fall and Rise of the Black Sea Ecosystem', *Science*, 297, 5586, 1482–4.

Knoll, Andrew H. and Sean B. Carroll, 1999, 'Early Animal Evolution: Emerging Views from Comparative Biology and Geology', *Science*, 284, 5423, 2129–37.

Lucretius, 1997, *On the Nature of Things*, translation by Ronald Melville, Oxford Word's Classics.

Nüchter, T. *et al.*, 2006, 'Nanosecond-scale kinetics of nematocyst discharge', *Current Biology* 16, R316–R318, 9 May 2006.

Whitfield, J., 2004, 'Everything You Always Wanted to Know about Sexes', *PLoS Biology*, 26: e183.

WATERBEAR: 곰벌레

The American Museum of Natural History, 'The Known Universe', http://www.amnh.org/news/2009/12/the-known-universe/, accessed 23 December 2011.

Bostrom, Nick, 2007, 'The Future of Humanity', published in *New Waves in Philosophy of Technology*, Palgrave Macmillan, 2009.

Bostrom, Nick, 2008, 'Where are they? Why I hope the search for extraterrestrial intelligence finds nothing', *MIT Technology Review*, May/June 2008.

Davies, Paul, 2010, speaking to Philip Dodd on *Nightwaves*, BBC Radio 3, March 2010.

Deutsch, David, 1997, *The Fabric of Reality*, Penguin.

Deutsch, David, 2005, 'Our Place in the Cosmos', http://www.ted.com.

Deutsch, David, 2009, 'A New Way to Explain Explanation', http://www.ted.com.

Deutsch, David, 2011, *The Beginning of Infinity*, Allen Lane.

Howard, Andrew W. *et al.*, 2010, 'The Occurrence and Mass Distribution of

상상하기 어려운 존재에 관한 책

Closein Super-Earths, Neptunes, and Jupiters, *Science*, 330, 6004, 653-5.

Jönsson, K. Ingemar *et al.*, 2008, 'Tardigrades survive exposure to space in low Earth orbit', *Current Biology*, vol. 18, issue 17, pp. R729-R731.

Mach, Martin, 2000, 'The incredible water bear', http://www.microscopy-uk.org.uk, accessed 2 December 2011.

Mantel, Hilary, 2008, 'That Wilting Flower', *London Review of Books*, 24 January 2008.

Roach, Mary, 2010, *Packing For Mars*, W.W. Norton.

XENOGLAUX: 긴수염올빼미

Anderson, K. and Bows, A., 2011, 'Beyond "dangerous" climate change: emission scenarios for a new world,' *Philosophical Transactions of the Royal Society A*, 369: 20-44.

Barnosky, Anthony D. *et al.*, 2011, 'Has the Earth's sixth mass extinction already arrived?', *Nature*, 471, 51-7.

BirdLife International, 2011, species factsheet: *Xenoglaux loweryi*.

Darwin, Charles, 1839, *The Voyage of the Beagle*, http://darwin-online.org.uk.

Deakin, Roger, 2007, 'The Sacred Groves of Devon', in *Wildwood: A Journey Through Trees*, Hamish Hamilton.

Gladwell, Malcolm, 2000, *The Tipping Point: How Little Things Can Make a Big Difference*, Little Brown.

Global Biodiversity Outlook, 2010, UNEP, www.unep.org/pdf/GBO3-en.pdf.

Hamilton, Garry, 2011, 'Welcome Weeds: How Alien Invasion Could Save the Earth', *New Scientist*, 12 January 2011.

Kolbert, Elizabeth, 2009, 'The Sixth Extinction?' *The New Yorker*, 25 May 2009, http://www.newyorker.com/talk/comment/2011/12/05/111205taco_talk_kolbert, accessed 30 November 2011.

Lenton, Tim *et al.* 2007, 'Tipping Elements in the Earth's Climate System', *PNAS*, 12 February, 2008, vol. 105, no. 6, 1786-93.

Malhi, Yadvinder *et al.*, 2008, 'Climate Change, Deforestation, and the Fate of the Amazon', *Science*, 319, 5860, 169-72.

Malhi, Yadvinder *et al.*, 2009, 'Exploring the likelihood and mechanism of a climatechange-induced dieback of the Amazon rainforest', *PNAS*, 13 February 2009.

Marris, Emma, 2011, 'Can vulnerable species outrun climate change?', http://e360.yale.edu/ 3 November 2011, accessed 2 December 2011.

Morris, Desmond, 2009, *Owl*, Reaktion Books.

Nagel, Thomas, 1979, 'The Absurd', in *Mortal Questions*, Cambridge
University Press.

Nepstad, Daniel *et al.*, 2009, 'The End of Deforestation in the Brazilian
Amazon', *Science*, 326, 5958, 1350-51.

Pan, Yude *et al.*, 2011, 'A Large and Persistent Carbon Sink in the World's
Forests', *Science*, 333, 6045, 988-93.

Pimm, S. *et al.*, 2006, 'Human impacts on the rates of recent, present and
future bird extinctions', *PNAS*, vol. 103, no. 29, 10941-6.

Rumi, Jalal ad-Din (1207-1273), 'Spring is Christ', from *The Essential Rumi:
Selected Poems*, Penguin (2004).

Thomas, Chris, 2011, 'Britain should welcome climate refugee species',
Trends in Ecology and Evolution, vol. 26, p. 216.

Thompson, Ken, 2010, *Do We Need Pandas? The Uncomfortable Truth about
Biodiversity*, Green Books.

Tolefson, Jeff, 2010, 'Amazon drought raises research doubts', *Nature*, 466,
http://www.nature.com/news, 20 July 2010, accessed 21 January 2012.

Volk, Tyler, 1998, *Gaia's Body: Toward a Physiology of Earth*, MIT Press (2003).

Weidensaul, Scott, 2002, *The Ghost with Trembling Wings: Science, Wishful
Thinking, and the Search for Lost Species*, Farrar, Straus and Giroux.

van der Werf, G.R. *et al.*, 2009, 'CO_2 emissions from forest loss,' *Nature
Geoscience*, 2, 737-8.

WWF Global, Heart of Borneo Initiative, http://wwf.panda.org/.

Zelazowski, Przemyslaw *et al.*, 2011, 'Changes in the potential distribution
of humid tropical forests on a warmer planet', *Phil. Trans. R. Soc. A*,
369.

XENOPHYOPHORE: 제노피오포어

Barbour, Julian, 2000, *The End of Time*, Phoenix.

Borges, Jorge Luis, 1940 (translated 1961), 'Tlön, Uqbar, Orbis Tertius', in
Labyrinths, op. cit.

Broad, William J., 2009, 'Diving Deep for a Living Fossil', *The New York Times*,
25 August 2009.

Close, Frank, 2007, *The Void*, Oxford University Press.

상상하기 어려운 존재에 관한 책

Danovaro, Roberto *et al.*, 2010, 'The first metazoa living in permanently anoxic conditions', *BMC Biology*, 8: 30.

Dillard, Annie, 1982, *Teaching a Stone to Talk*, HarperPerennial (1988).

Hazen, Robert M., 2010, 'Evolution of Minerals', *Scientific American*, March 2010.

Hazen, Robert M. and J.M. Ferry, 2010, 'Mineral evolution: Minerology in the fourth dimension', *Elements*, 6, 1: 9-12.

Levi, Primo, 1975, *The Periodic Table*, Schocken Books.

Lewis-Williams, David, 2010, *Conceiving God: The Cognitive Origin and Evolution of Religion*, Thames & Hudson.

McClain, Craig, 2008, The 27 Best Deep-Sea Species: No. 22 'Xenophyophores', 28 October 2008, http://deepseanews.com.

Matz, M. *et al.*, 2008, 'Giant Deep-Sea Protist Produces Bilaterian-like Traces', *Current Biology*, 18: 1-6.

Newton, Issac, Letter to Oldenburg (7 December 1675) in H. W. Turnbull (ed.), *The Correspondence of Isaac Newton, 1661-1675* (1959), vol. 1, 366.

Rona, P. *et al.*, 2003, 'Paleodictyon, a Living Fossil on the Deepsea Floor', American Geophysical Union, Fall Meeting 2003.

Schwartzman, D.W. and T. Volk, 1991, 'Biotic Enhancement of Weathering and Surface Temperatures on Earth since the Origin of Life', *Global and Planetary Change*, vol. 4, 357-71.

Seneca legend, http://www.firstpeople.us, accessed 2 December 2011.

Sherratt, Thomas N. and David M. Wilkinson, 2009, 'How Will the Biosphere End' in *Big Questions in Ecology and Evolution*, Oxford University Press.

Swinbanks, D.D. and Y. Shirayama, 1986, 'High levels of natural radionuclides in a deepsea infaunal xenophyophore', *Nature*, 320, 354-8.

Young, Craig M., 2007, 'The Deep Seafloor: A Desert Devoid of Life?', essay in Claire Nouvian, *The Deep*, op. cit.

YETI CRAB: 예티게

Beatty, Thomas J. *et al.*, 2005, 'An obligately photosynthetic bacterial anaerobe from a deep-sea hydrothermal vent', *Proceedings of the National Academy of Sciences*, vol. 102, issue 26.

Brownlee, Donald E., 2010, 'Planetary habitability on astronomical timescales', in Carolus J. Schrijver, *et al.*, *Heliophysics: Evolving Solar*

Activity and the Climates of Space and Earth, Cambridge University Press.

Duprat, J. *et al.*, 2010, 'Extreme Deuterium Excesses in Ultracarbonaceous Micrometeorites from Central Antarctic Snow', *Science*, 328, 5979, 742–5.

Earle, Sylvia and Glover, Linda, 2009, *Oceans: An Illustrated Atlas*, National Geographic Society.

Lane, Nick, 2009b, 'Was our oldest ancestor a proton-powered rock?', *New Scientist*, 19 October 2000.

Macpherson, E. *et al.*, 2005, 'A new squat lobster family of Galatheoidea Crustacea, Decapoda, Anomura from the hydrothermal vents of the Pacific-Antarctic Ridge', *Zoosytema*, 27 (4).

Morelle, Rebecca, 2011, 'Deep-sea creatures at volcanic vent', BBC News, 28 December 2011.

Royle, Peter, 2008, 'Crabs', *Philosophy Now*, May/June 2008.

Sartre, Jean-Paul, 1938, *La Nausée*, New Directions (2007).

Singer, P.W., 2009, *Wired for War*, Penguin Books.

Thurber, A.R. *et al.*, 2011, 'Dancing for Food in the Deep Sea: Bacterial Farming by a New Species of Yeti Crab', *PLoS ONE*, 6(11): e26243.

Wallace, David Foster, 2005, *Consider the Lobster and Other Essays*, Little, Brown.

ZEBRAFISH: 제브라피시

Adler, Ray, 2010, 'Ray Kurzweil: Building bridges to immortality', *New Scientist*, 27 December 2010.

Atwood, Margaret, 2003, *Oryx and Crake*, Bloomsbury.

Atwood, Margaret, 2009, *The Year of the Flood*, Bloomsbury.

Berry, Thomas, 2009, *The Sacred Universe: Earth, Spirituality, and Religion in the 21st Century*, Columbia University Press.

Berry, Wendell *et al.*, 2007, 'Our Biotech Future: An Exchange', *New York Review of Books*, 27 September 2007.

Bostrom, Nick, 2007, 'The Future of Humanity', op. cit.

Bosveld, Jane, 2009, 'Evolution by Intelligent Design: Bioengineers will likely control the future of humans as a species', *Discover.com*, March 2009, http://discovermagazine.com, accessed 21 January 2012.

Brazier, Martin, 2009, 'The Deep History of Life on Earth', Remarks at the Geological Society, 25 June 2009.

Cascio, James, 2009, 'Get Smarter', *The Atlantic*, July/August 2009.

Chalmers, David J., 2010, 'The Singularity: A Philosophical Analysis', *Journal of Consciousness Studies* 17:7-65.

Chin, Jason, 2009, 'Reprogramming the code of life', the Francis Crick Prize lecture, The Royal Society, 26 November 2009.

Cullen, Jonathan M. *et al.*, 2011, 'Reducing Energy Demand: What Are the Practical Limits?' *Environ. Sci. Technol.*, 45 (4), 1711-18.

Dyson, Freeman, 2007, 'Our Biotech Future', *New York Review of Books*, 19 July 2007.

Eagleman, David, 2009, *Sum*, Canongate.

Endersby, Jim, 2007, *A Guinea Pig's History of Biology*, William Heinemann.

Gopnik, Adam, 2011, 'The Information: How the Internet gets inside us', *The New Yorker*, 14 February 2011.

Gray, John, 2002, *Straw Dogs*, Granta.

Gray, John, 2011, *The Immortalization Commission: Science and the Strange Quest to Cheat Death*, Allen Lane.

Haque, Umair, 2011, 'Egypt's Revolution: Coming to an Economy Near You', *Harvard Business Review*, 1 February 2011.

Haque, Umair, 2011, 'The Eudaimonic Transformation', http://www.umairhaque.com/, accessed 2 December 2011.

Hoffman, David E., 2010, *The Dead Hand: The Untold Story of the Cold War Arms Race and its Dangerous Legacy*, Anchor.

Hume, David, 1741, 'On Dignity and Meanness of Human Nature', http://www.davidhume.org.

Jackson, Tim, 2009, 'Prosperity Without Growth', a report for the UK Sustainable Development Commission, http://www.sd-commission.org.uk, accessed 12 January 2012.

Kasparov, Garry, 2011, 'The Chess Master and the Computer', *New York Review of Books*, February 2011, being a review of Diego Rasskin-Gutman, *Chess Metaphors: Artificial Intelligence and the Human Mind* (2011), MIT Press.

Kikuchi, Kazu *et al.*, 2010, 'Primary contribution to zebrafish heart regeneration by gata4+ cardiomyocytes', *Nature*, 464, 601-5.

Linden, David J., 2011, 'The Singularity is Far: A Neuroscientist's View', http://boingboing.net, 14 July 2011, accessed 30 November 2011.

Lynas, Mark, 2011, *The God Species: How the Planet Can Survive the Age of*

Humans, Fourth Estate.

Morris, Errol, 2010, *Tabloid*, Air Loom Enterprises.

Morton, Oliver, 2007, op. cit.

Nature editorial, 2008, 'Beyond the origin', 20 November 2008, *Nature*, 456, 281.

Nurse, Sir Paul, 2010, 'The Great Ideas of Biology', http://royalsociety.org/ royalsociety.tv.

Poss, Kenneth D. et al., 2002, 'Heart Regeneration in Zebrafish', *Science*, 298, 5601, 2188-90.

Rockström, Johan et al., 2009, 'A safe operating space for humanity', *Nature*, 461, 472-5.

Russell, Claire, 2003, 'The roles of Hedgehogs and Fibroblast Growth Factors in Eye Development and Retinal Cell Rescue', *Vision Research*, 43, 899-912.

Sagan, Carl, 1996, *Billions and Billions*, Ballantine Publishing Group.

Thomas, Lewis, 1974, 'Natural Man', an essay republished in *The Lives of a Cell*, Bantam Books.

Voltaire, 1759, *Candide*, Penguin Classics (2006).

Zimmer, Carl, 2008, *Microcosmos: E Coli and the New Science of Life*, Pantheon.

Žižek, Slavoj, 2010, 'Interlude 4: Apocalypse at the Gates' in *Living in End Times*, Verso.

결론, 어떤 결론도 내릴 수 없다

Allenby, Brady and Daniel Sarowitz, 2011, *The Techno-Human Condition*, MIT Press.

Black, Richard, 2012, 'Carbon emissions will defer Ice Age', BBC News, 9 January 2012.

Heidegger, Martin, 1949, 'The Question Concerning Technology', in David Farrell Krell (ed.), *Basic Writings*, Routledge 2011.

Kahneman, Daniel, 2011, *Thinking, Fast and Slow*, Farrar, Straus and Giroux.

Marris, Emma, 2011, *Rambunctious Garden: Saving Nature in a Post-Wild World*, Bloomsbury.

Rees, Martin, 2011, 'Higgs Boson Might Yield Origins of Universe But Questions Remain', http://www.Thedailybeast.com, 19 December 2011.

Stager, Curt, 2011, *Deep Future: The Next 100,000 Years*, Thomas Dunne Books.

감사의 말

먼저 내 저작권 대리인인 제임스 맥도널드 록하트에게 감사한다. 그가 없었다면 이 책은 아예 쓸 생각도 하지 못했을 것이다. 이 책이 나온 것은 그가 지속적으로 배려하고 관심을 쏟은 덕분이다. 로버트 맥팔레인에게도 고맙다는 말을 전한다. 또 가능성을 보고서 지원을 해준 그랜터 출판사의 사라 홀러웨이와 동료들에게도 감사한다. 사라는 더할 나위 없는 최고의 편집자였다. 또 여러 방면으로 도움을 준 사라의 직원 앰버 도웰과 후임자인 앤 메도스에게도 감사한다. 본문 교정을 맡은 벤저민 버컨과 슬라브 토도로브, 찾아보기를 담당한 데이비드 앳킨슨, 디자인과 제작, 홍보를 맡은 크리스틴 로, 마이클 살루, 세라 워슬리, 사진 조사를 도와준 파올라 데시데리오, 매혹적인 멋진 삽화를 그려준 골바누 모가다스에게도 고맙다는 말을 하고 싶다.

아직 출간되지 못했지만 앞서 세계 산호초의 운명을 다룬 책의 집필 계획에 자금을 후원한 애시든 트러스트 재단과 페드로 모우라 코스타에게도 감사를 드린다. 그들의 지원을 받아 조사한 자료는 이 책에도 큰 도움이 되었으니, 큰 빚을 진 셈이다. 집필하고 있던 이 책을 선정하여 지원해 준 작가 협회의 로저 디킨상과 왕립 문학 협회의 저

상상하기 어려운 존재에 관한 책

우드 논픽션상의 관계자 여러분께도 감사드린다.

또 캘리포니아 포인트레예스에 있는 메사레퓨지에 머물 수 있도록 도와준 피터 반스를 비롯한 분들께도 감사한다. 애시모어의 톰스 보시에 머물도록 해준 애너와 크리스, 투카바이그에 체류학 수 있게 해준 브라이언과 루시 포잇 부부, 월싱엄에 체류 일정을 잡아준 레베카 카터에게도 고맙다는 말을 전한다. 덕분에 그런 아름다운 장소에서 생각하고 글을 쓸 수 있었다.

인상 한 번 찌푸리지 않고 정중하게 늘 도움을 준 보들리 도서관의 직원들, 애시몰과 보들리 동물우화집의 원본을 볼 수 있도록 해준 브루스 바커-벤필드, 소장된 동물우화집을 보여준 머튼 칼리지 도서관의 줄리아 월워스와 동료들, 옛 아일랜드 시를 알려준 더블린 트리니티 칼리지의 캐서린 심스에게도 감사드린다. 또 연구실에서 제브라피시 배아를 지켜볼 수 있도록 친절을 베풀어준 런던 왕립 수의대의 클레어 러셀 박사에게도 진심으로 감사를 드린다.

파울라 카살, 멜라니 챌린저, 벤저민 모리스는 원고의 몇몇 장들을 읽고서 유용한 평을 해줬다. 그밖에도 여러 친구, 지인, 동료들이 가치를 매길 수 없는 아이디어, 실질적인 지원, 격려를 베풀어주었다. 설령 그 당시에 그들 자신은 알아차리지 못했거나 딱히 그럴 생각으로 한 것이 아니었다고 할지라도, 내게는 큰 도움이 되었다. 닐 애스틀리, 니콜라 베어드, 앤서니 바넷, 메그 벌린, 조프리 베스트, 데이비드 보더니스, 하비 브라운, 번드 브루너, 데이비드 버클랜드, 필리파 버셜, 로버트 버틀러, 알렉스 버터워스, 수전 캐니, 나비요아트 치나, 수 콤버, 제임스 크랩트리, 맥스 이스틀리, 스티븐 골드먼, 크리스 구달, 톰 고로, 클라이브 햄블러, 데이비드 헤이스, 스테판 하인, 주디스 헤린, 폴 힐더, 롤런드 호드슨, 매튜 호프먼, 폴 킹스노스, 존 키칭, 리 클링거, 앨런 나이트, 찰리 크로닉, 세라 레어드, 안토니아 레야드, 애니 레비, 제니 러넌, 마크 라이너스, 루스 누스봄, 제임스 매리엇, 조지 마셜, 그레그 무팃, 앤드루 맥널리스, 조지 몬바이엇, 페드로 모우라 코스타,

피터 올덤, 마리오 페트루치, 로라 라이벌, 캘럼 로버츠, 브래든 스미스, 조 스미스, 올리버 티컬, 패트릭 월시, 매리너 워너, 휴 워윅, 케니 영 등이다. 2011년 영국 에너지 센터에서 함께 지낸 동료들에게도 감사한다.

이 책을 사랑하는 아내 크리스티나에게 바친다. 내 안식처이자 기쁨의 수호자여. 또 몹시 보고 싶은 앙헬 미구엘 마테오스 바탈라와 존 후크라를 비롯한 식구들에게도 바친다. 그들이 즐겁게 읽기를. 그리고 누구보다도 소중한 라라에게. "그런 이들이 있다니, 그 얼마나 멋진 신세계인가!"

상상하기 어려운 존재에 관한 책

역자 후기

동물들에게 바치는 찬사

중세 서양의 동물우화집뿐 아니라, 세계 각지의 신화와 전설에는 온갖 기기묘묘한 동물들이 등장한다. 거대한 용과 바다뱀, 세계를 떠받치고 있는 거북, 산맥과 강과 동식물의 기원이 된 거인 반고 등등. 무시무시한 한편으로 흥미를 자극하는 이런 생물들은 판타지 소설과 영화를 통해 계승되면서 오늘날까지도 우리를 즐겁게 해준다.

인간을 비롯한 다양한 생물들의 특징을 이렇게 저렇게 꿰어 맞추고 거기에 상상력을 불어넣어 탄생시킨 이 동물들을 보고 있자면, 인간의 상상력이란 정말로 대단하구나 하는 생각이 절로 떠오르곤 한다. 대체 어떻게 그런 무시무시하거나 기괴한, 혹은 우스꽝스럽거나 기발한 동물들을 상상할 수 있었을까?

하지만 최근 들어 심해저에서 발견되어 카메라에 찍히곤 하는 생물들을 보고 있노라면, 정반대의 생각이 종종 들곤 한다. 인간의 상상력이란 정말 빈약하기 그지없다고 말이다. 수심 수천 미터에 이르는 심해에 카메라를 집어넣을 때마다, 우리가 도저히 상상조차 할 수 없었던 별난 동물들이 새롭게 모습을 드러내고 있다 이런 상상을 뛰어넘는 기이한 존재들이 발견될 때마다, 우리는 인류의 상상력이 지표면을 중심으로 그동안 인류가 눈으로 볼 수 있었던 세계에 얽매여 있었음을 실감하게 된다. 영화 〈에일리언〉에 등장하는 무시무시한 괴물도, 〈아바타〉의 외계 행성에 사는 놀라운 생물들도, 지구에서 발견되는 이들에 비하면 밋밋하기 그지없다.

21세기판 동물우화집을 표방한 이 책은 우리의 상상력을 초월하는 그런 동물들뿐 아니라, 우리가 이따금 접하면서도 얕보는 마음에 제대로 눈여겨보지 않았던 동물들도 살펴본다. 수많은 과학자들이 오랜 세월에 걸쳐 밝혀낸 그들의 놀라운 모습들을 보여주면서 그들이 우리에게 어떤 교훈을 줄 수 있는지를 생각한다.

급격하게 과학이 발전하고 지식이 늘어나는 것을 보면서, 우리가 머지않아 실질적으로 진정한 만물의 영장이 될 수 있을 것이라고 믿었던 시대도 있었다. 영원히 살면서 곧 우주 바깥으로 얼마든지 여행할 수 있을 것이라고 믿기까지 했다. 하지만 치기 어린 그런 시대가 지나면서 우리는 오히려 자신이 알고 있는 지식이 얼마나 단편적이고 피상적이었는지를 새삼스럽게 깨닫고 있다. 굳이 심해까지 들어가지 않아도 된다. 이 책에 실린 돌고래, 원숭이, 복어 같은 친숙한 동물들에 관한 내용을 읽어보기만 해도, 우리가 그 동안 그들을 얼마나 모르고 있었는지를 새삼 깨닫게 된다. 그것이 바로 저자가 이 최신판 동물우화집을 통해 들려주고자 하는 교훈 중 하나다. 많이 안다고 교만을 부리는 대신에 자신의 지식이 보잘 것 없음을 깨닫고, 지구의 동료 생물들 앞에 겸손한 모습을 보이라는 것이다.

이 책이 동물들의 경이로운 모습을 보여주면서 그들을 보호해야 한다는 주장을 펼치고 있는 것은 분명하다. 하지만 이 책의 가치는 거기에 있지 않다. 저자는 각 장에서 다루는 동물에 관한 최신 과학 지식을 꼼꼼하게 기록하는 데에서 그치지 않고, 관련이 있는 역사와 사회, 철학 등 인문학적 측면들까지 다각도로 세심하게 살펴본다. 집의 어항에서 기르는 제브라피시의 이야기도 심해에 사는 마귀상어의 이야기도 어느 틈에 여러 갈래로 뻗어나가 인간 사회의 이런저런 측면들과 얽혀든다. 억지로 끌어다 붙이는 것이 아니라 자연스럽게 흘러가는 이야기들을 통해 이 책은 동물들의 경이로움을 찬미하면서 그들이 우리와 맺는 관계, 우리에게 지닌 의미 등을 찬찬히 곱씹게 해준다.

2015년 2월
이한음

인용 자료 출처

저자와 출판사는 사용된 모든 사진과 그림의 저작권자를 찾기 위해 최대한 노력했습니다. 빠진 부분이 있으면 출판사로 연락해 주시기 바랍니다.

도판

12 쇼베 동굴의 사자 그림(Lions hunting), Jean Clottes, 프랑스 문화부에서 사용을 승인했다.

15 올레 보름의 진귀품 방. 1655년경. Wikimedia Commons. Smithsonian Institution Libraries. 공유 저작물로서 en.wikipedia를 통해 조건 없이 모든 용도로 사용할 수 있다.

29 신화 속의 불도롱뇽. Science and Society Picture Library

37 안경원숭이 © http://www.pond5.com/

38 수생 호문쿨루스. Golbanou Moghaddas가 François de Sarre의 원화를 그의 사려 깊은 허락에 따라 새로 그렸다.

41 이크티오스테가. 화가 Nobu Tamura의 사려 깊은 사용 허락을 받았다.

50 아후이조틀. 석판화 주물. 1500년경. Wikimedia Commons. 공유 저작물로서 Infrogmation에 의해 en.wikipedia에서 조건 없이 모든 용도로 사용할

수 있다.

53   아홀로틀 © Stephen Dalton, Nature Picture Library

59   조지프 머릭, 1889. © Wellcome Library, London

67   생명의 계통수. Wikimedia Commons. 공유 저작물로서 NASA Astrobiol-ogy Institute의 Eric Gaba에 의해 en.wikipedia에서 조건 없이 모든 용도로 사용할 수 있다.

68   거대 항아리해면(*Xestospongia testudinaria*)과 다이버. © Jurgen Freund, Nature Picture Library

75   넓적다리불가사리(*Acanthaster planci*) © Jeff Rotman, Nature Picture Library

78   산지형 섬에 둘러싸인 보초와 환초, 또는 환상 산호초 섬 사이의 유사성을 보여주는 지도. Charles Darwin, 《On the Structure and Distribution of Coral Reefs》. 저작권 만료.

90   산토리니 섬 아크로티리의 프레스코화. Wikimedia Commons. 공유 저작물로서 Smial에 의해 en.wikipedia에서 조건 없이 모든 용도로 사용할 수 있다.

96   물범을 사냥하는 범고래. © Rob Lott. Barcroft Media

107   뱀장어 유생(렙토세팔루스) © Michael J. Miller

110   곰치의 인두턱. Wikimedia Commons. US National Science Foundation의 Zina Deretsky(이전에는 Rita Mehta, UC Davis)와 Ryan Wilson에 의해 en.wikipedia에서 조건 없이 모든 용도로 사용할 수 있다.

116   칠성장어의 입(*Ichthyomyzon castaneus*). © Visuals Unlimited, Nature Picture Library

124   모악동물(*Sagitta setosa*) © Dr Yvan Perez, IMBE Aix-Marseille Universite

130   편형동물 플라나리아(*Dugesia*) © Visuals Unlimited, Nature Picture Library

131   앞쪽에 달린 한 쌍의 음경으로 서로를 찌르려 하는 편형동물(*Pseudobiceros bedfordi*)들. Nico Michaels의 사려 깊은 사용 허락을 받았다.

142   가시갯가재의 겹눈. Ray Caldwell의 사려 깊은 사용 허락을 받았다. 세부 설명은 PLoS ONE의 Kleinlogel S와 White AG(2008). 공유 저작물.

149   눈의 경관. 스케치 © Lalla Ward. 스케치의 기반이 된 연구를 수행한 Michael Land와 Lalla Ward의 사려 깊은 사용 허락을 받았다.

162   푸른발부비새 © Ian Yates

181   이리도고르기아 © Erik Cordes with Lophelia II 2007, U.S. BOEM and NOAA OER

185   방산충. Ernst Haeckel, Die Radiolarien, Berlin 1862

384   마귀상어, 1921년 그림. Wikimedia Commons. 공유 저작물로서 en.wikipedia에서 조건 없이 모든 용도로 사용할 수 있다.

391   띠빗해파리 © Sinclair Stammers, Nature Picture Library

400   곰벌레(*Hypsibius dujardini*) © Bob Goldstein 와 Vicky Madden, UNC Chapel Hill, USA

417   프란시스코 고야, 〈이성의 잠은 괴물을 낳는다〉(1799). Wikimedia Commons. 공유 저작물로서 en.wikipedia에서 조건 없이 모든 용도로 사용할 수 있다.

426   IMAX 영화 〈Volcanoes of the Deep Sea〉에 나타난 팔레오딕티온 노도숨 © The Stephen Low Company와 Rutgers University 공동.

426   달에 찍힌 버즈 알드린의 발자국. Wikimedia Commons. 공유 저작물로서 NASA에 의해 en.wikipedia에서 조건 없이 모든 용도로 사용할 수 있다.

437   예티게(*kiwa hirsuta*) © Ifremer

439   심해 아르크투리드의 일종 © David Shale, Nature Picture Library

451   14시간 된 제브라피시의 배아 © Andrew L. Miller와 Sarah E. Webb (HKUST, Hong Kong)

463   헤리퍼드 대성당의 〈마파 문디〉 일부. 1300년경. 공유 저작물인 그 복제본을 저자가 스캔했다.

473   지질학 '시계'. Wikimedia Commons. 공유 저작물로서 Woudloper에 의해 en.wikipedia에서 조건 없이 모든 용도로 사용할 수 있다.

인용문

The Denial of Death 일부. copyright © The Estate of Ernest Becker, 1973.

Why Look at Animals? 일부. copyright © John Berger, 1991. 저자의 사려 깊은 허락하에 재수록했다.

The Benevolent Emporium of Celestial Knowledge 일부. copyright © The Estate of Jorge Luis Borges, 1942. Reprinted with the permission of Penguin.

The Book of Imaginary Beings 일부. copyright © The Estate of Jorge Luis Borges, 1967. Random House.

Funes the Memorious 일부. copyright © The Estate of Jorge Luis Borges, 1944. Reprinted with the permission of Pollinger Ltd.

The Fearful Sphere of Pascal 일부. copyright © The Estate of Jorge Luis Borges. Penguin

Cosmicomics 일부. copyright © The Estate of Italo Calvino, 1965. Penguin, Har-

상상하기 어려운 존재에 관한 책

인용 자료 출처

상상하기 어려운 존재에 관한 책

ㅂ

ㅌ

ㅍ

캐스파 헨더슨 Caspar Henderson 환경·인권 전문가. BBC Radio4의 환경 프로그램 〈막대한 지구의 비용(Costing the Earth)〉의 프로듀서이자 리포터로 활동하였으며, 《파이낸셜 타임즈》《인디펜던트》《네이처》《뉴 사이언티스트》 등에서 언론인이자 편집위원으로 일해 왔다. 유럽위원회(EC), 그린피스 등 정부, 비영리 단체의 자문위원을 지냈으며, BBC, 영국 의회와 미국, 폴란드, 아일랜드, 말레이지아 등의 여러 기구들에서 강연을 하고 있다.

2002년부터 3년간 열린 세계 정책 프로젝트의 일환으로 '오픈데모크라시(open Democracy.net)'에서 편집장을 지내며 세계화와 안전, 환경 그리고 기후 변화 정책 등의 의제에 대해 분석하고 논쟁했다. '차이나다이얼로그(chinadialogue.net)'에서 편집자문위원이자 객원 기자로 활동 중이며, 과학자, 작가, 예술가들과 함께 기후 변화 정책들에 관한 글로벌 온라인 토론장 '아티스트 프로젝트 어스(Artist Project Earth)'를 구상하고 조직했다.

저서로 《우리의 연약한 지구(Our Fragile Earth)》(공저), 《세계화를 논하다(Debating Globalization)》(편저)가 있으며, 1999년 서유럽권 환경 저술 부문 세계자연보전연맹(IUCN)-로이터상을 수상한 바 있다.

옮긴이 이한음 서울대학교 생물학과를 졸업했다. 실험실을 배경으로 한 소설 〈해부의 목적〉으로 1996년 〈경향신문〉 신춘문예에 당선된 후 번역가 및 저술가로 활동하고 있다. 《만들어진 신》으로 한국출판문화상 번역 부문을 수상했으며 리처드 도킨스, 에드워드 윌슨, 리처드 포티, 제임스 왓슨 등 저명한 과학자의 대표작을 다수 번역했다. 지은 책으로 《신이 되고 싶은 컴퓨터》《DNA, 더블댄스에 빠지다》가 있으며, 옮긴 책으로 《통찰의 시대》《즐거운 뇌, 우울한 뇌》《제2의 기계 시대》《작은 지구를 위한 마음》《지구의 정복자》《우리는 왜 자신을 속이도록 진화했을까》《마음의 과학》 등이 있다.

상상하기 어려운 존재에 관한 책

1판 1쇄 발행 2015년 3월 10일
1판 4쇄 발행 2018년 2월 5일
개정판 1쇄 발행 2021년 4월 15일

지은이 · 캐스파 헨더슨
옮긴이 · 이한음
펴낸이 · 주연선

(주)은행나무
04035 서울특별시 마포구 양화로11길 54
전화 · 02)3143-0651~3 │ 팩스 · 02)3143-0654
신고번호 · 제 1997-000168호(1997. 12. 12)
www.ehbook.co.kr
ehbook@ehbook.co.kr

잘못된 책은 바꿔드립니다.

ISBN 979-11-91071-54-2 03400